AF314996

TRAITÉ

DE

MÉCANIQUE INDUSTRIELLE.

I.

IMPRIMERIE DE FAIN, PLACE DE L'ODÉON.

TRAITÉ

DE

MÉCANIQUE INDUSTRIELLE,

OU

EXPOSÉ DE LA SCIENCE DE LA MÉCANIQUE DÉDUITE DE
L'EXPÉRIENCE ET DE L'OBSERVATION;

PRINCIPALEMENT
A L'USAGE DES MANUFACTURIERS ET DES ARTISTES;

Par M. CHRISTIAN,

DIRECTEUR DU CONSERVATOIRE ROYAL DES ARTS ET MÉTIERS A PARIS.

TOME I.

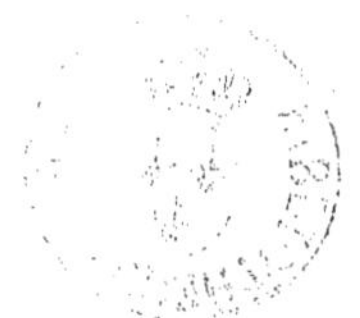

PARIS,

BACHELIER, LIBRAIRE, QUAI DES AUGUSTINS.

1822.

PRÉFACE.

Toute opération mécanique présente, à la première vue, trois choses : un moteur ; un outil ou une machine, et une matière quelconque sur laquelle le moteur exerce sa force, par l'intermédiaire ou de l'outil, ou de la machine, soit pour donner à cette matière d'autres formes extérieures, soit pour la déplacer.

Si l'on examine plus à fond une grande opération mécanique, c'est-à-dire une de celles qui s'exécutent par machines, par une combinaison de pièces plus ou moins compliquées, on remarque qu'une première partie des pièces qui composent la totalité de la machine, est exclusivement employée à recueillir d'une certaine manière le mouvement naturel du moteur ; qu'une seconde partie est spécialement destinée à transmettre en différentes directions et à modifier de toutes sortes de manières le mouvement que les premières pièces ont reçu du moteur ; qu'enfin une troisième partie de ces pièces est uniquement appropriée au genre d'action que la force doit exercer sur la matière soumise au travail mécanique.

Bien que ces trois parties soient liées entre elles, et ne fassent en apparence qu'un système de pièces dépendantes les unes des autres, on remarque encore cependant qu'on pourrait changer la seconde et la troisième partie, sans changer la première ; ou changer la première et la seconde sans changer la troisième ; ou enfin changer la première et la troisième sans changer la seconde.

En effet, prenons pour exemple une opération mécanique telle qu'une filature dont le moteur serait une roue hydraulique. On y voit distinctement ces trois parties : 1°. le moteur avec son mode d'application, qui est ici une roue ; 2°. Les arbres de couche, les grandes

I.   a

roues d'engrenage qui transforment le mouvement que donne la
roue et le transmettent à tous les étages, dans tous les recoins, d'un
bout à l'autre de l'établissement ; 3°. les machines exécutant immédiatement le travail de la filature.

Or, il est évident qu'on pourrait employer un tout autre mode
d'application qu'une roue hydraulique, et conserver les formes et
les dispositions principales des autres combinaisons mécaniques de
cet établissement. On pourrait de même donner d'autres formes aux
pièces qui transmettent le mouvement, et conserver la même roue et
les mêmes machines à filer ; ou enfin changer le système de ces dernières et conserver les autres parties telles qu'elles sont.

Il y a donc, dans toute opération mécanique trois parties plus ou
moins compliquées qu'on peut considérer comme dans une sorte d'indépendance les unes à l'égard des autres, et étudier séparément, savoir : les moteurs et leurs modes d'application, les moyens de transmettre à diverses distances, et de transformer ou modifier de diverses
manières le mouvement primitif des moteurs, et enfin les machines
ou parties de machines qui exécutent immédiatement le travail.

C'est d'après ces considérations que le plan de mon ouvrage a été
tracé, ainsi que je l'ai détaillé dans mes *Vues sur le système général
des opérations manufacturières*, etc., publiées en 1819.

Ce plan semble fondé sur la nature même des choses : car supposons qu'un homme ait le dessein d'entreprendre une grande opération mécanique ; s'il est décidé sur le genre de moteur qu'il em-
ploiera, il voudra savoir quel peut en être le meilleur emploi et
quelle force il en tirera ; s'il n'est pas décidé, il voudra connaître
quel est le moteur qui convient le mieux à son opération, et quel en
sera le service ; il voudra savoir comment il portera le mouvement
de ce moteur partout où il en a besoin, et comme il en a besoin. Ici,
il lui faut des roues qui tournent avec diverses vitesses ; là, des
pièces qui vont et viennent dans divers plans ; plus loin le mouvement doit s'arrêter par intervalle et reprendre de diverses manières ;
enfin il voudra savoir à quelles combinaisons de pièces il faudra
confier immédiatement le travail pour le faire avec le plus de perfection et d'économie.

Tout le domaine de la mécanique industrielle est renfermé dans ces diverses séries de questions, et c'est pour essayer d'y répondre que cet ouvrage est écrit.

Mais pour trouver des réponses à des questions de ce genre, il a fallu suivre pas à pas l'expérience, et ne se prononcer qu'avec elle ; il a fallu se renfermer strictement dans le cercle des faits et des conséquences qu'on peut rigoureusement en déduire.

Malheureusement les recherches expérimentales en mécanique sont peu nombreuses, eu égard à l'étendue de cette science, et au nombre de recherches qu'elle peut comporter et qu'elle réclame : aussi me suis-je attaché à rapporter toutes celles dont l'exactitude m'a paru mériter confiance ; et bien loin de me faire un scrupule de puiser largement dans les travaux de quelques habiles observateurs, j'ai eu souvent à regretter de ne pas avoir à prendre et à citer davantage.

Lorsque quelques données d'expérience, fondamentales, m'ont manqué, j'ai interrogé moi-même l'expérience quand je l'ai pu ; je citerai, par exemple, mes recherches sur la force impulsive de l'eau, sur son action sur les roues à aubes et à augets, ainsi que sur les dépenses d'écoulement par un déversoir, recherches que contient le premier volume.

Comme je n'ai point écrit pour les savans, j'ai dû m'attacher à offrir la science de la mécanique sous les formes et avec des détails qui m'ont semblé convenir le mieux à ceux qui sont dans le cas d'en faire usage. Aussi j'ose espérer qu'avec des connaissances communes, tout lecteur attentif sera parfaitement en état de comprendre ce traité d'un bout à l'autre. D'ailleurs j'ai réuni à la fin de chaque volume, quelques articles d'éclaircissemens et de développemens, pour les personnes à qui les élémens des mathématiques et des sciences physiques sont peu familiers.

J'ai tâché de rendre l'ouvrage immédiatement et facilement applicable aux besoins auxquels la mécanique est appelée à satisfaire dans l'état actuel de l'industrie ; d'indiquer les routes qui conduisent à des découvertes utiles, et de signaler celles dans lesquelles tant d'hommes ingénieux s'engagent journellement à pure perte.

Les planches ne portent point d'échelles, parce que, vu le grand nombre de figures que l'ouvrage comporte, je n'ai pu avoir la pensée de donner des épures et des détails pour la construction (1); on conçoit où m'eût mené un tel plan. Les figures ne sont ici que comme un autre langage dont je me suis servi pour me faire entendre; ce sont des combinaisons mécaniques, c'est la pensée, si je puis le dire, de ces combinaisons, que je représente, soit en plans, en élévations, en coupes, soit en perspective suivant qu'on le juge convenable pour la clarté de la représentation.

Je n'ai donc aucune dimension à donner, parce que je n'examine point une machine de telle grandeur, mais la conception, le système de cette machine; ce n'est pas, par exemple, une roue à augets de 4, de 6, de 8 mètres dont je veux parler; mais d'une roue à augets quelconques, avec les qualités fondamentales qui appartiennent à cette espèce de roues.

Je ne me suis point dissimulé l'étendue et la difficulté de la tâche que j'ai entreprise, et je suis certes bien loin de prétendre avoir dit sur chaque objet ce qu'il fallait dire, et tout ce qu'il y avait à dire; j'ose réclamer sur ce point l'indulgence du public, et les avis des hommes éclairés, que je recevrai toujours avec une vive reconnaissance.

---

(1) M. Leblanc dont le mérite est connu, et qui a dessiné et gravé les planches de cet ouvrage, se propose de publier successivement les épures de construction des machines les plus en usage, répandues dans ce traité.

C'est un service réel qu'il rendra aux artistes-mécaniciens; et je ne doute pas que ce travail, pour lequel M. Leblanc a réuni déjà beaucoup de matériaux précieux, n'obtienne les suffrages de tous les hommes éclairés dans les arts industriels.

TABLE

DES MATIÈRES CONTENUES DANS CE VOLUME.

ÉCLAIRCISSEMENS ET DÉVELOPPEMENS.

FIN DE LA TABLE DES MATIÈRES.

PREMIÈRE

LISTE DES SOUSCRIPTEURS.

A.

MM.

ANDRÉ (Aimé), libraire à Paris, 13 exemplaires.

ANSELIN et POCHARD, libraires à Paris.

ARTIGALA, architecte à Tarbes.

B.

BACHELIER et HUZARD, libraires à Paris, 26 exemplaires.

BASTIEN.

BELON, libraire au Mans.

BERTIN, libraire à Paris.

BERTHOD, libraire à Bruxelles.

BERTRAND, libraire à Paris, 13 exemplaires.

BESSON, à La Ferté-sous-Jouarre.

BINEAU, ancien élève de l'école polytechnique.

BLEUET, libraire à Paris, 2 exemp.

BOCCA, libraire à Turin, 6 exemplaires.

BOGAERT-DUMORTIER, libraire à Bruges.

BOHAIRE, libraire à Lyon, 6 exemp.

BORDEGE (Hilarion), à Paris.

BORNEQUE (Xav.), maître de forges, directeur de la manufacture du Pont-d'Albe.

BOSSANGE frères, libraires à Paris, 2 exemplaires.

MM.

BOUROTTE, à Bar-sur-Aube.

BREIDT et compagnie, à Paris.

BRIÈRE, libraire à Paris.

LACHAUT(de), à Paris.

BROUCKERE (de), à Maestricht.

BYERLEY (John), à Paris.

C.

CALMENIL (de), maire à Épouville.

CAMESCASSE, à Paris.

CARILIAN-GOEURY, libraire à Paris.

CAVRET (madame), libraire à Vienne, 2 exemplaires.

CASTILLE, horloger à Paris.

CHAPOULEAU, libraire à Limoges, 3 exemplaires

CHÊNE, à Genève.

CLAVEAU, à Paris.

COLOMBEL et TRUDE, à Claville.

COMMUNEAU, au Cateau-Cambresis.

CORIOL, serrurier-mécanicien, à Montélimart.

D.

DAGUIN (Adrien), à Brousseval, 2 exemplaires.

MM.

Dardel, entrepreneur à Rennes.

Davelouis, à Paris.

Davillier (aîné), à Paris.

Deniset, propriétaire de moulins, à Sommevoire.

Denné, libraire à Madrid, 2 exemp.

Delestre (le baron), membre de la chambre des députés.

Dépôt central de l'artillerie, à Paris.

Directeur gérant les établissemens des forges et fonderies de Brunique.

Dolfus (Émile).

Dolfus, Miég et compe., à Mulhausen, 2 exemplaires.

Drappier, ingénieur des ponts et chaussées, à Rouen.

E.

Eck (de), à Cernay.

École (l') royale des ponts et chaussées.

École (l') royale d'artillerie et du génie, à Metz.

Elbecque (le baron d').

Eymery, libraire à Paris.

F.

Farcot, mécanicien à Paris.

Farguhard, à Londres.

Forest, libraire à Nantes.

Formon, maître des requêtes à Paris.

Fourrier-Mame, libraire à Angers, 2 exemplaires.

Frère, libraire à Rouen, 10 exemp.

G.

MM.

Gancel père, mécanicien à Cambray.

Garnier, ingénieur des mines à Arras.

Gast, à Paris.

Gautier, libraire à Paris.

Gédéon-Rochet, aux forges de Bèze.

George.

Gillain (Joseph), à Dinan.

Girangy (de).

Goulli, ingénieur des ponts et chaussées au Puy.

Gravier aîné, aux Chezeaux.

H.

Hageau, inspecteur divisionnaire au corps royal des ponts et chaussées.

Hallète (fils), ingénieur à Arras.

Hubert-Blanquet, à Paris.

Huguereau, libraire à Laval, 2 exemp.

J.

Janvier, horloger à Paris.

Joanne, à Dijon.

Joly, imprimeur à Dôle.

Juriste frères, fabricans, à Sedan.

L.

Lachaux (de), à Paris.

Lair, directeur des constructions navales à Brest.

Lamartillière (le comte de), pair de France.

Laprevôte fils, à Lyon.

Lawale jeune et neveu, libraires à Bordeaux.

MM.

Lecharlier, libraire à Bruxelles, 2 exemplaires.

Le Normand, professeur de technologie à Paris.

Lepinay (le comte de), à Sens.

Lippen, à Buchsée.

Leroux, libraire à Mons.

Leroux, libraire à Mayence.

Louvois (le marquis de), pair de France.

M.

Malapert et Heywod, à Strasbourg.

Mallet, ingénieur des ponts et chaussées à Rouen.

Marchant, ingénieur des ponts et chaussées, à Abeville.

Mauni (de), à Paris.

Michallet, à Paris.

Mourgues (Scipion), à Ronval.

N.

Noel (de), ingénieur des ponts et chaussées.

O.

Ogier, à Morez-en-Jara.

P.

Pannetier, libraire à Colmar.

Polonceau (de), ingénieur en chef, directeur des ponts et chaussées, à Versailles.

Paravay, banquier.

MM.

Pattu, ingénieur en chef du département du Calvados.

Pélicier, libraire à Paris, 2 exemp.

Peugeot, à Hérimoncourt.

Pic, libraire à Turin, 4 exemplaires.

Portevin (Louis), à Louviers.

Potey, libraire à Paris.

Préfet (le) de la Seine, 2 exemp.

Prudont, à Dôle.

Q.

Quine, architecte à Grasse.

R.

Rappilly, libraire à Paris.

Raucourt (Charles).

Ray et Gravier, libraires à Paris, 26 exemplaires.

Risler Heilmann, à Paris.

Rivals-Gincla, à Carcassonne.

Rochet, militaire retraité, à Paris.

Roederer (le baron), à Dinan.

Rousseau, libraire à Paris, 13 exemp.

S.

Sa.

Sanchez-Tocca (Joseph), à Paris.

Schleiden, à Moscou.

Schlesinger, libraire à Berlin, 4 ex.

Sewalle, libraire à Montpellier.

Slezanewki.

Suhault, à Sedan.

T.

MM.

Terris, libraire à Aix.
Testot-Ferry, à la Chapelle-la-Reine.
Thévenot oncle et neveu, à Moirans.
Treuttel et Wurtz, libraires à Paris, 14 exemplaires.

V.

Vanakere, libraire à Lille.
Vieusseux, libraire à Toulouse.

MM.

Vigniane, à Montrouge.

W.

Weyher, libraire à Saint-Petersbourg, 6 exemplaires.
Wilson, à Charenton.

Z.

Zimmerman, frères, à Isseinheim, 2 exemplaires.

Nota. Une seconde liste de Souscripteurs sera publiée à la suite du 2e. volume.

TRAITÉ

DE

MÉCANIQUE INDUSTRIELLE,

OU

EXPOSÉ DE LA SCIENCE DE LA MÉCANIQUE DÉDUITE
DE L'EXPÉRIENCE ET DE L'OBSERVATION ;

PRINCIPALEMENT

A L'USAGE DES MANUFACTURIERS ET DES ARTISTES.

Les arts prirent naissance et l'heureuse industrie
Vint cultiver la terre et defricher la vie.
J. DELILLE.

IDÉE GÉNÉRALE DE LA MÉCANIQUE INDUSTRIELLE.

La Science de la Mécanique a pour objet de connaître et de rechercher les moyens de suppléer à la force et à l'adresse physiques de l'homme, et d'économiser son temps dans l'exécution des travaux que lui commandent ses besoins et ses goûts.

Nous appelons cette science *mécanique industrielle*, pour la distinguer de la *mécanique rationnelle*, dont l'objet nous paraît tout différent.

Celle-ci se compose de déductions logiques qu'offre un seul principe (la réaction est égale et contraire à l'action), envisagé d'une manière abstraite, dans toutes sortes d'hypothèses ; celle-

I.

là, de faits que fournissent l'expérience et l'observation, dans l'emploi du mouvement des corps aux travaux de l'industrie.

Dans la mécanique rationnelle, la force ou les causes motrices, ainsi que les effets, sont des quantités abstraites, auxquelles on attribue les qualités et les valeurs qu'on veut. Dans la mécanique industrielle, au contraire, la force motrice est une réalité ; c'est une sorte de matière première, qu'on peut, s'il est permis de parler ainsi, emmagasiner, qu'on doit économiser, qu'on achète toujours et qu'on paye souvent fort cher. L'effet, c'est le travail même, avec toutes modifications matérielles, et dans toutes ses relations avec nos volontés, nos besoins et nos goûts.

Voici à ce sujet l'opinion d'un grand géomètre : « La méca- » nique rationnelle, dit-il, n'est à proprement parler que le » développement d'un seul principe, celui de la réaction égale » et contraire à l'action ; la mécanique industrielle au contraire, » embrasse tous les autres phénomènes de l'action réciproque » des corps, combinés avec cette loi fondamentale.

» Ainsi la mécanique rationnelle est générale dans le sens » que la loi, dont elle s'occupe, s'accorde et se combine avec » toutes les autres, mais non dans le sens qu'elle les renferme » toutes ; parmi les phénomènes innombrables de la nature, » elle ne s'attache qu'à un seul, le plus simple de tous ; elle » l'examine sous tous ses rapports ; elle lui donne toutes les » formes imaginables ; elle en tire toutes les conséquences pos- » sibles ; mais les conséquences n'augmentent point la masse » des faits. Or, c'est la connaissance de ces faits et des résultats » de leur combinaison, qui constitue la mécanique industrielle.

» C'est une erreur très-commune et très-préjudiciable au » progrès des arts, de regarder la mécanique industrielle » comme une simple application de la mécanique rationnelle ; » comme si, par des opérations purement mathématiques, on

» pouvait faire sortir d'un principe ce qui n'y est pas renfermé,
» et qu'on pût suppléer par des calculs à ce qui ne peut être
» connu que par l'expérience, et ce qui même une fois trouvé
» par l'expérience ne donne prise à aucun calcul, tel que le
» degré de flexibilité ou d'élasticité des corps, la forme et
» l'adhérence de leurs molécules, leur action chimique, qui
» se combine avec leur action mécanique.

» En regardant la mécanique industrielle comme une simple
» application de la mécanique rationnelle, il semble que pour
» passer de celle-ci à l'autre, il n'y ait à faire que quelques sub-
» stitutions de nombres connus à des lettres, dans les formules
» algébriques déjà toutes trouvées ; mais il n'en est pas ainsi ;
» ces nombres supposés connus sont précisément ce qu'il y a
» de difficile à trouver, et la difficulté de les avoir surpasse de
» beaucoup celle de découvrir les formules algébriques dans
» lesquelles il faudrait les substituer.

» La mécanique rationnelle et la mécanique industrielle ont
» deux objets très-différens, et ne sont, il faut le dire, presque
» d'aucun secours l'une à l'autre : l'une roule totalement sur un
» seul fait, l'autre sur une multitude de faits combinés, parmi
» lesquels un seul lui est commun avec la première.

» La première ne peut s'occuper avec succès que de questions
» dont tous les élémens sont renfermés dans le seul principe
» de la réaction ; pour peu que le principe se complique avec
» les phénomènes de la physique particulière, les moyens de-
» viennent insuffisans. Ce n'est plus qu'en multipliant des hy-
» pothèses hasardées, en négligeant une foule de circonstances
» regardées comme accessoires, et qui souvent jouent le rôle
» principal, qu'on parvient à quelques résultats théoriques,
» presque toujours très-compliqués et très-peu d'accord avec
» ceux de l'expérience.

» Aussi la plupart des artistes ont-ils une grande prévention
» contre les résultats purement scientifiques. Cette prévention
» est absurde en elle-même, puisque c'est par la mécanique
» rationnelle seule que l'on s'élève jusqu'à la région des astres
» et qu'on en calcule tous les mouvemens avec une si admi-
» rable précision. Mais on est obligé de convenir que le moindre
» des phénomènes sublunaires est mille fois plus compliqué
» que tout le système astronomique.

» La mécanique rationnelle et la mécanique industrielle dif-
» fèrent donc essentiellement. Cette dernière cependant ne doit
» point rejeter les traits de lumière qu'elle peut recevoir de
» l'autre; il est des cas où elle peut s'en aider avec succès ; ce
» sont ceux où l'influence des causes physiques peut-être négli-
» gée. Mais il faut en user avec la plus grande circonspection,
» et l'expérience ne doit jamais cesser d'être la véritable bous-
» sole de la mécanique industrielle. »

La mécanique industrielle a donc un caractère fondamental
qui lui est propre et ne peut être ni confondue avec la mécanique
rationnelle, ni même considérée comme une simple application
de celle-ci.

Il ne faut pas confondre non plus la mécanique industrielle
avec l'art de construire des machines : il y a la même différence
qu'entre la physique ou la chimie et l'art de construire des
instrumens et des appareils. L'art met en pratique les recherches
et les conceptions de la science, et lui sert de complément
nécessaire, sans en être toutefois partie intégrante.

Ainsi, pour me servir d'exemples fort simples, la science
montre en quoi consistent la régularité et la précision du jeu des
engrenages ; d'une roue hydraulique ; d'un piston dans un corps
de pompe ; en un mot, d'un mécanisme ou d'un travail mécanique quelconque ; c'est à l'art qu'il appartient de choisir les

matériaux les plus convenables, de tracer les pièces avec l'exactitude requise, et de les assembler de manière à remplir toutes les conditions que la science a établies.

On voit clairement, d'après ce qui précède, que le domaine de la mécanique industrielle forme un tout bien distinct, et dont les limites sont faciles à reconnaître et à fixer; on voit aussi, d'un côté, qu'elle touche par un point la mécanique rationnelle, sans en dériver, et de l'autre, qu'elle fournit à l'art de construire, dont elle est essentiellement indépendante, des principes et des règles, fondés sur les seules bases qu'elle puisse admettre : *l'expérience* et *l'observation*.

Les travaux mécaniques des arts industriels nous semblent offrir à la science quatre grands objets à considérer, savoir : 1°. *les moteurs*, ainsi que *les modes divers de les faire agir*, quelle qu'en soit la destination; 2°. *les différens modes de transmettre et de modifier l'action de ces moteurs*, par un assemblage de pièces qui forment le corps des machines proprement dites; 3°. *les différens modes d'exécuter un travail mécanique quelconque*, quels que soient et les moteurs employés et le mécanisme intermédiaire qui transmettent ou modifient le mouvement; 4°. enfin, *les relations générales qui existent entre les moteurs et les machines, et celles-ci et les travaux industriels;* relations dont l'examen doit, ce nous semble, nous conduire à une méthode générale de recherches en mécanique.

Ce Traité sera donc divisé en quatre livres, dont chacun aura pour objet l'une des quatre divisions établies plus haut.

LIVRE PREMIER.

DES MOTEURS ET DE LEURS MODES D'APPLICATION.

CHAPITRE PREMIER.

Considérations générales sur les moteurs et sur la force motrice.

La force motrice dont on peut décrire et évaluer les effets, mais qu'on ne peut définir, se tire de trois sources principales, savoir : 1°. du mouvement spontané des êtres animés ; 2°. de la pesanteur ou gravité (1), c'est-à-dire, du phénomène de la chute des corps, ou de leur mouvement naturel à la surface de la terre ; 3°. de l'expansion subite qu'une forte chaleur produit par son action sur l'eau, sur l'air, et autres substances analogues, ainsi que de la dilatation qu'elle peut faire subir aux corps.

Dans l'état actuel de nos connaissances, ce n'est que dans une de ces sources, que l'industrie peut trouver le principe d'action motrice, la force dont elle a besoin. On connaît et nous verrons dans le cours de nos observations quel étonnant parti elle sait en tirer.

Lorsqu'on veut faire usage d'une force quelconque, il faut l'appliquer nécessairement à quelques pièces matérielles, auxquelles elle communique sa vertu, son mouvement. Celles-ci les

---

(1) *Voyez* Éclaircissemens et Développemens , art 3.

communiquent à leur tour à d'autres pièces, construites et disposées suivant l'espèce de travail que l'on veut exécuter.

Ainsi on appliquera l'homme à une *manivelle ;* une chute d'eau aux *aubes* d'une roue ; l'eau en vapeurs au *piston* que renferme un cylindre creux , etc. , etc. ; peu importe l'emploi auquel on destine la force communiquée d'une manière ou d'autre ; il faut d'abord commencer par cette communication pour réaliser la force et la mettre en valeur. Aussi, dans l'exécution, ne sépare-t-on jamais la force, de quelque part qu'elle vienne, d'un *mode d'application* quelconque ; et si l'on veut en apprécier la valeur pratique, c'est toujours en la considérant en liaison avec un des modes d'application qui conviennent au genre de moteur qui la donne.

On reçoit cette première communication de mouvement, de deux manières : ou par *impulsion* ou *percussion*, ou par *simple pression*.

Par *impulsion* ou *percussion*, lorsque le moteur vient choquer, de toute sa puissance, la pièce qui doit recevoir immédiatement le mouvement ; comme, par exemple, une masse d'eau qu'on ferait tomber d'une certaine hauteur sur les aubes d'une roue.

Par *pression*, lorsque le moteur, constamment appliqué sur cette pièce, lui communique du mouvement par degrés insensibles et sans interruption ; c'est ainsi qu'agit l'homme faisant tourner une manivelle, ou l'eau, entraînant, sans secousse, dans son mouvement, les augets d'une roue.

Il est grandement préférable, pour l'économie de la force, de faire agir les moteurs par pression, plutôt que par impulsion. Nous en donnerons les raisons plus loin.

Lorsqu'on considère un moteur quelconque appliqué, c'est-à-dire, simplement disposé pour agir, on voit que la force se compose, en réalité, de deux élémens : la *masse agissante* et la *rapidité* ou la *vitesse* de son action. Il n'y a point de forces motrices, sans la réunion de ces deux élémens; supprimez l'un, toute force motrice disparaît (1).

De plus, la force motrice augmente ou diminue, soit qu'elle augmente ou diminue de masse agissante, soit qu'elle augmente ou diminue de vitesse d'action.

Ce fait important dans la mécanique, est révélé à tout le monde, par une expérience journalière. Qu'on vous donne, pour enfoncer un clou, ou pour écraser un corps quelconque, un marteau pesant 10 kilogrammes, vous frapperez doucement et vous pourrez enfoncer ce clou ou écraser ce corps; mais si le marteau ne pesait qu'un kilogramme, vous sauriez, sans réflexion, qu'il faudrait élever plus haut ce marteau, et frapper avec plus de vivacité, afin de compenser, par la rapidité de l'action, la diminution de la masse agissante ; sans quoi la force motrice pourrait n'être plus suffisante pour produire l'effet désiré. Une masse, quelque grande qu'elle soit, ne peut produire aucun effet de mouvement mécanique, si on la suppose absolument sans vitesse. Un bâtiment énorme repose, immobile, sur des pilotis, qu'une masse incomparablement plus petite ferait enfoncer, si on l'animait d'une vitesse convenable pour frapper les pilotis.

Vous sauriez de même qu'un cours d'eau, si on diminuait sa masse affluente, ou la hauteur de sa chute, ne représenterait plus la même intensité de force motrice qu'auparavant, et que vous auriez indubitablement une force plus grande, si vous faisiez arriver une plus grande masse d'eau, ou bien si vous pouviez la faire tomber de plus haut.

---

(1) *Voyez* Éclaircissemens et Développemens, art. 2.

L'emploi de la force motrice dans les travaux industriels a lieu dans deux vues générales, que nous croyons devoir distinguer ici l'une de l'autre, savoir : 1°. lorsqu'on veut exécuter *par machine*, ce qui exigerait ou l'adresse, ou un certain degré d'attention, en un mot l'opération pure et simple de l'homme; 2°. lorsqu'il s'agit de produire de grands efforts, et de suppléer exclusivement à la force physique de l'homme.

Dans le premier cas, on n'a d'autre but que de communiquer la force motrice à un certain nombre de pièces conçues et combinées de manière à exécuter le travail de l'homme qu'on veut remplacer, sans qu'on ait rigoureusement égard, et à l'intensité de la force motrice, et à la dépense qu'on doit en faire; l'essentiel est que le travail se fasse par les modifications qu'on fait subir au mouvement-moteur. Ainsi, par exemple, pour une machine à filer, on s'occupe beaucoup plus de la perfection de ses produits, que de la dépense de force qu'elle exige pour être mise en mouvement.

Dans le second cas, l'objet principal est l'intensité et l'économie de la force même qu'on a à déployer; c'est ici seulement qu'il devient nécessaire de connaître comment on peut évaluer la puissance des moteurs.

Pour évaluer cette puissance, il nous serait inutile de considérer la force des moteurs en elle-même et séparée de toute application; nous ne trouverions que des données indéfinies sur la *quantité de mouvement* que peuvent représenter les moteurs.

Or ce qui nous importe, c'est de connaître la puissance d'action qu'ils communiquent réellement, par les divers modes d'application qu'ils peuvent recevoir; et nous ne pouvons la connaître dans tous les cas que par *l'effet produit*, ou, si l'on veut, par la *quantité de travail fait*.

I.   2

Mais sera-ce par la quantité de farine moulue en un temps donné, de planches sciées, de fer laminé, par le nombre de métiers à filer mis en mouvement, etc. etc. etc. ? Ce mode d'évaluation, bien que très-utile pour chaque cas particulier, n'offrirait pas l'avantage important de rapporter à une commune mesure les effets de chaque moteur, et d'exprimer un résultat dans des termes dont tout le monde puisse apprécier la valeur, et qui soient propres à faciliter la comparaison des forces respectives des moteurs.

L'on a cru donc devoir convenir de rapporter indistinctement tout effet de la puissance des moteurs *à l'élévation d'un poids à une certaine hauteur, en un temps donné*, soit à la quantité de poids élevé à une hauteur donnée, soit au degré de hauteur auquel un poids donné est élevé en un temps déterminé, soit au temps, si le poids et la hauteur ne varient pas : c'est-à-dire, que la valeur de l'effet produit est estimée en raison directe du poids élevé et du degré de son élévation, et en raison inverse du temps employé pour l'y faire parvenir.

Cette expression, par laquelle on représente généralement l'effet produit par un moteur quelconque, consacre un principe fondamental qu'il ne faut jamais perdre de vue : c'est que dans l'évaluation d'une force motrice qu'on veut employer, on ne peut absolument se dispenser d'y faire entrer ces trois conditions inséparables, *quantité du poids, degré d'élévation et temps employé*.

Ainsi un moteur qui pourrait élever un poids considérable à une grande hauteur en peu de temps, aurait une certaine puissance dépendante de ces trois conditions; et celui qui élèverait, ou la moitié de ce poids à la même hauteur et dans le même temps, ou le même poids à la moitié de la hauteur dans le même temps; ou le même poids à la même hauteur en un temps double, n'aurait que la moitié de la puissance du premier.

Enfin un moteur d'une force très-bornée, comme l'homme par exemple, pourra élever avec une machine un poids énorme, mais à une très-petite hauteur en un certain temps : l'effet produit sera toujours dans les limites de la force de l'homme, et jamais au delà ; car si vous vouliez gagner sur la hauteur ou hâter le travail, en soulevant le même poids, vous seriez forcé d'employer un moteur plus fort, en admettant toutefois que l'homme ait tout ce qu'il faut pour agir de la manière la plus convenable.

Il résulte de ceci, en général, et nous aurons plus d'une fois l'occasion de revenir sur cette vérité, que puisque la grandeur de l'effet produit se compose de la réunion nécessaire de la grandeur du poids élevé, et de la grandeur et de la promptitude de son élévation, vous n'obtiendrez jamais, quoi que vous fassiez, et *quelle que soit la machine employée,* un *grand* effet avec une *petite* force, avec une petite puissance motrice.

Il est si vrai qu'on ne sépare, qu'on ne peut jamais séparer, dans une opération industrielle, les élémens de la valeur d'un effet produit, que, si l'on avait à payer un homme qu'on emploierait à élever une certaine quantité d'eau, d'après la *peine* que ce travail devrait lui occasioner, le prix s'établirait, pour concilier les intérêts respectifs, 1°. sur la quantité d'eau qu'il aurait à élever à la fois ; 2°. sur la hauteur à laquelle il la porterait ; 3°. sur le temps qu'il serait obligé de passer, pour fournir la quantité demandée. Changez la valeur de l'un ou de l'autre de ces élémens, le prix changera, si le travail est payé à raison de la peine et de la dépense de force qu'il exigera.

CHAPITRE II.

Suite de la manière d'exprimer la force des moteurs.

Nous voyons, d'après ce que nous avons dit dans le chapitre précédent, qu'un poids élevé à une certaine hauteur, en un temps donné, peut représenter la valeur d'une force motrice, ou puissance mécanique quelconque.

C'est à la vérité une expression de convention, qui ne déterminera pas directement la quantité de *grains* qu'on peut moudre, de *bois* qu'on pourra scier, de *broches à filer* qu'on pourra mettre en mouvement, en un temps donné, avec un moteur dont la force sera ainsi exprimée : Mais du moins tout le monde peut entendre et, à la rigueur, vérifier cette mesure. Nommer une opération mécanique spéciale, comme *filer* ou *moudre*, pour exprimer la valeur des forces, ce ne serait utile qu'à celui qui aurait cette opération à exécuter ; encore faudrait-il que l'estimation, pour être appliquée avec quelqu'exactitude, eût eu lieu dans des circonstances semblables ; ce qui est toujours fort difficile.

Il faudrait d'abord que ce mode d'estimation s'étendît à toutes les opérations mécaniques, et à tous les moteurs, pour être à l'usage de tout le monde. Nous sommes bien loin, en mécanique, d'avoir les faits nécessaires pour exprimer, de cette manière, la force des moteurs.

Ajoutons qu'il ne serait, ni plus commode, ni plus exact d'exprimer la force d'un moteur en le comparant à un autre, comme, par exemple, d'évaluer la force d'un *cours d'eau*, en nombre d'hommes ou de chevaux ; car il s'agirait toujours d'avoir une mesure commune et incontestable de ces derniers. Il serait dès lors plus simple de se servir de cette dernière mesure, pour juger la force du cours d'eau.

Cependant, on représente généralement, aujourd'hui, la *force des machines à vapeurs*, par un nombre de chevaux ; mais c'est qu'on n'a pas de mode plus exact, et que souvent on a substitué ces machines aux *manéges* ; on a cru donc, pouvoir exprimer leurs forces par les chevaux qu'elles remplaçaient. Ce mode n'offre, toutefois, aucune détermination précise, puisqu'on n'est pas d'accord sur la quantité réelle de la force d'un cheval. Nous aurons occasion de revenir plus loin sur ce sujet, et de chercher une expression plus satisfaisante de la force des machines à vapeurs.

Nous avons remarqué plus haut, que l'intensité d'une *puissance mécanique*, ou ce que nous considérons comme la même chose, de la force d'un moteur, dépend de la masse du corps qui la recèle, et de la vitesse qu'il a au moment d'agir, ou qu'il peut acquérir pendant la durée de son action. Il est certain qu'une masse ou bien une vitesse, doubles ou triples, donnent une puissance double ou triple, et qu'on peut trouver dans le produit de la masse, par la vitesse d'un moteur, une expression exacte de sa force mécanique, considérée en elle-même et comme agissant à chaque instant ; mais outre les erreurs graves auxquelles pourrait donner lieu l'emploi mal raisonné de ce mode d'estimation, dans les calculs de la mécanique industrielle, où il faut, non pas estimer la force d'une manière absolue et dans un instant d'action, mais bien dans ses relations avec le mouvement ou l'effet qu'elle doit produire ; il présente encore l'inconvénient de s'appliquer vaguement dans bien des cas, et de ne donner, pour la pratique, qu'une valeur indéfinie.

Cette mesure ne présenterait aucune incertitude, aucun vague dans l'application, s'il ne s'agissait que d'opposer à l'action d'un moteur une autre action qui la détruirait : comme, par exemple, à une masse animée d'une certaine vitesse, une autre masse semblable, animée de la même vitesse, dans le sens opposé, ou une masse double avec une vitesse sous-double, ou une masse sous-double avec une vitesse double. Dans chaque cas, c'est une force d'une certaine intensité, opposée à une autre qui lui est égale, d'après une mesure qui leur est commune.

L'industrie donne une autre destination aux moteurs; elle en attend une suite de mouvemens qui doivent passer du moteur au travail à exécuter, et elle ne peut juger des forces, que par le travail qu'elles font ou qu'elles représentent distinctement. La connaissance de la force nécessaire pour arrêter l'action de chaque moteur à tous les degrés de puissance qu'ils peuvent avoir, ou, en d'autres termes, pour faire équilibre à cette action, ne peut lui être d'aucune utilité pratique.

Il lui importe peu, en effet, de savoir quel poids peut faire équilibre à un cours d'eau, au piston d'une machine à vapeurs; quelle charge un homme ou un cheval peuvent porter ou soutenir, sans pouvoir changer de place. Ici il n'y a pas de mouvement; l'idée d'équilibre en suppose la nullité absolue.

Ce n'est donc ni les forces en équilibre, ni la force en elle-même dans un instant de son action, qu'il convient à l'industrie de mesurer; mais le mouvement qu'elles transmettent ou peuvent transmettre successivement, ainsi que l'effet qui en résulte. C'est pourquoi l'on s'est accordé généralement à exprimer la puissance d'un moteur, par un poids et par la hauteur à laquelle il peut s'élever, en une unité de temps quelconque; c'est-à-dire en une seconde, une minute, une heure, ou en une journée de temps.

On ramène ainsi toutes les expressions de puissance mécanique, *à un poids multiplié par la hauteur de son ascension, opérée par un mouvement sensiblement uniforme, en une unité de temps quelconque.*

On peut aussi la représenter par le produit d'un poids, multiplié par la hauteur verticale d'où il descend, avec un mouvement sensiblement uniforme. Ces mesures sont les mêmes : deux poids égaux, descendant d'une certaine hauteur, donnent une puissance mécanique double d'un de ces poids descendu de la même hauteur. Ce même poids, descendu d'une hauteur double, représente une puissance mécanique double de celle qu'il aurait s'il n'était descendu que de la simple hauteur; et ainsi de suite.

On se sert ordinairement du *mètre* pour la hauteur, et du *kilogramme* pour le poids, et l'on appelle, pour la commodité du calcul, *unité dynamique*, un kilogramme élevé à *un* mètre de hauteur. *Mille unités* de cette espèce représentent *un mètre cube* d'eau, élevé à un *mètre*, ou un *kilogramme* élevé à un kilomètre de hauteur (1).

En traitant chaque moteur en particulier, nous ferons connaître la manière de se servir de cette mesure, en nous rapprochant le plus possible des circonstances dans lesquelles se trouve celui qui a besoin du service d'un agent mécanique.

---

(1) *Voyez* Éclaircissemens et Développemens, art. 1ᵉʳ.

CHAPITRE III.

Suite du même sujet: Examen des phénomènes que présente l'action primitive ou immédiate des moteurs.

Le service d'un moteur ne commence qu'au moment qu'il transmet à un corps disposé convenablement le mouvement qu'il recèle.

Communique-t-il tout le mouvement qu'il possède? en conserve-t-il une partie, qui est perdue pour l'effet, pour l'usage qu'on veut en faire, en partageant son mouvement avec le corps qu'il fait mouvoir? ou bien enfin y a-t-il une portion de mouvement qui s'anéantit, qui disparaît irrévocablement, par le seul fait de la communication, ou par quelques autres circonstances inévitables? Ces questions sont d'autant plus importantes à résoudre, que le mouvement moteur est d'un prix assez élevé, et que, par cela même, la dépense doit en être soigneusement surveillée et économisée; que d'ailleurs les mécomptes peuvent être ruineux si, dans un certain cas, l'on s'attendait à recueillir *utilement* tout le mouvement qu'on aurait jugé appartenir au moteur, qu'on se proposerait d'employer dans une opération mécanique.

Pour arriver à la solution de ces questions, nous avons d'abord à examiner ce qui se passe en général dans l'action immédiate des moteurs, c'est-à-dire au moment qu'ils communiquent le mouvement qui leur appartient.

Rappelons-nous qu'en général les moteurs agissent par *percussion* ou par *pression*; qu'on entend par *percussion* l'effet produit par un corps qui, ayant déjà une *vitesse acquise*, ou si l'on veut, un certain mouvement, frappe ou choque un autre corps : tel est l'effet produit par l'eau tombant d'une certaine hauteur sur la *palette* d'une roue, en un mot sur un corps quelconque ; tel serait encore celui que produirait une boule suspendue à un fil, qu'on laisserait tomber sur une autre boule également suspendue et en repos ; enfin qu'on entend par *pression*, l'effet produit par un corps simplement en état de prendre graduellement un mouvement qu'il communique aussi par degrés insensibles au corps sur lequel il s'applique : telle est l'eau, supposée d'abord en repos dans les *augets* d'une roue, et que la pesanteur entraînerait avec la roue, lorsqu'il y en aurait un poids suffisant ; tel est un homme poussant un fardeau devant soi ; tel encore une boule suspendue à un fil, qu'on appliquerait sans choc contre une autre boule suspendue de même, et avec laquelle on pousserait celle-ci en avant.

Or voyons ce qui arrive lorsqu'on fait tomber ou agir par *percussion* un corps sur un autre corps. Du moment que le choc a lieu, les molécules respectives des deux corps tendent à se refouler, et se refoulent en réalité sur elles-mêmes plus ou moins. Si les corps sont *mous*, il s'aplatissent et restent aplatis. Si l'un des deux est liquide, et c'est le cas d'une roue mue par l'impulsion de l'eau, les molécules du liquide rebroussent les unes sur les autres, et tendent à s'échapper de côté. Sont-ils élastiques ? ils s'aplatissent au moment du choc ; mais ils reprennent leurs formes, comme deux ressorts circulaires comprimés l'un sur l'autre les reprennent, lorsque la force comprimante cesse d'agir (1).

______

(1) *Voyez* Éclaircissemens et Développemens, art. 8.

Laissez tomber une boule d'argile molle, suspendue à un fil, sur une autre boule semblable et suspendue de même, vous remarquerez deux effets produits : 1°. les deux boules seront aplaties au point du choc ; 2°. il y aura communication d'une partie du mouvement de la *boule choquante* à la *boule choquée*. Il en sera de même si vous laissez tomber un poids d'eau quelconque sur une pièce de bois mobile : l'eau se refoulera sur elle-même au moment du choc, comme si elle s'aplatissait sur l'obstacle, et la pièce de bois recevra une partie du mouvement de l'eau.

Si vous employez deux billes égales d'ivoire, dont l'élasticité est grande, au lieu de boules d'argile molle, vous n'apercevrez à la vue qu'un seul effet produit. La bille *choquée* aura reçu la totalité du mouvement de la bille *choquante*, laquelle par conséquent restera en repos après le choc. Remarquez bien que ceci n'arrive ni avec les boules d'argile, ni avec l'eau.

Or d'où vient cette différence d'effets produits entre le choc des corps mous ou liquides et celui des corps élastiques? Comment se fait-il que ce ne soit qu'avec les corps élastiques que *tout le mouvement* du corps choquant soit communiqué au corps choqué? La réponse à cette double question fera voir clairement la perte de force qui a inévitablement lieu lorsque des corps, autres que des corps élastiques, agissent par percussion.

Deux billes élastiques, dont l'une tombe sur l'autre, s'aplatissent comme deux billes d'argile au moment du choc ; mais en vertu de l'élasticité, elles reprennent incontinent leurs formes primitives. Il arrive donc alors que la portion comprimée de la bille choquante et celle de la bille choquée agissent l'une sur l'autre, en se détendant, comme le feraient deux cercles élastiques que vous presseriez pendant un instant l'un sur l'autre , et qui se repousseraient mutuellement aussitôt que vous cesseriez de les presser ainsi.

Or l'on conçoit facilement que l'effet du ressort tend à repousser en arrière la bille choquante et en avant la bille choquée ; c'est-à-dire que la bille choquée ne reçoit pas seulement la portion de mouvement qui lui est communiquée au moment du choc , mais encore le mouvement que lui impriment les ressorts opposés des deux billes. Si les deux billes élastiques sont du même poids, la bille choquante restera en repos après le choc, et la bille choquée prendra tout le mouvement, toute la *force* de la première.

Supposez maintenant qu'au moment du choc , le *débandement* des molécules comprimées par le choc soit arrêté à l'instant même qu'il va s'opérer ; il est clair qu'il y aura par le seul fait du choc, une quantité de *force perdue* , égale à celle qui a été employée pour refouler les molécules des deux billes. Or c'est précisément ce qui arrive lorsque les deux billes sont molles : elles s'aplatissent irrévocablement; et si les deux billes sont du même poids chacune, la force mécanique qui leur reste après le choc n'est plus que la moitié de celle qu'avait la bille choquante (1). Dès lors l'aplatissement des deux billes a consommé l'autre moitié de cette force. C'est donc parce que cette moitié est restituée par l'action opposée des ressorts , que, dans le cas de deux billes élastiques, la bille choquée reçoit toute la force de la bille choquante.

Ainsi lorsque le mouvement se communique par percussion, entre des corps qui n'ont point de ressort, ou, si l'on veut, qui n'ont point la faculté de se relever de l'aplatissement ou du

---

(1) *Voyez* Éclaircissemens et Développemens , art. 8.

refoulement des molécules qu'ils ont éprouvé, tels que les liquides ou les corps mous, on peut conclure qu'il y a inévitablement, par le fait seul du choc, une portion de la force primitive perdue à produire ce refoulement qui, dans l'objet qui nous occupe, est entièrement inutile à l'effet qu'on veut obtenir.

Ces faits sont établis par des expériences irréfragables; et si même l'expérience n'avait pas été consultée sur ce point, il serait encore évident aux yeux de la raison que le refoulement de molécules par la percussion est un effet qui exige une certaine dépense de force pour être produit; et que, du moment qu'il y a effet produit, il y a eu *consommation de force* pour le produire, et ici la force consommée est entièrement perdue pour l'effet qu'on se propose.

Cet effet de refoulement de molécules est dans plusieurs opérations industrielles le seul qu'on veuille obtenir, en y consacrant toutefois, en y dépensant toute la force dont on dispose : tels sont le travail du fer sur l'enclume, celui du monnayage, etc. où l'on voit la force s'anéantir dans le simple refoulement des molécules sur lesquelles on opère.

Mais dans le grand nombre de cas où l'on a uniquement pour but de communiquer le mouvement des moteurs à une pièce ou à des pièces destinées à le transmettre, cet effet de refoulement produit par la percussion, consomme de la force sans utilité, et avec divers dommages dont il sera question en son lieu. C'est un fait très-important qu'il ne faut jamais perdre de vue; ajoutons encore que plus le moteur qui agit par percussion a de puissance, ou bien plus le corps qu'il a à mouvoir lui présente de résistance, plus il y a de perte de force dans l'action.

Les choses se passent bien différemment lorsque la communication de mouvement a lieu par *simple pression* : il n'y a point de refoulement de molécules, parce que le mouvement est communiqué par degrés insensibles; par conséquent la force du moteur passe sensiblement sans perte dans les pièces sur lesquelles il agit.

Par la percussion, c'est un coup subit, instantané que le moteur donne à un corps mobile; il tend ordinairement à s'échapper après l'action avec la vitesse qui lui reste; par la pression, le moteur déploie graduellement son action, en restant appliqué sur la pièce qu'il met en mouvement.

Or on conçoit que, pour que le moteur agisse dans ce dernier cas, il faut que sa force se déploie avec une intensité toujours croissante, à mesure que le mouvement qu'il communique au corps augmente lui-même; il faut que la vitesse qu'il tend à prendre à chaque instant soit toujours supérieure à celle du point sur lequel il est appliqué; sans quoi il n'exercerait plus d'action sur le corps qui fuirait devant lui, même avec une vitesse égale, comme nous le verrons ci-après. Ainsi un homme qui ferait mouvoir une machine au moyen d'une *manivelle*, serait obligé, afin de continuer son action comme moteur, d'en augmenter la vitesse dans une proportion d'autant plus grande à chaque instant, que la vitesse de la manivelle s'accroîtrait.

Nous pouvons donc conclure de l'examen que nous venons de faire de la communication du mouvement par *percussion*, ou par *pression*, que pour tirer tout le parti possible d'une force motrice, il faut la faire agir par pression, toutes les fois que les circonstances le permettent. Il est vraisemblablement assez rare qu'on ne puisse ramener, en changeant quelques dispositions, l'action par percussion à une action par pression : c'est ce dont nous aurons plus d'une occasion de nous convaincre.

CHAPITRE IV.

Continuation du même sujet.

Entrons ici dans quelques détails indispensables, et considérons, 1°. dans quel sens le moteur tend à agir à raison de la
manière dont le corps est disposé pour recevoir son mouvement; 2°. les phénomènes d'une autre espèce qu'il présente,
lorsqu'il communique son mouvement par degrés insensibles,
ou lorsqu'il le fait brusquement; 3°. dans quels rapports ou
dans quel état se trouve le corps, ainsi que le moteur lui-
même, pendant la durée de l'action qu'il reçoit de celui-ci,
soit dans le cas d'une action brusque, soit dans celui d'une
action croissant insensiblement; 4°. enfin quelles sont les causes
naturelles, instantes, qui absorbent en pure perte une partie
du mouvement moteur, dans tout le cours de sa transmission.

Le corps, en d'autres termes la portion de machine qui
représente ce que nous avons déjà appelé mode d'application
des moteurs, peut être disposé pour se mouvoir dans le même
sens exactement que le moteur, ou pour recevoir son action à
angle droit, ou bien pour recevoir cette action obliquement
et sous tout autre angle.

Les deux premières dispositions sont les plus favorables à
l'action des moteurs; c'est-à-dire que quand ils poussent le
corps dans le sens même de leur mouvement, ou qu'ils agissent
à angle droit sur la pièce qui reçoit immédiatement le mouvement, la force sur ce point-là conserve tous ses avantages, et
ne perd rien de son mouvement.

Il n'en est pas de même lorsque le moteur exerce son action obliquement, sous un angle aigu ou obtus : la perte du mouvement, dans ce cas, est d'autant plus grande que l'action est plus oblique (1). Aussi une sorte d'instinct chez les praticiens les moins instruits leur fait ordinairement éviter cet inconvénient. Et comme on est généralement le maître de donner telle disposition qu'on veut aux points où les moteurs s'appliquent, l'on a toujours grand soin de rendre l'action soit instantanée, soit continue, la plus directe possible.

La discussion dans laquelle nous sommes entrés dans le chapitre précédent, nous montre clairement les pertes inévitables qui résultent de l'action brusque ou de la percussion du moteur, et que dans tous les cas où il s'agit uniquement de recevoir du mouvement pour le transmettre, on doit éviter soigneusement tout choc, tout changement brusque, et ne pas hésiter à substituer, autant qu'on le peut, la pression à la percussion. Voyons maintenant quels sont les autres phénomènes que présente l'action des moteurs, au moment que la transmission du mouvement s'opère, et passe du moteur, soit en totalité, soit en partie, aux pièces destinées à le recevoir.

Examinons-les dans les deux cas de pression et de percussion.

Pour la pression : supposons, ainsi que l'a fait *Smeaton* (2), un globe de fer de trois mètres de diamètre, parfaitement sphérique, placé sur un plan du même métal, parfaitement dressé pour donner au mouvement du globe toute l'aisance possible. Si un homme entreprend de pousser ce globe, il trouvera que ce corps oppose d'abord une grande résistance pour se mettre

---

(1) *Voyez* Éclaircissemens et Développemens, art. 9.

(2) *Recherches expérimentales sur la quantité et la proportion de la puissance mécanique nécessaire pour imprimer différens degrés de vitesse*, etc.

en mouvement (1); mais l'homme, en continuant ses efforts de pression, le mettra en mouvement par degrés, et il parviendra à le faire rouler aussi vite que lui-même peut courir.

Supposons que pendant la première minute cet homme fasse parcourir au globe l'espace d'*un* mètre : en vertu de ce mouvement qui a commencé à l'état de repos, ce globe continuerait de rouler en avant avec une vitesse de deux mètres par minute, sans le secours de l'action du moteur; attendu que pendant toute la durée de cette première minute, le globe a accumulé en quelque sorte dans son sein toute la suite d'efforts que l'homme a déployés pendant ce temps, ainsi que nous avons vu (*Éclaircissemens et Développemens*, art. 3) que cela se passait pour un corps grave, abandonné à lui-même et obéissant aux lois de la pesanteur.

Mais l'action du moteur continuant de s'exercer jusqu'à la fin d'une seconde minute, il aura imprimé au globe, après ce nouvel intervalle de temps, une vitesse capable de lui faire parcourir un espace de *deux* mètres de plus. Or cette vitesse ajoutée à celle que le globe possédait déjà à la fin de la première minute, en donne une de quatre mètres par minute à la fin de la deuxième minute.

Le moteur continuant ses efforts sur le globe, aura de nouveau ajouté à la fin de la troisième minute un égal accroissement de vitesse, en le faisant marcher à raison de six mètres par minute, et ainsi de suite en augmentant la vitesse du globe de deux mètres par minute. L'homme exerce donc pendant la durée de chaque minute un effort égal sur le globe, et produit conséquemment à chaque intervalle de temps un accroissement égal de mouvement.

---

(1) *Voyez* Éclaircissemens et Développemens, art. 4.

Voyons maintenant ce que le moteur doit faire pour continuer d'agir toujours avec le même effort de pression sur le globe. Dans la première minute, il n'a parcouru qu'un mètre en comptant de son point de départ; mais pendant la deuxième minute il a dû parcourir deux mètres de plus pour se maintenir auprès du globe en mouvement, en continuant son action. Cette continuité d'efforts pendant la deuxième minute, a dû avoir imprimé à la fin de cette deuxième minute une vitesse additionnelle de deux mètres; et l'homme a dû, dans le même temps, changer sa propre vitesse dans le rapport de deux mètres à quatre, pour rester près du globe. L'espace qu'il sera obligé de parcourir dans la deuxième minute sera donc de trois mètres, en prenant, bien entendu, une vitesse moyenne entre les accroissemens successifs de vitesse qui correspondent au commencement et à la fin de cette deuxième minute. Il en résulte que la distance du point de départ au point d'arrivée étant *d'un* mètre *au commencement* de la deuxième minute, la somme des espaces parcourus *à la fin* de cette deuxième minute sera de quatre mètres, à compter du point de départ.

Ensuite, comme le moteur a imprimé au globe une vitesse de quatre mètres par minute, il doit au *commencement* de la troisième, parcourir non-seulement quatre mètres pour suivre le globe, mais encore *un* mètre de plus pour pouvoir continuer le même effort, et accroître la vitesse de deux mètres. Ainsi dans la troisième minute il faut qu'il parcoure cinq mètres, afin d'exercer le même effort que dans la première minute. Ces cinq mètres parcourus dans la troisième minute, ajoutés aux quatre mètres parcourus dans les deux minutes précédentes, forment un espace de neuf mètres parcourus depuis le point de départ. Le moteur a dès lors imprimé au globe une vitesse capable de lui faire parcourir uniformément un espace de six mètres par minute. Ces phénomènes se succèdent de la même manière dans les quatrième, cinquième minutes, etc.

Revenons : dans la première minute le moteur a produit une vitesse de deux mètres, dont le carré est quatre mètres, et il n'était alors éloigné que *d'un* mètre de son point de départ.

A la fin de la troisième minute il avait produit une vitesse de 6 mètres par minute, dont le carré est 36, et il avait parcouru 9 mètres.

Or puisque le carré de la vitesse engendrée à la fin de la première minute, est au carré de la vitesse engendrée à la fin de la troisième, comme 4 est à 36, ou comme 1 est à 9, et puisque les espaces parcourus par le moteur pour communiquer ces vitesses sont aussi comme 1 est à 9, il suit évidemment que les espaces que le moteur doit parcourir pour communiquer ces vitesses respectives (en supposant toutefois, comme nous l'avons fait, une action constante de la part du moteur), doivent être comme les carrés des vitesses imprimées au globe.

L'exemple que nous venons de rapporter représente exactement la manière d'agir, par pression, d'un moteur quelconque, ainsi que les relations qui s'établissent nécessairement entre le corps qui possède une force motrice et celui qui est disposé pour la recevoir par communication.

Nous nous bornerons pour le moment à faire sur cet exemple les remarques suivantes :

1°. Le moteur accroît sa vitesse à mesure que celle qu'il donne au globe accroît elle-même, mais toujours par degrés insensibles et d'instans en instans ; de telle manière que la communication du mouvement s'opère sans choc, et par conséquent sans perte de ce côté-là.

2°. Il faut que le moteur soit doué de la faculté d'augmenter ainsi sa vitesse ; car du moment qu'il aurait atteint une limite de vitesse, que par sa nature il ne pourrait dépasser, il n'exercerait plus d'action sur le corps, qui se mouvrait alors avec la vitesse acquise jusque-là, tant que quelques obstacles extérieurs ne viendraient pas diminuer son mouvement. Ainsi, après la première minute d'action de l'homme sur le globe, ce globe avait une vitesse acquise de deux mètres par minute : supposons que cette vitesse de deux mètres par minute fût la limite de celle du moteur, ou, en d'autres termes, la plus grande vitesse qu'il pût prendre, il est évident qu'il ne pourrait plus exercer d'action sur le globe, puisque celui-ci fuirait devant l'effort aussi vite que l'effort se porterait vers lui.

3°. Que si le moteur, au lieu de déployer sa vitesse à mesure qu'il en communique au corps, commençait à agir avec une vitesse acquise sur le corps en repos, il y aurait choc et changement brusque, et par conséquent perte de mouvement; que si au contraire le corps qui doit recevoir le mouvement avait une vitesse au moment de l'action, tandis que le moteur, sans en posséder encore, aurait seulement la faculté d'en acquérir, alors il pourrait y avoir perte de mouvement, dans l'effet produit pour entraîner la masse du moteur, jusqu'au moment qu'il aurait acquis la vitesse nécessaire pour agir; il pourrait y avoir perte de même, s'il n'y avait qu'une simple différence de vitesse en faveur de celle du point d'application du moteur sur la vitesse initiale de celui-ci. Pour éviter cette perte, il faudrait toujours ramener l'égalité entre ces deux vitesses, si le cas se présentait.

4°. Si le moteur était de nature à accroître brusquement de vitesse pendant le cours de son action, il y aurait perte également, parce qu'il y aurait choc et changement brusque.

5°. Enfin, que dans l'action d'un moteur par pression, doué de la faculté d'accroître sa vitesse ou de tendre à l'accroître,

tant qu'il reste appliqué sur le corps qui reçoit le mouvement,
il est avantageux de disposer le mode d'application représentant
ce corps, de manière qu'il ait le moins de vitesse possible, afin
d'une part, que le mouvement du moteur soit reçu aussi près
de sa naissance que les circonstances le permettent, et d'autre
part, afin qu'il reste le plus long-temps possible en action sur
le point d'application qui le reçoit pour le transmettre au travail. Nous entrerons dans d'autres détails à ce sujet, quand nous
traiterons les moteurs en particulier.

Voyons maintenant ce qui se passe lorsque le moteur agit
par *percussion*.

Lorsque le moteur agit par percussion, il a, comme nous
l'avons déjà dit, une vitesse acquise; il ne jouit point, avec ce
mode d'action, de la faculté d'accroître sa vitesse pendant toute
la durée de cette action; bien au contraire, il en perd par l'effet
de l'impulsion sur le corps, et s'échappe après, avec moins de
vitesse qu'avant, lorsque le corps lui oppose quelque résistance.

Ou le corps lui oppose une résistance invincible, et alors le
mouvement se dissipera sans communication sensible, et par
conséquent sans effet industriel : c'est comme une pierre lancée
contre un rocher qu'on voudrait déplacer ; ou le corps cédera
sans résistance, et alors il prendra toute la vitesse du moteur,
mais de même sans effet utile : telle serait une petite roue hydraulique très-légère, qui tournerait isolée sur un courant d'eau
sans rien faire marcher ; ou enfin le corps cédera avec quelque
résistance, et il prendra une vitesse plus ou moins différente de
celle du moteur, mais toujours moindre, et alors il y aura
production d'un travail mécanique quelconque représenté par
cette résistance.

Pour jeter quelque jour sur ce sujet, qui mérite toute notre
attention, revenons à l'exemple du globe de fer dont nous avons

parlé plus haut; mais supposons 1°. que c'est un moteur quelconque qui agit par percussion; 2°. que la vitesse dont il est capable soit de 40 centimètres par seconde; qu'il ne peut la dépasser, et qu'il tend toujours à agir avec cette vitesse; 3°. que le globe de fer est destiné à écraser, par exemple, certaines matières répandues uniformément sur le plan sur lequel il doit rouler.

Admettant pleinement ces suppositions, suivons attentivement les phénomènes que la raison seule va nous faire découvrir : si le globe est tellement lourd que la force du moteur ne soit pas suffisante pour l'ébranler, cette force se consommera sans utilité; il n'y aura point de matière écrasée, et par conséquent point d'effet. Si le globe est tellement léger qu'il effleure à peine, en se mouvant, les matières répandues sur le plan, et ne présente ainsi aucune résistance apparente à l'action du moteur, on peut supposer que celui-ci lui aura bientôt imprimé sensiblement la vitesse qu'il possède; et tant que le globe conservera cette égalité de vitesse, le moteur ne pourra exercer aucune action sur lui, puisque le globe fuira aussi vite devant le moteur que celui-ci se meut pour l'atteindre. Le mouvement ne sera pas anéanti comme dans le cas précédent, mais il n'y aura point de matière écrasée, et l'effet à produire sera nul. Il est donc nul, soit que le globe ne se meuve pas, à raison de sa lourdeur; soit qu'il se meuve aussi vite que le moteur, à raison de sa grande légèreté.

Ainsi pour produire son effet, il faut que le globe soit animé d'une vitesse nécessairement moindre que celle du moteur. Plus il aura de masse, moins il prendra de vitesse, mais aussi plus, *à chaque moment,* la matière pourra être écrasée par la lourdeur du globe. Moins il aura de masse, plus il prendra de vitesse, plus la surface des matières à écraser qu'il parcourra dans un temps sera étendue, mais aussi moins la matière sera écrasée *à chaque moment.*

Que devient le moteur dans les différens rapports de vitesse dans lesquels il peut se trouver avec le globe? En commençant son action, le moteur a exercé toute l'impulsion dont nous l'avons supposé capable, c'est-à-dire tout son effort de masse, animée d'une vitesse de 40 centimètres par seconde. Supposons, pour simplifier, que le globe acquière par cette impulsion une vitesse uniforme de 30 centimètres par seconde; le moteur n'agit plus alors qu'avec son excès de vitesse sur celle du globe, ou 10 centimètres de vitesse par seconde, puisque celui-ci se soustrait à son action avec une vitesse qui est dans le rapport de 30 à 40, ou de 3 à 4. Le moteur, pour continuer son action sur le globe ainsi en mouvement, doit pourtant rester animé de sa vitesse de 40 centimètres par seconde.

Or le globe ne reçoit, à chaque impulsion, que *le quart* de ce qu'il a reçu lorsqu'il était en repos; il reste donc au moteur, après chaque impulsion, les *trois quarts* de sa vitesse primitive, sans emploi ultérieur, et ordinairement avec laquelle il s'échappe, telle étant sa nature; car il s'échappe évidemment avec la même vitesse que celle du corps qu'il a mis en mouvement.

Mais, pourrait-on dire, pour tirer plus de parti de la vitesse du moteur, il vaudrait mieux, en restant dans notre exemple, faire le globe d'une masse telle, qu'il ne se mût qu'avec la plus petite vitesse possible, afin que l'action du moteur fût la plus puissante possible, à chaque impulsion, que le globe réalisât assez de la vitesse du moteur, en l'absorbant pour ainsi dire, et ne lui laissât que la vitesse nécessaire pour s'échapper et faire place à une nouvelle impulsion.

Cette idée serait, en général, fondée, s'il s'agissait d'un

moteur par simple pression ; mais elle ne l'est point pour un moteur par impulsion, et voici en général pourquoi : plus le moteur a de vitesse, eu égard à celle du corps à mouvoir, plus le choc est violent, à chaque impulsion, et plus, d'après ce que nous avons vu précédemment, la perte du mouvement est grande. On est donc obligé de disposer les choses de manière que le corps qui reçoit le mouvement prenne plus de vitesse et que par conséquent le moteur en conserve davantage après chaque impulsion : le sacrifice de cette vitesse est moins onéreux que ne le serait la perte de force occasionée par un choc violent. Mais quelle est la vitesse la plus convenable à donner ? C'est ce que nous verrons plus loin.

Concluons de ce qui précéde, 1°. que l'action la plus forte que le moteur puisse exercer sur le corps qu'il doit mouvoir par impulsion, a lieu lorsque ce corps est en repos ; 2°. que l'action est nulle ou presque nulle, lorsque le corps, ou si l'on veut, la machine a pris la même ou presque la même vitesse que le moteur ; que par conséquent l'action du moteur augmente à mesure que la vitesse de la machine se ralentit, ou diminue à mesure que celle-ci augmente ; 3°. que le point d'application du moteur sur la machine ne peut jamais prendre plus de vitesse que le moteur : attendu que l'effet ne peut pas être plus grand que la cause qui le produit.

Voilà bien les faits principaux d'après lesquels nous pouvons réduire à sa juste valeur le service d'un moteur, et mesurer la perte réelle de mouvement qu'il n'est pas possible d'éviter entièrement. D'autres causes de perte viennent encore concourir avec celles que nous avons exposées plus haut.

CHAPITRE V.

Continuation du même sujet : Du frottement et de la résistance des milieux en général, comme causes de perte dans le service du mouvement-moteur.

La pesanteur est une des sources où l'industrie va puiser de la force ; mais elle est aussi immédiatement une des causes de perte de mouvement, soit quand elle sert elle-même de cause motrice ; soit quand on se sert de tout autre moteur.

Il est impossible d'abord qu'agissant seule, elle puisse imprimer au mouvement qu'elle produit, une direction différente de celle qu'elle prend elle-même dans son action : un corps isolé soumis à l'action de la pesanteur, tombe directement de haut en bas ; mais ce mouvement de haut en bas est loin de suffire aux besoins de la mécanique industrielle ; et toutes les fois qu'on veut obtenir une autre direction de mouvement dans la *masse motrice* qu'anime la pesanteur, il faut la placer sur un plan plus ou moins incliné et perdre du mouvement par ce fait seul, comme nous allons le voir.

Ensuite, si vous avez à transmettre ce mouvement à un corps quelconque, il faut que ce corps soit supporté ; de plus la résistance qu'il présentera à l'action motrice, sera d'autant plus grande qu'il sera plus pesant. Vous avez donc à lutter ainsi contre les efforts de la pesanteur, même quand elle est cause motrice. Il y a perte de mouvement, toutes les fois qu'on la contrarie dans son action naturelle de haut en bas.

Cette perte vient de l'obligation où nous sommes de faire reposer toujours sur d'autres corps, ou supporter de différentes manières, ceux que nous avons à faire mouvoir : c'est ainsi que pour imprimer à un corps une autre direction de mouvement que celle de la pesanteur, nous le faisons glisser ou rouler sur un plan quelconque ; que nous traînons un fardeau appuyé sur la surface de la terre ; que nous posons les deux extrémités de l'axe d'une roue sur des coussinets fixes, etc.

Les corps se meuvent donc toujours sur d'autres corps ; mais voyons en quoi ceci peut occasioner une perte de mouvement.

La surface de tous les corps solides de la nature est parsemée de pores (1) et hérissée d'aspérités. Celle qui paraît la plus polie à la vue simple, est comme raboteuse, vue à la loupe, et elle l'est réellement. Or, qu'arrive-t-il, lorsque deux masses de bois ou de métal pèsent de tout leur poids, appliquées l'une sur l'autre ? Les aspérités de l'une s'engrènent dans les pores de l'autre, et réciproquement ; que si l'on veut en faire glisser une sans les séparer, il faudra briser, arracher ces aspérités ; de même qu'il faudrait briser les dents de deux scies engagées les unes dans les autres, si on voulait faire glisser l'une de ces scies. Or, il faut un effort pour rompre ces aspérités ; il y a une résistance à vaincre, il y a inévitablement un premier obstacle au mouvement, et, pour le vaincre, il faut consommer une portion de la force en service, sans utilité pour le travail à faire.

Cette résistance, on l'appelle *résistance des frottemens*.

On voit clairement que la pesanteur y donne principalement lieu ; cependant cette résistance se présente de même lorsque les corps se meuvent appuyés plus ou moins fortement les uns sur les autres, par toute autre cause quelconque.

---

(1) *Voyez* Éclaircissemens et Développemens, art. 5.

1.   5

On distingue deux espèces de frottemens : celui du premier genre, lorsqu'un corps glisse sur un autre, comme un morceau de bois sur une autre matière quelconque; celui du second genre, lorsqu'un corps roule sur un autre corps, comme une bille sur un billard, une voiture sur le pavé. Il est facile de concevoir que le premier genre de frottement doit présenter plus de résistance que le second : on sait quelle différence on trouverait, pour l'effort à faire, de traîner une voiture sur ses roues, ou sans roues, ou avec ses roues enrayées.

Pour nous représenter distinctement l'effet de ces deux espèces de frottemens, prenons deux roues dentées engrénées : si nous voulons faire *glisser tangentiellement* la première sur la seconde, il faudra briser leurs dents, et la résistance sera très-considérable, quelle que soit la petitesse des dents; mais si nous faisons rouler l'une sur la circonférence de l'autre, la résistance sera peu sensible, parce que les dents se désengrèneront au fur et à mesure que la roue avancera, par son mouvement de rotation. Or, ce qui a lieu pour les roues dentées, a lieu aussi pour tous les corps qui frottent en glissant ou en roulant : dans le premier cas, les aspérités se brisent; dans le second, elles se désengrènent sans se briser.

Pour ne pas embarrasser la marche de la discussion qui nous occupe, il nous suffit d'indiquer le frottement comme une cause de perte dans la transmission du mouvement-moteur au mode d'application qui le reçoit; nous renvoyons pour tout ce qui est relatif à la valeur des frottemens et aux faits qu'ils présentent, aux *Éclaircissemens et Développemens*, art. 7.

La seconde cause de perte de mouvement est ce qu'on appelle *la résistance des milieux*.

On entend ici par *milieux* les fluides dans lesquels les corps sont ou peuvent être plongés. Ils sont, comme on sait, tous plongés dans l'air à la surface de la terre, et en général ils doivent inévitablement s'y mouvoir. Dans certaines opérations mécaniques ils se meuvent dans l'eau, ou même dans quel-qu'autre liquide plus ou moins *dense* (1).

Or, ces fluides devant être déplacés, chassés à chaque instant par les corps, par les machines qui se meuvent dans le sein de ces fluides, présentent manifestement une résistance qui diminue peu à peu le mouvement et tend à l'anéantir, sans aucune utilité pour le travail que le moteur doit exécuter.

Cette résistance augmente, 1°. en raison de la densité du milieu dans lequel le corps se meut : ainsi, comme l'eau est en-viron huit cents fois plus dense que l'air, une machine qui se mouvrait dans l'eau aurait à vaincre une résistance huit cents fois plus considérable que dans l'air.

2°. En raison de la surface du corps qui se meut en dépla-çant le fluide : car plus il a de surface, plus dans son pas-sage il heurte de particules matérielles auxquelles il doit né-cessairement communiquer une portion de son mouvement ; ce qui ne peut être qu'au détriment du moteur.

3°. Enfin, la *résistance des milieux* est d'autant plus grande que la machine va plus vite. L'expérience a appris qu'elle croît comme le *carré de la vitesse :* en effet, si les pièces d'une machine ont une *vitesse double*, elles rencon-trent, dans le même temps, le double de particules matérielles qu'elles doivent déplacer ; voilà déjà une résistance double ; mais avec *cette vitesse double*, ces pièces ont une quantité de mouvement *double*, avec laquelle elles heurtent le fluide qui réagit (2) sur elles avec la même force. La résistance est donc

---

(1) *Voyez* Éclaircissemens et Développemens, art. 5.
(2) *Idem*, art. 4.

évidemment *quadruplée*. Ainsi la résistance qu'une roue hydraulique éprouve de la part de l'air dans lequel elle est naturellement plongée , croît comme le carré de sa vitesse ; et
si , par une disposition quelconque, on doublait sa vitesse , l'air
lui résisterait *quatre fois plus*.

Nous remarquerons en outre que si un corps se meut dans
un fluide déjà animé d'une vitesse *égale à la sienne* et dans le
même sens, la résistance est dans ce cas nulle ; que si le fluide
est animé d'une vitesse *plus grande* dans le même sens, le corps
gagne du mouvement : c'est une impulsion nouvelle qui s'exerce
sur celui-ci. S'il en avait plus que le fluide, il perdrait moins
que dans un fluide en repos, mais il en perdrait toujours. Il
perdrait encore davantage, s'il se mouvait en sens contraire
dans le fluide animé d'une vitesse quelconque : car non-seulement il devrait vaincre la résistance ordinaire du milieu, mais
encore la quantité de mouvement que celui-ci posséderait et
lui opposerait.

Ainsi , en nous résumant , action oblique du moteur sur la
machine qui doit recevoir le mouvement ; communication du
mouvement brusque et par choc ; frottement des pièces mouvantes destinées à transmettre l'action du moteur ; enfin, résistance du milieu dans lequel elles se meuvent : telles sont les
causes principales et instantes de la perte du mouvement-moteur , lorsqu'il passe de son point d'application au travail à
exécuter. On peut éviter les deux premières jusqu'à un certain
point; mais , à la rigueur , les deux autres sont inévitables. Ces
causes peuvent tellement influer, dans certains cas, qu'avec
un moteur puissant, on pourrait ne produire qu'un travail ou
qu'un effet utile très-médiocre. C'est pourquoi il est d'une
grande importance d'y avoir égard dans les dispositions à faire
pour mettre un moteur en activité de travail.

CHAPITRE VI.

Continuation du même sujet : Des lois fondamentales qui régissent les effets mécaniques.

Nous voici arrivés au moment d'examiner trois lois fondamentales qui régissent les effets mécaniques, c'est-à-dire, la quantité de travail fait, eu égard à l'étendue de force qu'il faut déployer pour produire cette quantité.

La première de ces lois est : *que tout effet mécanique est proportionnel à la puissance du moteur employé pour le produire.*

Cette loi, si évidente par elle-même, n'aurait besoin d'aucune explication, d'aucun développement, si nous n'avions pas chaque jour l'occasion de voir des personnes qui s'occupent de machines, l'ignorer entièrement, ou ne pas la comprendre dans sa rigueur et dans toute son étendue.

Un effet mécanique quelconque, comme, par exemple, élever une quantité donnée d'eau à une certaine hauteur; moudre une certaine quantité de blé; laminer telle quantité de fer, à telle épaisseur; carder telle quantité de laine ou de coton; tirer à la filière telle quantité de métal, à telle grosseur, etc., etc., exige rigoureusement une certaine quantité de dépense de force motrice pour le produire; et si l'on veut obtenir un effet double ou triple, il faut, comme nous le savons déjà, une dépense double ou triple.

Mais qui peut faire cette dépense de force? est-ce le moteur ou la machine? Ce n'est pas la machine; car, quelque simple ou quelque compliquée qu'elle soit , quelque ingénieuses ou quelque communes qu'en soient et la conception et la construction , elle est et sera toujours une masse inerte par elle-même , composée de morceaux de bois, de fer ou de cuivre : abandonnée à elle-même , le repos est son état naturel, et elle ne peut en sortir que par une *puissance extérieure.* Il n'y a que le mouvement qui puisse engendrer le mouvement : or, la machine n'a que celui qu'elle reçoit, et ne peut ni en recevoir , ni en transmettre plus qu'on ne lui en donne.

Ce n'est donc que du moteur que peut venir la puissance : lui seul se trouve dans les conditions rigoureuses de la puissance , savoir : mouvement naturel dépendant de sa nature , ou faculté inhérente de le faire naître.

Mais chaque moteur a une certaine dose de puissance; il possède la faculté de produire une certaine quantité de mouvement *plus ou moins limitée.* On aurait beau imaginer toutes les combinaisons mécaniques possibles, on ne pourrait pas faire que sa puissance devînt plus grande qu'elle n'est, ou, en d'autres termes, qu'il eût une faculté qu'il n'a pas.

Il ne peut donc donner que le mouvement qu'il possède , et rien au delà : encore savons-nous qu'il en perd en le donnant. L'effet mécanique est donc évidemment proportionnel à la puissance du moteur; et une fois que l'effet obtenu se rapproche le plus possible, par sa valeur, de celle attribuée à la puissance motrice , le génie le plus fécond en combinaisons mécaniques ne peut et ne pourra jamais rien produire au delà , à moins qu'on ne puisse admettre qu'un effet physique peut être plus grand que la cause qui l'a produit ; ce qui sera toujours contraire à la raison humaine.

Mais après tout , on pourrait demander : à quoi servent les machines ? Nous le dirons fort en détail dans le second volume.

Nous nous bornerons à remarquer ici, d'une manière générale et comme une nouvelle conclusion de ce qui précède, que, quoique les machines n'ajoutent absolument rien à l'intensité de la puissance motrice, on voit cependant dans certains cas particuliers, dans telle fabrique, dans telle usine, qu'on ne tire pas de la force dont on se sert tout le parti possible, et que par une combinaison mécanique, par une machine mieux entendue, on pourrait moudre, scier, carder ou laminer davantage avec la même force : mais ce n'est pas à dire pour cela qu'on dépasserait les limites naturelles de la puissance employée ; ce qui serait absurde.

Si l'on connaissait exactement, par expérience, la valeur de chacun de ces effets mécaniques, exprimée par un poids descendant uniformément d'une certaine hauteur, il suffirait, pour savoir si l'on tire tout le parti possible de la puissance, de comparer cette valeur à la valeur du moteur exprimée de la même manière : si ces deux valeurs se rapprochaient de l'égalité, c'est-à-dire, si l'on trouvait très-peu ou le moins possible de force perdue, en comparant le poids et la hauteur, équivalens de l'effet mécanique à produire, avec le poids et la hauteur qui représentent la force naturelle du moteur, on ne pourrait espérer de trouver un meilleur moyen d'exécuter l'opération mécanique qui présenterait un pareil emploi de la force ; et toutes les recherches, *sous ce rapport*, seraient entièrement oiseuses et chimériques.

La seconde loi dérive des faits relatifs à la vitesse qu'il convient de laisser prendre au mode d'application d'un moteur donné, pour faire le plus grand travail possible par son service.

Il faut distinguer ici *les moteurs animés, ainsi que les moteurs qui agissent par impulsion, des moteurs inanimés qu'on fait agir par simple pression.*

Nous mettons dans la même catégorie les moteurs animés et les moteurs inanimés par impulsion, par rapport à cette loi, non pas parce que les premiers agissent ordinairement par impulsion, ce qui n'est pas, car ils agissent presque toujours par pression; mais bien parce que leur constitution physique ne leur permet pas de dépasser une certaine vitesse, et que telle autre vitesse déterminée en deçà de cette limite les fatigue moins et donne lieu à un plus grand effet.

Rappelons-nous, en outre, qu'au sujet des moteurs par impulsion, nous avons remarqué que le corps destiné à recevoir et à transmettre le mouvement pouvait, dans deux cas, ne produire *aucun effet industriel :* ou lorsqu'il *absorbait*, sans se mouvoir, toute la force du moteur, à raison de sa résistance excessive; ou lorsqu'il prenait sensiblement toute la vitesse du moteur, à raison de l'absence presque totale de résistance; en outre qu'il y avait une vitesse intermédiaire à prendre, et qu'on était obligé, pour tirer tout le parti possible des moteurs, de faire le sacrifice d'une portion de leur impulsion, en faveur d'une moindre perte que donne un choc moins violent.

Or, il est de fait qu'il y a un point, une certaine vitesse qui donne pour chaque moteur le plus grand effet possible; et cette vitesse est telle que les degrés de toutes les vitesses qui la précèdent ou qui la suivent causent, pour un moteur inanimé, ou une perte par le choc trop considérable, en comparaison avec ce qu'on gagne par l'accroissement de l'impulsion; ou une trop grande perte d'impulsion, comparée avec ce qu'on gagne par un choc moindre.

Et quant aux moteurs animés, il y a tel degré de vitesse qui leur permet de continuer long-temps une suite d'efforts constans, sans altérer leur constitution, et de rendre la quantité de travail fait le plus grand produit possible, eu égard à cette masse de travail et au temps pendant lequel il a été fait.

Un exemple va tout éclaircir : Supposons qu'un homme, au moyen d'*un treuil* ou de quelque autre machine, élève un poids de 40 kilogrammes à une certaine hauteur, en 6 minutes de temps; il élèvera 10 poids pareils en une heure et 40 en 4 heures : l'on a donc $40 \times 40 = 1600$ kilogrammes, élevés à cette hauteur, qui expriment le travail ou l'effet mécanique que cet homme a produit en 4 heures de temps. Il l'a produit avec un certain effort, et avec une certaine vitesse d'action.

Supposons maintenant qu'on diminue le poids qu'il doit monter, et qu'on le réduise à 36 kilogrammes : l'homme pourra agir avec un peu plus de vitesse, sa charge étant moindre, et élever le poids, par exemple, en 5 minutes. A fatigue égale, il élèvera donc 48 de ces poids en 4 heures, et son travail, pendant ce temps, sera représenté par $36 \times 48 = 1728$ kilogrammes élevés à la même hauteur.

Supposons enfin qu'on réduise le poids à élever à 25 kilogrammes, et que l'homme ne puisse, sans prendre une vitesse fatigante, l'élever en moins de 4 minutes, il élèvera donc 60 poids semblables en 4 heures, et l'effet produit, pendant ce temps, sera $25 \times 60 = 1500$ kilogrammes élevés à la même hauteur.

Comparez maintenant ces travaux : avec 40 kilogrammes de charge, l'effet produit est un poids total de 1600 kilogrammes élevé à une certaine hauteur en 4 heures de temps; avec 36 kilogrammes, c'est un poids de 1736 kilogrammes, élevé à la même hauteur, dans le même temps; et avec 25 kilogrammes, ce n'est plus qu'un poids total de 1500 kilogrammes, élevé toujours à la même hauteur et dans le même temps.

On voit que le poids de 36 kilogrammes et la vitesse que l'homme a pu prendre, pour l'élever, donnent le plus grand produit et qu'au delà et en deçà de cette vitesse et de cette charge, le produit est moindre.

Ceci s'applique aux moteurs inanimés par impulsion, comme aux moteurs animés ; et une suite d'expériences directes peut déterminer ainsi pour chacun, à quelle vitesse répond le plus grand produit qu'il est possible d'obtenir.

C'est donc une loi de la nature, que *ces moteurs ont un maximum d'effet, qui dérive de la vitesse qu'on laisse prendre au point sur lequel ils s'appliquent, pour communiquer leur mouvement.*

Le degré de vitesse qui convient au *maximum d'effet* varie avec les différentes espèces de moteurs, et souvent même par différentes circonstances : ce n'est donc que par expérience qu'on peut le déterminer d'une manière certaine et directement applicable. Pour les moteurs animés, elle varie pour ainsi dire, avec chaque individu et avec chaque mode d'application.

Les moteurs inanimés par pression présentent-ils aussi un *maximum d'effet* dans le sens que nous venons de l'entendre pour les autres? Avant de répondre, essayons de marquer bien clairement la différence qu'il y a, sous ce rapport entre les uns et les autres. Nous ne pouvons trop chercher à approfondir ce sujet important.

Dans le service d'un moteur par impulsion, soit inanimé, soit animé, il y a une alternative qui ne se trouve point dans celui d'un moteur inanimé par simple pression : dans l'eau, si la portion de machine qui reçoit le mouvement, à son origine, a trop de vitesse, l'impulsion ou l'effort sont trop faibles ; si elle prend trop peu de vitesse, parce que la résistance relative est

très-grande , il y a trop de perte dans le choc , ou trop de fatigue dans l'action , si le moteur est animé : il y a donc un certain milieu à prendre , et c'est précisément ce milieu qui donne
le *maximum d'effet.*

L'action d'un moteur inanimé par pression , qui se développe , comme on le sait , par degrés insensibles sur la portion
de machine sur laquelle il s'applique , est d'autant plus efficace ,
qu'elle y reste plus long-temps appliquée ; et elle est dans le cas
d'y rester d'autant plus long-temps , et d'agir d'autant plus efficacement , que le point d'application prend moins de vitesse.

On peut induire de là que , puisque le *maximum d'effet*
est attaché à la plus petite vitesse possible du point d'application , les moteurs inanimés par pression ne donnent point lieu
à un *maximum d'effet* , comme nous l'avons compris pour les
autres : car si l'on attribuait le *maximum d'effet* à une certaine vitesse très-petite , on n'aurait qu'à supposer une vitesse
plus petite encore , et le point du *maximum d'effet* se trouverait
déplacé. Ce qui ne peut pas être pour les autres moteurs.

Il n'y a donc rien , dans les circonstances de l'action d'un
moteur inanimé par pression , qui conduise à déterminer ,
avec précision et *pour tous les cas* , la vitesse qui convient au
maximum d'effet , si ce n'est qu'elle doit être la plus petite
possible ; et ce n'est que dans ce seul sens que la loi que nous
examinons s'applique à ce genre de moteur comme à l'autre.

Mais qu'entend-on par la plus petite vitesse possible ? Ces
mots sont bien vagues ; ils peuvent à peine suffire à des raisonnemens purement spéculatifs ; ils ne suffisent point pour
la pratique. Peut-on diminuer la vitesse autant qu'on le
veut , jusqu'à la rendre presque insensible et obtenir le plus
grand effet ? L'expérience répond que non ; qu'on ne peut descendre au-dessous d'une certaine vitesse , très-petite à la vérité,

sans altérer l'effet du moteur ; qu'il y a par conséquent certaines limites de vitesse dans lesquelles il faut se renfermer pour tirer tout le parti possible de la force motrice.

Mais, encore un coup, ceci ne dépend point de circonstances inhérentes à l'action même du moteur, mais à d'autres qui lui sont étrangères et dont nous parlerons à l'article de l'*eau*, considérée comme moteur, que nous avons principalement en vue dans ce moment.

CHAPITRE VII.

Suite du même sujet.

Revenons, par un exemple, sur ce qui précède, pour nous préparer à bien saisir les divers détails qui nous restent à développer sur ce sujet, dans les chapitres suivans, et pour offrir une sorte de récapitulation des phénomènes que nous avons passés en revue.

Imaginons une roue verticale sur la circonférence de laquelle on a placé des *ais* de planche, dans le sens des prolongemens des rayons, et de manière qu'on puisse placer, sur chacun, des poids égaux, destinés à faire tourner la roue ; supposons que ces poids, qu'on ne place qu'un à un, soient préalablement disposés sur un appui, sur une espèce de table, à une certaine élévation, de telle façon qu'à mesure qu'un *ais* passe devant cet appui, on puisse glisser le poids dessus ; en outre qu'une corde, à l'extrémité de laquelle on a attaché un fardeau, s'enroule sur la circonférence de la roue même qui doit traîner ce fardeau.

Nous pouvons nous permettre de supposer encore que chaque poids agit toujours avec le même avantage, à compter du point élevé, où on le glisse sur *l'ais*, jusqu'au point le plus bas de la roue, et que là seulement il l'abandonne et tombe par terre.

Pour faire passer notre roue de l'état de repos à celui de mouvement, il est évident que chaque poids doit surpasser de quelque chose, non-seulement le poids du fardeau, mais ce dernier réuni à celui qui représente la résistance des frottemens, etc., sans quoi le mouvement n'aurait pas lieu, tant que le fardeau resterait dans le même état.

Mais nous supposons que chaque poids, qui représente ici, comme on le sait, l'action de la pesanteur, suffit pour vaincre ces résistances, et que la roue commence à se mouvoir au moment même que le premier poids est glissé sur un *ais*.

Nous pouvons produire l'effet proposé de traîner le fardeau de deux manières différentes, savoir : ou par un mouvement de rotation intermittent, ou par un mouvement de rotation continu.

Par la première manière, nous glissons le poids sur *l'ais*; il entraîne, avec une certaine vitesse, la roue qui fait une portion de tour et fait marcher, pendant ce temps, le fardeau d'une quantité égale à cette portion de circonférence décrite. On attend le repos de la roue avant de remettre un nouveau poids, et on amène ainsi le fardeau à plusieurs reprises.

La durée de l'action d'un poids sur *l'ais* de la roue peut, à la rigueur, s'étendre par deux causes différentes : ou parce que la vitesse que la roue prend est très-petite, ou parce que ce poids est placé au *plus haut point possible* de la roue, et qu'il a par conséquent plus de chemin à faire avant d'être en bas et de l'abandonner.

Dans le premier cas, il faut que le poids surpasse peu les résistances qu'il a à vaincre, pour n'imprimer qu'une très-petite vitesse à la roue. Le fardeau se mouvera très-lentement et aussi lentement que le poids, et le travail avancera peu à chaque fois : mais il est à remarquer qu'on aura moins de poids à placer dans le même temps, ou ce qui est la même chose, qu'on dépensera moins de force dans le même temps, que si, allant plus vite, il fallait faire succéder les poids plus rapidement.

Puisque le fardeau, traîné qu'il est sur un terrain horizontal, fait, dans le même temps, le même chemin que le poids dans sa portion de révolution sur l'*ais* de la roue, il est évident que le même effet mécanique a lieu, que le poids aille vite ou lentement, que la durée de son action soit longue ou courte : seulement le travail se fait dans un temps plus court si la roue va vite, et dans un temps plus long si la roue va lentement; mais le fardeau n'aura pas fait un centimètre de chemin de plus dans les deux suppositions.

Cependant pour continuer le travail dans l'une et dans l'autre de ces suppositions, rappelons-nous que plus la roue va vite, plus la *dépense* de poids sera prompte, et que, par conséquent, pour produire le même effet mécanique dans un temps plus court, il nous faut dépenser plus de force dans une moitié de temps, que nous n'en dépenserions dans la même moitié de temps, en faisant *durer* davantage le même travail. La dépense de force est bien égale, mais elle se fait plus vite dans une supposition que dans l'autre.

Dans le second cas, celui où le poids est placé pour agir au *plus haut point possible* de la roue, il faut de même que le poids surpasse les résistances qui lui sont opposées; mais il déploie ici plus d'action, pendant son service, que dans le premier cas cité plus haut : attendu que restant plus long-temps soumis à celle de la pesanteur, il tendra à prendre plus de vitesse; la durée de l'action est en faveur de la force , et le même poids faisant faire plus de chemin au fardeau , produira un plus grand effet mécanique.

Car, si nous admettons que le poids dans le premier cas ait été placé à mi-chemin de celui qu'un poids égal parcourt dans le second cas, il est clair que , sans avoir égard au temps, il faudra , pour produire le même effet mécanique, employer successivement deux poids égaux dans l'un et un seul poids semblable dans l'autre ; car si l'un est placé de manière qu'il fasse faire à la roue près de la moitié de sa révolution, avant de tomber par terre , le fardeau avancera de toute cette quantité , tandis que l'autre ne lui fera faire qu'environ le quart de sa révolution avant de tomber ; et il faudra un second poids semblable sur le même point de la roue , arrivée au repos , pour achever environ la demi-révolution et pour produire le même effet.

Ainsi si vous voulez éviter *la peine* de remplacer à de trop courts intervalles chaque poids qui tombe après son action , vous avez deux moyens de la faire durer, soit en prenant un poids qui , excédant peu celui qui représente la résistance , imprime une petite vitesse à la roue , quel que soit le point de celle-ci que vous choisissiez pour lui faire commencer son action ; soit en plaçant ce poids au plus haut point possible de la roue , pour allonger le chemin qu'il a à faire avant de tomber, ce qui , comme nous venons de le voir plus haut , lui donne une puissance mécanique double , s'il tombe d'une hauteur double.

Si l'excédant du poids sur les résistances est tellement petit que vous obteniez *sensiblement* la plus petite vitesse possible , l'effet mécanique sera produit dans un temps plus ou moins long.

Augmentez cet excédant, en plaçant toujours le poids à la même hauteur, vous produirez le même effet mécanique, mais dans un temps plus court, et il faudra renouveler le poids plus souvent. Augmentez enfin la vitesse de la roue tant qu'il vous sera possible par l'augmentation de l'excédant du poids sur les résistances, le fardeau parcourra toujours le même chemin, mais en un temps très-court. Et comme vous attendez que la roue arrive au repos avant de placer un nouveau poids, vous avez chaque fois la même facilité pour le faire glisser sur l'*ais* ; seulement vous employez ces poids à des intervalles très-courts.

Voici où nous voulons en venir principalement par ces remarques : nous ne voyons pas dans cette échelle de vitesse un *maximum d'effet*, qui soit tel qu'en deçà ou au delà de ce degré il y ait perte réelle dans le travail, car dans ce mode de faire agir la roue par intermittence, tout se compense : si la vitesse est la plus petite possible, le poids ou la force ont le plus petit excédant possible sur les résistances ; mais le travail se fait dans le temps le plus long possible ; si la vitesse est la plus grande possible, le poids a le plus grand excédant possible sur les résistances ; mais le même travail se fait dans le temps le plus court possible.

Ainsi, à tous les degrés de vitesse, le même travail se fait ; il n'y a de changé que le temps employé et l'excédant qu'on donne aux poids sur les résistances.

Or, le temps employé par le poids et l'espace qu'il parcourt, sont les mêmes pour le fardeau qui marche rigoureusement comme ce poids : il est donc indifférent d'aller vite ou lentement, si l'on est indifférent et sur l'augmentation du poids, et sur le temps dans lequel le travail se fait, et sur la durée des intervalles dans le placement des poids : si l'on a besoin d'aller vite, la plus grande vitesse sera évidemment la meilleure ; si,

par supposition, on ne pouvait pas augmenter les poids donnés, ou qu'on ne pût les remplacer qu'à des intervalles assez
longs, la plus petite vitesse serait la meilleure.

Ce n'est pas à dire pour cela cependant que, même dans notre
exemple, il n'y ait pas une certaine limite de vitesse au-dessous
de laquelle il ne soit pas permis de descendre : car si la vitesse
était si petite que la roue ne se mût que d'une manière incertaine, et comme par petites secousses, il faudrait l'animer un
peu pour avoir un mouvement décidé, en état de vaincre fran-
chement les résistances progressives des frottemens et de l'air,
ainsi que celle de l'inertie du fardeau. Cette remarque ne s'applique pas seulement à notre exemple, elle est encore une donnée d'expérience pour ce qui regarde l'action des moteurs inanimés par pression. Mais ôtez les causes secondaires de ce que
nous appellerions volontiers *irrésolution de mouvement*, vous
ne pouvez plus raisonnablement, dans ce mode de faire agir le
moteur par intermittence, assigner de *maximum d'effet*, c'est-
à-dire, un point de vitesse qui convienne le mieux *dans tous
les cas*. Rendez la roue plus légère, disposez mieux le fardeau
pour marcher; et le poids qui donnait une vitesse trop petite
avec la première disposition, pourra faire mouvoir la roue
sans hésitation avec la seconde.

Faisons maintenant marcher la roue d'un mouvement de
rotation continu, et examinons avec attention les phénomènes
que va présenter cette autre manière de faire agir les poids sur
les *ais* de notre roue.

Toutes les dispositions restent les mêmes que précédemment; l'intermittence seule du mouvement disparaît; c'est-à-
dire, qu'on n'attend plus que le premier poids ait abandonné
la roue et qu'elle soit arrivée au repos avant de placer le second.
Le mouvement de rotation continue donc aussi long-temps que

I.   7

les poids se succèdent les uns aux autres, à des intervalles convenables.

Marquons d'abord les limites dans lesquelles les vitesses que la roue peut prendre se trouvent nécessairement renfermées : la limite de la plus petite, pour la pratique, se place au moment que la roue commence à se mouvoir avec le plus de lenteur possible, mais sans hésitation ; la limite de la plus grande est la vitesse qu'un corps grave peut acquérir en tombant librement du point où l'on glisse le poids sur l'*ais* de la roue jusqu'à celui où il l'abandonne. Telle est la vitesse naturelle que peut prendre notre poids-moteur, et le point d'application de sa force ne peut la dépasser. On conçoit que plus la roue aura de hauteur ou de diamètre, plus on pourra placer les poids haut, et par conséquent plus ceux-ci pourront avoir acquis de vitesse au bas de leur chute.

Supposons, pour fixer nos idées, qu'on se propose de faire parcourir au fardeau un chemin égal à dix révolutions de la roue, et qu'ainsi l'effet mécanique, le travail proposé, soient accomplis.

Nul doute que le premier poids que nous plaçons sur l'*ais* pour faire passer la roue du repos au mouvement, ne doive surpasser le poids du fardeau, ainsi que celui qui représente la résistance des frottemens, etc. : car nous sortirions des circonstances posées dans notre exemple, si nous supposions qu'on pourrait mettre à la fois plusieurs poids sur plusieurs *ais* de la roue.

Pour nous conformer davantage à ce qui se passe dans le service industriel de ce genre de moteur, rappelons-nous que nous avons établi que les poids étaient rangés sur un appui solide, sur une espèce de plate-forme élevée, devant laquelle chaque *ais* doit passer par la rotation de la roue, et que c'est au moment de son passage qu'on glisse le poids dessus ; nous supposons donc que les poids ne peuvent se déplacer autrement et partent toujours du même point d'élévation, dans la même expérience. C'est à peu près le cas, pour le dire en passant, d'un cours d'eau donné : les portions de cette eau qui agissent à chaque instant sur le point d'application, partent aussi toujours du même point.

Pour obtenir l'effet mécanique proposé, ou les dix révolutions de la roue, il faut un certain nombre de poids, bien qu'un seul soit suffisant pour imprimer du mouvement à la roue ; mais il la quitte, épuisé de toute sa puissance motrice, avant qu'elle ait achevé seulement une demi-révolution : quelques dispositions qu'on prenne dans notre exemple, quelque hauteur qu'on donne à la roue et au premier point d'application du poids, on ne peut évidemment pas en obtenir davantage.

Il faut donc un certain nombre de poids pour produire une ou plusieurs révolutions, et ce nombre de poids peut être d'autant plus petit que vous voulez achever le travail en un temps plus long, ou d'autant plus grand que vous voulez l'achever en un temps plus court ; il peut être aussi d'autant plus petit que vous les placez plus haut sur la roue et que leur chute est plus considérable ; ou d'autant grand que vous les placez plus bas sur les *ais* de la roue. La grandeur des poids et celle de leur excédant sur les résistances ne font rien ici pour le nombre de poids à employer ; elle n'influe que sur la promptitude avec laquelle le travail se fait. Vous doubleriez la grandeur du poids, qu'il en faudrait toujours un nombre égal à celui qui est rigoureusement nécessaire pour faire accomplir les dix révolutions de la roue.

Il peut arriver : 1°. que chaque poids, pris isolément, ne soit pas, à la rigueur, suffisant pour mettre seul la roue en mouvement ; 2°. qu'on n'ait pas à sa disposition le nombre de poids strictement nécessaire, ou qu'on n'en ait que le plus petit nombre absolument indispensable; 3°. que chaque poids ait un excédant assez considérable sur les résistances; 4°. enfin qu'on veuille exécuter le travail *le plus vite possible*.

Admettons pour un instant que chaque poids, pris isolément, ne soit pas suffisant pour mettre seul en mouvement la roue et le fardeau qu'elle entraîne. D'après nos suppositions, nous ne pouvons mettre sur chaque *ais* qu'un poids à la fois; et nous ne pouvons que le glisser, lorsqu'un des *ais* de la roue se présente dans le plan de l'appui qui porte les poids.

On n'a, dans cette hypothèse, qu'un seul moyen de produire l'effet mécanique : c'est d'alléger, pour commencer l'opération, le fardeau au point que le poids l'excède d'une petite quantité. Le mouvement commence alors, un second *ais* se présente, il reçoit un second poids. Si avec ce second poids toute la résistance du fardeau peut être vaincue, on le rétablit tel qu'il doit être ; si un troisième, un quatrième, un cinquième poids , etc., sont nécessaires, on attend, pour le rétablir entièrement, que la roue porte sur une portion de sa circonférence assez de force pour déterminer le mouvement du fardeau tout entier.

Si les poids son petits en comparaison du fardeau, il faut ou que la roue soit d'un grand diamètre, pour pouvoir placer le nombre d'*ais* nécessaire au nombre de poids qu'exige le mouvement du fardeau tout entier, ou que les *ais* soient très-multipliés sur la circonférence de la roue.

Si, malgré ces dispositions, le nombre de points d'application de la force des poids ne suffisait pas pour produire tout l'effet, en un mot qu'on ne pût pas mettre en action un nombre de poids suffisant, il faudrait nécessairement se borner à un plus petit effet mécanique et le proportionner à la puissance qu'on aurait à sa disposition. Ce serait le cas de celui qui aurait, par

exemple, très-peu d'eau et qui voudrait faire mouvoir un grand
équipage de mouture; il serait bien obligé de le réduire à de
plus petites proportions.

Nous avons parlé d'alléger le fardeau pour commencer le
travail; mais il est bien des travaux mécaniques qui ne se prêteraient pas à cette opération, parce qu'on ne pourrait pas les
diviser, les morceler. On serait donc obligé de proportionner
dès le commencement le travail à la force de chaque poids
pris isolément; et l'on peut dire qu'en général il est toujours
préférable d'en agir ainsi, lors même qu'on n'y serait pas rigoureusement forcé.

Ainsi, que chaque poids, pris isolément, soit trop faible
eu égard aux résistances, ou qu'on n'en ait pas un nombre
suffisant à sa disposition pour accomplir régulièrement l'effet
mécanique proposé, il y a lieu à réduire celui-ci et à l'établir
sur une plus petite échelle. Dans le premier cas, ce serait le
fardeau qu'il faudrait diminuer, et dans le second, ce serait
le nombre des révolutions de la roue.

Admettons maintenant que chaque poids ait un excédant
assez considérable sur les résistances, il est évident que la vitesse de la roue augmentera proportionnellement à la grandeur
de cet excédant. Mais connaissant le poids du fardeau, et
l'excédant de chaque poids moteur, peut-on en déduire les accroissemens de vitesse engendrés par les accroissemens de l'excédant. Les lois de la pesanteur nous en donnent les moyens :
supposons que le fardeau soit de 60 kilogrammes y compris
les frottemens, et qu'au lieu de le traîner il s'agissse de l'élever;
il faudra un poids moteur de 60 kilogrammes pour commencer à peine à l'ébranler et à vaincre la résistance des frottemens, mais le plus petit excédant déterminerait le mouvement.

Dans cet état de choses, l'effet mécanique ne peut pas avoir lieu, puisque le mouvement n'est pas encore décidé, puisque la résistance totale n'est encore que contrebalancée par la force du poids : mais le plus petit excédant va déterminer le mouvement et produire l'effet mécanique. Ce sera donc ce petit excédant, ou l'excédant quel qu'il soit, qui sera la véritable cause motrice en vertu de laquelle le mouvement aura lieu et pourra s'entretenir : le reste du poids ne fait que contrebalancer la résistance et du fardeau et du frottement. C'est donc, comme nous l'avons dit plus haut, de la grandeur de l'excédant que dépendra la promptitude du travail.

Supposons que l'excédant de chaque poids sur la résistance totale, que nous avons portée à 60 kilogrammes, soit de 10 kilogrammes; on mettra donc à chaque fois sur la roue un poids de 70 kilogrammes, dont 60 sont destinés à contrebalancer toutes les résistances, et 10 à déterminer le mouvement et à l'entretenir; quelle sera la vitesse de ce mouvement? il n'y a ici que 10 kilogrammes qui puissent obéir à l'action de la pesanteur : or, en y obéissant, ils doivent entraîner dans leur mouvement non-seulement le poids de la résistance, mais encore celui qui le contrebalance. L'action de la pesanteur se répartira donc sur 130 kilogrammes. Divisons donc 130 par 10, et le quotient 13 nous montre que les 10 kilogrammes ne peuvent se mouvoir qu'avec le $\frac{1}{13}$ de l'action de la pesanteur; que dès lors si l'action de chaque poids dure une seconde, la vitesse communiquée après ce temps ne sera que la treizième partie de ce qu'elle serait si le poids tombait librement, c'est-à-dire, $\frac{98}{13}$ décimètres, un peu moins de 8 décimètres, de vitesse communiquée au bout de la seconde; d'où il suit en général que pour trouver la vitesse communiquée par chaque excédant, dans les circonstances que nous avons établies, *il faut diviser la somme du poids, et des résistances contrebalancées, par le poids de l'excédant, et diviser, par le quotient qu'on obtient, la vitesse que la pesanteur imprime à un corps grave sur lequel elle agit sans obstacle, pendant le temps que le poids agit sur la roue.*

Nous pouvons conclure encore, relativement à la grandeur des excédans, ce que nous avons déjà pu remarquer plus haut, que la dépense de force, dans un temps donné, est proportionnelle à l'excès des poids moteurs sur les résistances; car il faut les remplacer à des intervalles d'autant plus courts, qu'ils impriment plus de vitesse à la roue.

Nous arrivons à la dernière supposition que nous avons faite, savoir : qu'on veuille exécuter le travail le plus vite possible. C'est ici que viennent se présenter quelques phénomènes des plus importans sur le sujet qui nous occupe.

La limite naturelle de la plus grande vitesse que le fardeau peut prendre est, comme nous l'avons dit plus haut, celle qu'un corps grave peut acquérir lui-même lorsqu'il obéit librement à l'action de la pesanteur : ainsi, le premier poids étant placé sur l'*ais* de la roue, la limite de la plus grande vitesse uniforme qui pourrait être imprimée au fardeau est de 98 décimètres : (30 $\frac{1}{10}$ pieds environ) par seconde, après l'action du poids pendant la durée de la première seconde.

Il est facile de voir qu'on ne peut jamais atteindre cette limite : il faudrait que le poids-moteur ne trouvât aucune résistance, et alors il n'y aurait point d'effet mécanique produit.

Il faut donc rester beaucoup en deçà. Supposons que le poids ait l'excédant convenable, et qu'il soit placé à une hauteur telle sur la roue, qu'avant de tomber il lui fasse faire, d'un mouvement sensiblement uniforme, un quart de révolution, que nous représenterons par une vitesse de 2 mètres par seconde; le fardeau se mouvra donc avec cette vitesse; mais, pour que chaque poids, arrivant successivement sur l'*ais* animé aussi de cette vitesse, puisse entretenir ce mouvement, il-faut qu'il y arrive lui-même avec une vitesse initiale de 2 mètres par seconde. Or, dans notre supposition il n'a point de vitesse initiale ; on le glisse sur l'*ais* avec une simple tendance à prendre de la vitesse ; l'*ais* fuira donc, en vertu de sa vitesse acquise, devant le poids, qui ne commencera à agir que lorsqu'il aura acquis lui-même cette vitesse, ce qui ne peut avoir lieu qu'après quelques instans de chute libre ; et à peine sera-t-il parvenu à se mettre en contact avec le point d'application de la force, qu'il abandonnera la roue. On perdra donc tout l'effet qu'il aurait pu produire, depuis le moment qu'il commence à tomber jusqu'à celui où il atteint la roue.

Le travail ou l'effet mécanique que nous supposons accompli avec 10 révolutions de la roue, sera fait à la vérité en 40 secondes, mais il aura fallu dépenser 40 poids, et les faire succéder les uns aux autres à chaque seconde.

Voyons ce qui arriverait si nous diminuions la vitesse de moitié, si nous la réduisions à 2 mètres en 2 secondes : rappelons-nous d'abord que pour obtenir cette diminution de vitesse, nous aurions besoin de poids moins forts ; ensuite il est clair que chacun de ces poids n'aurait que la moitié du chemin à faire pour atteindre la roue, sur laquelle il agirait par conséquent une fois plus tôt : on profiterait donc d'une plus grande partie de l'action qu'y développe la pesanteur ; on en perdrait la moitié moins que dans la première hypothèse. On emploierait toujours 40 poids, mais ils seraient plus petits ; ils ne se succéderaient qu'à deux secondes d'intervalle ; le travail, il est vrai, ne se ferait qu'en 80 secondes, mais il y aurait une moins grande dépense de force, et l'on en aurait mieux tiré parti.

Il résulte de là qu'à mesure qu'on diminuera la vitesse du

point d'application , ou en d'autres termes , qu'on donnera moins de vitesse à la roue , plus on fera tourner au profit de l'effet mécanique, abstraction faite du temps , le développement de l'action de la pesanteur, qui , comme on sait, ne commence qu'avec une vitesse insensible. Ceci nous ramène à ce que nous avons dit plus haut , sur la plus petite vitesse possible qu'il fallait donner au point d'application d'un moteur inanimé qui agit par pression.

Mais, dira-t-on, il faut toujours donner une certaine vitesse à la roue, et perdre une portion de la force que le poids développe sans effet utile, avant d'avoir acquis cette vitesse. Cette perte de force est inévitable dans le mouvement de rotation continu. On l'éviterait par une action intermittente, comme nous l'avons supposé plus haut ; il y aurait toujours de l'avantage à s'en servir, si elle ne présentait pas d'autres inconvéniens, en bien des cas dont il sera question en son lieu.

On pourrait assurément ajouter à nos suppositions celle de laisser tomber chaque poids d'une hauteur telle, qu'en arrivant à la partie supérieure de la roue, il aurait acquis la même vitesse qu'elle ; mais la perte n'en existerait pas moins dans l'intervalle qui séparerait son point de départ de celui d'arrivée sur l'*ais* de la roue.

Néanmoins il faut bien en général que le moteur par pression ait une vitesse initiale égale à celle qui anime son point d'application , sans quoi ses premiers efforts seraient altérés ; ce que nous verrons manifestement à l'article de l'eau; mais il faut la rendre la plus petite possible pour l'économie de la force.

On peut cependant avoir besoin d'exécuter promptement un travail; on voudrait, par exemple, l'achever en 40 secondes et non en 80, comme il est dit plus haut ; faut-il donc absolument se résigner à la perte qui résulte de cette promptitude obligée?

Nous verrons, dans le second volume, ce que la science apprend pour laisser au moteur tous ses avantages, sans sacrifier ceux qui peuvent provenir de la promptitude du travail.

La troisième loi des effets mécaniques qu'il nous reste à exposer est celle-ci : *Que les carrés des vitesses produites sont comme les puissances mécaniques dépensées.*

Ainsi en ne prenant exemple que dans l'action motrice de la pesanteur, il nous est démontré qu'à la fin de deux secondes, *et en vertu de la vitesse acquise dans la première seconde*, le corps qui lui est soumis est tombé verticalement d'une *hauteur quadruple* de celle qu'il a parcourue dans la première seconde; et quoiqu'en deux secondes la vitesse uniforme imprimée par la pesanteur ne soit que double de celle qui est imprimée dans la première seconde, cependant la dépense totale de la force est quadruple, ou comme le carré de la vitesse produite : la vitesse acquise étant équivalente à une dépense double de la force.

Donc pour qu'une puissance mécanique puisse imprimer différens degrés de vitesse à un corps, sa dépense doit augmenter comme les carrés de ces différentes vitesses.

CHAPITRE VIII.

Résumé des chapitres précédens sur les moteurs ; idée générale de leurs modes d'application ; dénombrement des moteurs.

Les faits généraux que nous recueillerons principalement de l'examen des moteurs, ou de la force motrice, auquel nous venons de consacrer les chapitres précédens, sont :

1°. Qu'un moteur quelconque peut être considéré comme

recélant dans son sein une puissance capable de produire un certain *effet mécanique*, un certain *travail mécanique industriel*.

2°. Qu'on est convenu de représenter la valeur, tant de la puissance que de l'effet produit, par un poids multiplié par la hauteur à laquelle il est élevé, ou dont il est descendu uniformement dans l'unité de temps; produit auquel toute puissance ou tout effet mécaniques peuvent-être ramenés et comparés.

3°. Que la puissance mécanique dont chaque moteur est doué, a des limites naturelles, et dans chaque cas particulier de son application; qu'ainsi la force de tel homme, de tel cheval, de telle chute d'eau, etc., ont une limite de puissance qu'il est impossible de leur faire jamais dépasser.

4°. Que cette puissance mécanique des moteurs se communique à des corps, à des pièces matérielles inertes de leur nature, qui, à leur tour, peuvent transmettre le mouvement reçu à d'autres pièces inertes comme elles; que cette communication peut avoir lieu par pression, c'est-à-dire par degrés insensibles; ou par impulsion, c'est-à-dire par chocs plus ou moins brusques.

5°. Que d'aucune manière les moteurs ne communiquent toute la puissance qu'ils recèlent; qu'il y en a toujours une portion qui se perd inévitablement dans l'acte même de cette communication, et qu'un arrangement, une combinaison quelconque de pièces matérielles, qu'on nomme *machine*, ne peuvent jamais produire, non pas plus de mouvement qu'elles n'en ont reçu du moteur, ce qui est absurde; mais même la totalité de la puissance des moteurs.

6°. Qu'on perd moins de cette puissance en faisant agir le moteur par pression, que par impulsion, et qu'il faut, autant qu'on le peut, employer le premier mode et non le second.

7°. Que les effets mécaniques sont proportionnels à la puissance qui les produit, et que cette puissance ne peut venir que du moteur.

8°. Qu'il existe, pour chaque moteur, des circonstances qui déterminent un *maximum* d'effet, et auxquelles il faut avoir nécessairement égard pour l'obtenir; qu'il varie dans chaque cas particulier d'application, et que c'est à l'expérience seule qu'il appartient d'indiquer les dispositions convenables pour obtenir ce *maximum* d'effet.

9°. Enfin que la dépense de la puissance mécanique faite, dans le service d'un moteur, est comme le carré des vitesses produites dans l'effet mécanique.

Un bon choix, en ce qui concerne le mode d'application d'un moteur, a une grande part dans l'économie de la force, et la perte qu'on fait de celle-ci varie, pour chaque espèce de moteur, selon le mode d'application qu'on adopte pour le faire agir.

Il est donc d'une grande importance de chercher quels sont les modes d'application qui occasionent le moins de perte. Sous ce point de vue, il est raisonnable de dire qu'il est possible de faire produire un plus grand effet à un moteur donné, en changeant convenablement le mode d'application, ou, si l'on veut, la manière de recevoir son action primitive.

Le mouvement primitif qu'on obtient d'un moteur uni à un mode d'application quelconque est en général, ou un mouvement de *va-et-vient* rectiligne, par *arcs de cercle*, ou un mouvement de *rotation* continu.

Et quant à la *direction* de ce mouvement, elle est dans un plan *horizontal*, comme avec un *manége;* ou dans un plan *vertical*, comme avec une *roue hydraulique à aubes*, comme avec une *manivelle de treuil*, etc.; ou enfin, pour tous les mouvemens, elle a lieu dans *un plan quelconque incliné à l'horizon*.

Toujours est-il qu'un moteur, une fois appliqué, doit être

considéré comme ayant un mode d'action, un mouvement et une direction d'une uniformité constante, toutes les circonstances restant les mêmes; et ce n'est que par l'étude des moyens de *transformer* et ce mouvement et cette direction qu'on apprend à rompre cette uniformité d'action motrice, qui serait bien loin de servir à tous les besoins de l'industrie.

L'espèce de mouvement moteur, soit de va-et-vient, soit de rotation continue, ainsi que l'espèce de direction, dans un plan quelconque, que l'on produit avec une force mécanique, sont dus par conséquent au mode d'application qu'on a choisi; mais, dans ce choix, on a égard aussi au travail à faire, afin de l'approprier le mieux possible aux divers moyens mécaniques employés pour exécuter le travail. C'est un sujet important qui appellera, en son lieu, toute notre attention.

Nous ne pouvons terminer ce chapitre sans faire une remarque générale sur le mode d'application des moteurs : remarque sur laquelle nous aurons plusieurs fois l'occasion de revenir ; c'est que, toutes les fois qu'on peut choisir, il faut toujours préférer de transformer le mouvement propre du moteur en mouvement de rotation continu, par les dispositions du mode d'application, plutôt qu'en va-et-vient rectiligne ou par arcs de cercle ; la raison en est simple : dans ce dernier cas, il faut anéantir ou laisser anéantir le mouvement imprimé dans un sens pour faire revenir le corps dans le sens opposé. Ce qui n'arrive pas avec le mouvement de rotation continu.

L'industrie emploie, dans l'état actuel de nos connaissances, six espèces de moteurs, savoir :

1°. L'homme.

2°. Les animaux.

3°. L'eau.

4°. Le vent.

5°. L'expansion, par le feu, des liquides, des corps combustibles, des fluides aériformes.

6°. La dilatation forcée des corps solides ou liquides par la chaleur.

Nous allons les examiner chacun en particulier, ainsi que leurs modes respectifs d'application le plus en usage.

CHAPITRE IX.

De l'homme, considéré comme moteur; remarques générales sur ce moteur.

Dans l'antiquité, on n'employait guère que l'homme comme moteur : l'esclavage, l'oisiveté des peuples en temps de paix; le peu de développement de l'industrie générale, laissaient beaucoup de bras disponibles, et dispensaient de chercher ailleurs des moyens d'imprimer le mouvement aux machines en usage.

Et, puisque l'on rabaissait ainsi l'intelligence et la dignité de l'homme jusqu'au travail aveugle et grossier d'un autre moteur quelconque, les machines devaient avoir nécessairement, non cette simplicité ingénieuse qui annonce la perfection de l'art, mais cette simplicité rustique, informe, qui annonce son enfance, son impuissance : car le mode d'action de l'homme, comme moteur, peut varier presqu'à l'infini, tant dans la nature de ses élémens, que dans sa direction, et suppléer à tout ce qui peut manquer à une machine qu'il fait mouvoir.

Il n'en est pas de même des autres moteurs : chacun d'eux n'a réellement et absolument parlant qu'un seul mode d'action, et ne tend à prendre qu'une seule direction. Aussi, lorsqu'on en est venu à l'emploi de différens moteurs, a-t-il fallu imaginer des combinaisons mécaniques propres à modifier leur action et leur direction naturelles, d'après la grande variété de travaux auxquels l'industrie les a appelés.

Mais la main de l'homme, bien que d'une simplicité admirable, peut exécuter tous les mouvemens possibles, et produire, avec le seul secours d'un outil, ou d'un simple instrument, tous les effets que le génie le plus fécond en combinaisons mécaniques puisse opérer avec des machines, quelque compliquées quelles soient (1).

L'homme est donc, comme moteur, le moteur le plus précieux et, dans bien des cas, hors de toute comparaison avec les autres, pour la commodité de son service : il règle, il proportionne, il varie son action suivant que le travail l'exige; il est le seul enfin qu'on puisse employer dans les cas peu nombreux, à la vérité, où le travail mécanique commande une production et un développement de mouvement tellement irréguliers, tellement variables, que c'est l'attention seule qui décide, à chaque instant, du mode d'action que doit prendre et reprendre le moteur.

Si l'homme est en général le plus commode de tous les moteurs, il est aussi le plus cher ; s'il a la faculté de répandre, d'appliquer et de varier sa force à volonté, il s'épuise en peu de temps, et il lui faut plus de repos que de travail pour se réparer. Aussi convient-il, *même sous le simple rapport mécanique*, de le réserver pour les travaux qui exigent de l'intelligence, ou plus d'adresse que de force, ainsi que pour ceux qui commandent fréquemment le déplacement du moteur. Ces tra-

____

(1) *Voyez* mon ouvrage intitulé : *Vue sur le Système général des opérations manufacturières*, etc.

vaux certes, sont assez nombreux, et la science de la mécanique est assez avancée pour donner les moyens de remplacer avec avantage la *force physique* de l'homme par d'autres moteurs, toutes les fois qu'elle peut l'être.

Pour agir comme moteur, l'homme emploie ses forces musculaires seules, ou bien il ajoute une portion du poids de son corps au déploiement de ces forces. Il peut se présenter quelques occasions de le faire agir de tout son poids, mais toujours en mettant en jeu ses propres forces, soit par le mouvement de translation qu'il est obligé de se donner; soit parce qu'il doit se porter à un certain point d'élévation pour agir, sans quoi tout corps pesant pourrait le remplacer entièrement.

La puissance motrice des forces musculaires est plus ou moins limitée, selon l'âge, le sexe, la constitution, le climat, quelquefois la taille; mais surtout selon le degré d'habitude de l'individu au travail.

Trois choses contribuent à épuiser les forces de l'homme, ou en d'autres termes à produire la fatigue : 1°. la grandeur de l'effort de pression ou de l'action qu'il exerce; 2°. la vitesse du mouvement qu'il donne à ses membres agissans; 3°. la durée de l'emploi de ses forces.

Si l'homme doit déployer un grand effort de pression, son mouvement doit être très-lent; s'il doit mouvoir avec beaucoup de vitesse une partie de son corps, n'attendez de lui qu'un très-petit effort de pression; et, dans les deux cas, donnez-lui de fréquens intervalles de repos, pour ranimer ses forces, qui s'affaiblissent par la vitesse comme par l'effort.

Si, par exemple, l'action de l'homme doit, par la nature du travail, durer deux ou trois heures sans interruption, on ne peut lui demander qu'un assez léger effort et un mouvement propre d'une vitesse très-bornée.

Mais à quel degré peut se porter l'effort de pression dont l'homme est capable, ainsi que la vitesse de son mouvement? quelle pression peut-il exercer avec une vitesse donnée, ou quelle vitesse peut-il prendre dans son mouvement avec un effort donné? quels sont en général les degrés de pression et de vitesse qui s'accordent le mieux avec la constitution de l'homme? enfin, combien de temps peut durer sans interruption, un travail qui exige tels degrés de pression et de vitesse?

Pour répondre à ces questions d'une manière complète et précise, il faudrait un nombre d'observations et d'expériences qui nous paraissent manquer à la science; ou plutôt il faudrait que l'objet fût de nature à se prêter à des évaluations rigoureuses et générales, et à s'offrir à l'observateur sous des formes fixes et indépendantes d'une foule de circonstances dont l'influence jettera toujours dans l'incertitude quiconque tentera ces sortes d'évaluations.

En effet, la force mécanique de l'homme est si variable d'un individu à un autre, ne fût-ce que par l'habitude acquise ou non acquise de faire un genre de travail ou d'effort, ou par les modes divers de les faire agir, qu'il nous paraît difficile, sinon impossible, d'exprimer d'une manière exacte et générale le degré de force de l'homme.

Deux hommes forts, que vous mettrez au même travail, ne se fatigueront pas également, ou ils se fatigueront l'un plus tôt que l'autre. L'un fera un travail donné en une journée de huit heures, l'autre ne le fera qu'en dix heures; il a fallu à celui-ci plus de repos, ou bien il n'a pu déployer la même quantité de force dans le même temps que le premier, par la nature de sa constitution, ou par le défaut d'exercice dans cette manière de déployer ses forces. Variez les travaux: que l'un tire de l'eau d'un puits, au moyen d'une corde, et que l'autre fasse, au

1.   9

moyen d'une machine à manivelle un autre travail quelconque, mais égal en valeur à celui du premier. La différence des forces respectives des deux hommes dans la première supposition, pourra n'être plus la même, non-seulement parce que le mode d'appliquer la force n'est plus le même pour chacun, mais encore par l'habitude que l'un peut avoir de travailler ainsi, et par le défaut d'habitude de l'autre.

Bornons-nous, pour le moment, à faire sur ce qui précède, les observations générales suivantes :

1°. Pour l'économie du travail, il faut chercher le mode le plus convenable d'appliquer la force de l'homme, et se servir, autant que possible, d'hommes habitués à employer leurs forces de cette manière, ou bien les habituer par degrés à cette façon de travailler : car il y a un apprentissage pour le déployement de la force, comme pour acquérir de l'adresse.

2°. Il ne faut point, dans un travail continu, disposer de l'action de l'homme de manière que son mouvement soit très-lent et son effort de pression aussi considérable qu'il peut le supporter : cette lenteur de mouvement semble amortir ses forces et endormir son activité. De même qu'il ne faut pas donner à son mouvement une rapidité telle que sa respiration en soit gênée, bien que l'effort de pression soit peu sensible : la santé la plus robuste ne résiste point à cette grande vitesse d'action.

3°. L'homme se fatigue très-promptement, lorsque dans le déployement de toute la force qu'il peut réellement mettre en action, tous les muscles de son corps sont en mouvement. Il est vrai qu'alors il est capable d'un très-grand effort; mais il ne peut être que momentané. Pour un travail continu, l'emploi des bras seuls est en général préférable à tout autre mode d'action.

4°. Enfin l'homme supportera plus long-temps le travail et avec moins de fatigue, toutes choses égales d'ailleurs, lorsque son action sera régulière, uniforme, tant dans l'effort de pression, que dans la vitesse. On doit avoir grand soin d'éviter les secousses et tout changement brusque de mouvement; nous verrons plus loin qu'on en est presque toujours le maître.

Nous avons dit précédemment que les expériences et les observations nous manquaient pour déterminer avec précision quels étaient les degrés d'effort et de vitesse avec lesquels l'homme peut produire le plus grand effet, et un effet tel que si l'on augmente cette pression, en diminuant proportionnellement la pression, l'effet produit ou le travail soient moindres qu'avec ces degrés de pression et de vitesse déterminés : cependant quelques observateurs habiles ont fait des recherches à ce sujet. C'est à Coulomb que nous devons les plus étendues.

Nous consacrons le chapitre suivant à l'exposé des recherches de ce célèbre physicien, recherches consignées dans *les Mémoires de l'Institut, sciences physiques et mathématiques*, tom. II, pag. 380 et suiv., nous le citerons en grande partie textuellement pour donner un bel exemple de la manière de faire des recherches dans la mécanique industrielle et de tirer des conséquences des observations qu'on a pu faire.

CHAPITRE X.

DES EXPÉRIENCES DE COULOMB SUR LA FORCE DES HOMMES.

De la quantité d'action que les hommes peuvent fournir lorsqu'ils montent pendant une journée de travail une rampe ou un escalier, avec un fardeau ou sans fardeau.

On peut, suivant Coulomb, monter un escalier de 20 à 30 mètres, avec une vitessse de 14 mètres par minute ; ainsi le poids de l'homme étant évalué à 70 kilogrammes, la quantité d'action fournie ou la puissance mécanique développée a pour mesure 70 kilogrammes multipliés par 14 mètres, ce qui équivaut à 980 kilogrammes, élevés à 1 mètre ; et pendant 4 heures, si le travail pouvait durer autant sans fatigue excessive, la dépense de puissance mécanique aurait pour mesure 235,200 kilogrammes élevés à un mètre de hauteur.

S'il fallait monter plus haut que 30 mètres, l'homme serait forcé d'aller moins vite. Supposons que l'escalier soit de 40 mètres, et que l'homme ne le monte plus qu'à raison de 10 mètres par minute ; la dépense de force par minute sera égale à 700 kilogrammes élevés à un mètre de hauteur ; et en 4 heures elle sera de 168,000 kilogrammes élevés à un mètre. Quoique cette dépense de force soit moindre que la première, il serait possible que l'homme en fût plus fatigué.

« J'ai vu souvent, dit Coulomb, monter des hommes, sans » aucune charge, à 150 mètres de hauteur, par un escalier » taillé dans le roc, mais assez commode, et j'ai trouvé qu'ils

» employaient 20 *minutes* à s'élever à cette hauteur. J'ai voulu
» les engager à monter dix-huit fois cet escalier dans la journée ;
» ce qui n'exigeait, d'après mon calcul, que six heures de travail
» effectif. Comme je ne voulais et que je ne devais, d'après
» l'objet que je me proposais leur donner que le prix d'une
» journée, ne voulant pas les engager à un travail forcé, je n'ai
» pu les déterminer à une promenade qui leur paraissait aussi
» fatigante que ridicule. »

Dans ce cas, les hommes ne montaient qu'à raison de 7,5 mètres par minute, et ne dépensaient pendant ce temps qu'une
force représentée par 525 kilogrammes élevés à un mètre ; ils
n'auraient dépensé en six heures que 189,000 kilogrammes
élevés à un mètre.

Les faits manquent pour établir avec exactitude la quantité
moyenne de dépense de force que les hommes peuvent faire en
montant sans charge une montagne ou un escalier. Coulomb
la représente par 205,000 kilogrammes élevés à un mètre, ou,
si l'on veut, 205 kilogrammes élevés à un kilomètre.

Si l'on compare la quantité d'action fournie par l'homme,
montant sans charge, avec celle qu'il dépense lorsqu'il est
chargé, Coulomb trouve, d'après l'expérience, qu'un homme
chargé de 68 kilogrammes et obligé de s'élever à 12 mètres, ne
pouvait dépenser plus de 109 kilogrammes élevés à un kilomètre, dans sa journée, y compris le poids de son corps.

Ainsi la montée sans charge est, sous le rapport de la dépense, à la montée avec une charge de 68 kilogrammes, comme
188 est à 100, rapport estimé au plus bas, ou comme 205 à
109, en l'évaluant au plus haut.

« Dans ce genre de travail, poursuit Coulomb, il se présente
» une observation intéressante, relative à l'*effet utile* du tra-
» vail. Lorsque l'homme monte un fardeau, il monte son pro-

» pre poids avec le fardeau ; et comme, à chaque voyage,
» il redescend à vide, il n'y a d'effet utile, dans la quantité
» d'action qu'il fournit, que le transport du fardeau. Mais il
» résulte de ce qui précède, qu'à mesure que le fardeau aug-
» mente, la quantité totale d'action journalière diminue ; en
» sorte qu'elle serait nulle si un homme était chargé de 150 ki-
» logrammes, poids sous lequel il pourrait à peine se mouvoir ;
» d'un autre côté, s'il montait sans fardeau, quoique pour lors
» la quantité d'action journalière soit le *maximum* de toutes
» les quantités d'action qu'il peut fournir par son travail jour-
» nalier, le fardeau étant nul, l'*effet utile* le serait aussi. Ainsi,
» entre ces deux limites d'action, il doit y avoir, pour le poids
» de la charge, une valeur telle, que l'*effet utile* que fournira
» le travail journalier soit un *maximum.* »

Coulomb détermine la charge (1) qui donne le *maximum*
d'*effet utile*, en supposant que les quantités d'actions perdues
sont proportionnelles aux charges, et il trouve 53 kilogrammes ;
c'est-à-dire, que la charge qu'il convient le mieux de faire monter à dos par un homme, pour obtenir dans des cas analogues
le plus grand produit, est de 53 kilogrammes ; il évalue dès lors
l'*effet utile* journalier à 56 kilogrammes élevés à un kilomètre,
déduction faite des descentes à vide.

« Ainsi, dit-il, ce genre de travail où les hommes montent
» des fardeaux et redescendent ensuite pour prendre une nou-
» velle charge, ne fournit en travail utile que 56 kilogrammes
» élevés à un kilomètre, tandis que l'homme, montant libre-
» ment, fournit une quantité d'action journalière qui a pour
» mesure 205 kilogrammes élevés à un kilomètre. Il en résulte

---

(1) *Voyez* Éclaircissemens et Développemens, art. 10.

» que ce genre de travail fait consommer inutilement presque
» les trois quarts de l'action des hommes, et coûte par consé-
» quent quatre fois plus qu'un travail, où, après avoir monté
» un escalier sans aucune charge, ils se laisseraient retomber
» par un moyen quelconque, en entraînant et élevant un poids
» d'une pesanteur à peu près égale au poids de leur corps.
» Ainsi ce genre de travail, quoique très-en usage dans les
» villes, ne doit jamais être employé dans des ateliers qui exi-
» gent de la célérité, de l'économie et un travail continu. »

De la quantité d'action que les hommes peuvent fournir lorsqu'ils voyagent dans un chemin horizontal avec une charge ou sans charge.

Des hommes voyageant plusieurs jours de suite, sans charge
peuvent faire aisément 5o kilomètres par jour. Ainsi en multipliant leur poids, supposé de ·7o kilogrammes, par 5o kilomètres, la quantité d'action qu'ils fournissent est représentée
par 35oo kilogrammes transportés à un kilomètre.

Pour pouvoir à présent comparer (nous nous servons encore des termes de notre habile observateur) « la quantité
» d'action journalière que l'homme peut fournir lorsqu'il
» voyage sans fardeau, avec la quantité d'action que fournit le
» même homme lorsqu'il voyage avec un fardeau, voici com-
» ment je m'y suis pris.

» J'ai proposé à différens portefaix de porter des meubles
» d'un logement dans un autre, à une distance de 2 kilomètres,
» en se chargeant, à chaque voyage, d'un poids de 58 kilogram-
» mes. Ils m'ont tous dit que tout ce qu'ils pourraient faire était
» six voyages dans la journée, et qu'il serait impossible qu'ils
» soutinssent, pendant deux jours de suite, un pareil travail.
» Aucun d'eux n'a voulu l'entreprendre à moins de 12 à 15 dé-
» cimes par voyage.

» Si nous établissons notre calcul sur ces données, nous trou-
» vons, en joignant le poids de l'homme, qui est de 70 kilo-
» grammes avec la charge, qui est de 58 kilogrammes, que le
» poids transporté à deux kilomètres, à chaque voyage, est
» 128 kilogrammes. Ainsi pour avoir la quantité d'action four-
» nie dans les six voyages, il faut multiplier 128 kilogrammes
» par 12 kilomètres, quantité qui équivaut à 1536 kilogrammes
» transportés à un kilomètre.

» Mais, pour avoir la quantité totale du travail journalier, il
» faut ajouter, à cette première quantité, la fatigue qui résulte
» des 12 kilomètres que les hommes parcourent en revenant
» chercher une nouvelle charge. Comme ici ils n'ont plus de
» fardeau, et que les hommes, dans une journée, peuvent par-
» courir 50 kilomètres, ils consomment dans le retour à peu
» près la quatrième partie de leur action journalière; et 1536 ki-
» logrammes portés à un kilomètre, qui représentent la partie
» de leur travail, lorsqu'ils sont chargés, font les trois quarts du
» travail journalier. Ainsi le travail ou la quantité d'action que
» les hommes peuvent fournir dans une journée, sous une
» charge de 58 kilogrammes, peut être évalué à une quantité
» équivalente à 2048 kilogrammes transportés à un kilomètre.

» D'où il résulte que la quantité d'action journalière que les
» hommes peuvent fournir lorsqu'ils marchent librement, est
» à celle qu'ils peuvent fournir lorsqu'ils sont chargés de 58 ki-
» logrammes, comme 3500 est à 2048, approchant comme
» 7 est à 4. »

La charge qui convient au *maximum* d'effet utile, d'après les
formules de Coulomb (1) est de 61,25 kilogrammes, et la plus

---

(1) *Voyez* Éclaicissemens et Développemens, art. 11.

grande quantité d'action utile qu'un homme puisse dépenser dans sa journée, avec cette charge, est de 692,2 kilogrammes transportés à un kilomètre.

En comparant l'action utile d'un homme marchant librement, sans fardeau, représentée par 3500 kilogrammes transportés à un kilomètre, avec 692,2 kilogrammes transportés aussi à un kilomètre, et représentant l'effet utile produit avec 61,25 kilogrammes, on voit que ces quantités sont entre elles à peu près comme 5 est à 1, et que la dépense utile de force avec une charge, n'est que la cinquième partie de la quantité d'action fournie par un homme qui marche sans fardeau.

« Les quantités d'action que fournissent des hommes, en
» montant un escalier, ne sont pas du même genre que celles
» des hommes qui marchent librement sur un terrain horizon-
» tal, parce que dans le premier cas ils sont obligés, à chaque
» pas, d'élever leur centre de gravité (1) à la hauteur d'une
» marche, tandis que les hommes qui parcourent un chemin
» horizontal donnent à leur corps une vitesse parallèle au ter-
» rain ; que cette vitesse n'est pas détruite par leur pesanteur,
» en sorte qu'ils n'ont à produire à chaque pas que le transport
» alternatif des jambes et l'élévation très-peu considérable de
» leur centre de gravité, qui s'élève et retombe, à chaque pas,
» par un mouvement oscillatoire de deux à trois millimètres ;
» ce qui dépend principalement de l'art que les hommes ac-
» quièrent, lorsqu'ils voyagent souvent, d'élever très-peu leur
» centre de gravité, et de le soutenir à peu près parallèlement
» au terrain sur lequel ils marchent.

» Mais quoique ces deux genres d'action ne soient pas de la

____

(1) *Voyez* Éclaircissemens et Développemens , art. 6.

I.　　　　　　　　　　　　　　　　　10

» même nature, il n'en est pas moins curieux de chercher à
» comparer, à fatigue égale, la hauteur où un homme peut
» élever son centre de gravité, avec le chemin qu'il peut par-
» courir sur un terrain horizontal.

» Lorsque les hommes montent, sans aucun fardeau, un
» escalier, leur quantité d'action journalière se mesure par
» 205 kilogrammes élevés à un kilomètre; lorsqu'ils parcourent
» un chemin horizontal, leur quantité d'action journalière se
» mesure par 3500 kilogrammes transportés à un kilomètre.
» Ces deux quantités sont à peu près entre elles comme 1 est
» à 17.

» La hauteur ordinaire d'une marche d'escalier peut être
» supposée de 135 millimètres, sa largeur étant à peu près
» trois fois sa hauteur. Ainsi dix-sept fois 135 millimètres ou
» 2295 millimètres représenteront la longueur du chemin hori-
» zontal qu'un homme peut parcourir avec le même degré de
» fatigue, que lorsqu'il monte une marche de 135 millimètres.
» Mais comme le pas horizontal ordinaire d'un homme est de
» 650 millimètres, il en résulte qu'un homme éprouve le même
» degré de dépense, en montant une marche de 135 millimè-
» tres, qu'en faisant trois pas et demi sur un chemin horizontal.

» *De la quantité d'action que les hommes peuvent fournir dans leur tra-*
» *vail journalier, lorsqu'ils transportent des fardeaux sur des brouettes.*

» Un homme, d'après Vauban, cité par Coulomb, peut
» transporter dans une brouette 14,79 mètres cubes de terre
» à 29,226 mètres de distance ; il porte cette masse de terre en
» cinq cents voyages : ainsi il parcourt chargé 14,613 kilomètres
» et autant en ramenant la brouette déchargée.

» Il faut joindre à ces données de Vauban quelques autres
» remarques. Lorsque la brouette est chargée, les hommes, en

» saisissant les bras de la brouette à 15 décimètres à peu près
» de distance de l'essieu, soutiennent une partie de la charge
» et une partie du poids de la brouette, le reste du poids est
» porté par le point du terrain sur lequel pose la roue.

 » J'ai trouvé, en soutenant la brouette chargée au moyen
» d'un peson, au même point où les hommes tiennent les bras,
» que la partie du poids qu'ils soutiennent est de 18 à 20 kilo-
» grammes; que, lorsque la brouette est vide, ils ne portent
» que 5 à 6 kilogrammes.

 » J'ai encore trouvé que lorsque la brouette est chargée, les bras
» étant soutenus par des cordes attachées à un point très-élevé,
» la force nécessaire pour pousser la brouette, sur un terrain
» sec et uni, est de 2 à 3 kilogrammes. Cette dernière force dé-
» pend en grande partie des petits ressauts que la roue éprouve
» sur le terrain : elle varie suivant l'adresse du travailleur, qui
» ne sait pas toujours se rendre maître du mouvement de sa
» brouette.

 » Pour déterminer, d'après l'expérience dans ce genre de
» travail, la quantité d'action utile que les hommes fournis-
» sent, l'on remarquera que la charge moyenne des brouettes,
» dans un atelier composé d'hommes vigoureux, est à peu près
» de 70 kilogrammes; que le poids des brouettes, qui varie
» beaucoup, est moyennement de 30 kilogrammes.

 » Mais comme l'effet utile est mesuré par la quantité de
» terres transportées, multipliées par le chemin qu'elles parcou-
» rent, puisque les hommes font rouler la brouette chargée à
» 14,61 kilomètres de distance, l'effet utile journalier aura pour
» mesure le produit des deux nombres 70 et 14,61 multipliés
» l'un par l'autre : ce qui donne une quantité équivalente à
» 1022,7 kilogrammes transportés à un kilomètre.

 » Mais nous avons trouvé que lorsqu'un homme transporte à

» dos des fardeaux, le *maximum* de l'effet utile de son travail
» avait pour mesure un poids de 692,4 kilogrammes transpor-
» tés à un kilomètre : ainsi l'effet utile que fournit un homme
» qui transporte des fardeaux sur une brouette, est à l'effet
» utile des mêmes hommes, lorsqu'il transporte les mêmes
» fardeaux sur son dos , comme 1022,7 : 692,4 : : 148 : 100;
» en sorte que sur un terrain sec, uni et horizontal, cent
» hommes avec des brouettes feront à peu de chose près, la
» même quantité de travail que 150 hommes avec des hottes.

» *De la quantité d'action que les hommes peuvent fournir en sonnant,*
» *mouvement qui s'exécute lorsqu'ils élèvent le mouton pour battre ou*
» *enfoncer des pilotis.*

» Dans l'action des hommes qui soulèvent le mouton et le
» laissent retomber sur la tête des pilotis, l'action utile qu'ils
» fournissent est déterminée par le poids qu'ils élèvent, la hau-
» teur à laquelle ils l'élèvent, et le nombre de coups qu'ils
» peuvent donner dans la journée. Voici ce qui se pratique
» très-souvent, car il y a beaucoup de variétés dans la distri-
» bution du poids, relativement à la force des hommes.

» Les moutons ordinaires pèsent de 350 à 450 kilogrammes.
» Une corde qui passe sur une poulie soutient d'un côté le mou-
» ton; à l'autre extrémité de la corde sont attachés différens
» cordons que les hommes saisissent avec les mains.

» Lorsque le mouton porte sur le pilotis, les hommes tiennent
» le cordon à peu près à la hauteur de leur chapeau; laissant
» ensuite tomber la partie supérieure de leur corps en faisant
» effort sur le cordon, ils élèvent à peu près le mouton de
» 11 décimètres; l'on bat à peu près vingt coups par minute,
» et soixante à quatre-vingts coups de suite; après quoi les
» hommes se reposent autant de temps qu'ils ont travaillé. Mal-

» gré ce repos, on est obligé de les relever le plus souvent
» d'heure en heure.

» En suivant ce genre de travail, et tenant compte des dif-
» férens repos, jamais je n'ai vu les travailleurs pouvoir résister
» à plus de trois heures de travail effectif dans la journée; le
» reste du temps est employé aux différens repos, dont nous
» venons de parler, à placer et déplacer la sonnette, à redresser
» les pilotis, etc. Lorsque les hommes sont très-vigoureux, l'on
» met ordinairement sur la sonnette un nombre d'hommes tel,
» que chacun d'eux élève 19 kilogammes du poids du mouton.

» D'après ces données, la quantité d'action journalière, dans
» ce genre de travail, aura pour mesure le produit des trois
» nombres, 11 décimètres, 19 kilogrammes, et le nombre
» de coups battus dans trois heures de travail effectif, à raison
» de vingt coups par minute, ce qui donne une quantité équi-
» valente à 75,2 kilogrammes élevés à un kilomètre.

» Si nous comparons cette quantité d'action avec celle qu'un
» homme produit, lorsqu'il monte librement un escalier,
» quantité que nous avons trouvée par l'expérience, égale à
» 205 kilogrammes élevés à un kilomètre, nous verrons que
» dans la sonnette le travailleur ne fournit qu'un peu plus
» du tiers de l'action qu'il produirait dans le second cas, et
» qu'ainsi il serait facile, en employant la force des hommes de
» la manière la plus avantageuse de faire en sorte qu'un seul
» homme produisît presque autant d'effet que trois de la ma-
» nière dont ils sont employés dans la sonnette.

» Le calcul, d'après lequel l'on vient de déterminer l'action
» journalière des hommes battant les pilotis, donne une quan-
» tité beaucoup trop considérable, si on le compare avec un
» travail du même genre, suivi, pendant plusieurs mois de
» suite, à la monnaie de Paris, où des hommes frappaient des

» pièces de monnaie avec un mouton. Voici en quoi consistait
» le travail de la journée.

» Le mouton pesait 38 kilogrammes : il était manœuvré par
» deux hommes, qui faisaient par conséquent chacun un effort
» de 19 kilogrammes. Le mouton était élevé, à chaque coup,
» à 4 décimètres de hauteur ; l'on battait dans la journée cinq
» mille deux cents pièces, ou, ce qui revient au même, l'on
» élevait le mouton cinq mille deux cents fois.

» Si, pour avoir la quantité d'action, l'on prend le produit
» des trois nombres, 19 kilogrammes, 4 décimètres et 5200,
» l'on trouvera que la quantité d'action journalière était repré-
» sentée par un poids de 39,5 kilogrammes élevés à un kilo-
» mètre; quantité qui n'est guère que la moitié de 75,2 kilo-
» grammes que nous avons trouvée pour la quantité d'action
» des hommes qui battent les pilotis, et qui n'est que la cin-
» quième partie d'action journalière que fournit un homme,
» lorsqu'il monte librement un escalier.

» Mais il faut remarquer que les mêmes hommes ont tra-
» vaillé à la monnaie, pendant quinze mois de suite; au lieu
» qu'en battant des pilotis les hommes passent à un autre genre
» de travail, lorsqu'ils sont fatigués, ce qui arrive bientôt.

» Il me paraît cependant probable que des hommes vigou-
» reux employés à l'entreprise, auraient pu fournir, dans les
» travaux de la monnaie, une plus grande quantité d'action que
» celle qui résulte du calcul qui précède. La personne qui était
» chargée de la conduite de cet atelier m'a dit qu'un homme
» extrêmement fort, avait entrepris de mener lui seul un mou-
» ton; mais qu'il avait été obligé d'y renoncer au bout de quel-
» ques heures.

» Je crois que cet homme aurait pu travailler plusieurs jours
» de suite, si, au lieu d'élever lui seul un poids de 38 kilogrammes

» à 4 décimètres, il n'eût fait un effort que de 19 kilogrammes;
» que sa main eût parcouru 8 décimètres au lieu de 4, et que
» par un moyen quelconque (1), le mouton eût simplement été
» élevé de 4 décimètres, comme il l'était par l'action des deux
» hommes, ce qui produisait une chute, qui, d'après l'expé-
» rience, suffisait pour l'empreinte des pièces. En combinant
» ainsi la force et la résistance, il est probable que cet homme
» très-vigoureux aurait suppléé les deux hommes qui battaient
» la monnaie; puisque dans son travail journalier, il n'aurait
» fourni que la même quantité d'action que les hommes qui bat-
» tent les pilotis peuvent fournir pendant quelques jours de suite.

» Voici encore une expérience qui a quelque rapport au tra-
» vail de la sonnette. J'ai fait, pendant deux jours de suite,
» tirer de l'eau d'un puits qui avait 37 mètres de profondeur.
» L'on puisait au moyen d'un double seau; je payai l'homme
» à raison de 25 centimes par dix seaux. Il a monté le pre-
» mier jour, cent vingt-cinq seaux; le second cent dix-neuf.
» L'effort moyen, mesuré avec un peson, était de 16 kilo-
» grammes. Je prendrai ici cent vingt seaux pour la quantité
» d'eau qu'il a pu élever dans un jour : ainsi pour avoir la
» quantité journalière d'action, il faut multiplier ensemble les
» trois nombres, 16 kilogrammes 37 mètres et 120, ce qui
» donne, pour l'effet ou la quantité d'action journalière, 71 ki-
» logrammes élevés à un kilomètre, quantité à peu près la
» même que celle que nous avons trouvée pour la quantité
» d'action journalière des hommes qui battent les pilotis.

» *Des hommes agissant sur des manivelles.*

» Je n'ai pu me procurer ni faire par moi-même des expé-

_____

(1) On verra, dans le second volume, comment cela se peut.

» riences directes pour déterminer ce genre d'action ; ce qui
» va suivre est le résultat d'un assez grand nombre d'observa-
» tions sur les machines dont on se sert dans les épuisemens.
» Mais dans ces machines, la résistance que les hommes éprou-
» vent est très-difficile à évaluer. Dans les chapelets, par exem-
» ple, le choc des palettes et des hérissons, les frottemens des
» différentes parties, la perte de l'eau par le jeu de la machine,
» tout varie suivant l'état de la machine. Ces quantités ne sont
» pas les mêmes dans la machine en mouvement et dans la
» machine qu'on veut faire sortir de l'état de repos. D'ailleurs,
» ici il est très-difficile de mettre les hommes à l'entreprise,
» si l'on veut faire une expérience en remplissant quelque ton-
» neaux, ce qui dure cinq à six minutes ; les hommes, pour
» lors, fournissent une quantité d'action qui annonce un pro-
» duit journalier souvent double de l'effectif.

» L'on évalue, dans la plupart des ouvrages de mécanique ,
» la pression qu'un homme exerce sur la poignée de la mani-
» velle, à 12 ou 13 kilogrammes. *Je ne crois pas, que dans
» un travail continu, cette pression puisse s'estimer au
» delà de 7 kilogrammes.* La poignée de la manivelle par-
» court le plus souvent un cercle de 23 décimètres de cir-
» conférence, et l'on compte sur trente tours par minute.
» Mais en examinant pendant plusieurs heures les travail-
» leurs, l'on voit que, lorsqu'ils exercent une pression de 7 ki-
» logrammes, *ils ne font guère que vingt à vingt-deux tours
» par minute.*

» Enfin l'on évalue le temps journalier du travail à dix
» heures par jour ; et dans les grands travaux l'on ne retient
» les travailleurs, qui agissent sur les manivelles, qu'au plus
» huit heures, sur lesquelles ils ralentissent leur mouvement,
» ou se reposent même assez pour qu'il ne soit possible d'éva-

» luer qu'à six heures le temps du travail effectif, à raison de
» vingt tours par minute.

» En calculant la quantité d'action d'après ces observations,
» il faut multiplier ensemble 7 kilogrammes, 23 décimètres,
» 20 et 360; ce qui donne, pour la quantité d'action journa-
» lière, 116 kilogrammes élevés à un kilomètre. En partant de
» ces résultats, si l'on voulait comparer les différentes quantités
» d'action fournies par les hommes qui montent librement un
» escalier, avec celle des hommes qui agissent sur les mani-
» velles et la sonnette, l'on trouverait que les quantités d'action
» fournies par le même homme, dans ces différens genres de
» travaux, sont entre elles comme les nombres 205, 116, 75;
» quantités qui sont à peu près comme les nombres 8, 5, 3 :
» rapports qui probablement donnent une précision suffisante
» dans la pratique; car, dans une question de ce genre, il est
» inutile de chercher une exactitude dont la variété, qui se
» trouve entre les forces de différens travailleurs, rend la dé-
» termination impossible.

» La pratique, au surplus, paraît avoir décidé que les mani-
» velles sont préférables à la sonnette; car presque toutes les
» machines employées dans les grands travaux pour les épui-
» semens sont mises en jeu par des manivelles.

» *De la quantité d'action que les hommes consomment dans leur travail*
» *journalier, lorsqu'ils labourent la terre avec une bêche.*

» Il y a une si grande variété dans les résultats de ce genre
» de travail, qui dépendent de la nature du terrain et des sai-
» sons, et même des temps où les labours précédens ont été
» faits, ce qui a laissé prendre à la terre plus ou moins d'affais-
» sement, et aux racines des plantes qui couvrent sa surface
» plus ou moins d'étendue et de force, que les calculs qui vont

I.   11

» suivre ne doivent être regardés que comme un exemple par-
» ticulier qui doit servir à jeter quelque jour sur les travaux
» qui y sont analogues.

» Le laboureur que j'ai employé, et qui a labouré de suite
» 8000 mètres carrés de terre, était vigoureux, intelligent et
» habitué à travailler à la bêche. Les terres étaient très-fortes
» et produisaient d'excellens blés : elles étaient dans cet état
» moyen d'humidité et de sécheresse qui convient le mieux au
» labour ; mais elles étaient très-affaissées.

» Le laboureur était payé au mètre carré, de manière que
» dans une bonne journée il pouvait gagner 2 f. 50 c. Voici ce
» qui m'a paru résulter de l'expérience, d'après des quantités
» moyennes assez difficiles à apprécier.

» Le laboureur enfonçait sa bêche de 25 centimètres, et à
» chaque coup de bêche, il élevait moyennement un poids de
» terre de 6 kilogrammes, dont il portait le centre de gravité, en
» le retournant, à une hauteur qui était très-variable, mais que
» j'ai cru, en prenant une mesure moyenne, pouvait évaluer à
» 4 décimètres. La terre, quoique très-pesante, s'ameublissait
» assez facilement, et ce n'était qu'après cinq ou six coups de
» bêche qu'il frappait de son tranchant pour casser les mottes
» et unir le labour : il donnait à peu près vingt coups de bêche
» par minute. Le premier effort pour enfoncer la bêche était
» moyennement de 20 kilogrammes : lorsque la bêche était en-
» foncée de quelques centimètres, la force pour continuer à
» l'enfoncer n'était guère que de 12 kilogrammes.

» Dans les beaux jours, cet homme labourait une surface
» de 181 mètres carrés ; ainsi la masse de terre remuée par le
» laboureur était de 45,25 mètres cubes. Le mètre cube de terre
» pesait 1898 kilogrammes.

» De ces données il résulte que, puisque la terre était élevée

» pour la renverser à 4 décimètres, si l'on veut avoir la pre-
» mière partie de la quantité d'action équivalente au travail
» journalier, il faut multiplier ensemble les nombres 1898 ki-
» logrammes, poids d'un mètre de terre ; 45,25 , nombre de
» mètres cubes; et 4 décimètres, hauteur à laquelle le centre
» de gravité de chaque pelletée de terre est élevée par le labou-
» reur; le produit de ces trois quantités équivaut à un poids
» de 34,3 kilogrammes élevé à un kilomètre. Mais il faut
» remarquer qu'outre le poids de la terre, l'homme, à chaque
» coup de bêche, élève le poids de la bêche, qui peut s'évaluer
» à 1,7 kilogrammes, à peu près le quart du poids des terres
» que la bêche retourne; ainsi l'on peut, par approximation,
» représenter la quantité d'action consommée à élever la terre
» par 43 kilogrammes élevés à un kilomètre.

» Il faut à présent chercher la quantité d'action nécessaire
» pour enfoncer la bêche à chaque coup, à une profondeur de
» 25 centimètres. L'expérience nous a donné une résistance
» continue de 12 kilogrammes, que l'on peut porter à 15, à
» cause du premier effort qui est au moins de 20 kilogrammes;
» et en calculant, d'après le poids des terres, la quantité de
» coups de bêche donnés dans la journée, à raison de 6 kilo-
» grammes par coup de bêche, nous trouvons que le labou-
» reur donne dans la journée 14316 coups de bêche. Il
» faut donc, pour avoir cette seconde partie de l'action,
» multiplier ensemble les trois nombres 15 kilogrammes,
» pression que l'homme exerce sur la bêche; 14316, nombre
» des coups de bêche; et 25 centimètres, enfoncement de
» la bêche à chaque coup : le produit de ces trois quantités
» équivaut à un poids de 53,6 kilogrammes élevés à un ki-
» lomètre.

» Ajoutons ensemble les deux quantités d'action ; nous au-

» rons pour l'action totale de la journée 96,6 kilogrammes
» élevés à un kilomètre.

» Il serait difficile de déterminer la quantité d'action que
» l'homme emploie à casser les mottes et à étaler la terre. D'a-
» près la manière dont notre laboureur faisait cette opération,
» je ne crois pas qu'on puisse l'évaluer beaucoup au delà de
» la vingtième partie du travail journalier. Ainsi l'on ne sera
» peut-être pas bien loin de la véritable valeur du travail jour-
» nalier, en l'estimant à 100 kilogrammes élevés à un kilomètre.

» Dans le travail du laboureur, l'on doit observer deux ma-
» nières d'employer la force : dans la première, l'homme, en
» appuyant du pied et du corps sur la bêche, l'enfonce dans la
» terre; il ne paraît pas que cette portion du travail puisse
» produire, dans le travail journalier, beaucoup plus de fatigue
» que lorsqu'un homme monte un escalier.

» Dans l'autre partie du travail, les hommes soulèvent, par
» l'effort de leurs bras, la terre en même temps que la bêche;
» ainsi il doivent probablement fatiguer au moins autant que
» lorsqu'ils agissent sur la sonnette. Nous allons voir si, d'après
» le calcul, l'on peut admettre ces suppositions.

» Dans le travail journalier des hommes qui montent un es-
» calier, ils peuvent élever 205 kilogrammes à un kilomètre;
» mais la portion du travail journalier qui répond à l'enfonce-
» ment de la bêche a été trouvée de 53,6 kilogrammes élevés
» à un kilomètre. Ainsi, en supposant que ces deux genres de
» travaux soient de même nature, la portion du travail journa-
» lier que le laboureur aura fournie, en enfonçant sa bêche,
» sera égale à $\frac{53,6}{205} = 0{,}261$ partie du travail journalier.

» Il faut à présent ajouter à cette première quantité d'action
» celle de l'homme qui soulève la terre, en supposant qu'à fa-
» tigue égale il consomme la même quantité d'action qu'à la

» sonnette : nous avons trouvé, par les expériences, trois va-
» leurs différentes; savoir : pour les hommes qui battent des
» pilots, 75 kilogrammes élevés à un kilomètre; pour l'homme
» qui tire de l'eau d'un puits, 72 kilogrammes élevés à un kilo-
» mètre; pour un travail suivi pendant quinze mois à la Mon-
» naie, 40 kilogrammes élevés à un kilomètre. En prenant une
» quantité moyenne entre ces trois valeurs, nous trouvons,
» pour le travail d'une journée, 62,3 kilogrammes élevés à un
» kilomètre. Mais nous avons vu, dans cet article, que la quan-
» tité d'action employée à élever et renverser la terre avec la
» bêche était de 43 kilogrammes élevés à un kilomètre; ainsi
» la portion du travail journalier du laboureur serait, pour
» cette partie de l'action, représentée par $\frac{43}{62,3} = 0,69$ centièmes
» du travail journalier. Joignons ces deux portions du travail
» du laboureur, et nous aurons pour son travail de la journée
» $0,26 + 0,69 = 0,95$; ou, ce qui revient au même, 95 cen-
» tièmes du travail de la journée.

    » Ainsi, en supposant que l'homme qui enfonce la bêche ne
» fatigue pas plus qu'un homme qui monte un escalier, et que
» l'homme qui relève les terres avec la bêche fatigue autant
» qu'un homme employé à la sonnette, nous ne trouvons, d'a-
» près cette comparaison, qu'un vingtième de perte d'action;
» quantité que l'on peut négliger dans des recherches de la na-
» ture de celles qui font le sujet de ces expériences.

    » Dans les articles qui précédent, j'ai cherché à déterminer,
» d'après l'expérience, quelle est la quantité d'action journa-
» lière que les hommes peuvent fournir sous une charge quel-
» conque; et j'ai supposé que, par cet instinct naturel à tous
» les hommes, ils prennent, sous une charge donnée, la vitesse
» qui économise le plus leurs forces. Les remarques qui vont
» suivre prouveront que cette supposition n'a pas pu occasio-

» ner des erreurs sensibles dans les résultats. Il paraît même,
» d'après la pratique, que les hommes peuvent dans leurs tra-
» vaux, à fatigue égale, produire la même quantité d'action
» journalière en variant beaucoup leur vitesse et coupant leur
» travail par de petits intervalles de repos.

» Je prendrai pour exemple les hommes qui consommaient
» tout leur travail journalier à monter le bois à 12 mètres de
» hauteur. Dans cette expérience, chaque charge de 68 kilo-
» grammes était montée à 12 mètres de hauteur dans un peu
» plus d'une minute, à peu près 1,1 minute. Ainsi, comme
» dans son travail journalier l'homme montait soixante-six
» charges, il consommait presque toute son action journalière
» dans un heure douze minutes. Mais cette distribution de son
» action était coupée par des intervalles de repos, ou au moins
» d'un travail peu fatigant, tel, par exemple, que celui de
» charger ses crochets bûche à bûche, et ces intervalles étaient
» beaucoup plus longs que ceux où il avait la charge sur le dos,
» car il montait les six voies de bois à peu près dans six heures
» et demie : en sorte que le temps de la présence sur le travail
» étant de six heures et demie, le temps effectif de la fatigue
» n'était que d'une heure douze minutes; et ces six heures et
» demie étaient coupées en soixante-six parties, chaque partie
» en deux autres; l'une de 1,1 minute; où l'homme était sous
» la charge; et l'autre de 4,8 minutes, où l'homme descendait
» l'escalier, chargeait ses crochets et fatiguait très-peu.

» Il paraît que cette manière de couper en de petits inter-
» valles d'action et de repos le travail des hommes qui portent
» de grands fardeaux est celle qui convient le mieux à l'écono-
» mie animale, et que les hommes préfèrent de marcher avec
» vitesse pendant quelques instans, et de se reposer complé-
» tement pendant quelques autres instans, à parcourir une

» même course dans un temps égal à ces deux intervalles, avec
» une vitesse plus lente, mais continue.

» C'est ce que nous voyons tous les jours : car les hommes
» qui transportent des charges de 60 à 70 kilogrammes sur un
» terrain horizontal, marchent presque aussi vite que ceux qui
» ne sont pas chargés. Mais pour peu que la course soit longue,
» ils la coupent par plusieurs intervalles de repos.

» Au surplus, quelle que soit la manière de diviser ces inter-
» valles entre eux, ce qui varie probablement pour chaque
» homme d'après sa constitution physique, il paraît, comme
» je l'ai déjà dit, que, dans les travaux où les hommes doivent
» consommer toute leur action journalière, on ne doit exiger
» d'eux, dans les vingt-quatre heures, que sept à huit heures de
» travail, coupées ou non par de petits intervalles de repos : je
» parle des travaux où les hommes consomment dans un exer-
» cice violent toute leur action journalière ; car il y a beaucoup
» de genres de travaux, surtout dans la partie des arts, d'une
» nature telle, que les hommes, en travaillant dix ou douze
» heures par jour, ne consomment qu'une partie souvent très-
» peu considérable de la quantité d'action qu'ils peuvent four-
» nir dans la journée. »

CHAPITRE XI.

Suite du même sujet : Faits et données fournis par d'autres auteurs sur la valeur de la force des hommes en général et dans quelques travaux particuliers.

M. Schulze a publié dans les mémoires de l'académie de Berlin (voyez *Bibliothéque britannique*, *Sciences et Arts*, tom. **LVI.**) une suite d'expériences sur la force des hommes.

Il établit d'abord que le résultat de l'action d'un moteur peut être considéré comme un produit composé de deux facteurs, force et vitesse ; que si l'on augmente l'un dans quelques vues particulières, il faut diminuer l'autre proportionnellement. Mais quelle est la méthode de trouver avec certitude le rapport de la diminution ou de l'augmentation de la force (ou effort) relativement à la vitesse, dans les différens cas qui peuvent se présenter ? Euler a donné deux formules (1) pour évaluer le rapport. Le but principal des expériences de M. Schulze a été de connaître à laquelle des deux formules il fallait donner la préférence. Mais avant tout il voulut déterminer, par des expériences directes, la force absolue des hommes et leur vitesse absolue.

---

(1) Si l'on représente par P la force absolue, dans le cas d'équilibre ; par V, la vitesse absolue qui a lieu lorsque l'homme ou l'animal se meuvent librement ; p étant la force relative, et ν la vitesse correspondante, on a, par la première de ces formules : $p = P \left(1 - \dfrac{\nu}{V} \right)^2$; tandis que la seconde donne $p = P \left(1 - \dfrac{\nu^2}{V^2} \right)$.

Il prit pour cela vingt hommes de tailles et de constitutions différentes qu'il mesura et pesa. Voici leurs tailles et leurs poids, réduits en mesure métriques.

NUMÉROS D'ORDRE.	TAILLE.	POIDS.	NUMÉROS D'ORDRE.	TAILLE.	POIDS.
	mètre.	kilogrammes.		mètre.	kilogrammes.
1	1,630	57,096	11	1,791	61,776
2	1,602	62,712	12	1,579	73,476
3	1,729	77,220	13	1,626	81,800
4	1,673	61,308	14	1,650	54,756
5	1,832	82,836	15	1,819	89,856
6	1,862	73,944	16	1,551	62,244
7	1,757	84,240	17	1,523	68,796
8	1,598	54,756	18	1,641	58,032
9	1,553	65,520	19	1,699	76,284
10	1,553	58,968	20	1,804	84,708

Pour connaître la force absolue de ces hommes, en divers cas, on fit les expériences suivantes :

1°. *Pour soulever verticalement un poids avec les mains*, on prit une série de poids de même forme, augmentant de $4^k,680$, en $4^k,680$; depuis $70^k,200$ jusqu'à 117 kilogrammes. On fit des dispositions telles qu'on pouvait estimer rigoureusement la hauteur à laquelle chaque homme était parvenu à élever le poids ; le tableau suivant présente le résultat de ces expériences.

NUMÉROS D'ORDRE.	POIDS A ÉLEVER.										
	kil. 70,200	kil. 74,880	kil. 79,560	kil. 84,240	kil. 88,920	kil. 93,600	kil. 98,280	kil. 102,960	kil. 107,640	kil. 112,320	kil. 117
	HAUTEUR D'ÉLÉVATION EN MILLIMÈTRES.										
	mèt.	mèt.	mèt.	mèt.	mèt.	mèt.	mèt.	mèt.	mèt.	mèt.	
1	0,199	0,163	0,126	0,120	0,094	0,068	0,027	»	»	»	»
2	0,201	0,167	0,143	0,118	0,100	0,062	0,010	»	»	»	»
3	0,199	0,186	0,165	0,148	0,128	0,102	0,077	0,040	0,006	»	»
4	0,212	0,193	0,184	0,150	0,135	0,118	0,102	0,094	0,079	0,034	»
5	0,317	0,285	0,246	0,216	0,201	0,182	0,150	0,118	0,081	0,032	»
6	0,392	0,360	0,351	0,325	0,293	0,257	0,218	0,167	0,105	0,002	»
7	0,332	0,271	0,268	0,238	0,208	0,173	0,135	0,094	0,070	0,004	»
8	0,302	0,261	0,240	0,309	0,208	0,178	0,150	0,130	0,081	0,025	»
9	0,242	0,212	0,182	0,141	0,105	0,070	0,032	»	»	»	»
10	0,208	0,165	0,118	0,096	0,062	0,040	0,008	»	»	»	»

M. Schulze remarque, d'après ces expériences, que les hommes de grande taille ont de l'avantage dans ce genre de travail sur ceux d'une taille plus petite, et que la hauteur, à laquelle on élève le poids, diminue dans un rapport beaucoup plus grand que le poids n'augmente.

2°. Pour trouver la force absolue des hommes, soulevant, par traction, des poids à l'aide d'une poulie et d'une corde, il fit disposer au-dessus d'un puits une poulie de fonte construite avec soin, et sur laquelle une corde de soie très-flexible s'enroulait ; une des extrémités de cette corde portait un bassin pour recevoir des poids qu'on pouvait augmenter ou diminuer à volonté ; l'autre extrémité de la corde était toujours tirée horizontalement par chaque homme, quelle qu'en fût la taille, parce qu'on pouvait hausser ou baisser la poulie à volonté.

On mettait d'abord 28^k,080 ; on augmentait graduellement de 2^k,340 en 2^k,340 , et à des intervalles de temps réguliers, chacun de dix secondes; on chargeait jusqu'à ce que l'homme ne pût ni avancer ni reculer de quelques millimètres.

LA CORDE PASSANT SUR LES ÉPAULES DES HOMMES.		L'HOMME TENANT LA CORDE DEVANT LUI.	
NUMÉROS D'ORDRE.	POIDS.	NUMÉROS D'ORDRE.	POIDS.
	kilogrammes.		kilogrammes.
1	44,460	1	42,120
2	49,140	2	49,140
3	51,480	3	49,140
4	46,800	4	42,120
5	49,140	5	44,460
6	46,800	6	46,800
7	53,820	7	51,480
8	49,140	8	46,800
9	44,460	9	42,120
10	42,120	10	39,780
11	42,120	11	42,120
12	46,800	12	42,120
13	51,480	13	46,800
14	42,120	14	39,780
15	51,480	15	49,140
16	44,460	16	42,120
17	46,800	17	42,120
18	42,120	18	39,780
19	51,480	19	46,800
20	49,140	20	46,800

Ces expériences, qui ont été répétées plusieurs jours de suite, font voir que l'homme a plus de force pour soutenir un poids, lorsque la corde passe sur ses épaules, que lorsqu'il la tient simplement devant lui, et que ce ne sont pas les hommes de la plus haute taille qui ont le plus de force dans ces deux cas.

Pour connaître la vitesse absolue de ces vingt hommes, voici comment M. Schulze s'y prit : il fit mesurer fort exactement un espace de 3708 mètres, sur un terrain à peu près horizontal. Chacun des hommes parcourut cet espace, en marchant d'un bon pas, mais sans courir, et de manière à pouvoir continuer pendant quatre ou cinq heures. On avait eu la précaution de placer, de distance en distance, des surveillans pour s'assurer s'ils marchaient d'une manière uniforme et avec la vitesse naturelle à chacun d'eux. Le tableau suivant donne les résultats de ces expériences.

NUMÉROS D'ORDRE.	TEMPS EMPLOYÉ.	VITESSE.	NUMÉROS D'ORDRE.	TEMPS EMPLOYÉ.	VITESSE.
	minutes.	mètre.		minutes.	mètre.
1	40′,18″	1,526	11	36′,17″	1,702
2	41′,12″	1,489	12	38′,11″	1,619
3	39′, 8″	1,714	13	38′, 5″	1,622
4	39′,40″	1,557	14	37′, 1″	1,668
5	34′,19″	1,801	15	36′,17″	1,702
6	35′,11″	1,755	16	41′,28″	1,534
7	38′, 7″	1,622	17	42′,25″	1,455
8	40′, 9″	1,541	18	40′,19″	1,508
9	40′,20″	1,532	19	37′,57″	1,548
10	40′,51″	1,514	20	39′,51″	1,634

Ayant ainsi la force et la vitesse absolue de vingt hommes différens, il s'agissait, pour le but que l'auteur de ces expériences s'était proposé, de déterminer leur force relative, c'est-à-dire, la valeur représentant l'effort et la vitesse dont ils étaient capables pour produire *un effet mécanique.*

Il se servait pour cela d'une machine composée de deux gros cylindres de marbre, tournant autour d'un autre cylindre vertical en bois; il fit les dispositions nécessaires pour faire mouvoir cette machine par une corde à une des extrémités de laquelle on attachait des poids; on trouva qu'il fallait un poids de 100ᵏ,620, pour imprimer à la machine une vitesse uniforme de 0ᵐ,744 et de 102ᵏ,960 pour imprimer une vitesse de 0ᵐ,763 par seconde.

On remplaça les poids par les sept premiers hommes, agissant perpendiculairement à la pièce à laquelle était attachée la corde qui passait horizontalement sur leurs épaules. Ils firent faire à la machine deux cent quatre-vingt-un tours en deux heures ; ce qui donne, pour leur vitesse relative, 0,757 mètre par seconde.

La force absolue de ces sept hommes, d'après les expériences précédentes, est de $341^k,640$, et leur vitesse absolue de $1^m,637$ par seconde (1) ; et on trouve leur force relative de $95^k,940$.

En divisant ce nombre par 7, l'effort de chaque homme a été de $13^k,706$ avec une vitesse de 0,737 mètre par seconde. D'où M. Schulze conclut que la force de l'homme doit être évaluée à $13^k,706$, avec une vitesse de 0,757 mètre par seconde.

D. Bernouilli (Voyez *Prix de l'Académie*, t. 8, p. 4 et suiv.) donne au plus grand effort que l'homme puisse soutenir *pendant quelque temps*, sans trop de fatigue, une valeur d'environ 34 kilogrammes. Il suppose que, si cet effort doit avoir une certaine durée, l'homme n'est capable d'aucune vitesse, ou d'aucun effet mécanique.

Quant à la plus grande vitesse d'action que l'homme peut donner à ses membres, il l'évalue à environ 2 mètres par seconde, et il regarde cette vitesse comme absorbant toute la force de l'homme ; il n'est, dans ce cas, capable de produire aucun effort, et par conséquent aucun effet mécanique.

---

(1) En substituant ces valeurs dans la première formule, on a $P = 95,940$, ce qui s'accorde assez bien avec l'expérience. En les substituant dans la seconde, on a $p = 71^{kil},604$, résultat beaucoup trop faible et qui prouve que c'est à la première formule qu'il faut s'arrêter.

Il a cherché (1) entre ces deux limites quelles étaient les quantités d'effort et de vitesse qui pouvaient donner le *maximum* d'effet, et il trouve que l'effort doit être à peu près de 15 kilogrammes, et la vitesse le *tiers* de la plus grande vitesse possible, c'est-à-dire d'environ 66 centimètres par seconde. Ce qui donne, pour la quantité d'action de l'homme par seconde 15 kilogrammes élevés à 66 centimètres de hauteur.

Ce célèbre géomètre pense que cette valeur est applicable à tous les cas où la force des hommes est employée, et que toutes les machines, quel qu'en soit le genre, doivent être établies de manière que le mouvement des hommes, appliqué à ces machines, n'ait qu'environ 66 centimètres de vitesse par seconde. On voit que l'estimation de Bernouilli s'accorde à peu près avec celle que M. Schulze a déduite de l'expérience.

M. Robertson Buchanan a consigné les expériences suivantes dans le 15e. vol. de l'ouvrage périodique intitulé : *the Repertory of arts and manufactures*, p. 319.

Première. Un homme appliqué à une manivelle a élevé, en neuf secondes, un poids, y compris les frottemens, etc., de $12^k,684$ à $5^m,185$ de hauteur. L'effet a été pendant ce temps, de $65^k,766$ élevés à un mètre.

Deuxième. Un homme, dans la position d'un rameur, a fait parcourir, en neuf secondes, 2,348 mètres d'espace à un poids évalué, y compris les frottemens, à $44^k,394$. L'effet a été pendant ce temps, de $104^k,237$ élevés à un mètre.

Troisième. Un homme, appliqué à une pompe ordinaire, a mis en mouvement en neuf secondes de temps, une quantité d'eau équivalente à $30^k,351$, et lui a fait parcourir un espace

---

(1) *Voyez* Éclaircissemens et Développemens, art. 12.

évalué à 1^m,342. L'effet a été pendant ce temps de 40^k,731 élevés à un mètre.

Quatrième. Un homme, en sonnant pendant neuf secondes, a fait parcourir, à l'équivalent d'un poids de 32^k,618, un espace de 2^m,745. L'effet a donc été pendant ce temps, de 89^k,530 élevés à un mètre.

M. Buchanan observe qu'à la vérité la durée de ces expériences a été très-courte; mais que les différences en faveur de l'action de l'homme dans la position d'un rameur et d'un sonneur eussent encore été plus frappantes, si elles avaient duré plus long-temps, ainsi que le désavantage qu'a l'homme, en élevant de l'eau avec des pompes disposées comme elles le sont ordinairement.

M. l'ingénieur Guenyveau (*Essai sur la science des machines*) rapporte, relativement à la vitesse de l'homme, qu'un coureur exercé parcourt quelquefois 13 mètres par seconde, au commencement de sa course; que la vitesse ordinaire peut être portée à 7 mètres par seconde; celle de la marche ordinaire à 2 ou 3 mètres; que la grandeur du pas, souvent évaluée à 0^m,81, n'est guère que de 0^m,66.

« Il est rare, dit-il, qu'un homme puisse transporter un far-
» deau de 50 kilogrammes, sans prendre de fréquens repos.....
» Lorsqu'il s'agit de grandes distances, on n'emploie guère le
» transport à dos d'hommes, parce que c'est le plus dispen-
» dieux. Pour des distances moyennes, on distribue ordinai-
» rement un certain nombre d'hommes sur toute la longueur
» du chemin à parcourir, afin qu'en se passant les fardeaux les
» uns aux autres, ils prennent une espèce de repos, pendant
» qu'ils retournent au point d'où ils sont partis chargés. La dis-
» tance à laquelle il convient de placer les manœuvres est va-
» riable, suivant la force des hommes, le poids à transporter, la
» commodité du chemin, etc. Cette méthode d'exécuter des

» transports est pratiquée dans toutes les mines, et mérite
» d'être observée avec plus d'attention qu'on ne l'a fait jus-
» qu'ici. »

Coulomb évalue, comme nous l'avons vu, l'effet utile journalier produit par un homme portant un fardeau à une certaine
distance et revenant à vide pour se charger de nouveau, à
692 kilogrammes. M. Guenyveau observe à ce sujet que « les
» portefaix qui chargent, à Rive-de-Gier, les bateaux du canal
» de Givors, portent ordinairement un hectolitre de houille,
» dont le poids moyen est de 85 kilogrammes; l'espace qu'ils
» parcourent chargés est toujours très-court, et ils reviennent
» à vide : lorsqu'il est d'environ 36 mètres, ils peuvent produire,
» par un grand travail qu'ils ne pourraient soutenir pendant huit
» jours de suite, un effet utile journalier de 1020 kilogrammes ;
» mais la moyenne est de 892 kilogrammes transportés à un
» kilomètre. Lorsque la distance à parcourir est d'environ
» 70 mètres, la charge restant la même, l'effet utile journalier
» moyen n'est que de 743 kilogrammes; ils emploient ordinai-
» rement de six à huit heures pour exécuter ce travail; il ne
» faut pas oublier que ces portefaix sont très-exercés au tra-
» vail, et qu'on n'en rencontre pas souvent d'aussi laborieux.

» On pourrait être tenté de conclure de ces faits que l'effet
» utile diminue, lorsque la distance à parcourir augmente ;
» mais il est probable que le poids transporté influe en même
» temps sur cette quantité. Si l'on voulait faire des expériences
» à ce sujet, il faudrait faire varier successivement ces deux
» élémens, le poids du fardeau et la distance à parcourir, afin
» de déterminer comment on peut obtenir le *maximum* d'effet
» utile journalier.

» Lorsque le chemin à parcourir, ajoute-t-il, est inégal,
» peu commode, et quelquefois incliné, la charge ne peut

» pas être aussi grande que dans les cas précédens, et l'effet
» utile diminue rapidement. J'ai remarqué que, dans l'inté-
» rieur des mines, l'effet utile journalier des manœuvres va-
» riait entre 200 et 300 kilogrammes transportés à 1000 mè-
» tres; la charge étant de 60 à 75 kilogrammes, et la distance à
» parcourir souvent de 1000 mètres. Lorsque le chemin est
» horizontal, on se sert de traîneaux, qui présentent des avan-
» tages sur le transport à dos d'homme.

» Quelquefois on emploie deux hommes à la fois pour porter
» un même fardeau, à l'aide de deux bâtons qu'ils tiennent dans
» leurs mains, ou de ce qu'on appelle une civière, barelle, etc.;
» ils peuvent parcourir un chemin inégal et même monter ou
» descendre successivement sans rien changer au chargement.
» L'effet utile journalier de chaque homme, travaillant de cette
» manière, varie entre 200 et 250 kilogrammes, et la charge
» commune est de 80 à 100 kilogrammes.

» L'homme qui exerce une traction sur un obstacle invin-
» cible, au moyen d'une bricole passée sur ses épaules, peut
» faire, pendant quelques instans, un effort de 50 à 60 kilo-
» grammes; lorsque l'effort doit être continu, et que l'homme
» marche, il ne doit être porté qu'à 17 kilogrammes au plus,
» et, terme moyen, à 13 kilogrammes, avec une vitesse
» de $0^m,8$ par seconde. L'effet utile journalier sur lequel je
» ne connais point d'observations immédiates, ne me paraît
» pas devoir être évalué à plus de 200 kilogrammes transportés
» à un kilomètre.

» On sait qu'une petite charrette à deux roues, telle que celle
» qui peut être traînée par un homme, n'exige guère que le $\frac{1}{7}$ de
» son poids pour être mue sur un terrain horizontal; l'homme
» pourrait donc produire, à l'aide de cette machine, un effet utile
» journalier de 2300 kilogrammes transportés à un kilomètre.

I.13

» Dans les travaux des mines, on se sert quelquefois de traî-
» neaux, qui glissent sur un sol assez inégal et ordinairement
» argileux. Ceux que j'ai eu occasion d'observer étaient traî-
» nés par un seul homme, et chargés de 90 kilogrammes de
» houille ; le trajet était de 290 mètres ; le manœuvre faisait
» vingt-quatre voyages dans la journée, et revenait avec le
» traîneau vide ; l'effet utile produit journellement était de
» 627 kilogrammes transportés à un kilomètre.

» Les petits chariots dont on se sert dans les mines métal-
» liques sont portés sur quatre roues très-petites, et traînés
» par des hommes distribués sur toute la longueur du chemin
» à une distance d'environ 100 mètres ; le chariot roule sur
» des planches, et l'effet utile journalier de chaque homme
» est de 900 à 1000 kilogrammes transportés à un kilomètre.
» Lorsque le roulage a lieu sur le sol peu égal des galeries,
» supposées d'ailleurs horizontales, l'effet utile s'élève rare-
» ment à plus de 600 kilogrammes. Je ne présente ces résultats
» que comme des aperçus destinés à donner une idée des ef-
» fets que l'homme est capable de produire dans diverses cir-
» constances. »

TABLEAU DES RÉSULTATS DES DEUX CHAPITRES PRÉCÉDENS.

Effort absolu de l'homme.	48 à 49 kil.	Schulze.
	34 kil.	Bernouilli.
	50 à 60 kil. au moyen de bricole.	Guenyveau.
Effort relatif.	13 à 14 kil.	Schulze.
	15 kil.	Bernouilli.
	17 kil. poids moyen ; 13 avec une bricole.	Guenyveau.
Vitesse absolue.	1^m,637 par seconde.	Schulze.
	2 mètres par seconde.	Bernouilli.
	2 à 3 mètres par seconde	Guenyveau.
Vitesse relative.	0^m,757 par seconde.	Schulze.
	0 ,660 par seconde.	Bernouilli.
	0 ,800 par seconde.	Guenyveau.

Vitesse du commencement de la plus grande course d'un coureur exercé.	13 mètres par seconde.	Guenyveau.
Vitesse ordinaire de la course.	7 mètres par seconde.	*Idem.*
Grandeur du pas. . . .	o^m,66.	*Idem.*
Quantité de force qu'un homme peut déployer *sans charge*, en marchant sur un terrain horizontal dans une journée.	3500 kil. transportés à un kilomètre. . .	Coulomb.
La plus grande charge qu'un homme puisse porter à une petite distance..	145 à 150 kil.	*Idem.*
Effet *total* journalier d'un homme marchant avec une charge de 58 à 61 kilog. sur un terrain horizontal..	2000 kil. transportés à un kilomètre. . .	*Idem.*
Effet *utile* au *maximum* avec les charges ci-dessus.	690 à 692 kil. transportés à un kilomètre.	*Idem.*
Rapport entre la marche *sans charge* et avec une charge de 58 à 61 kil.	Comme 5 est à 1.	*Idem.*
Effet utile journalier produit en 6 à 8 heures, par des portefaix chargés de 85 kil. de houille, à transporter à 36 mèt.	1020 kil. transportés à un kilomètre. 892 kil. terme moyen.	Guenyveau.
Effet utile journalier du même transport à 100 mètres.	743 kil. transportés à un kilomètre. . . .	*Idem.*
Effet utile journalier du transport d'une charge de 60 à 75 kil. à 1000 mètres sur un sol inégal.	200 à 300 kil. transportés à un kilomètre.	*Idem.*
Effet utile journalier de deux hommes portant sur une civière un poids de 80 à 100 kil. et marchant sur un terrain inégal.	200 à 250 kil. transportés à un kilomètre.	*Idem.*
Quantité de force dépensée par un homme qui monte *sans charge* un escalier commode. . .	205 kil. transportés à un kilomètre. . .	Coulomb.

Effet total journalier d'un homme montant un escalier avec 68 kil. de charge.	109 kil. élevés à un kilomètre.	Coulomb.
Rapport entre la montée *sans charge* et avec une charge de 68 kil. . . .	Comme 188 est à un 100.	*Idem.*
Charge donnant l'effet au *maximum* en montant un escalier.	53 kil.	*Idem.*
Effet utile journalier avec la charge ci-dessus. .	56 kil. élevés à un kilomètre.	*Idem.*
Rapport entre la montée *sans charge* et avec une charge de 53 kil., en ne considérant que l'effet utile.	Environ comme 4 est à 1.	*Idem.*
Effet utile journalier d'un homme avec une brouette.	1022$^{kil.}$,7 transportés à un kilomètre. . .	*Idem.*
Idem avec une charrette.	2300 kil. transportés à un kilomètre. . .	Guenyveau.
Effet utile journalier d'un homme transportant à 1000 mètres un fardeau sur un chariot à petites roues roulant sur des planches.	900 à 1000 kil. transportés à un kilomètre.	*Idem.*
Idem avec un chariot de cette espèce roulant sur un sol inégal.	600 kil. transportés à un kilomètre. . . .	*Idem.*
Idem avec un traîneau glissant sur un sol inégal et raboteux, et chargé de 90 kil. à transporter à 290 mètres.	627 kil. transportés à un kilomètre. . . .	Coulomb.
Effet utile journalier d'un homme employé au mouton d'une sonnette.	75 kil. élevés à un kilomètre.	*Idem.*
Idem à frapper des pièces de monnaie, en travail suivi pendant plusieurs mois.	39$^{kil.}$,5 élevés à un kilomètre	*Idem.*
Effet utile journalier d'un homme tirant de l'eau d'un puits avec une corde et une poulie ; travail suivi pendant deux jours consécutifs. . . .	71 kil. élevés à un kilomètre.	*Idem.*

Effet utile journalier d'un homme travaillant dans la position d'un sonneur de cloche; effet déduit du travail de 9 secondes.	216 kil. élevés à un kilomètre.	Buchanan.
Effet utile d'un homme travaillant à la bêche.	100 kil. élevés à un kilomètre.	Coulomb.
Idem d'un homme travaillant dans la position d'un rameur; effet déduit du travail de 9 secondes.	237 kil. élevés à un kilomètre.	Buchanan.
Idem d'un homme à la manivelle.	116 kil. élevés à un kilomètre.	Coulomb.
Idem déduit du travail de 9 secondes.	152 kil. élevés à un kilomètre.	Buchanan.
Idem de l'homme manœuvrant une pompe ordinaire; effet déduit du travail de 9 secondes. . .	97 kil. élevés à un kilomètre.	*Idem.*

CHAPITRE XII.

Remarques sur les faits rapportés dans les deux chapitres précédens.

Puisqu'on peut toujours représenter la force que l'homme est en état de dépenser, par le produit de deux quantités : la masse ou le poids du corps à mouvoir, la hauteur à laquelle on veut l'élever, dans un temps donné, la question mécanique la plus intéressante à résoudre sur le sujet qui nous occupe, serait de savoir s'il est tout-à-fait indifférent de changer l'un ou l'autre de ces facteurs, à la seule condition que le produit fût toujours le même.

Ainsi, par exemple, en admettant qu'un homme élève un poids de 15 kilogrammes à 60 centimètres de hauteur par seconde, et qu'il puisse continuer toute la journée cette dépense de force sans altérer sa santé, peut-on indifféremment faire dépenser journellement à l'homme la même force, en doublant le poids et diminuant la hauteur de moitié, ou en doublant la hauteur et diminuant le poids de moitié; ou si l'on veut en doublant le temps et en doublant de même l'un ou l'autre du poids ou de la hauteur? Il est évident que le produit qui exprime la force est resté le même dans chacun de ces changemens, et que l'effet mécanique étant le même, l'homme n'a pas réellement plus de force à dépenser dans un cas que dans l'autre. Mais le peut-il avec la même fatigue journalière? S'il peut travailler constamment avec un effort de 15 kilogrammes et une vitesse de 60 centimètres par seconde, le pourra-t-il, par exemple, avec un effort de 30 kilogrammes et une vitesse de 30 centimètres par seconde, ou avec un effort de 5 kilogrammes et une vitesse 1^m,80 par seconde? On peut dire en général que non.

Les faits que nous avons rapportés nous prouvent cependant que l'homme est capable d'un effort plus grand, mais cet effort ne peut être que momentané; d'une vitesse plus grande, mais sans effet mécanique. Ils nous prouvent aussi que le plus grand effort qu'on doive attendre d'un homme, dans un travail continu, ne peut pas dépasser 15 kilogrammes; et la plus grande vitesse, avec un effort approchant de cette quantité, ne peut être de plus de 60 à 70 centimètres par seconde.

Il est des cas assurément où l'homme peut donner plus de vitesse à l'action de son bras; mais alors l'effort doit être réduit à 2 ou 3 kilogrammes, et le travail doit permettre de fréquens intervalles de repos.

Quant au temps pendant lequel la dépense de force se fait, il n'est pas plus indifférent de le changer que les deux autres facteurs. Parce qu'un homme est capable d'élever 100 ou 150 kilogrammes à 1000 mètres en huit heures de temps, avec un certain nombre d'intervalles de repos, il ne s'ensuit pas qu'il pourrait dépenser cette force en six heures, en se reposant moins souvent.

Aussi la première règle économique pour l'emploi de la force de l'homme, consiste à la dépenser dans un temps assez long pour permettre de fréquens intervalles de repos; et de nombreuses observations prouvent qu'à fatigue égale, un homme peut dépenser plus de force en dix heures, avec les temps de repos nécessaires, qu'en huit heures avec moins de temps de repos.

Il se présente bien des occasions dans les arts mécaniques, de tirer un parti avantageux de l'homme, en disposant la machine de telle manière qu'on accumule toute la force dont l'homme est capable pendant une minute, par exemple, pour la faire dépenser ensuite par la machine dans un temps plus long, et pendant lequel l'homme peut se reposer.

Ce mode serait quelquefois de beaucoup préférable, pour l'économie de la force, à celui de dépenser sa force par petites parties, mais avec continuité et avec des intervalles de repos beaucoup plus éloignés. Le second volume offrira les données que la science fournit sur la manière de faire ces dispositions.

La force que l'homme peut, en général, dépenser dans une journée de travail est donc variable suivant les changemens qu'on peut faire subir à l'un de ces facteurs : poids à élever, ou effort; hauteur d'élévation, ou espace parcouru par le point d'application, en un temps donné : facteurs dont le produit représente, comme nous l'avons dit, la quantité d'action que l'homme a déployée.

Mais si l'on conserve la quotité de l'effort et de la vitesse qui, dans un cas, convient de tous points, la force du moins n'est-elle pas variable dans un autre cas? Par exemple : ayant trouvé dans un cas particulier qu'avec un effort de 12 à 15 kilogrammes et une vitesse de 60 à 80 centimètres de vitesse par seconde, on a obtenu, en travail suivi et avec une fatigue très-modérée, le *maximum* d'effet mécanique, peut-on dans tous les cas admettre ces nombres, et obtenir les mêmes résultats sous tous les rapports? D. Bernouilli et M. Schulze ont paru le croire; mais l'expérience et l'observation journalière montrent que c'est une erreur : les faits que nous avons rapportés suffiraient seuls pour le prouver.

Plusieurs circonstances, en effet, influent sur les nombreuses variations qu'on remarque à ce sujet, selon la manière dont l'homme se trouve dans le cas de dépenser sa force. Cette dépense peut être considérée comme divisée en deux parties distinctes : celle qui a pour objet de mouvoir tout ou partie de son corps, ce qui n'a qu'un rapport indirect avec l'effet utile; et celle qui contribue directement à mettre en mouvement le point d'application. La fatigue résulte évidemment de ces deux parties de la dépense totale. Mais pour mouvoir son corps ou telle partie de son corps, s'il est obligé de dépenser une grande portion de ses forces musculaires, il se fatiguera beaucoup sans utilité directe pour l'effet à produire, ou du moins il se fatiguera hors de proportion avec la valeur de l'effet produit. C'est ce qui semble expliquer les différences frappantes que nous remarquons dans les valeurs des effets utiles journaliers, suivant les diverses manières d'appliquer l'homme au travail. On conçoit donc que tel effort et telle vitesse qui conviennent dans un cas, ne donnent pas dans un autre tout l'avantage que la puissance mécanique peut avoir.

Il y a de grandes différences d'effets produits dans le service de l'homme : le nombre de muscles en action, que détermine toujours le mode d'application qu'on a choisi ; le sens dans lequel l'effort a lieu ; la partie du corps qui agit ; la taille et la constitution du travailleur ; la température du lieu de travail ; la régularité ou l'irrégularité de la résistance à vaincre ; la continuité d'action ou l'étendue des intermittences dans le déployement de l'effort ou de la vitesse du mouvement musculaire ; l'habitude de travailler de telle manière, ou en d'autres termes, l'exercice habituel des muscles de telles parties du corps : telles sont les principales sources des variations que présentent les résultats de l'action motrice de l'homme.

Les faits rapportés précédemment montrent assez clairement l'influence de ces causes diverses de variations. Nous voyons dans l'action de monter un escalier avec une charge, de tirer à la sonnette pour battre des pilotis, qu'une grande partie des muscles du corps de l'homme concourent dans le déployement de la force, dans le mouvement à donner à la résistance : aussi la quantité d'action journalière est-elle moindre dans ces travaux que dans d'autres où les muscles des bras ou des jambes sont à peu près seuls en action. Il faut éviter, autant que possible, cette manière d'employer la force de l'homme ; et quand on est forcé de s'en servir, il faut donner de fréquens intervalles de repos, et réduire le travail effectif d'une journée à deux ou trois heures tout au plus. Les muscles d'un homme ne sont pas tous également propres à soutenir l'action qu'ils peuvent avoir à exercer, et il suffit qu'un muscle soit fatigué pour diminuer promptement la force qu'un homme peut dépenser.

Ce n'est pas tout de ne mettre en action qu'une partie du corps de l'homme ; il faut encore que l'effort s'exerce dans un sens convenable : ainsi si le manœuvre doit tirer, d'un point un peu élevé, de haut en bas, comme en tirant l'eau d'un puits avec une corde et une poulie ; ou bien d'un point un peu bas, de bas

en haut, comme dans les expériences de M. Schulze ; ou en tirant à lui comme avec une pompe ordinaire ; la quantité d'action
journalière qu'il pourra dépenser sera plus petite que celle qu'il
pourrait dépenser, par exemple, avec une manivelle. Il n'est
ni dans les habitudes corporelles de l'homme, ni dans les dispositions mécaniques de son corps d'en agir ainsi.

Les hommes de grande taille sont préférables pour ces sortes
de travaux ; ils ne le sont pas plus dans les cas où l'action s'é-
tend à tous les muscles du corps. Ceux d'un naturel phlegma-
tique conviennent mieux aux ouvrages qui exigent plus d'effort
que de vitesse ; les hommes vifs s'y fatiguent promptement, et
leur activité semble s'y endormir. L'observateur est étonné des
différences qu'il remarque entre les quantités d'action que fournissent deux hommes qui paraissent également forts , mais
qui sont de naturels différens , lorsque dans un travail continu ,
l'effort ou la vitesse varient d'une manière sensible.

La température de l'atelier ou du climat donne lieu à des
variations plus remarquables encore dans les quantités d'action
journalière produites. Coulomb a observé que les hommes, à
la Martinique, dont la température est rarement au-dessous de
20 degrés , ne sont pas capables de la moitié de la quantité
d'action journalière qu'ils peuvent fournir dans nos climats.

Dans les établissemens industriels, ce sont les endroits les
plus frais qu'on doit choisir pour y placer les hommes destinés
à soutenir un travail continu qui exige toute leur force. Si les
localités vous obligent à les faire travailler dans des lieux chauds
ou fortement échauffés, il faut ou les relever souvent, ou diminuer de près de moitié, la valeur de l'effort ou de la vitesse
dont il pourraient à la rigueur être capables, si la température
était moins élevée.

Il y a des travaux qui ne présentent point à l'action motrice une résistance d'égale valeur à tout instant; comme il en est dont la résistance est constante, régulière, toujours la même. Dans le premier cas l'homme se fatigue beaucoup plus que dans le second cas, en passant successivement, d'un instant où il y a une certaine force à déployer, à un autre où elle doit être beaucoup moindre. Il est obligé d'agir comme par saccade, au grand détriment de sa force, ou bien il proportionne, tant bien que mal, son action suivant le besoin de chaque instant, ce qui nécessite des secousses dans les mouvemens musculaires, extrêmement fatigantes; ou bien il agit aveuglément, sans aucun égard aux variations de la résistance, et alors la force qu'il a déployée dans un instant, réagit contre lui-même dans un autre. Lorsqu'il est impossible d'éviter les irrégularités dans la résistance d'un travail, il est nécessaire de faire des dispositions telles que l'excédant de force, que l'homme peut fournir dans un instant, soit accumulé pour servir dans un autre. L'action de l'homme se trouve ainsi régularisée, malgré l'irrégularité des résistances, et la quantité d'action qu'il peut fournir dans sa journée se trouve augmentée de beaucoup, par ces dispositions, dont nous parlerons dans le second volume.

Dans tout état de choses, on trouve de grandes différences entre les quantités d'action journalière fournies par le même homme, lorsqu'il travaille de la même manière, avec une résistance irrégulière ou d'une régularité constante.

On en trouve de non moins grandes, lorsque le travail exige une suite non interrompue d'efforts, une action continue, ou bien une action qui ne doit se répéter qu'à des intervalles plus ou moins éloignés. Ce dernier cas est le plus favorable de tous à l'économie de la force, qui se répare pendant la durée de chaque intervalle. Tous les faits ci-dessus rapportés, toutes les observations qu'on a pu faire sur le travail des hommes semblent prouver que les combinaisons mécaniques les meilleures seraient celles qui permettraient de fréquens repos, dans les travaux qui exigent beaucoup de force. C'est une observation que le mécanicien ne doit point perdre de vue dans ces sortes d'occasions : les dispositions à prendre pour y répondre, ne sont pas difficiles à trouver.

Mais quelles que soient les précautions que l'on prenne pour favoriser, par de bonnes dispositions, l'exercice de la force de l'homme, on remarque encore des variations frappantes dans les quantités d'action journalière dépensées, suivant que le manœuvre est plus ou moins habitué au genre de travail qu'on lui donne : un long exercice non-seulement fortifie les muscles qui agissent, mais il produit encore une sorte d'adresse dans la manière de dépenser la force. Marcher et soulever son corps, à chaque pas que l'on fait, est assurément l'exercice le plus habituel de l'homme; aussi voit-on que c'est dans le calcul de la dépense de force que la marche exige, qu'on trouve la plus grande quantité d'action que l'homme puisse fournir dans sa journée; encore est-ce un art de savoir marcher long-temps. Les portefaix, les hommes habitués, depuis long-temps, à faire tourner une manivelle, peuvent produire, dans un travail continu, peut-être un effet mécanique double de celui que produiraient des hommes également forts, mais qui n'auraient point l'habitude de dépenser leurs forces de cette manière. Ce n'est d'abord qu'en graduant et l'effort et la vitesse à déployer, ou en permettant de fréquens repos, qu'on fait gagner l'habitude d'un genre de travail; on voit dans cette sorte d'apprentissage, la santé des hommes s'altérer, si l'on ne prend pas ces précautions que l'humanité commande impérieusement. Le besoin de gagner un salaire, en remplissant une tâche prescrite, met quelquefois l'homme dans la cruelle nécessité d'outrepasser ses forces, dans les premiers temps de l'apprentissage; il appartient à celui qui l'emploie de savoir ce que l'ouvrier peut faire; et quelle responsabilité pèse sur le maître, s'il ne voit pas l'homme, mais l'ouvrage fait!

Que conclure maintenant de tout ce qui précède? Peut-on trouver des solutions générales aux questions de savoir de quelle force l'homme est réellement capable? en combien de temps peut-il développer ou user cette force? On voit par toutes les causes de variations rapportées plus haut, que ces questions sont à la rigueur insolubles d'une manière générale, et que les solutions qu'on peut trouver, qu'il est peut-être même raisonnable de chercher, sont relatives à tel cas spécial, à tel individu, et à telles circonstances particulières, ainsi que nous l'avons déjà dit dans nos considérations générales sur cette matière.

Ce qui précède nous donne du moins les limites qu'il ne faut pas dépasser, dans l'emploi des hommes comme force motrice : nous voyons, 1°. que la plus grande charge qu'un homme d'une force moyenne puisse porter à une petite distance, est d'environ 145 kilogrammes.

2°. Que tout ce qu'un homme peut faire habituellement, en marchant sur un terrain horizontal, c'est de porter une charge d'environ 60 kilogrammes; et de transporter dans une journée de travail, la valeur de 690 kilogrammes à 1000 mètres de distance.

3°. Qu'en montant un escalier, tout ce qu'il peut faire, c'est de porter une charge de 53 kilogrammes et d'élever dans sa journée, la valeur de 56 kilogrammes à 1000 mètres de hauteur.

Quant à l'effort et à la vitesse qu'il peut produire en tirant ou en poussant avec ses bras, nous voyons que, dans les circonstances les plus favorables, on ne doit pas attendre, en travail continu, plus de 12 à 15 kilogrammes d'effort, et plus de 60 à 70 centimètres de vitesse par seconde ; c'est-à-dire que le plus grand travail que l'homme puisse faire de cette manière se réduit à l'équivalent de 12 à 15 kilogrammes élevés en une seconde à 60 ou 70 centimètres de hauteur.

Et comme une machine quelconque, connue ou inconnue, trouvée ou à trouver ne peut, d'une part, transmettre plus de force qu'il ne lui en a été communiqué ; que même il s'en perd dans la communication du mouvement-moteur à la machine ; et d'autre part, que l'effet mécanique est toujours proportionnel à la force motrice qui le produit, il suit évidemment que la limite de ce qu'on peut obtenir, en travail continu, de l'emploi d'un homme à une machine quelle qu'elle soit, est d'environ 12 à 15 kilogrammes élevés à 60 ou 70 centimètres de hauteur par seconde, et *que les projets de machines, mues par un homme, qui sembleraient promettre un effet mécanique continu, plus considérable que celui-là, sont absolument chimériques.*

CHAPITRE XIII.

Des différens modes d'appliquer la force de l'homme.

Dans les différens modes d'employer l'action de l'homme, comme moteur, nous avons deux choses à distinguer et à reconnaître : 1°. la manière de le faire agir lui-même ; et 2°. l'espèce et la direction de mouvement qui résultent de son action, en comprenant dans ces deux choses la forme et la disposition des pièces destinées à recevoir cette action et à la transmettre.

On peut faire agir l'homme *debout* ou *assis*, avec les bras, ou avec les jambes seulement, ou avec les uns et les autres tout à la fois. Tout ou partie du poids de son corps évalué, comme nous l'avons dit, à environ 70 kilogrammes, agit assez souvent de concert avec ses forces musculaires.

C'est ordinairement debout qu'on fait agir l'homme comme simple moteur. Quand on le fait agir assis, il convient que les pieds soient appuyés contre des points fixes, et que les jambes fassent un angle obtus ou droit avec le corps. Sous un pli plus considérable, l'homme perdrait de sa force. Si, étant assis, il voulait employer l'action simultanée de ses bras et de ses jambes, il ne serait capable que d'un très-petit effort, eu égard à celui qu'il serait en état de déployer dans d'autres circonstances.

En général, pour un travail continu, exigeant un effort de 8 à 10 kilogrammes et de huit à neuf heures de durée, il faut faire agir l'homme debout et avec ses bras seulement; il est rare qu'on puisse trouver avantageux de choisir d'autres dispositions.

Au reste, lorsqu'on trouve convenable de s'écarter de la méthode commune d'employer la force motrice de l'homme, l'espèce de mouvement et de direction dont on a besoin pour exécuter un travail projeté, contribue beaucoup à décider le choix de la manière de le faire agir.

Les mouvemens qu'il peut produire immédiatement sont : le mouvement rectiligne et celui de rotation continue; le mouvement de *va-et-vient* rectiligne, et le *va-et-vient* par arcs de cercle de différentes amplitudes.

Et quant à la direction de ces mouvemens, il peut la porter immédiatement dans tous les sens.

On a proposé un assez grand nombre de modes d'applica-

 DE L'HOMME,

tion; l'usage n'en a consacré qu'une faible partie. Nous ne représenterons, dans l'atlas, que les principaux parmi ces derniers : la complication des uns et le peu d'utilité des autres nous y ont déterminés; d'ailleurs ce sujet est assez connu pour nous dispenser de surcharger les planches de figures d'objets peu applicables aux opérations industrielles.

Nous allons néanmoins indiquer les modes d'application de la force de l'homme, dans les différentes positions qu'il peut prendre.

Debout avec ses bras.

Il imprime à son action un mouvement circulaire continu en différens plans.

Les manivelles de diverses espèces.

Mouvement circulaire horizontal d'une meule, mis en jeu au moyen d'un bâton à pivots, placé verticalement.

Levier horizontal engagé dans un arbre vertical.

Il imprime à son action un mouvement de va-et-vient en différens plans.

Les leviers simples.

Les brimbales.

Les leviers en forme de pendule.

Les leviers de *Langaroust.*

Les leviers de découpoirs et de presses d'imprimerie.

Il exerce une traction dans des plans différens.

Corde avec poulie.

Corde à nœuds avec tambour.

Croisillons sur un axe.

Roue à chevilles.

Debout avec ses jambes.

Les pédales de diverses sortes.
Tambour portant des marches sur sa circonférence et sur lesquelles l'action de l'homme s'exerce.

Assis avec ses bras.

Les rames et leurs divers ajustemens.
Combinaison de leviers pour agir à la manière des rameurs.

Assis avec ses jambes.

La roue du potier.

Assis avec ses bras et ses jambes.

Double levier dont l'un sert de pédale et l'autre de brimbale.

L'homme agissant par son poids seul.

Bascule sur laquelle il se promène.
Plateau mobile sur lequel il se laisse descendre et agit par son propre poids.

L'homme agissant par son poids et ses forces musculaires.

Les combinaisons de Demandres. (*Voyez* l'ouvrage de M. Borgnis.)
Quelques-unes de Berthelot. (*Voyez* l'ouvrage de ce dernier.)
Roue à tambour dans laquelle l'homme marche.
Échelle flexible de M. Borgnis.
Nous en avons dit assez dans l'examen que nous venons de faire du service de l'homme comme moteur, pour qu'il soit aisé de déterminer, dans les cas où le travail exige beaucoup de force et n'est pas d'une longue durée, le mode d'application le

plus convenable au déployement et à l'économie de cette force.

Quant aux travaux continus des manufactures, l'emploi de la manivelle paraît en général devoir être préféré à tout autre mode : dans quelques cas on peut employer avec succès le mouvement horizontal d'une bielle que l'homme pousse et tire devant lui.

Coulomb nous semble avoir estimé un peu trop bas l'effort qu'un homme peut produire avec une manivelle. J'ai employé, pendant trois mois consécutifs, un homme à une manivelle dont le bras était de 40 centimètres et dont l'axe portait un volant de 60 kilogrammes et de 90 centimètres de diamètre : le travail effectif journalier était de sept heures, l'effort moyen de 14 kilogrammes ; on l'avait évalué avec la manivelle dynamométrique de **M.** Regnier (1). Le terme moyen du nombre de tours qu'il faisait faire à la manivelle était vingt-quatre par minute. Un compteur fort exact (2) indiquait le nombre de tours faits dans la journée. On voit que la valeur de la force déployée est ici presque double de celle qu'a donnée Coulomb; il est vrai que l'homme employé à cette expérience était très-robuste, et qu'il avait l'habitude de travailler à la manivelle depuis plusieurs années.

---

(1) *Voyez* Éclaircissemens et Développemens, art. 13.
(2) *Idem*, art. 14.

CHAPITRE XIV.

Des animaux, considérés comme moteurs, et des modes d'application pour ce service.

Les animaux, considérés comme moteurs, ont une constitution de force semblable à celle des hommes; et ce que nous venons de dire de cette dernière, relativement à la fatigue qui l'épuise, aux circonstances qui la modifient, s'applique entièrement aux animaux.

On a fait peu d'observations sur la force des chevaux et autres bêtes de trait; nous avons donc peu de chose à dire sur cette matière.

Le principal moyen de tirer le plus grand parti possible de la force des animaux, dans une circonstance donnée, est, ainsi que pour l'homme moteur, d'allonger la journée de travail et de multiplier les intervalles de repos.

Nous devons ajouter aussi comme une remarque générale, qu'il est indispensable, pour conserver la santé d'un animal quelconque, si l'on veut l'employer comme moteur, de l'habituer peu à peu au travail auquel on le destine, en le faisant d'abord très-court et en en augmentant graduellement la durée.

Les animaux dont on se sert communément comme moteurs sont le cheval, le bœuf, le mulet et l'âne. Il n'est point à notre connaissance qu'on ait fait jusqu'aujourd'hui des expériences directes pour évaluer les forces relatives de nos diverses espèces d'animaux; de sorte qu'on ne peut déterminer avec certitude quel est celui dont l'emploi serait le plus économique.

Les usages locaux , l'espèce de nourriture qu'on peut leur donner , et quelquefois le parti qu'on veut en tirer après leurs ser-
vices , font employer l'un plutôt que l'autre.

Pour un travail effectif de deux à trois heures par jour,
l'emploi des bœufs serait avantageux dans beaucoup de circonstances ; car ce travail ne paraît pas les empêcher de s'en-
graisser.

Quel que soit, au reste, l'animal dont on se serve pour mouvoir des machines , on doit, dans tous les cas, les faire aller à
un pas relevé. Un pas trop lent les engourdit et les fatigue; le
trot les ruine promptement , si le travail journalier est de
plusieurs heures. On est toujours le maître d'obtenir , par les
dispositions de la machine , le degré de vitesse quelconque dont
on peut avoir besoin.

On voit dans la série des modes d'appliquer la force des
animaux, dont les principaux sont représentés dans l'atlas, qu'il
est possible en général de les faire agir de trois manières :
1°. par traction ou tirage horizontal; 2°. par leurs jambes de
derrière ou par celles de devant; 3°. par leur poids principalement.

On voit aussi qu'on ne cherche guère à obtenir immédiatement de l'action des animaux qu'une seul espèce de mouvement, le *circulaire continu*, et deux sortes de direction, savoir : dans *le plan horizontal* ou *légèrement incliné à l'horizon*,
et dans *le plan vertical*. Nous ne parlerons ni de la possibilité
de leur faire produire immédiatement le mouvement rectiligne
alternatif, attendu que les avantages de ces modes sont plus
que douteux; ni de l'emploi des animaux aux différens modes
de transport, dont nous ne croyons pas devoir nous occuper
ici.

L'expérience donne pour l'effort absolu qu'exerce un bon

cheval de taille moyenne, contre un obstacle invincible, environ 360 kilogrammes.

On estime communément la vitesse du cheval au galop à 10 mètres par seconde, au trot à 4 mètres, au pas allongé à 3 mètres; au petit pas à un mètre.

L'effort relatif, donné par l'expérience, est d'environ 90 kilogrammes, avec une vitesse de $1^m,60$ à 2 mètres par seconde.

Telle est la valeur de l'effet mécanique le plus grand qu'on puisse, en général, obtenir du cheval, avec une machine quelconque. Quoi qu'on fasse ou qu'on imagine, on n'en obtiendra guère davantage. Il faut donc se méfier de toutes ces combinaisons mécaniques qui attribuent à l'emploi de la force du cheval un résultat notablement supérieur à l'équivalent de 90 kilogrammes élevés en une seconde de $1^m,60$ à 2 mètres de hauteur. Ce résultat, comme on le sait d'après tout ce que nous avons dit, est impossible à obtenir.

De tous les modes les plus convenable d'appliquer la force des animaux pour mouvoir des machines, celui auquel on accorde généralement la préférence est ce qu'on appelle *machine-manége*, ou manége, dont la flèche ou le bras de levier est d'environ 6 mètres de longueur, lorsqu'on se sert de chevaux ou de bœufs.

On perd d'autant plus de la force que déploient ces animaux que le manége est plus petit. Avec un manége de dimensions convenables, comme ci-dessus, ils tirent dans la direction de la tangente au cercle qu'ils décrivent. Avec un petit, outre que l'animal est obligé de prendre une position forcée, le tirage se fait en dedans du cercle, et une partie de l'effort s'anéantit contre les points fixes du manége.

Enfin de tous les mode d'appliquer la force des animaux, celui de les faire agir par leur poids paraît être l'un des plus désavantageux, sous le rapport de l'économie de la force : car pour agir ainsi, il faut qu'ils s'élèvent nécessairement plus ou moins, et l'on sait qu'à raison de leur genre de structure, ils ne montent sur une surface inclinée devant eux qu'avec beaucoup de fatigue. Le bœuf paraît y être plus propre.

CHAPITRE XV.

Des qualités mécaniques de l'eau et de sa force motrice. Considérations générales sur cette force.

LA force que nous venons d'examiner dans les deux moteurs précédens est toute spontanée, toute d'instinct, et dépend entièrement du moteur lui-même. Elle s'affaiblit par la durée de son exercice, et se répare et se renouvelle par le repos. Les conditions de son intensité sont réellement indéfinies, et ses limites si vagues, si incertaines, qu'on ne peut pas plus l'évaluer rigoureusement, qu'en expliquer la cause physique. Le mouvement produit par son action est la seule analogie qu'elle ait avec les autres moteurs : se créant pour ainsi dire elle-même, elle peut se transporter à tout instant d'un lieu dans un autre, sans préparations et sans embarras.

Mais la force des autres moteurs est sous l'empire des lois générales de la nature, et pour s'en servir, il faut la prendre où la nature applique elle-même ses propres lois, ou provoquer, par des artifices plus ou moins compliqués, l'exercice de la puissance de ces moteurs. Telle est la force de l'eau dont nous allons nous occupper.

L'eau n'agit comme moteur que lorsqu'elle est *entraînée*,

par son poids, d'un point élevé à un point qui l'est moins.
C'est donc la pesanteur qui en est le principe d'action. Ne perdons jamais de vue qu'elle n'a point de force par elle-même.
Elle présente le même phénomène qu'une pierre, qu'une masse inerte quelconque élevée à une certaine hauteur, c'est-à-dire qu'elle tombe par l'effet de la pesanteur jusqu'au point le plus bas, si elle n'est pas soutenue ou arrêtée par quelque obstacle.

Ainsi une masse d'eau, quelque considérable qu'elle puisse être, ne peut jamais servir de moteur, tant qu'elle ne cède point à l'action de la pesanteur, c'est-à-dire tant qu'elle ne peut se mouvoir pour tomber ou couler d'un point élevé où elle est, sur un point moins élevé. Ainsi un lac immense, situé dans le fond le plus bas d'un canton, n'y pourrait jamais servir de moteur, à moins qu'il ne fût possible, en creusant la terre, de créer une chute, et qu'on pût abîmer toute l'eau qui s'écoulerait dans les entrailles de la terre.

Ce n'est donc, encore une fois, que lorsque l'eau, cédant aux lois de la pesanteur, passe d'un point à un autre, qu'une force motrice apparaît et qu'on peut la saisir dans ce passage, et l'employer. On aurait beau épuiser toutes les combinaisons mécaniques, toutes les inspirations du génie, l'eau en repos ne sera jamais une force mécanique.

On pourra faire tout ce qu'on voudra, on pourra la presser par une force étrangère, l'élever et la laisser retomber, par quelques dispositions mécaniques, elle ne sera pas un moteur, mais un intermédiaire par lequel passera l'action de la force étrangère; elle ne sera qu'une masse inerte qui ne rendra et ne pourra rendre tout au plus que le mouvement reçu de cette force étrangère.

Nous croyons important d'insister d'abord sur cette vérité incontestable, parce que beaucoup de gens, pour la méconnaître, perdent leur temps et quelquefois leur fortune en efforts, en recherches à jamais inutiles.

Toute les fois qu'on veut faire agir l'eau comme moteur, il faut que la pesanteur en soit le principe d'action immédiat : élevez l'eau par un autre moteur quelconque, pour tirer ensuite parti de la chute que vous lui aurez ménagée, la force première que vous aurez ainsi transformée produira, en général, moins d'effet que si elle était employée directement et d'une manière convenable sans l'intermédiaire de l'eau. Il est raisonnable d'affirmer que toute combinaison mécanique de ce genre est inévitablement une mauvaise combinaison. Ce n'est donc, pour le répéter encore, que par la pesanteur que l'eau est une une puissance active. Communiquez-lui tel autre mouvement que vous voudrez, elle n'est plus alors qu'une masse passive et ne fait plus que transmettre en partie ce qu'elle a reçu, et jamais tout ce qu'elle a reçu, par les raisons déduites à l'article des moteurs en général.

L'eau a d'autant plus de force absolue qu'elle agit en plus grande quantité à la fois, que le poids de la masse agissante est plus considérable, et que la hauteur dont elle descend est plus grande : car plus la chute est grande, plus l'action de la pesanteur s'est exercée sur l'eau motrice.

Une quantité d'eau affluente avec une chute quelconque, est capable de produire un effet mécanique, de faire un travail d'autant plus considérable que le mode d'application est meilleur. Mais, quelque avantageux que soit le mode qu'on emploie, il paraît physiquement impossible de recueillir, pour la transmettre, toute la force absolue de l'eau au moment de son action : car d'un côté elle perd pendant son action une partie plus ou moins grande de sa force absolue ; et d'un autre côté il faut qu'il lui reste, après l'effet produit dans un instant,

assez de force pour s'échapper et faire place à celle qui la suit
et qui doit agir comme elle.

Or, voici les deux inductions générales que nous avons à tirer
pour le moment de cette observation préliminaire : 1°. si le
mode d'application employé est le meilleur ; qu'il donne le
maximum d'effet ; si, par supposition, c'est une roue hydraulique, que cette roue soit faite comme elle doit l'être, qu'elle
reçoive l'action de l'eau comme elle doit la recevoir, et qu'elle
fasse le nombre de tours requis en un temps donné, on n'a
plus rien à faire, dans ce cas, pour l'économie du moteur ; on
ne doit jamais rien prétendre au delà ; il n'y a plus d'améliorations à chercher ; si par exemple l'on voulait faire remonter
une partie de l'eau après son action, par l'effet même de la
roue, il est certain qu'on perdrait une portion plus ou moins
considérable de la puissance mécanique.

2°. Avec une quantité donnée d'eau, quelque grande qu'elle
soit, quels que soient et la hauteur de sa chute et le mode d'application qu'on puisse imaginer, il est impossible, après l'effet
produit, de la faire remonter en totalité par sa propre action ;
on ne peut donc se servir indéfiniment d'une quantité donnée
d'eau comme moteur ; il faut qu'elle se renouvelle sans cesse ;
il faut, en un mot, que ce soit un cours d'eau, fût-il intermittent, mais que du moins il soit alimenté, par intervalle si l'on
veut, par de nouvelle eau affluente. Nous en connaissons les
raisons : le travail qu'on fait, consommant nécessairement une
partie de la force à chaque instant, finit par épuiser totalement
cette force qui, dans l'hypothèse, ne peut se renouveler.

Ce que nous venons de dire, avant d'entamer le fond de
notre sujet, a pour but de signaler les fausses routes dans lesquelles on voit trop souvent s'engager des personnes d'un esprit porté aux combinaisons mécaniques, et, en écartant d'abord

tout ce qui ne doit jamais être un sujet de recherches, comme opposé aux lois immuables de la nature, de nous préparer à ouvrir devant nous les seules voies qui conduisent à des questions réellement utiles, qu'on a résolues de diverses manières, ou pour lesquelles on pourrait raisonnablement s'attacher à chercher des solutions nouvelles.

L'étude de l'eau comme force motrice, ainsi que les recherches à faire sur ce sujet, semblent évidemment se renfermer dans l'examen ou dans la solution des trois questions générales suivantes :

1°. Quelle est la meilleure manière de faire agir un cours d'eau et de le préparer à produire son action?

2°. Comment évaluer la force de l'eau en action, et quel est le rapport entre la valeur de l'effet mécanique produit et celle de la puissance employée à le produire?

3°. Enfin quels sont les modes d'application les plus favorables à l'économie de cette force?

Voilà d'amples sujets de recherches, et les seuls sujets que cette matière offre à l'expérience et à l'observation; et si ces trois questions étaient résolues complétement et aussi rigoureusement qu'elles le comportent, par un nombre suffisant d'expériences en grand et d'observations sur chaque cas particulier où l'eau joue le rôle de moteur, seule manière en effet de les résoudre, il semble que le champ des recherches serait fermé sur cette matière : nous aurions des règles certaines, et il ne resterait plus qu'à les suivre fidèlement pour tirer le meilleur parti de cette force motrice.

Il n'y a que trois manières de faire agir l'eau, quel que soit le mode d'application qu'on adopte ou qu'on puisse imaginer : 1°. par *percussion* ou *impulsion ;* 2°. par *simple pression ;* 3°. par *percussion* et *pression* tout à la fois. L'un quelconque de ces trois modes d'action peut avoir lieu avec continuité, ou avec intermittence.

L'eau agit *par impulsion*, lorsqu'elle vient frapper avec une certaine vitesse la première pièce qu'on lui oppose pour recevoir son mouvement, et s'enfuit incontinent après le choc : c'est ce qui arrive, par exemple, à une roue à aubes placée tout simplement sur un courant.

Elle agit *par pression*, lorsque n'ayant aucune vitesse sensible, ou n'ayant qu'une vitesse initiale à peu près égale à celle du point d'application, elle agit comme corps pesant sur la première pièce qu'on lui oppose et qu'elle entraîne avec elle en tombant : c'est ce qui a lieu lorsque, par exemple, les augets ou godets d'une roue viennent se présenter successivement et immédiatement à l'orifice de sortie de l'eau d'un réservoir, pour s'y remplir et se faire entraîner par le poids de l'eau qu'ils reçoivent. Ceci réalise la supposition que nous avons faite précédemment d'*ais* placés à la circonférence d'une roue, et venant recevoir des poids qu'on glissait dessus.

Enfin elle agit par *percussion* et *pression* tout à la fois, lorsque la première pièce destinée à recevoir le mouvement est choquée d'abord par l'eau qui tombe d'une certaine hauteur, et retient ensuite une portion de cette eau; elle agit alors et par son choc et par son poids : ce double effet aurait lieu si les godets d'une roue recevaient à distance l'action de l'eau, ayant par conséquent déjà une vitesse acquise; ils seraient choqués et retiendraient en même temps une portion du corps choquant.

Maintenant, quelle est en général la meilleure manière de faire agir l'eau, c'est-à-dire, quel est, de ces trois modes d'action, celui qui permet à l'eau de communiquer la plus grande portion du mouvement qu'elle recèle, quelle que soit la disposition des pièces ou de la machine établies pour le recevoir?

Nous avons prouvé, en parlant des moteurs en général, que la communication de mouvement par percussion faisait perdre une grande partie de la force ; et que si réellement on en perdait par pression, on n'en perdait qu'une très-petite quantité, à raison des imperfections de construction qu'il est presque impossible d'éviter dans la pratique : en principe du moins, la perte est nulle.

Il faut donc, pour tirer tout le parti possible de la puissance mécanique de l'eau, la faire agir par pression. L'action par percussion devrait être bannie de toute espèce de moteur hydraulique ; un préjugé vulgaire semble s'y opposer : on se sert de l'impulsion de l'eau sur presque toute les roues qui la prennent en dessous, souvent même sur celles qui reçoivent l'eau en dessus, tant le fracas du choc, sur les aubes d'une roue, paraît annoncer pour beaucoup de gens une grande intensité de puissance mécanique, et la tranquille pression de l'eau, une action faible et languissante. Mais nous avons vu que c'est précisément cette violence d'action qui anéantit une bonne partie du mouvement-moteur, et des expériences directes nous prouveront plus loin que plus l'action de l'eau est vive et brusque, plus on perd sans retour de sa force primitive.

Cherchons maintenant quelques idées générales sur la manière de la préparer à produire son action, c'est-à-dire à l'amener au point où elle doit agir ; dans ce chapitre nous n'examinons que les sommités de notre sujet, nous tâchons d'en embrasser l'ensemble ; nous entrerons dans les détails aux chapitres suivans.

L'eau arrive au point de travail, ou par des canaux découverts, naturels, comme les fleuves, les rivières et les ruisseaux ; artificiels, comme les canaux creusés tout exprès pour son passage ; ou par des canaux recouverts, de différentes formes, de dimensions plus ou moins grandes, et que, dans plusieurs cas, on peut regarder comme des tuyaux de conduite.

Tout ce qu'il semble y avoir à chercher sur ce sujet se réduit à trouver les moyens de faire arriver, avec le plus d'économie et de la manière la plus durable, la plus grande quantité relative d'eau qu'il est possible, sur un point et en un temps donnés, ou, en d'autres termes, la plus grande puissance mécanique relative possible : toutes les questions à se proposer sur la conduite des eaux nous semblent rentrer dans celle-là, ou s'y rapporter.

Chaque point d'un fleuve, d'une rivière ou d'un canal d'eau courante, est le siége d'une puissance mécanique; en un mot, partout où l'eau se meut, n'importe comment et dans quel sens, il y a du mouvement-moteur à puiser.

On peut donc, sans donner à l'eau aucune disposition préalable, y recevoir le mouvement qu'elle peut imprimer, par un mode d'application approprié au cas où elle se trouve. C'est ainsi, par exemple, qu'on peut placer tout simplement sur le courant d'une rivière une roue à palettes, avec l'attention toute simple de prendre de préférence le point où le lit de la rivière est le plus resserré et où elle a le plus de profondeur et de rapidité : nous disons qu'on le peut, mais ce n'est pas le meilleur mode; l'eau agit dans ce cas par impulsion.

D'ailleurs, comme il est en général plus commode de déplacer la puissance mécanique pour l'amener à l'endroit où le travail peut le mieux s'exécuter, que de porter celui-ci où celle-là se trouve; qu'on peut de cette manière en user avec plus d'économie, et qu'il est plus facile d'en régler l'emploi dans ce cas-ci que dans l'autre, on fait dériver l'eau, ou on la rassemble dans un étang, dans un réservoir, pour l'amener par un canal quelconque dont on se rend le maître de régler le cours, et qui reçoit, sur le lieu du travail, toutes les dispositions convenables.

Pour ce qui regarde les *prises d'eau*, elles doivent avoir lieu autant que possible au point le plus élevé de la rivière, afin de se ménager de la hauteur de chute à l'endroit où l'on fait servir la puissance de l'eau. Cette règle, fondée sur la raison et l'expérience, s'accorde parfaitement avec tous les modes d'application qu'on peut employer.

Or, l'eau d'une source qu'on amène ou qu'on dérive d'une rivière par un canal, est, d'un côté, sujette à des infiltrations désavantageuses et à une évaporation plus ou moins considérable dans son cours, lorsque le canal n'a pas assez de pente; d'un autre côté, on perd de la hauteur de chute au point de travail, si on lui donne trop de pente; à quoi il faut ajouter la perte de force qu'occasione inévitablement le frottement de l'eau contre le fond et les parois du canal; perte d'autant plus grande que le canal a plus de longueur, que les surfaces en sont moins unies, et qu'il a plus de largeur que de profondeur.

On voit donc que, pour éviter de tomber dans l'un ou l'autre de ces inconvéniens, il ne faut donner au canal que la pente rigoureusement nécessaire pour que l'eau ne s'arrête pas dans son cours par le frottement qu'elle subit en cheminant, et pour qu'elle sorte du canal en aussi grande quantité qu'elle y est entrée.

L'eau arrivée au lieu où elle doit agir de la manière la plus propre à lui faire communiquer la plus grande partie possible du mouvement qu'elle possède, il faut savoir quelle est la valeur réelle de sa puissance mécanique; et pour cela il faut connaître, 1°. quelle quantité d'eau passe, dans un temps donné, par l'orifice de sortie qu'on lui a ménagé; 2°. quelle est sa vitesse, ou bien la hauteur de la chute. Nous verrons plus loin comment, connaissant l'une, on peut déterminer l'autre.

La quantité d'eau écoulée, en un temps donné, une fois connue, la *valeur absolue* de la puissance mécanique que l'eau peut dépenser dans le même temps est facile à évaluer : on n'a qu'à multiplier le poids que cette quantité d'eau représente, par la hauteur de la chute ou qu'on a mesurée directement, ou que l'on a déduite de la vitesse naturelle de l'eau. Le produit de ces deux nombres représente la puissance absolue d'action motrice que l'eau, dont on dispose, peut exercer dans un temps donné. Ainsi, par exemple, si en une minute il est passé par l'orifice de sortie 2000 kilogrammes d'eau, et que la hauteur de la chute soit de *deux* mètres, la force, que vous avez, peut dépenser en une minute une quantité d'action égale à 2000 kilogrammes multipliés par 2 $=$ 4000 kilogrammes élevés à un mètre.

Que s'il n'y avait point de perte dans la communication de cette puissance, vous obtiendriez manifestement un effet mécanique équivalent à 4000 kilogrammes élevés à un mètre de hauteur par minute.

Mais quel que soit le mode d'action et d'application que vous adoptiez, vous ne devez jamais espérer obtenir l'*égalité* dans la valeur de l'effet mécanique produit et dans celle de la puissance mécanique dépensée.

Ce n'est donc que le *plus grand rapport* possible entre ces deux valeurs qu'il faut chercher ; et le mode d'application qui donnerait ce rapport serait incontestablement le meilleur possible, eu égard à l'économie de la force.

Rappelons-nous que ce rapport doit nécessairement varier suivant la manière de faire agir l'eau et la grandeur des résistances étrangères à l'effet utile ; résistances qui, dans la communication du mouvement, en anéantissent une partie; et nous pouvons déjà prévoir que la percussion de l'eau et un mode d'application lourd et compliqué offrent la combinaison la plus désavantageuse possible dans l'emploi de la force motrice, et donnent le rapport le plus petit entre l'effet produit et la quantité absolue d'action dont la puissance mécanique est capable.

On voit que la manière d'estimer la force absolue de l'eau est assurément très-simple et très-facile, une fois qu'on connaît la quantité qui sort d'un orifice, ou qui passe par un canal ou par un tuyau de dimensions données, en un temps aussi donné.

Mais il n'est ni aussi simple, ni aussi facile d'apprendre à déterminer la valeur de cette quantité d'eau dépensée, pour tous les cas qui peuvent se présenter. Il faut bien connaître, avant tout, les *qualités mécaniques* de l'eau, et avoir égard aux nombreuses circonstances qui influent sur leur développement, en s'appuyant constamment sur les expériences faites directement sur ce sujet.

Il est trop important pour nous refuser d'entrer dans tous les détails qui nous paraîtront nécessaires pour l'approfondir et pour l'exposer le plus complétement qu'il nous sera possible. Nous allons y consacrer les chapitres suivans.

Dans celui-ci, nous n'avons eu pour but que de donner une idée générale du moteur qui nous occupe dans ce moment; d'amener à leur vrai point les questions dont la solution peut le faire connaître et apprécier à sa juste valeur dans les différentes circonstances où l'industrie peut l'employer.

CHAPITRE XVI.

*Suite de l'eau comme moteur : De la nature de l'eau sous le rapport mé-
canique ; ce qui se passe, lorsqu'elle est renfermée dans un réservoir
ou dans un vase quelconque.*

L'EMPLOI d'un moteur, et plus encore les recherches que la
marche progressive de la science porte à faire pour en étendre
ou en améliorer le service que l'industrie peut en tirer, exigent
une connaissance approfondie de la nature mécanique, s'il est
permis de parler ainsi, du corps dont nous avons à considérer
la faculté motrice. Ce que nous avons fait pour les moteurs précédens, nous le faisons pour l'eau, ainsi que pour les moteurs
qu'il nous reste à traiter.

Qui pourrait prévoir les espèces nombreuses de combinaisons mécaniques que produiront les inspirations du génie de
l'homme, sur la manière d'employer l'eau comme moteur?
Mais aussi qui pourrait se livrer avec sécurité à ses inspirations,
à ses recherches, s'il ne connaît à fond tous les phénomènes
mécaniques que l'eau a présentés, jusqu'à présent, dans les diverses circonstances où elle est placée soit par la nature, soit
par les dispositions de l'art? Nous avons donc à l'examiner dans
ces diverses circonstances et à rapporter fidèlement tout ce que
l'expérience et l'observation ont appris sur ce sujet.

Le mètre cube d'eau pèse, à 10 degrés de température,
à peu près 1000 kilogrammes, et le pied cube 35 kilogrammes.
L'eau de mer pèse environ un vingtième de plus à raison des
substances salines qu'elle contient.

L'eau se dilate par l'action de la chaleur. Sa densité diminue, et un volume d'eau chaude pèse moins que le même volume d'eau froide. C'est par cette raison qu'on peut chasser presque toute l'eau chaude d'un vase, si l'on y fait arriver, par le fond, de l'eau froide, sans trouble et sans agitation.

Elle se dilate aussi en passant à l'état solide, à l'état de glace.

Il paraît qu'on n'a pas cherché à connaître l'effort mécanique qu'exercerait l'eau, en se dilatant par la chaleur. On a cherché à évaluer celui que produit l'eau en se glaçant : à Florence on en fit geler dans une sphère de cuivre très-épaisse, qui creva par la dilatation que l'eau éprouva en se gelant. Muschenbroek estime que l'effort qu'elle a dû faire aurait pu soulever un poids de 13,860 kilogrammes. Un canon de fer épais d'un doigt, rempli d'eau et fermé exactement que Buot exposa à une forte gelée, fut cassé au bout de douze heures, en deux endroits différens : ce qui suppose une action mécanique très-puissante.

Froide, ou dilatée par la chaleur, elle n'est pas compressible, ou du moins elle l'est insensiblement. Quelque pression qu'on exerce sur l'eau pour la comprimer et diminuer son volume, celui-ci reste le même, et l'eau briserait tous les obstacles plutôt que de céder. Une expérience fort simple le prouve à l'évidence : mettez de l'eau dans un corps de pompe exactement fermé par le bas, appuyez sur l'eau un piston solide, avec telle force que vous voudrez ; tant que le corps de pompe résistera, ou que l'eau ne s'insinuera pas entre le corps de pompe et le piston, le volume n'en diminuera pas, et le piston ne descendra pas sensiblement.

On emploie, dans certaines carrières, un moyen qui prouve encore l'incompressibilité de l'eau d'une manière assez curieuse :

on introduit des coins de bois, séchés au feu, entre les bancs de pierre; on fait pénétrer de l'eau dans ces coins, en les mouillant; ils se renflent, et d'énormes bancs de pierre se détachent. Si l'eau pouvait se comprimer, en entrant dans le bois, cet effet n'aurait pas assurément lieu.

Il faut donc s'attendre dans tous les cas où l'eau, se trouvant renfermée dans une capacité sans issue, viendrait à subir une certaine pression, qu'elle rompra ses enveloppes plutôt que de céder à l'action qui s'exerce sur elle; ou qu'elle traversera les pores du corps solide qui la contient.

L'eau est un composé de molécules extrêmement mobiles, dont l'adhérence quoique réelle entre elles est si faible que chacune semble agir pour son propre compte, et comme si elle n'avait aucune liaison avec ses voisines, lorsqu'elle agit par simple pression. Nous verrons en son lieu, qu'il n'en est pas de même, lorsqu'elle agit par percussion et qu'elle est en mouvement.

Il n'en est pas ainsi non plus des corps solides dont les molécules sont unies entre elles par une force de cohésion plus ou moins grande. Leur action ne peut s'exercer qu'en commun au point où est situé le centre de gravité du corps solide. Une masse d'eau, considérée sans enveloppes qui l'entourent, n'a point, à la rigueur, de centre de gravité, et dans son action, son effet est bien différent de celui que produirait un corps solide : on serait bien loin d'obtenir le même résultat d'un kilogramme d'eau liquide, lancée contre un corps, que d'un morceau de glace du même poids; celui-ci agira sur le point du corps opposé à son centre de gravité; celle-là agira à la fois sur tous les points du corps qu'elle couvrira. Une masse d'eau n'a de centre de gravité que lorsqu'elle est contenue dans un vase, et l'action de toutes les molécules, qui la composent, y devient commune, parce qu'elles n'ont plus la liberté de se séparer.

L'eau, dans un réservoir, dans un vase quelconque, exerce sur les parois qui l'enveloppent, sur le fond qui la supporte, une pression qui lui est propre, ou bien qui lui vient d'une ou de plusieurs forces étrangères. Voyons ce qui se passe dans les deux cas.

Remarquons d'abord que la surface supérieure de l'eau, en repos dans un réservoir, est toujours dans un plan sensiblement horizontal, ou en d'autres termes, perpendiculaire à la direction de la pesanteur. Cette surface ne peut pas être dans un autre plan, car celles des molécules si mobiles du liquide qui, dans ce cas, ne seraient plus soutenues, céderaient à l'action de la pesanteur et glisseraient sur tout autre plan que l'horizontal. Ce phénomène se répète si fréquemment sous nos yeux, dans les usages ordinaires de la vie, que ce n'est que par réflexion qu'on en fait la remarque.

Toutefois il ne faut admettre le parallélisme de ce plan à l'horizon, que pour une surface liquide de peu d'étendue. Sur une grande étendue d'eau, comme l'Océan, par exemple, la surface est courbe, mais tous les points en sont de même perpendiculaires à la direction de la pesanteur. Cette courbe, au reste, n'est que d'environ *huit centimètres* sur une étendue de 1000 *mètres*. On peut donc considérer la surface de l'eau, sans mouvement dans un réservoir, comme sensiblement dans un plan de tous points horizontal.

Chaque molécule de l'eau de ce réservoir est également pressée dans tous les sens; car si les pressions qui entourent cette molécule étaient inégales, celle-ci céderait nécessairement aux plus fortes et le liquide ne serait plus en repos. L'égalité de pression, que subit chaque molécule, est donc une condition fondamentale, sans laquelle le repos des liquides ne peut avoir lieu.

Ce n'est pas à dire pour cela que, quelle que soit la position de chaque molécule, soit au fond, soit à la surface du réservoir, la valeur de la pression qu'elle subit soit la même; mais seulement que cette pression, quelle qu'en soit la valeur, s'exerce, dans tous les sens, sur la molécule.

Quelle est donc la pression que reçoit une molécule placée à un point quelconque de la masse d'eau en repos dans le réservoir? On répond qu'elle est évidemment égale au poids du filet vertical que la molécule porte au-dessus d'elle. Plus cette molécule est à une grande profondeur; plus le filet d'eau qu'elle supporte a de hauteur, et plus la pression est considérable.

D'où il suit que la pression, supportée par une molécule quelconque, doit se mesurer par la ligne verticale abaissée de la surface de l'eau, sur le plan horizontal qui passe par la molécule ou par la portion de liquide dont on veut connaître la pression qu'elle reçoit.

Dès lors, la pression ne peut pas être la même pour toutes les molécules d'une masse d'eau; elle n'est la même que pour celles qui sont rangées dans le même plan horizontal, puisque le filet vertical, que chacune supporte, a, dans ce cas, la même hauteur pour toutes.

On conçoit aisément que la pression de chaque molécule est entièrement indépendante de la quantité d'eau contenue dans le réservoir; et si la hauteur du filet vertical au-dessus d'une molécule est la même dans un petit vase que dans un immense réservoir, la pression sera évidemment égale : car les filets verticaux dont on peut supposer une masse d'eau composée, agissent indépendamment les uns des autres.

La force de pression exercée sur une molécule, pression déterminée par la distance qui sépare cette molécule du niveau de l'eau, agit sur elle, ainsi que nous venons de le dire, dans tous les sens, de haut en bas, de bas en haut et latéralement. Les lois de la pesanteur rendent aisément raison de l'action qui a lieu de haut en bas; ce point ne présente à l'esprit aucune difficulté. Or, l'expérience prouve que cette action a également lieu dans les autres sens.

Prenez un tuyau de verre ouvert par les deux bouts, plongez-le dans un vase d'eau en fermant l'ouverture supérieure du tuyau avec le pouce. L'air renfermé dans le tuyau sera d'abord refoulé jusqu'à un certain point au delà duquel il résistera à l'action de l'eau qui tend déjà à s'élever de bas en haut dans le tuyau. Ce refoulement de l'air annonce une pression réelle de l'eau, de bas en haut; mais débouchez subitement l'orifice supérieur du tuyau, en ôtant le pouce, l'eau s'y élancera avec force et se mettra à la hauteur de l'eau environnante. Ce qui met hors de doute la pression de bas en haut.

La raison en est simple : toutes les couches d'eau, supérieures à celle à laquelle on arrive avec la partie inférieure du tube, pressent dessus de toute leur pesanteur; or, un seul point n'est pas pressé, c'est celui qui répond à l'orifice du tube; les molécules d'eau qui s'y trouvent doivent donc s'élancer dans le tube; et l'équilibre ne peut être rétabli, que lorsqu'elles sont arrivées à la même hauteur dans le tuyau que toutes les colonnes environnantes; car alors tous les points de la couche inférieure éprouvent la même pression.

Quant à la pression latérale, il suffit, pour la prouver, de pratiquer une ouverture sur le côté d'un vase rempli d'eau; l'écoulement qui s'en fera ne peut avoir lieu que par l'action d'une force qui s'exerce dans cette direction-là.

Puisque chaque molécule d'une masse liquide reçoit, en tous sens, des degrés de pression, variables comme les différens points d'abaissement auxquels on peut la considérer dans le sein du liquide, il est évident que toutes celles qui touchent immédiatement les enveloppes, ou, si l'on veut, le fond et les parois du vase ou du réservoir qui contiennent l'eau, agissent à leur tour contre les enveloppes, avec toute la pression qu'elles subissent.

Examinons d'abord quelle est la pression sur le fond du vase. Chaque point de la surface intérieure de ce fond porte un filet vertical d'eau, et la pression qu'il en reçoit se mesure manifestement par le poids de ce même filet vertical. Si donc la surface du fond du vase est horizontale, la pression qu'il reçoit est égale au poids d'une masse de liquide ayant pour base la surface sur laquelle elle porte, ou le fond même du vase, et pour hauteur, la hauteur même de l'eau. Par exemple : si le fond a un pied carré de surface et que la hauteur de l'eau soit d'un pied, la pression est équivalente à un poids de 70 livres, valeur d'un pied cube d'eau. Si le fond est d'un mètre carré et la hauteur de l'eau d'un mètre, la pression est de 1,000 kilogrammes sur le fond, valeur d'un mètre cube d'eau. Cette mesure est exacte, quelle que soit la forme du vase, pourvu que le fond soit dans un plan horizontal, comme l'est ordinairement celui d'un réservoir.

L'expérience confirme l'exactitude de cette mesure. Prenons une caisse rectangulaire dont le fond soit mobile comme le piston d'une pompe; qu'il soit ajusté de manière que l'eau ne puisse s'en échapper; que ce fond soit en outre maintenu par une chaîne attachée au bras d'une forte balance. Remplissez d'eau ce vase à un mètre de hauteur, vous serez obligé de mettre, dans le bassin de cette balance, un poids de 1,000 kilogrammes, pour soutenir l'effort de pression de l'eau. Un poids plus petit, abstraction faite des frottemens du fond mobile, céderait à la pression de celle-ci.

Supposons maintenant que ce fond mobile soit assujetti, par un moyen quelconque, aux parois de la caisse, et qu'on le détache du bras de la balance; qu'on pratique, sur ce fond, une autre ouverture d'un décimètre carré, dans laquelle on introduira une sorte de piston carré, attaché comme ci-dessus à un des bras de la balance. Remplissez la caisse d'eau à un mètre de hauteur; il ne faudra plus mettre dans le bassin de la balance que 10 kilogrammes pour maintenir l'ouverture exactement bouchée; c'est-à-dire qu'il ne faudra qu'un poids égal à une colonne d'eau d'un décimètre carré de base et de 10 décimètres de hauteur, le décimètre cube d'eau pesant un kilogramme.

Cette expérience si connue, si souvent répétée avec différens nombres, justifiant si bien ce que nous venons de dire sur la pression que reçoit le fond d'un vase, nous apprend encore que les différentes colonnes d'eau exercent leurs pressions indépendamment les unes des autres : car dans notre caisse, bien que remplie d'un mètre cube d'eau, nous avons trouvé que, lorsque la partie mobile du fond n'a été que d'un décimètre carré, la colonne correspondante a exercé seule sa pression sur cette partie, comme si toutes les autres colonnes environnantes avaient passé à l'état de glace, et que celle d'un décimètre carré de base fût seule restée liquide.

La mesure est la même, quelle que soit la forme du vase; que les parois en soient parallèles ou inclinées; qu'il soit étroit ou large à la partie supérieure. La surface du fond et la hauteur de l'eau au-dessus, sont les seuls élémens de l'effort de pression qu'il reçoit de ce liquide.

Puisque la pression que supporte le fond d'un vase ne dépend que de la surface de celui-ci et de la hauteur de l'eau, on conçoit combien il est facile d'exercer sur ce fond une pression énorme avec une très-petite quantité d'eau : il suffit pour cela de donner au vase une forme telle, qu'il ait une grande base, et qu'il s'élève à une grande hauteur, en se rétrécissant beaucoup.

Ainsi, le fond d'une caisse ou d'un tonneau, fermés de toutes parts et surmontés d'un tuyau d'un très-petit diamètre, recevrait une pression très-considérable par l'addition d'une très-petite quantité d'eau versée dans le tuyau, le vase étant préalablement rempli. Supposons, par exemple, que la caisse eût un mètre de base; qu'elle n'eût, si l'on veut, que quelques millimètres de hauteur, mais qu'on ajustât sur la partie supérieure un tuyau de quelques millimètres de diamètre et de 10 mètres de hauteur; il ne faudrait assurément pas beaucoup d'eau pour remplir la caisse et le tuyau; cependant la pression sur le fond de la caisse serait équivalente au poids d'un volume d'eau d'un mètre de base et de 10 mètres de hauteur, c'est-à-dire, à un poids de 10 mille kilogrammes. On voit la solidité qu'il faudrait donner à une pareille caisse pour la mettre en état de résister à cette pression, et combien, avec une pareille disposition, il est aisé, ainsi qu'on en fait quelquefois l'expérience, de faire crever un tonneau ordinaire.

Cette qualité mécanique de l'eau, et des liquides en général, est d'une grande importance, d'un côté par les applications utiles qu'on peut en faire, de l'autre par les ravages qu'elle peut occasioner, dans le cas, par exemple, où une masse d'eau d'une grande base, se trouvant exactement renfermée, viendrait à communiquer avec un filet d'eau d'une certaine hauteur.

Mais de même qu'avec une petite quantité d'eau l'on peut faire supporter au fond d'un vase une très-grande pression; de même l'on peut, avec une grande quantité d'eau, produire une très-petite pression sur le fond, si le fond a peu de surface et qu'on élargisse beaucoup le vase en remontant vers les bords. Le fond ne supporte que la colonne qui lui correspond : ce sont les parois qui ont à supporter le reste du liquide que le vase contient.

Les parois d'un vase sont ou verticales, ou inclinées : examinons la loi d'après laquelle l'eau ou un liquide quelconque pressent contre les parois verticales.

Supposons une caisse carrée remplie d'eau que, pour nous rendre plus intelligibles, nous représentons de profil (*Voyez* fig. 1 ; à la fin de ce volume), concevons par la pensée que le liquide soit partagé en quatre tranches verticales c, c, c, c ; il est clair, d'après ce que nous venons de dire, que le fond Ff est pressé par une force égale *à la somme des produits de la base de chaque tranche par la hauteur de chacune*, ou, en d'autres termes, au produit de la surface du fond de la caisse par la hauteur Fh, puisque toutes ces tranches ont même hauteur.

Mais quelle est la pression sur la paroi verticale Pf ? Pour la trouver, imaginons que le liquide soit partagé, comme on le voit sur la figure, en quatre tranches encore, mais dans le sens horizontal, par les points 1, 2, 3, 4.

Comme chaque point de la paroi verticale Pf n'est pas également pressé par l'eau, puisque les points ne sont pas tous sous la même hauteur de pression ; les points de la paroi de P à 1 sont moins pressés que ceux de 1 à 2, ceux-ci que les points de 2 à 3, et ceux-ci encore moins que les points compris entre 3 et 4 ; la pression augmentant, comme on le sait, avec l'augmentation de la hauteur.

On voit qu'au niveau de l'eau, la pression contre les points correspondans de la paroi Pf, peut être considérée comme nulle ; mais que la pression va en augmentant progressivement, à partir du point P jusqu'au point f, où elle est aussi grande qu'elle peut l'être, puisque la hauteur est la même que celle du liquide renfermé dans la caisse, et que cette augmentation graduelle de hauteur suit visiblement la même progression que les ligne C_1, C''_2, C'''_3, et enfin Ff qui représente la pression de la hauteur totale.

La pression contre la paroi verticale Pf peut donc être représentée comme si elle avait lieu pour une masse régulière de liquide qui aurait pour côté le triangle PFf, de même que nous avons représenté la pression sur le fond par une masse régulière de liquide ayant pour côté le carré $hFfP$. Or, comme le triangle PFf est la moitié du carré $hFfP$, il suit évidemment que *la pression sur une paroi verticale est la moitié de celle qui s'exerce sur le fond;* ou, plus simplement pour avoir la pression de l'eau sur une paroi verticale, *il faut multiplier la surface de celle-ci par la moitié de la hauteur de l'eau dans le réservoir.*

En faisant le même raisonnement pour chaque paroi verticale de la caisse, l'on trouve que la pression de l'eau sur les quatres côtés verticaux est représentée par les *quatre moitiés* de la pression sur le fond, en un mot qu'elle est double de celle-ci ; si les quatre parois verticales sont des rectangles, on aura la pression exercée contre elles en multipliant la somme de leur surface par la moitié de la hauteur de l'eau dans le réservoir.

Cette mesure s'applique aux vases prismatiques ainsi qu'aux vases cylindriques. Pour avoir, par exemple, la pression latérale de l'eau dans un cylindre, dans un tuyau quelconque, il faut multiplier la surface entière de la paroi circulaire intérieure par la moitié de la hauteur de l'eau que le vase contient.

On conçoit que si l'on voulait seulement connaître la pression exercée sur une portion de la paroi cylindrique, équivalente, par exemple, au quart de la surface totale, on prendrait le quart de la pression totale ; que s'il s'agissait d'une portion latérale située au bas du vase, il faudrait *multiplier la surface de cette portion par la hauteur moyenne*, qui est égale à la moitié de la hauteur totale, ajoutée à la hauteur de l'eau au-dessus de la partie supérieure de la portion que l'on considère.

On conçoit en outre combien il est facile d'opérer une pression latérale considérable avec très-peu d'eau, en rapprochant à quelques millimètres de distance deux des côtés opposés de la caisse. La hauteur d'eau étant la même, la pression latérale sera égale à celle qui aurait lieu dans une caisse d'une largeur quelconque; et qu'au contraire, pour produire une très-petite pression latérale dans un vase que l'on destine à contenir beaucoup d'eau, il faut lui donner beaucoup de largeur et de longueur, et très-peu de profondeur.

D'après ce qui précède, on peut calculer assez exactement la pression que l'eau en repos exerce sur la vanne d'une écluse.

Pour cela, après avoir mesuré la hauteur de l'eau, et sachant que le mètre cube pèse 1000 kilogrammes on détermine la *pression sur le fond* d'une masse d'eau dont la hauteur est trouvée, et dont la base est représentée par la surface de la *partie plongée* de la vanne, en multipliant ces deux quantités entre elles; la moitié du produit qu'on obtient est la mesure de la pression contre la vanne.

Supposons, par exemple, que la vanne soit de 2 mètres de largeur, et qu'elle soutienne 2 mètres de hauteur d'eau; la surface pressée ou plongée sera de 4 mètres carrés : en multipliant ce nombre par les 2 mètres de hauteur, nous aurons 8 mètres cubes d'eau ou une pression équivalente à la moitié de 8000 kilogrammes, ou à 4000 kilogrammes, qui s'exercera sur la vanne. Ajoutons un *tiers* de ce poids pour la résistance des frottemens de la vanne dans les coulisses qui la maintiennent, et nous trouverons que pour commencer à la lever il faudra vaincre une résistance d'environ 5333 kilogrammes, non compris le poids de la vanne ; mais il faut remarquer que cet effort diminuera au fur et à mesure que la vanne s'élèvera, et aura à soutenir par-conséquent une masse d'eau d'une hauteur moins considérable.

Ce que nous venons de dire au sujet de la pression de l'eau contre les parois verticales du vase qui la contient, nous fournit les résultats d'expérience suivans :

1°. La pression de chaque portion de liquide contre les parois verticales se fait toujours dans une direction horizontale et per-pendiculaire à chaque point de la paroi : car c'est dans cette direction que le liquide sort, lorsqu'on a pratiqué une ouver-ture latérale quelconque.

2°. La pression de chaque portion de liquide contre la paroi est proportionnelle à l'étendue de la surface sur laquelle elle s'exerce et à la distance moyenne du niveau de l'eau.

3°. La pression des portions inférieures du liquide est plus grande que celle des portions supérieures. Cette pression est proportionnelle au nombre de portions qui sont au-dessus, ou à la hauteur d'eau qui porte sur celle que l'on considère.

La pression de l'eau sur des parois inclinées se mesure de la même manière que sur des parois verticales. Les filets du li-quide que porte la paroi inclinée ainsi que la paroi verticale, sur les différens points de sa surface, ont des hauteurs diffé-rentes ; ainsi, pour évaluer la pression, il faut prendre la hau-teur moyenne de tous ces filets, et considérer la surface de la paroi comme chargée d'une masse d'eau dont la base serait égale à cette surface, et la hauteur à la hauteur moyenne ci-dessus, ou, en d'autres termes, à la distance de son centre de gravité à la surface supérieure de l'eau.

Une paroi inclinée, n'importe dans quel sens, en dehors ou en dedans du vase, d'un mètre carré de surface, et dont le centre de gravité se trouverait à un mètre de profondeur sous le niveau de l'eau, éprouverait, dans une direction perpendiculaire à la paroi, une pression de 1000 kilogrammes.

Il s'agit maintenant de chercher quelle peut être la pression sur un couvercle qui fermerait exactement un vase rempli d'eau.

Il est clair que, pour qu'il y ait pression, il faut mettre l'eau du vase en communication ou avec un tuyau ou avec un entonnoir ajustés sur le couvercle, et par lesquels on verse plus d'eau que le vase ne puisse réellement en contenir; si le vase n'était que comble, la pression sur ce couvercle serait inappréciable. La première disposition peut se présenter dans quelques combinaisons mécaniques.

Supposons donc un cylindre creux de fonte rempli d'eau et parfaitement fermé par un couvercle de même matière, d'un mètre carré de surface. Ajustez sur ce couvercle un tuyau d'un calibre quelconque et d'un mètre de hauteur, qui soit en communication avec la capacité intérieure du cylindre; remplissez-le d'eau; qu'arrivera-t-il? La colonne d'eau qui, dans le cylindre, correspond immédiatement avec celle du tuyau, éprouve une pression proportionnelle à la hauteur de l'eau dans le tuyau; mais les colonnes environnantes seront également pressées, ou plutôt tout le liquide contenu dans le cylindre sera également pressé sur tous les points, et réagira par conséquent sur le couvercle avec tout l'effort qu'il a reçu de la pression de l'eau du tuyau. Il est donc évident que la pression sur le couvercle sera égale au produit de sa surface par la hauteur de l'eau dans le tuyau, et, dans notre supposition, à un mètre carré multiplié par un mètre de hauteur, ce qui équivaut à 1000 kilogrammes de pression.

L'exactitude de cette mesure peut encore être justifiée de la

manière suivante : ajoutez un second tuyau au couvercle ci-dessus ; à mesure que vous verserez de l'eau dans l'un d'eux, elle
s'élèvera de la même quantité dans l'autre. Mais l'eau ne peut
s'élever dans le tuyau ajouté que par un effort de pression proportionnel à la hauteur à laquelle elle s'y élève ; et comme
chaque portion du couvercle qui s'oppose à l'élévation de l'eau
est de même pressée par une colonne d'eau de même base et de
la hauteur de celle que contient le tuyau ; puisque, si l'on appli-
quait successivement sur chacune un tuyau, l'eau s'y élèverait de même et marquerait une égale pression, il est évident
que le couvercle tout entier éprouve une pression égale à sa
surface multipliée par la hauteur de la colonne d'eau renfermée dans le tuyau.

Puisque l'eau presse en tous sens les parois et le fond du
vase qui la contient, on conçoit aisément le phénomène si connu
du passage de l'eau d'un vase rempli dans un vase vide, lorsqu'on établit une communication quelconque entre celui-ci et
celui-là.

Lorsque la communication est ouverte, les molécules immédiatement correspondantes, ne se trouvant plus soutenues de ce côté, s'y précipitent avec l'effort qu'elles subissent elles-mêmes dans le liquide ; les molécules voisines suivent, et l'eau va se mettre au même niveau dans les deux vases :
il y a alors équilibre entre les colonnes respectives qu'ils renferment.

C'est à cette qualité mécanique des liquides qu'on doit attribuer l'arrivée de l'eau dans un puits creusé aux environs d'une
rivière, ou d'une masse d'eau souterraine dont le niveau est
plus élevé que le fond du puits. C'est aussi par l'influence de
cette qualité mécanique qu'on juge à quelle hauteur est le liquide renfermé dans un vase : il suffit pour cela d'adapter à

ce vase un tuyau de verre recourbé et qui s'élève verticalement.

Deux liquides, dans deux vases en communication, se mettent, comme nous venons de le dire, de niveau chacun à la même hauteur ; mais il faut qu'ils soient d'égale densité.

Si les densités sont différentes, les hauteurs le seront : ainsi de l'eau froide et de l'eau chaude, de l'eau chargée de matières salines et de l'eau pure, sont de densités différentes ; et deux vases dont l'un serait rempli d'eau froide et l'autre d'eau chaude au même niveau, si vous ouvrez entre les deux, et par le bas, une communication, l'eau chaude s'élèvera sensiblement plus haut dans le vase qui la renferme, que l'eau froide dans le sien.

La raison en est simple : pour que les deux colonnes, pressant l'une sur l'autre, se mettent en équilibre, elle doivent avoir le même poids ; or, nous savons que, sous le même volume, l'eau froide est un peu plus pesante que l'eau chaude ; il faut donc une hauteur un peu plus grande d'eau chaude pour avoir un poids égal à celui de l'eau froide, et pour lui faire équilibre. La différence de niveau serait bien plus sensible si les deux vases contenaient l'un du mercure, et l'autre de l'eau.

Nous venons d'examiner les phénomènes que présente l'eau, lorsque, renfermée dans un vase quelconque ou en communication avec d'autres vases, elle est abandonnée à elle-même et à sa propre action contre les enveloppes qui la contiennent : nous avons maintenant, pour terminer ce chapitre, à voir ce qui se passe lorsqu'on fait agir une ou plusieurs forces étrangères sur une masse d'eau, ou d'un liquide quelconque, exactement renfermés dans un vase de toutes formes et de toutes dimensions.

Supposons, ainsi que nous l'avons fait ci-dessus, un cylindre de fonte fermé de toutes parts et rempli d'eau ; que le couvercle soit surmonté par un tuyau bien alaizé, dans lequel on introduit de l'eau qui communique avec celle du cylindre, et sur l'eau du tuyau un piston solide dont la tige porte un plateau destiné à recevoir les poids qu'on veut faire agir sur la masse liquide.

Voici ce qui arrive, lorsque le piston presse l'eau avec un poids quelconque :

1°. Tout l'effort de ce poids, déduction faite du frottement du piston dans le tuyau, se transmet en toute liberté et sans perte, au travers de la masse fluide.

2°. Chaque molécule de la masse liquide éprouve la même pression que si le poids agissait sur cette molécule seule.

3°. Si, au lieu d'un tuyau, on en met plusieurs sur le couvercle, avec les mêmes accessoires; en un mot, si l'action de plusieurs forces étrangères s'exerce de concert sur la masse liquide, toutes ces forces se feront mutuellement équilibre ou une seule tiendra toutes les autres en équilibre.

Ces phénomènes sont assez importans pour mériter toute notre attention.

Sur le premier et sur le second point, rappelons-nous d'abord que l'eau est pour ainsi dire incompressible, et considérons ensuite que la couche de molécules, qui touche immédiatement le piston, porte tout le poids dont celui-ci est chargé. Pour le porter, il faut que ces molécules s'appuient sur la couche qui suit la première et qui ne peut céder; la seconde couche sur la troisième, et ainsi de suite jusqu'à ce que la masse entière du liquide s'appuie sur la surface des enveloppes qui la contiennent.

Or, chaque couche, en s'appuyant sur sa voisine, agit contre celle-ci avec tout l'effort qu'elle subit elle-même; toutes les molécules qui sont contiguës et incompressibles reçoivent en même temps l'action, comme si chacune la recevait immédiatement du piston; aucune cause ne peut donc affaiblir l'action primitive du poids, puisqu'il se transmet ainsi par une suite de molécules qui ne peuvent céder et qui réagissent à leur tour avec la même force sur toutes celles qui les entourent.

C'est en définitive l'enveloppe qui doit résister à tout l'effort du poids sur le liquide.

Si la molécule était seule, elle aurait évidemment à soutenir toute la pression que le poids exercerait sur elle; or, pour résister, elle devrait s'appuyer sur d'autres points capables d'offrir eux-mêmes une résistance suffisante. Si cette molécule trouve cet appui sur un certain nombre d'autres molécules liquides environnantes, chacune de celles-ci doit de même et à elle seule opposer une résistance suffisante, car toutes doivent être et sont également incapables de céder; l'action du poids passe donc à l'enveloppe qui forme le dernier appui de toutes les molécules, non-seulement sans perte, mais encore en s'exerçant toute entière sur chaque molécule qui la transmet. Donc l'enveloppe ou le vase doit être dans tous ses points en état de supporter l'effort de la puissance agissante.

Il serait absurde de supposer que la pression, qu'une molécule recevrait du poids, pût se diviser en se transmettant au nombre de molécules qui la touchent immédiatement : car supposons qu'il y en ait 9, et que la pression se divise en se portant sur ces 10 molécules; qu'en outre celles-ci réagissent sur 90 autres, il s'ensuivrait que chacune ne porterait plus que la centième partie du poids, et qu'en allant ainsi de nombres en nombres, l'action du poids finirait par se perdre, et on trouverait que le vase le plus fragile suffirait pour contenir l'eau et l'action du poids qu'elle supporte : ce qui est évidemment contraire à la raison et à l'expérience.

Chaque point de la surface d'un vase, exactement fermé, supporte donc une pression égale à celle qu'un point semblable du liquide reçoit immédiatement d'une force étrangère ; et toutes les molécules de la masse liquide se trouveront pressées également et dans tous les sens.

Si donc le piston de notre tuyau a 4 centimètres carrés de base, et qu'il soit chargé de 10 kilogrammes, chaque portion, de 4 centimètres carrés de la surface extérieure de la capacité cylindrique, aura à supporter une pression de 10 kilogrammes, ainsi que toutes les portions égales d'eau que le vase contient.

Quant au troisième point, que si l'action de plusieurs forces étrangères s'exerce sur une masse liquide, toutes ces forces se feront mutuellement équilibre, et une seule tiendra toutes les autres en équilibre; c'est à notre immortel Pascal que nous devons la connaissance de ce fait important. Nous ne résistons pas au désir de le laisser parler lui-même. (Voyez *son Traité de l'équilibre des liqueurs.*)

« Si un vaisseau plein d'eau, clos de toutes parts, a deux
» ouvertures, l'une centuple de l'autre, en mettant à chacune
» un piston qui lui soit juste, un homme, poussant le petit
» piston, égalera la force de cent hommes qui pousseront
» celui qui est cent fois plus large, et en surmontera 99.

» Et quelque proportion qu'aient ces ouvertures, si les forces
» qu'on mettra sur les pistons sont comme les ouvertures, elles
» seront en équilibre. D'où il paraît qu'un vaisseau plein d'eau
» est un nouveau principe de mécanique, et une machine nou-
» velle pour multiplier les forces à tel degré qu'on voudra; puis-
» qu'un homme, par ce moyen, pourra enlever tel fardeau
» qu'on lui propose.

» Et l'on doit admirer qu'il se rencontre, en cette machine
» nouvelle, cet ordre constant qui se trouve en toutes les an-
» ciennes, savoir, le levier, le tour, la vis sans fin, etc. ; qui
» est que le chemin est augmenté en même proportion que

» la force. Car il est visible que , comme une de ces ou-
» vertures est centuple de l'autre , si l'homme qui pousse
» le petit piston l'enfonçait d'un pouce, il ne repousserait
» l'autre que de la centième partie seulement : car comme
» cette impulsion (pression) se fait à cause de la continuité de
» l'eau, de l'un des pistons à l'autre, ce qui fait que l'un ne peut
» se mouvoir sans presser l'autre, il est visible que, quand le
» petit piston s'est mû d'un pouce, l'eau qu'il a poussée, pous-
» sant l'autre piston, comme elle trouve son ouverture cent fois
» plus large, elle n'y occupe que la *centième partie* de la hau-
» teur : de sorte que le chemin est au chemin, comme la force
» à la force , ce que l'on peut prendre même pour la vraie cause
» de cet effet; étant clair que c'est la même chose de faire faire
» *un pouce* de chemin à *cent livres* d'eau , que de faire faire *cent*
» *pouces* de chemin à une livre d'eau ; et qu'ainsi, lorsqu'une
» livre d'eau est tellement ajoutée avec cent livres d'eau , que
» les *cent livres* ne puissent se remuer d'*un pouce*, qu'elles
» ne fassent remuer la livre de *cent pouces*, il faut qu'elles de-
» meurent en équilibre, *une livre* ayant autant de force pour
» faire faire *un pouce* de chemin à *cent livres* , que *cent livres*
» pour faire faire *cent pouces* de chemin à *une livre.*

» On peut encore ajouter, pour plus grand éclaircissement,
» que l'eau est également pressée sous ces deux pistons : car si
» l'un a cent fois plus de poids que l'autre, aussi en revanche
» il touche cent fois plus de parties, et ainsi chacun l'est égale-
» ment; donc toutes doivent être au repos, parce qu'il n'y a
» pas plus de raison pour que l'une cède que l'autre : de sorte
» que si un vaisseau plein d'eau n'a qu'une seule ouverture large
» d'*un pouce,* par exemple, où l'on mette un piston chargé
» d'un poids d'*une livre ,* ce poids fait effort contre toutes les
» parties du vaisseau généralement , à cause de la continuité et

» de la fluidité de l'eau : mais pour déterminer combien chaque
» partie souffre, en voici la règle. Chaque partie large d'*un*
» *pouce*, comme l'ouverture, souffre autant que si elle était
» pressée par le poids d'une livre (sans compter le poids de
» l'eau dont je ne parle pas ici : car je ne parle que du poids du
» piston), parce que le poids d'une livre presse le piston qui est
» à l'ouverture, et chaque portion du vaisseau, plus ou moins
» grande, souffre précisément plus ou moins à proportion de
» sa grandeur, soit que cette portion soit vis-à-vis de l'ouver-
» ture, ou à côté, loin ou près; car la continuité et la fluidité
» de l'eau rendent toutes ces choses-là égales et indifférentes :
» de sorte qu'il faut que la matière, dont le vaisseau est fait,
» ait assez de résistance en toutes ses parties, pour soutenir
» tous ses efforts : si sa résistance est moindre en quelqu'une,
» elle crève; si elle est plus grande, il en fournit ce qui est né-
» cessaire, et le reste demeure inutile en cette occasion : telle-
» ment que si on fait une ouverture nouvelle à ce vaisseau, il
» faudra, pour arrêter l'eau qui en jaillirait, une force égale à
» la résistance que cette partie devait avoir, c'est-à-dire une
» force qui soit à celle d'*une livre*, comme cette dernière ou-
» verture est à la première. » Nous verrons dans le troisième
volume l'application importante qui a été faite de ce principe
de Pascal.

On tirerait de ce qui précède une conséquence fausse, si
l'on pensait que, lorsque plusieurs poids d'un kilogramme,
par exemple, exercent à la fois leur pression sur plusieurs points
d'une masse liquide, renfermée dans un vase clos de toutes
parts, chaque point supporte la somme des pressions de tous
ces poids : chaque portion de liquide correspondante à l'un de
ces poids n'éprouve que la pression de ce poids; les autres ne
font que soutenir l'effort que subit la première, et ne servent

qu'à l'appuyer. Il est clair que des poids égaux agissant les uns contre les autres s'appuient mutuellement, et l'eau, qui leur sert d'intermédiaire, est dans le même cas que si elle ne subissait que l'action d'un poids et s'appuyait sur les autres pour résister au premier.

Nous avons étudié dans ce chapitre les phénomènes que la nature de l'eau présente sous le rapport mécanique, et le genre d'action qu'elle exerce sur elle-même, ainsi que sur les enveloppes qui la contiennent, soit qu'on la considère comme abandonnée à son propre poids, soit qu'on la suppose soumise à la pression d'une ou de plusieurs forces étrangères auxquelles on la met dans le cas de résister.

Et si nous récapitulons les principaux faits que nous y avons exposés nous trouvons :

1°. Que l'eau n'est pas sensiblement compressible, que les molécules, qui la composent, semblent jouir dans leur agglomération, d'une grande mobilité, et agir indépendamment les unes des autres.

2°. Que l'eau se dilate par la chaleur, ainsi que lorsqu'elle passe à l'état de glace, en exerçant, sur les vases, qui la renferment de toutes parts, une pression immense.

3°. Que la pression produite par l'eau est toujours équivalente au poids d'un prisme d'eau, dont la base est égale à la surface pressée et dont la hauteur se mesure par la distance du centre de gravité de cette surface au niveau de l'eau.

Que, dès lors, l'eau et en général les liquides, pressent dans tous les sens, sur les enveloppes qui les contiennent, non en raison de leur quantité, mais en raison de la surface de ces enveloppes, ou de la base sur laquelle les liquides reposent, et en raison de leur hauteur. Qu'ainsi on peut opérer une très-grande pression avec une très-petite quantité d'eau, pourvu qu'on donne au vase une forme telle qu'il ait une grande base et une grande hauteur, sans avoir beaucoup de capacité. Qu'au contraire on peut n'exercer qu'une très-petite pression avec une grande quantité d'eau, en donnant au vase beaucoup de longueur et de largeur et très-peu de hauteur ou de profondeur.

4°. Que toute force appliquée en un point quelconque d'une masse d'eau se transmet sans perte et dans toutes les directions possibles.

5°. Enfin qu'une force étrangère appliquée à la surface d'une masse liquide, renfermée dans un vase clos de toutes parts, tient en équilibre toutes les forces quelconques qu'on peut appliquer sur ce liquide : ces forces étant comme les surfaces pressées.

CHAPITRE XVII.

Suite de l'eau comme moteur : Ce qui se passe lorsqu'elle sort d'un réservoir par diverses espèces d'orifices.

Toutes les molécules d'une masse d'eau pressent, comme nous l'avons dit dans le chapitre précédent, tous les points de la surface intérieure des réservoirs qui la contiennent; elles ont donc sur chacun de ces points une tendance constante au mouvement; et si, à quelque endroit que ce soit ou du fond ou de la paroi, on pratique une ouverture, la masse d'eau passe du repos au mouvement, et un autre ordre de phénomènes se présente à l'observateur. Ils vont être l'objet de ce chapitre.

L'ouverture peut se faire horizontalement sur le fond du réservoir; elle peut se faire verticalement sur la paroi, à une hauteur plus ou moins grande au-dessus du fond ; l'ouverture peut-être plus ou moins grande et de formes diverses ; elle peut-être faite dans une paroi mince, ou bien elle peut recevoir un bout de tuyau, ou passer par une épaisseur de paroi qui représente ce tuyau ; enfin le réservoir est plus ou moins haut et reste constamment alimenté pendant que l'écoulement a lieu, de sorte que le niveau se conserve, ou bien il se vide librement par l'orifice qu'on lui a pratiqué.

Nous avons supposé là tous les cas qui peuvent se présenter sur l'objet spécial de ce chapitre ; et c'est dans tous ces cas divers que nous allons tâcher de l'approfondir, en invoquant toujours l'expérience, qui, à cet égard, semble ne rien laisser à désirer. N'oublions pas que le but principal que nous nous proposons ici est d'arriver à déterminer la quantité d'eau ; nous pourrions dire même de *force motrice*, qui sort par l'orifice d'un vase en un temps quelconque.

Prenons d'abord le cas le plus simple : supposons un vase cylindrique plein d'eau, dont tout le fond peut s'ouvrir à volonté et que tout à coup on enlève ce fond ; toute l'eau tombera comme une masse ; les molécules qui la composent auront un mouvement commun et dans le même sens ; elles obéiront toutes ensemble à l'action directe de la pesanteur ; et si ce vase se remplissait à mesure qu'il se viderait, il serait facile, d'après les lois de la pesanteur, d'évaluer la quantité d'eau qui sortirait d'un ase semblable en un certain temps.

On peut concevoir encore qu'aussitôt que le fond s'enlève, toute pression, tant sur le fond que sur la paroi, disparaît ; que même, si à l'instant que le fond s'ouvre, une autre ouverture se faisait sur la paroi, l'eau ne sortirait point par celle-ci ; car toutes les tendances au mouvement se réduisent ici à la direction verticale qu'imprime la pesanteur.

Les choses se passent tout autrement, lorsque l'ouverture est beaucoup plus petite que le fond; il se présente des phénomènes qui méritent toute notre attention.

Les molécules qui touchent immédiatement aux points de l'orifice ouvert, n'étant plus soutenues s'échappent, et sont suivies de toutes les molécules environnantes qui perdent aussi leur appui de ce côté; tout le liquide passe donc par l'ouverture, en s'abaissant horizontalement et parallèlement à son niveau, jusqu'à une petite distance du fond. Là il se forme une espèce d'*entonnoir*, ou de cône creux renversé dont le sommet est au centre de l'ouverture. Cet entonnoir s'efface peu à peu par suite de l'écoulement, et devient comme une nappe d'eau qui s'engloutit dans l'orifice.

Comme dans ce cas-ci les molécules ne peuvent pas sortir toutes à la fois, elle ne cèdent qu'en partie à l'action de la pesanteur qui ne les entraîne que successivement, à raison du peu de largeur de l'ouverture; dès lors elles exercent encore une pression tant sur le fond que sur les parois du vase; et quand elles s'échappent, elles obéissent non-seulement à la pesanteur, mais encore à la pression des molécules supérieures qui agit aussi sur elles.

On pourrait penser que les premières portions d'eau qui s'élancent par l'ouverture devraient être suivies immédiatement par les portions supérieures. S'il en était ainsi, chaque colonne verticale du liquide tomberait à son tour, comme un bâton vertical, par un mouvement de haut en bas, en prenant préalablement la place de celle qui l'aurait précédée, par un mouvement de côté; il en résulterait qu'une partie de la masse d'eau serait en repos, en attendant le vide formé par la chute de chaque colonne; et ce n'est pas là ce qui a lieu. La colonne verticale d'eau qui correspond à l'orifice de sortie n'étant plus soutenue, n'exerce plus la même pression sur les points des colonnes qui la touchent; celles-ci, ayant toujours à soutenir la même pression verticale, sont poussées vers la colonne sortante, avec laquelle elles se mêlent; de telle sorte que toutes les colonnes du liquide contribuent de concert à fournir la quantité qui sort à chaque instant par l'ouverture du vase.

L'inégalité de pression qu'occasione l'ouverture offerte à la colonne correspondante, s'étend tout à l'entour de celle-ci jusqu'aux parois du vase; et toutes les portions du liquide s'élancent sur les points où il y a le moins de pression. Une fois que l'équilibre de pression est rompu sur un point, il l'est évidemment sur tous les autres à la fois; et de tous les points le liquide se meut pour se diriger diversement vers l'orifice de sortie.

Une expérience assez curieuse en donne une preuve sensible.

On remplit d'eau un vase de verre à laquelle on mêle un peu de limaille. Aussitôt qu'on a débouché le petit orifice pratiqué au fond de ce vase, on voit ces petits corps descendre d'abord verticalement, et, à quelques centimètres du fond, se diriger de tous les points vers l'orifice. Le même effet se remarque avec un orifice latéral. Les mouvemens de ces petits corps sont plus sensibles encore, lorsqu'on ajuste à l'ouverture du vase un bout de tuyau qui pénètre de quelques centimètres dans l'intérieur de ce vase. Lorsqu'on débouche l'ouverture, on voit non-seulement les petits corps qui sont au-dessus de l'orifice et à côté s'y élancer, mais encore ceux qui sont vers le fond, et qui se meuvent de bas en haut pour se précipiter dans l'ouverture avec ceux qui viennent de plus haut.

Cette expérience prouve clairement deux choses dignes de remarque : 1°. que chaque portion du liquide fournit sa quote part à la colonne de sortie; 2°. que la surface du liquide descend parallélement à elle-même jusqu'à quelques centimètres du fond.

Puisque la surface de l'eau s'abaisse ainsi parallèlement à elle-même, lorsqu'elle sort par une ouverture pratiquée à son fond, il suit que dans un vase d'égale largeur, dont les parois sont cylindriques, ou parallèles entre elles, une tranche horizontale quelconque du liquide descendra avec la même vitesse que celle que prendra la tranche supérieure; car ces tranches étant toutes d'égale épaisseur, elle doivent passer dans le même temps par toutes les sections du vase qui leur correspondent. Mais la vitesse de ces tranches augmentera graduellement, si le vase, au lieu d'être partout d'égale largeur, se rétrécit de haut en bas et prend la forme d'un cône ou d'une pyramide renversés; car, à mesure que chaque tranche descend, elle rencontre une plus petite capacité à traverser, laquelle n'admet qu'un moindre nombre de molécules; elle la traverse donc avec plus de vitesse, et cette vitesse augmente avec le retrécissement progressif du vase. Ainsi, par exemple, si la tranche, à la partie supérieure, s'est abaissé d'*un* centimètre dans le premier moment de l'écoulement, elle s'abaissera visiblement de *deux* centimètres lorsqu'elle aura à traverser une section du vase dont la surface ne sera que la moitié de celle de la partie supérieure du vase. Mais le parallélisme de ces tranches, descendant avec une vitesse croissante, ne sera constant que jusqu'à une petite distance du fond. La grandeur de l'ouverture influe sur cette distance; l'entonnoir se forme au moment d'y arriver, et il se forme plutôt avec une ouverture d'une certaine grandeur qu'avec une plus petite.

Tant que les molécules latérales sont poussées assez abondamment vers le point de sortie, le liquide s'abaisse en plan horizontal, ainsi que des corps légers qu'on aurait mis sur sa surface ; mais aussitôt qu'on arrive à quelques centimètres du fond, les molécules latérales moins pressées ne se précipitent plus avec la même abondance vers l'ouverture ; la surface du liquide se creuse ; l'entonnoir se montre, et les corps légers se précipitent dans l'ouverture comme des corps plus lourds que l'eau. Ce fait incontestable suffirait déjà presque seul pour rendre fort hypothétique l'évaluation de l'écoulement de l'eau, dans le cas ci-dessus, autrement que par des expériences directes.

Nous venons de voir ce qui se passe dans l'intérieur d'un réservoir d'eau qui s'écoule par une ouverture pratiquée au fond ou à la paroi, ainsi qu'une des circonstances de cet écoulement qui forcent à recourir à l'expérience pour l'évaluer. Il est vrai que l'entonnoir ne se formerait point si le vase était entretenu constamment plein pendant l'écoulement, et on pourrait penser que le calcul suffirait ; mais d'autres circonstances, que nous allons examiner, viennent se mêler à la première et jeter de l'incertitude dans les calculs.

La colonne liquide qui s'élance par l'ouverture du réservoir éprouve, dans l'air qu'elle est obligée de déplacer, une résistance qui fait grossir, étendre le volume de la colonne à quelque distance de l'ouverture. L'air s'y insinue et la divise en filets ; cet effet est d'autant plus sensible que la colonne liquide a plus de vitesse, et qu'elle a parcouru plus d'espace dans l'air.

Ce n'est pas tout : on remarque qu'à la partie extérieure de l'orifice, la colonne liquide se contracte et qu'à ce point de contraction elle est d'un plus petit diamètre que l'orifice de sortie.

Quelle que soit la cause de ce phénomène, il a toujours lieu. Ce n'est pas à la résistance de l'air qu'on doit l'attribuer ; car la contraction a également lieu dans le vide (1) ; il paraîtrait

______

(1) *Voyez* Éclaircissemens et Développemens, art. 15

qu'elle provient du mouvement des molécules dans l'intérieur même du réservoir : nous avons remarqué qu'elles se précipitaient vers l'ouverture, de tous les points de la masse liquide, en suivant des directions convergentes entre elles, dont la convergence semble se maintenir jusqu'au dehors. Là tous les filets liquides se resserrent et opposent les uns aux autres l'obliquité de leur action. Cette obliquité détruite par la réciprocité d'action, la colonne liquide reprend plus ou moins sa forme cylindrique.

On conçoit aisément que cette contraction de la *veine fluide* doit diminuer la quantité d'eau qui sortirait d'un même vase, par la même ouverture, s'il n'y avait point de contraction, si toutes les molécules liquides sortaient sans se détourner, en suivant toujours une direction perpendiculaire au plan de l'ouverture.

Bossut a fait plusieurs expériences pour déterminer le point de la plus grande contraction, ainsi que sa valeur.

Lorsqu'il s'est servi d'une ouverture de peu d'épaisseur, formée dans une plaque de cuivre mince, ajustée au fond duvase, il a trouvé que le *maximum* de contraction est au-dessous de l'orifice de sortie à une distance égale à son rayon, et que là, la section de la veine fluide est à l'aire de l'orifice comme 5 est à 8 ; c'est-à-dire que si la grandeur réelle de l'ouverture est de 16 millimètres carrés, par exemple, la surface de la section de la veine, au point contracté, n'est que d'environ 10 millimètres carrés.

Lorsque l'ouverture est percée dans une paroi polie d'une certaine épaisseur, la contraction est moins grande ; elle l'est encore moins lorsque la sortie a lieu par un bout de tuyau. Dans ce dernier cas, l'eau sort ordinairement à plein tuyau ; le jet est d'une forme cylindrique et sensiblement du même diamètre que la partie extérieure de l'orifice : ce qui annonce qu'il n'y a point de contraction au-dessus, et que les filets d'eau ont pris des directions parallèles entre elles, en suivant les parois du tuyau. Cependant l'expérience prouve que la contraction a lieu également avec un bout de tuyau, mais à un moindre degré, et elle ne se montre pas à l'orifice extérieur ; c'est en entrant dans l'orifice intérieur que la veine fluide subit un étranglement, qui, à la vérité, est moins grand que par une ouverture percée dans une mince paroi.

On appelle *contraction de la première espèce* celle qui a lieu par une ouverture percée dans une mince paroi, et *contraction de la seconde espèce* celle qui a lieu par un bout de tuyau, qui ne fait qu'affleurer la paroi intérieure du réservoir. Si ce bout de tuyau pénétrait dans le réservoir de quelques millimètres, la contraction serait plus grande.

D'après les expériences de Bossut, la contraction de la seconde espèce opère une réduction telle que la section de la veine contractée, comparée à l'aire de l'ouverture, est comme 13 est à 16 c'est-à-dire que la grosseur de la colonne fluide contractée est équivalente aux $\frac{13}{16}$ de ce quelle devrait être d'après l'orifice, s'il n'y avait point de contraction.

Nous venons de voir, dans le cours de nos observations sur l'eau, que le phénomène de la contraction n'apparaît pas seulement dans les cas cités ci-dessus, mais encore dans tous ceux où l'eau passe d'un endroit large à un autre plus étroit.

La forme de l'orifice influe sur celle de la veine fluide ; elle est cylindrique, par une ouverture circulaire, bien unie, faite au fond d'un vase ; elle se contourne si l'intérieur de l'ouverture présente des aspérités ; elle est prismatique si l'ouverture a cette forme ; mais, d'après la remarque de Bossut, les arêtes du prisme liquide se trouvent au milieu des côtés de l'ouverture.

Les mouvemens du liquide dans un réservoir qui s'écoule par une ouverture du genre de celle dont nous venons de parler sont si variés, et se prêtent si peu à une détermination de quelque exactitude ; en outre, la valeur réelle de la contraction et de son influence sur l'écoulement est si dificile à évaluer, qu'il a fallu recourir, comme nous l'avons déjà dit, à l'expérience, pour en connaître les résultats, lorsqu'il s'agit d'évaluer les dépenses d'eau.

Avant de rapporter les expériences de Bossut sur cette matière, rappelons-nous que l'eau sortant d'un réservoir par une ouverture quelconque est soumise aux lois de la pesanteur, comme un corps grave qui tombe.

Examinons le cas où le réservoir est entretenu constamment plein pendant l'écoulement.

On a rempli d'eau un réservoir dans lequel on a maintenu exactement le niveau à une hauteur de $3^m,812$ (11 pieds 8 pouces 10 lignes) au-dessus des divers orifices suivans, percés dans une plaque de cuivre d'environ $0^m,001$ ($\frac{1}{2}$ ligne) d'épaisseur :

1°. Avec un orifice horizontal et circulaire de $0^m,014$ (6 lignes) de diamètre, ce réservoir fournit en une minute $45841,861$ centimètres cubes, qui équivalent au même nombre de grammes d'eau, ou 2311 *pouces cubes*.

2°. Avec un orifice horizontal et circulaire de $0^m,027$ (1 pouces) de diamètre, on obtient en une minute $184101,391$ centimètres cubes d'eau, ou 9281 *pouces cubes*.

3°. Avec un orifice horizontal et circulaire de $0^m,054$ (2 pouces), on obtient en une minute $737952,802$ centimètres cubes d'eau, ou 37202 *pouces cubes*.

4°. Avec un orifice horizontal et rectangulaire de 0^m,027 (1 pouce) de longueur, sur 0,007 (3 lignes) de largeur, on obtient 58180,086 centimètres cubes d'eau en une minute, ou 2933 *pouces cubes*.

5°. Avec une ouverture horizontale et carrée de 0^m,027 (1 pouce) de côté, on obtient 234406,437 centimètres cubes d'eau en une minute, ou 11817 *pouces cubes*.

6°. Avec une ouverture horizontale et carrée de 0^m,054 (2 pouces) de côté, on obtient 939470,529 centimètres cubes d'eau en une minute, ou 47361 *pouces cubes*.

On a réduit l'eau du réservoir à 2^m,926, ou 9 *pieds* au-dessus du centre de chaque ouverture ; on s'est servi d'ouvertures verticales faites dans une mince paroi de cuivre :

1°. Avec un orifice vertical et circulaire de 0,014 (6 lignes) de diamètre, on obtient 40029,804 centimètres cubes (2018 *pouces cubes*) d'eau en une minute.

2°. Avec un orifice vertical et circulaire de 0^m,027 (1 pouce) de diamètre, on obtient 161368,906 centimètres cubes (8135 *pouces cubes*) d'eau en une minute.

On a ramené l'eau du réservoir à 1^m,299 (4 *pieds*) de hauteur; on a pratiqué au réservoir deux ouvertures égales ; on a obtenu :

1°. Par une ouverture verticale et circulaire de 0,014 (6 lignes) de diamètre 26838,615 centimètres cubes (1353 *pouces cubes*) d'eau en une minute.

2°. Pour une ouverture verticale et circulaire de 0^m,027 (1 pouce) de diamètre, 107810,696 centimètres cubes (5436 *pouces cubes*) d'eau en une minute.

La hauteur de l'eau dans le réservoir a été abaissée jusqu'à 0^m,016 (7 lignes) au-dessus du centre d'une ouverture verticale et circulaire de 0^m,027 (1 pouce) de diamètre ; on a obtenu en une minute 12457,247 centimètres cubes (628 *pouces cubes*) d'eau.

On peut avec Bossut déduire des expériences précédentes les règles suivantes :

1°. *Les dépenses faites, en temps égaux, par différentes ouvertures, sous une même hauteur de réservoir, sont entre elles, à peu de chose près, comme les aires de ces ouvertures.*

En effet, nous venons de voir qu'une ouverture circulaire de 1 *pouce* de diamètre donne 9281 *pouces cubes* d'eau, dans le même temps qu'une autre de 2 *pouces* donne 37203, sous une hauteur de 11 *pieds* 8 *pouces* 10 *lignes;* or, 9281 est à 37203 à peu près comme 4 est à 1; et les surfaces circulaires des ouvertures sont entre elles comme les carrés de leurs diamètres; 4 est le carré de 2, et 1 le carré de 1 : donc la règle ci-dessus est assez exactement déduite de l'expérience.

Ainsi, qu'à un réservoir contenant de l'eau à une certaine hauteur, et alimenté de manière que l'eau reste toujours au même niveau, vous ayez pratiqué une ouverture, par exemple, de 12 millimètres de diamètre, et que vous obteniez une certaine quantité d'eau en un temps donné; si vous augmentez cette ouverture jusqu'à 24 millimètres de diamètre, vous aurez *quatre fois* plus d'eau dans le même temps.

2°. *Les dépenses faites, en temps égaux, par une même ouverture, sous différentes hauteurs de réservoir, sont entre elles à peu près comme les racines carrées des hauteurs correspondantes de l'eau dans le réservoir, au-dessus des mêmes ouvertures.*

On a trouvé, en effet, que sous une hauteur de 9 *pieds* et par un orifice circulaire de 1 *pouce* de diamètre, la dépense en une minute a été de 8135 *pouces* cubes; et que sous une hauteur de 4 *pieds*, avec le même orifice, la dépense a été dans le même temps de 5436 *pouces* cubes; or, la racine carrée de la hauteur de 9 *pieds* est 3, et celle de 4 *pieds* est 2; et le nombre 8135 est à 5436 comme 3 est à 2, à peu de chose près. Donc la règle ci-dessus est d'accord avec l'expérience.

L'application de cette règle est fort facile : si vous obtenez telle dépense d'eau par un orifice d'un certain diamètre et sous une hauteur de réservoir de 16 décimètres; la dépense que vous aurez, en portant la hauteur à 36 décimètres sera dans le rapport des racines carrées de ces nombres; c'est-à-dire, comme 4 est à 6.

Il suit des deux règles précédentes, *qu'en général les quantités d'eau dépensées dans le même temps par différentes ouvertures, sous différentes hauteurs d'eau dans le réservoir, sont entre elles en raison composée des aires des ouvertures, et des racines carrées des hauteurs du réservoir.*

C'est-à-dire que la quantité d'eau dépensée par un réservoir d'une certaine hauteur, et par une certaine ouverture, est à la quantité d'eau dépensée par un autre réservoir d'une hauteur différente, et par une ouverture également différente, comme le produit de la surface de l'ouverture et de la racine carrée de la hauteur du premier réservoir est au produit de la surface de l'ouverture et de la racine carrée de la hauteur du second réservoir.

Ainsi, quand vous connaissez la dépense d'un réservoir avec une hauteur et une ouverture déterminées (et nous venons, d'après Bossut, d'en évaluer plusieurs), il vous est facile de déterminer la dépense d'un autre réservoir, avec une hauteur et une ouverture différentes. Nous reviendrons sur la méthode d'évaluer la dépense d'eau par de petites ouvertures.

Rappelons-nous, au reste, qu'il ne s'agit encore ici que de très-petites ouvertures, relativement à la grandeur du réservoir. Nous verrons plus loin d'autres circonstances influer sur la dépense et qui ne permettent pas l'application de cette mesure, comme elle s'applique aux cas et aux circonstances ci-dessus.

Le frottement de l'eau contre les bords des ouvertures altère déjà la dépense, et on voit sur ce point, dans les expériences rapportées plus haut, que par des orifices semblables, mais inégaux, comme, par exemple, des orifices circulaires de différens diamètres, la dépense est proportionnellement plus petite par un petit orifice que par un plus grand, celui-ci occasionant moins de frottement. Par conséquent, de tous les orifices d'égale surface, comme, par exemple, les circulaires et les orifices carrés, celui, dont le contour ou le *périmètre* est le plus petit, fournit plus d'eau que les autres, sous une même hauteur d'eau dans le réservoir. D'un cercle ou d'un carré de même surface, c'est le cercle qui a le plus petit contour, et c'est cette forme d'ouverture qu'il faut choisir de préférence.

On voit en outre, sur le second point relatif à l'altération de la dépense par la différence de hauteur, qu'avec de petites charges d'eau dans le réservoir, la dépense est proportionnellement plus forte qu'avec des hauteurs ou des charges plus grandes. Il paraît que dans ce dernier cas, le resserrement de la veine, à la sortie, est plus considérable. L'influence, au reste, de ces deux causes peut être négligée dans l'usage ordinaire des mesures que nous avons données.

Pour donner un exemple de la manière d'appliquer ces règles, proposons-nous, d'après Bossut, le problème suivant :

On a un réservoir entretenu constamment plein d'eau, à la hauteur de 5 *pieds*, au-dessus d'un orifice de 9 *lignes* de diamètre, percé dans une mince paroi. On veut savoir quelle sera la dépense d'eau, par cet orifice, en une minute.

Nous savons, par l'expérience, que sous une hauteur de 4 *pieds* et par un orifice de 6 *lignes* de diamètre, la dépense est de 1353 *pouces cubes* en une minute. Appliquant donc les règles précédentes, nous dirons : le produit du carré du diamètre de l'ouverture de 6 *lignes*, par la racine carrée de la hauteur 4, ou $36 \times 2 = 72$, est à 1353 *pouces cubes*, comme le produit du carré du diamètre de l'ouverture de 9 lignes par la racine carrée de 5, ou environ $81 \times 2\frac{1}{4}$, est à un quatrième terme, ou 3425 *pouces cubes* ; ce qui est la dépense cherchée.

Et si on voulait déterminer le diamètre qu'il faudrait donner à une ouverture pour avoir le *quart* de la dépense fournie par l'orifice de 9 *lignes*, il suffirait d'après la règle, et en mettant de côté la petite différence des frottemens, de percer une ouverture de 4 *lignes et demie*.

Il s'agit maintenant de savoir quelle est la quantité d'eau fournie par un réservoir entretenu constamment plein, mais qui, au lieu d'un orifice percé dans une mince paroi, porte un bout de tuyau, soit cylindrique, soit conique. Nous ne répéterons pas que nous nous appuyons encore sur les expériences et les réflexions de Bossut.

La hauteur de l'eau dans le réservoir est constamment de $3^{m},812$ (11 *pieds* 8 *pouces* 10 *lignes*) au-dessus du bout de tuyau ajusté au réservoir.

1°. On s'est servi d'un tuyau cylindrique bien poli intérieurement de $0^{m},108$ (4 *pouces*) de longueur, et de $0^{m},027$ (1 *pouce*) de diamètre. L'eau est sortie à plein tuyau, c'est-à-dire en colonne cylindrique ; la dépense a été de 243471,659 centimètres cubes (12274 *pouces cubes*) en une minute.

2°. On a réduit ce même tuyau à $0^{m},054$ (2 *pouces*) de longueur ; l'eau sortait à plein tuyau ; la dépense a été de

241765,732 centimètres cubes (12188 *pouces cubes*) en une minute.

3°. On a réduit de nouveau ce même tuyau à 0^m,041 (1½ *po.*) de longueur ; l'eau sortait à plein tuyau ; la dépense a été de 241369,004 centimètres cubes (12168 *pouces cubes*) en une minute.

4°. Avec le même tuyau que le précédent, mais l'eau ne sortant pas en colonne cylindrique, elle glissait sur l'arête de la base supérieure de ce tuyau, sans en suivre les parois ; la dépense n'a été que de 184101,492 centimètres cubes (9282 *pouces cubes*) en une minute.

Si nous nous reportons à la quantité d'eau dépensée en une minute, par une ouverture circulaire et horizontale d'*un pouce* de diamètre, percée dans une mince paroi, sous une hauteur de réservoir de 11 pieds 8 pouces 10 lignes, nous la trouvons presque égale à celle fournie par la quatrième expérience ; l'une donne 9281, et l'autre 9282 *pouces cubes*.

Il résulte en outre des trois autres expériences que la dépense faite par deux ouvertures égales, sous les mêmes hauteurs d'eau dans le réservoir, l'une par un orifice percé dans une mince paroi, l'autre par un bout de tuyau, *l'eau sortant de celui-ci à gueule-bée ou à plein tuyau*, est plus grande dans le second cas que dans le premier, dans le rapport de 13 à 10 ; rapport suivant lequel la dépense augmentera, dans tous les cas analogues à ceux ci-dessus, lorsqu'on substituera, à un orifice percé dans une mince paroi, un bout de tuyau bien poli intérieurement, affleurant bien exactement la paroi sur laquelle on ajuste une des extrémités et donnant l'eau à gueule-bée.

La différence dans la contraction que nous avons observée plus haut, qui est en faveur de l'usage d'un tuyau cylindrique, explique l'excès de dépense qu'il donne sur celle d'une ouverture en une mince paroi. Le frottement paraît cependant plus considérable ici que là ; mais une contraction moindre fait plus que compenser l'influence du frottement.

Les bouts de tuyaux coniques sont encore d'un emploi plus avantageux pour favoriser la dépense d'eau , que les tuyaux cylindriques ; mais il ne faut pas trop les évaser, sans quoi la contraction s'opère à la partie extérieure du tuyau. Il faut suivre, pour la forme à donner au bout de tuyau , la forme même que prend la veine fluide en sortant par une ouverture percée dans une mince paroi ; et rappelons-nous que l'aire de la section de la veine contractée est à l'aire de l'ouverture comme 5 est à 8 , et que la distance du point de contraction à l'endroit de la sortie est égale au rayon de l'ouverture. Avec ces données, il est facile de déterminer la forme, le degré d'évasement que le tuyau conique doit avoir. Ceci s'applique à tous les cas où l'eau se contracte en sortant d'un réservoir , d'un canal ou d'une rivière quelconque ; il faut disposer la partie du canal ou de l'auge qui la reçoit immédiatement, suivant la forme que prend la contraction qui s'opère au moment de sa sortie. C'est du moins la forme qui jusqu'à présent a paru la plus avantageuse.

Du reste, les règles rapportées plus haut concernant les dépenses d'eau par des ouvertures de différentes grandeurs en mince paroi, et sous des charges différentes, s'appliquent également à la sortie de l'eau par des tuyaux additionnels sous des hauteurs différentes et par des ouvertures de différens diamètres. Plusieurs expériences directes que Bossut a faites à ce sujet prouvent que ces règles conviennent à l'un et à l'autre cas.

Ce que nous venons de dire ne concerne que les réservoirs entretenus constamment pleins. Voyons quels sont et le temps de l'écoulement et la dépense de ceux qui se vident sans recevoir de nouvelle eau affluente.

Dans les premiers, la forme du vase n'influe en rien sur la dépense, qui ne dépend que de la grandeur de l'orifice, du temps de l'écoulement et de la hauteur de l'eau dans le vase. Dans le second, la forme du vase influe sur la dépense, puisque les quantités d'eau qui s'abaissent, par un orifice de sortie donné, sont proportionnelles aux capacités de chaque portion du vase par laquelle l'eau passe en descendant; capacités qui varient nécessairement suivant la grandeur et la forme du vase. L'eau s'abaissera bien moins, dans un temps donné et par une ouverture donnée, si le réservoir a 10 décimètres carrés de surface, que s'il n'avait que 5 décimètres; elle s'abaissera inégalement, si le vase se rétrécit ou s'élargit en allant vers le haut.

Bossut a fait aussi des expériences directes sur ce sujet, mais seulement avec une seule forme de réservoir; celui dont il s'est servi avait 12 *pieds* de hauteur; sa base représentait un carré de 3 *pieds* de côté; l'eau y était à 11 *pieds* 8 *pouces* de hauteur. L'irrégularité de l'écoulement lorsque l'*entonnoir* se forme a obligé de ne le considérer qu'avant la formation de cet entonnoir, parce qu'il y aurait eu trop d'incertitudes dans les observations. Les orifices étaient percés au fond du réservoir, dans des plaques minces de cuivre. Voici les résultats de ces expériences.

1°. Avec un orifice circulaire d'*un pouce* de diamètre, la surface de l'eau dans le réservoir s'est abaissée de 4 *pieds* en sept minutes vingt-cinq secondes et demie, ce qui équivàut à une dépense de 36 *pieds cubes* dans le même temps.

2°. Avec une ouverture circulaire de 2 *pouces* de diamètre, la surface de l'eau s'est abaissée de 4 *pieds* en une minute cinquante-deux secondes; ce qui équivaut à une dépense de 36 *pieds cubes* dans le même temps.

3°. Avec un orifice circulaire d'*un pouce* de diamètre, la

surface de l'eau s'est abaissée de 9 *pieds* en vingt minutes vingt-quatre secondes et demie ; ce qui équivaut à une dépense de 81 *pieds cubes* dans le même temps.

4°. Avec un orifice circulaire de 2 *pouces* de diamètre, la surface de l'eau s'est abaissée de 9 *pieds* en cinq minutes six secondes ; ce qui équivaut à une dépense de 81 *pieds cubes* dans le même temps.

Ce petit nombre d'expériences semble annoncer qu'avec un vase prismatique de mêmes dimensions, sous une même hauteur de réservoir, l'eau s'abaisse dans le réservoir, d'une même quantité, en *quatre fois* moins de temps par un orifice circulaire d'un diamètre double.

Il faudrait une suite d'expériences avec des réservoirs de diverses formes et dimensions, pour en déduire des règles certaines et applicables à toutes les questions utiles qu'on peut se proposer sur cette matière, qui, au reste, n'est point fondamentale dans le sujet qui nous occupe.

CHAPITRE XVIII.

Suite de l'eau comme moteur. De sa vitesse à sa sortie d'un réservoir et de son écoulement par un petit orifice. Nouvel examen des règles du calcul de dépenses d'eau dans ce cas.

Les lois de la pesanteur que nous avons exposées (Voyez *Éclaircissemens* et *Développemens*) vont nous servir à déterminer, pour tous les cas, la vitesse de l'eau à sa sortie d'un réservoir par une ouverture qui soit tout au plus la *vingtième partie* de la section horizontale de celui-ci. Si elle était plus grande, il y a d'autres règles à établir dont nous parlerons plus loin.

Il est évident d'abord que, pour un réservoir entretenu constamment plein, soit qu'on perce l'orifice dans une mince paroi, ou que l'écoulement se fasse par un court tuyau additionnel, la vitesse de l'écoulement sera la même dans tous les instans, attendu que la hauteur de l'eau dans le réservoir est constante, et que par conséquent la pression sur les molécules sortantes est régulière.

Dans un réservoir qui se vide, il n'en est pas ainsi : la hauteur et la pression diminuent graduellement, et de même la vitesse de l'écoulement.

Les molécules, en sortant par un petit orifice, ne coulent pas aussi librement que si cet orifice était plus grand. Dans le premier cas, elles ne peuvent céder aussi facilement à l'action de la pesanteur que dans le second : elles sont retenues par une grande partie du fond; mais elles subissent tout l'effort de la pression des tranches supérieures du liquide : de telle sorte que la portion d'eau qui sort est pressée par toute la colonne verticale qui correspond à l'orifice, et qu'elle est poussée avec d'autant plus de force que l'eau du réservoir est à une plus grande hauteur.

Si, par exemple, cette hauteur était de 2 mètres, la pression sur l'eau, sortant par le petit orifice, serait égale au poids d'une colonne d'eau de la même base que l'ouverture, et de 2 mètres de hauteur.

Mais supposons que la hauteur de 2 mètres augmente par une addition d'eau dans le réservoir, quelle sera la vitesse en raison des différens degrés d'augmentation? Si la hauteur est *quatre fois* plus grande, par exemple, de 8 mètres, la pression sur le liquide sortant sera bien quatre fois plus forte, mais la vitesse ne sera que *doublée* : car lorsque la vitesse est doublée, elle est manifestement le résultat d'une force quatre fois plus grande, puisque la quantité d'eau sortie est deux fois plus grande et qu'elle a une vitesse double ; ce qui donne un résultat quadruple et un effet proportionnel à la cause. L'expérience est d'accord avec la raison sur ce point.

On voit que, comme dans la chute des corps soumis à l'action de la pesanteur, la vitesse de l'eau, à l'orifice de sortie, suit la raison des racines carrées des hauteurs du liquide au-dessus de cet orifice ; qu'ainsi cette vitesse est *deux fois* plus grande lorsque la hauteur est *quadruplée*, *trois fois* plus grande lorsque la hauteur l'est *neuf fois* ; etc. D'où il résulte que si vous placez une ouverture à une profondeur 9 fois plus grande du réservoir, vous aurez une vitesse *trois fois* plus grande ; mais, avec cette vitesse, une force réelle 9 fois plus grande, ainsi que nous venons de le dire.

Les vitesses de l'eau au sortir d'un orifice sont donc proportionnelles aux racines carrées des hauteurs, comme le sont les vitesses des corps soumis à l'action libre de la pesanteur ; et celles dont l'eau est animée au moment de sa sortie sont sensiblement égales à celles que les corps peuvent acquérir en tombant librement de la hauteur à laquelle l'eau se trouve dans le réservoir.

La manière d'évaluer la vitesse de l'eau au moment de sa sortie de l'orifice étant bien déterminée par ce qui précède, cherchons quelle est la vitesse de son écoulement, en supposant pour le moment que rien ne l'altère dans le trajet.

Rappelons-nous qu'un corps tombé de 4^{m},9 de hauteur en une seconde, jouit, la pesanteur cessant d'agir sur lui, d'une vitesse uniforme de 9^{m},8 par seconde. Si donc l'eau d'un réservoir est constamment à 4^{m},9 au-dessus de l'orifice pendant l'écoulement, l'eau sortante aura une vitesse uniforme de 9^m,8 par seconde. La quantité d'eau sortie, dans chaque seconde, pourra donc être représentée par une colonne d'eau d'un diamètre égal à la section faite au point de contraction, et de 9^m,8 de longueur : car 9^m,8 sont précisément l'espace parcouru par une suite de molécules contiguës, animées d'une vitesse capable de le leur faire parcourir.

D'après cela, la vitesse de l'écoulement est facile à déterminer, quelle que soit la hauteur du réservoir : et en effet comme les vitesses sont proportionnelles aux racines carrées des hauteurs, on dira : *la racine carrée de la hauteur de laquelle un corps tombe pendant une seconde, ou de 4^m,9, est à la racine carrée de la hauteur du réservoir que l'on a en vue, comme 9^m,8, vitesse uniforme au bout d'une seconde, est à la vitesse cherchée, qui résulte de la hauteur de l'eau dans ce réservoir.*

Ou bien, les vitesses étant comme les racines carrées des hauteurs, les carrés des vitesses seront comme les hauteurs; l'on pourra donc dire aussi : 4^m,9 *sont à la hauteur de l'eau dans le réservoir donné, comme 9604, carré de 98 décimètres, est au carré de la vitesse cherchée.*

Ainsi, si l'on veut savoir quelle sera la vitesse de l'écoulement de l'eau sortant par une ouverture quelconque d'un réservoir contenant constamment 6 mètres ou 60 décimètres de hauteur d'eau, nous dirons 49 décimètres : 60 décimètres : : 9604, carré de la vitesse donnée : 11760, carré de la vitesse cherchée, ce qui donne 108$^{déc.}$,443, par seconde. On procédera de la même manière pour toutes les hauteurs (1). Mais il ne faut pas ou-

---

(1) La formule suivante rend la solution de ces sortes de questions très-facile :

blier qu'on a supposé que la vitesse de l'eau n'était point al-térée dans son trajet : c'est une considération à laquelle nous aurons égard dans le chapitre suivant.

Puisque nous avons trouvé la vitesse de l'écoulement, que nous ne connaissions pas, au moyen de la hauteur de la charge d'eau dans le réservoir, que nous connaissions, nous pouvons de même trouver une hauteur de charge que nous ne connaîtrions pas, si nous connaissions la vitesse de l'écoulement, par des moyens dont il sera question plus loin. Il suffit de renverser la proportion ci-dessus, et dire : *le carré de la vitesse de* $9^m,8$ *est au carré de la vitesse que l'on connaît, comme la hauteur* $4^m,9$ *est à la hauteur qu'on veut trouver au moyen de la vitesse connue de l'écoulement* (1). En un mot, pour trouver la *hauteur due à une vitesse*, il faut diviser le carré de la vitesse exprimée en décimètres, par 196 décimètres; le quotient donnera la hauteur, aussi exprimée en décimètres. Nous reviendrons sur cette mesure en parlant des eaux courantes, aux-quelles on peut l'appliquer.

Nous avons supposé jusqu'à présent que l'orifice était prati-qué au fond du réservoir; s'il l'était à la paroi, la vitesse de l'é-coulement se déterminerait de la même manière; mais il faut avoir l'attention de ne prendre la hauteur de l'eau que depuis le centre de l'orifice de sortie jusqu'à son niveau, les orifices étant circulaires ou carrés. S'ils représentaient des carrés longs

---

V représentant la vitesse ; g l'effet de l'action de la gravité, au bout d'une se-conde, équivalant à 9,8 ; H la hauteur : on a $V = \sqrt{2gH}$ ou $V^2 = 2gH$. D'où il résulte qu'on a la vitesse cherchée en multipliant la hauteur de la charge par 196 décimètres, et en prenant la racine carrée de ce produit. V et g sont exprimés en décimètres.

(1) On déduit de la précédente formule : $H = \dfrac{V^2}{2g}$.

dont les petits côtés seraient en haut et en bas, il faudrait déterminer la vitesse qui résulterait d'abord de la hauteur prise depuis la partie supérieure de cette fente verticale rectangulaire jusqu'au niveau de l'eau, et ensuite celle que donnerait la hauteur prise depuis la partie inférieure de cette fente jusqu'au niveau de l'eau, ajouter ces deux vitesses, et prendre la moitié de leur somme : ce qui donne la vitesse moyenne de tous les points de l'ouverture rectangulaire, allongée dans le sens vertical, comme nous l'avons supposé.

On voit, d'après ce qui précède, que la quantité d'eau qui sort d'un réservoir, en un certain temps, dépend et de la hauteur de la charge et de la grandeur de l'ouverture ; qu'ainsi ces trois choses, dépense d'eau, hauteur de réservoir, grandeur de l'ouverture, sont entre elles dans des relations nécessaires ; et que de ces trois choses, deux étant connues, il est toujours possible de déterminer l'autre.

Supposons qu'on ait un réservoir dont la charge d'eau soit de $4^m,9$ au-dessus du centre d'un orifice de 4 centimètres de diamètre : la vitesse uniforme de l'eau sera, à la sortie, de $9^m,8$ par seconde, c'est-à-dire qu'en une seconde une colonne liquide de $9^m,8$ sortira du réservoir. Si nous multiplions ce nombre par l'aire de l'orifice, qui est de $12\frac{4}{7}$ centimètres carrés, nous aurons 12320 centimètres cubes pour la masse d'eau écoulée en une seconde, sauf les corrections à faire pour la contraction de la veine, comme nous l'indiquerons plus loin. Le produit, dans tous les cas semblables, et selon les nombres donnés, représentera ou en mètres, ou en décimètres, ou en centimètres cubes, la dépense d'eau fournie par le réservoir ; et en poids correspondans, 1000 kilogrammes par mètre cube, un kilogramme par décimètre cube, et un gramme par centimètre cube. C'est ainsi que connaissant la hauteur de la charge, et la grandeur de l'orifice, on arrive à la connaissance de la quantité d'eau écoulée en un certain temps.

Supposons maintenant qu'on connaisse la hauteur de la charge et la vitesse, mais non l'ouverture. Il est évident qu'on la trouvera en divisant la dépense par la vitesse; ainsi, en divisant 12320 centimètres cubes, dépense trouvée dans l'exemple précédent, par la vitesse 980, nous aurons $12 \frac{4}{7}$ centimètres carrés pour l'ouverture.

D'où il résulte que pour trouver la grandeur qu'on doit donner à un orifice, sous une hauteur de charge déterminée, afin d'avoir une certaine dépense d'eau dans un certain temps, il faut diviser la dépense donnée par la vitesse qui résulte de la charge aussi donnée : le quotient exprime l'aire de l'ouverture qu'on cherche. Ainsi, l'orifice devant être percé à 49 décimètres au-dessous du niveau de l'eau, la dépense devant être de 12320 centimètres cubes par seconde, et la vitesse résultant de cette hauteur de charge étant de 980 centimètres en une seconde, on divisera 12320 centimètres par 980, et l'on aura, comme ci-dessus, $12 \frac{4}{7}$ centimètres carrés pour l'aire de l'orifice qu'on cherche.

Supposons enfin qu'on connaisse et la dépense d'eau fournie par un réservoir et la grandeur de l'orifice, et qu'on veuille connaître la hauteur de la charge qui la donne : en prenant, par exemple, les mêmes nombres encore que précédemment, on ne connaît, par supposition, que la dépense de 12320 centimètres cubes en une seconde, et l'aire de l'orifice de $12 \frac{4}{7}$ centimètres carrés, et l'on veut avoir la hauteur de la charge : on divisera la dépense 12320 par $12 \frac{4}{7}$, l'aire de l'orifice, et l'on aura 980 centim., qui est la vitesse produite par la charge : or, nous savons que pour trouver une charge *due* à la vitesse, il faut diviser le carré de cette vitesse par le double de l'action de la pesanteur au bout d'une seconde, c'est-à-dire ici, par 1960, et nous trouverons 490 centimètres pour la hauteur de la charge.

Cette manière de mesurer les quantités d'eau fournies par un réservoir, et par une petite ouverture quelconque, ne donne pas des résultats confirmés par l'expérience : il faut, pour mettre d'accord ce mode d'évaluation avec celle-là, avoir égard à la contraction de la veine ; ce qui est d'autant plus facile que l'expérience nous a donné le rapport assez exact qui existe entre la surface de la section de la veine contractée et la surface réelle de l'ouverture : nous savons que, par une mince paroi, l'aire de cette section est à l'aire de l'orifice comme 5 est à 8, et par un bout de tuyau additionnel, comme 13 est à 16. Dès lors, lorsqu'on a trouvé les dépenses par la méthode ci-dessus, il faut en prendre les cinq huitièmes si l'écoulement a lieu par un orifice percé dans une mince paroi, et les treize seizièmes s'il a lieu par un bout de tuyau additionnel. Cette réduction donnera assez exactement la dépense qu'on trouverait par une expérience directe.

Il peut cependant arriver que la dépense *effective* soit de $\frac{1}{80}$ à $\frac{1}{100}$ plus petite que celle que donne le calcul avec la réduction dont nous avons parlé, parce que la contraction de la veine est peut-être un peu plus forte que Bossut ne l'a trouvée dans ses expériences. Cette source d'erreur est, au reste, de peu d'importance dans les cas qui nous occupent.

Concluons de ce qui précède qu'en comparant entre elles les quantités d'eau fournies par différens réservoirs, 1°. *à hauteurs égales, les dépenses sont comme les ouvertures ou comme les carrés des diamètres de ces ouvertures.*

2°. *A égalité d'ouverture, les dépenses sont comme les racines carrées des hauteurs.*

3°. Enfin, *sous des charges et avec des ouvertures diffé-*

rentes, les dépenses sont comme les carrés des diamètres des ouvertures, multipliés par les racines carrées des hauteurs d'eau dans les réservoirs que l'on compare.

Pour terminer ce chapitre, nous croyons utile de donner, d'après Bossut, le tableau suivant des quantités d'eau fournies par différentes charges, et par un orifice, 1°. de 1 *pouce* de diamètre percé dans une mince paroi; 2°. par un tuyau de même diamètre et de 2 *pouces* de longueur. La seconde colonne présente, par la comparaison, les quantités trouvées par le calcul seul, sans aucune réduction. Les nombres des autres colonnes ont été déterminés par des expériences directes.

L'usage de cette table est très-facile : lorsqu'on a à évaluer des dépenses d'eau sous des charges de 1 à 15 *pieds,* par des ouvertures de 1 *pouce* de diamètre, ou par de petits tuyaux de même diamètre ; il suffit de prendre la dépense *effective* correspondante à la charge donnée.

Mais si les charges étaient différentes; si les ouvertures n'étaient pas les mêmes, sans être pourtant au-dessus de la vingtième partie de la section horizontale du réservoir, voici comment il faudrait s'y prendre : on déterminera d'abord la dépense par le calcul, *sans réduction,* d'après la hauteur de la charge et la grandeur de l'ouverture; on cherchera ensuite dans la table le cas le plus approchant de celui où l'on est; on déterminera le rapport qu'il y a entre la dépense trouvée par le calcul et la dépense effective correspondante que porte le tableau. Ce rapport servira à déterminer la dépense effective qu'on cherche, par la dépense trouvée par le calcul. Dans le cas d'une grande hauteur de charge, il suffit de diminuer la dépense trouvée par le calcul, dans le rapport de 81 à 50 pour avoir, avec assez d'exactitude, la dépense effective.

HAUTEUR CONSTANTE de l'eau au-dessus de l'orifice.		QUANTITÉS d'eau dépensée en une minute, par un orifice de 0,027 mèt. (1 *pouce*) d'après le calcul sans réduction pour la contraction.		QUANTITÉS d'eau dépensée dans le même temps par le même orifice, déterminées par l'expérience.		QUANTITÉS d'eau dépensée par un tuyau cylindrique de 0,027 mèt. (1 *pouces*) de diamètre sur 0,054 mèt. (2 *pouces*) de longueur, déterminées par l'expérience.	
pieds.	mètres.	po. cub.	centimèt. cub.	po. cub.	centimèt. cub.	po. cub.	centimèt. cub.
1	0,325	4381	86903,156	2722	53994,611	3589	71192,748
2	0,650	6196	122906,176	3846	76290,696	5002	99221,545
3	0,975	7589	150538,345	4710	93429,324	6126	121516,993
4	1,299	8763	173826,149	5436	107830,531	7070	140243,167
5	1,624	9797	194336,961	6075	120505,975	7900	156707,358
6	1,949	10732	212883,971	6654	131991,235	8654	171663,984
7	2,275	11592	229943,253	7183	142484,678	9340	185271,737
8	2,598	12392	245812,853	7672	152184,665	9975	197867,835
9	2,924	13144	260729,305	8135	161368,906	10579	209849,005
10	3,249	13855	274832,968	8574	170077,074	11151	221195,511
11	3,574	14530	286322,520	8990	178329,007	11693	231946,727
12	3,899	15180	301116,164	9384	186144,537	12205	242102,950
13	4,224	15797	313355,008	9764	193682,359	12699	251902,119
14	4,549	16393	325177,686	10130	200942,473	13177	261383,906
15	4,874	16968	336603,601	10472	207726,513	13620	270171,419

CHAPITRE XIX.

Suite de l'eau comme moteur : De l'écoulement de l'eau par des tuyaux de conduite.

LORSQUE l'eau sort par un orifice percé dans une mince paroi, ou par un bout de tuyau de 7 à 8 centimètres de longueur, elle jouit d'une vitesse *due* à la hauteur de sa charge dans le réservoir, et aucune circonstance n'altère ici sensiblement cet élément de la puissance mécanique.

Il n'en est pas ainsi lorsque, voulant amener l'eau d'un endroit éloigné à un point où l'on en a besoin, ou comme moteur, ou pour quelqu'autre service, on la conduit par des tuyaux de bois, de plomb, de fer, ou de grès, rectilignes ou sinueux et de différens diamètres; la puissance mécanique diminue plus

I.

ou moins de son intensité dans le trajet, et par l'altération que subit la vitesse naturelle de l'eau, prise au sortir du réservoir, et par celle qu'éprouve la quantité d'eau qui sortirait dans un temps donné, par une ouverture pratiquée au réservoir, et de même diamètre que le tuyau de conduite quel qu'il soit.

Cette diminution de vitesse et par conséquent de puissance semble venir en grande partie du frottement de l'eau contre les parois du tuyau. Il est inévitable, quand bien même l'on se servirait de tuyaux parfaitement polis intérieurement ; il est inévitable, quelle que soit la matière employée à la confection des tuyaux.

Le frottement augmente à raison de la longueur de la conduite, et par conséquent à raison de l'étendue des surfaces sur lesquelles l'eau glisse. Il augmente aussi en raison inverse du diamètre des tuyaux de conduite.

Si le tuyau de conduite est rectiligne et horizontal, la vitesse de l'eau diminue à mesure qu'elle chemine dans ce tuyau ; et l'on conçoit que la longueur de celui-ci peut être telle que l'eau ne sorte que goutte à goutte : c'est ce que l'expérience a souvent montré.

Si le tuyau est incliné, l'écoulement se fera mieux ; mais la vitesse de l'eau, évaluée à sa sortie immédiate d'un réservoir, dont la hauteur serait prise depuis le niveau de l'eau jusqu'à l'extrémité du tuyau de conduite, serait également ralentie ; de sorte que, quoi qu'on fasse, il y a des pertes de puissance mécanique à essuyer ; il y a des réductions à faire dans les quantités d'eau écoulées d'un réservoir par un simple orifice ou par un bout de tuyau ; lorsqu'avec les mêmes ouvertures, on emploie de longs tuyaux pour la conduire et en diriger l'écoulement.

Nous allons voir en rapportant les expériences de Bossut, jusqu'où se porte l'influence du frottement dans le passage de l'eau, dans des tuyaux de conduite, rectilignes et horizontaux.

Le tableau suivant montre ces résultats pour des tuyaux de diverses longueurs et de deux diamètres différens, sous deux charges différentes ; une des colonnes donne aussi quelques exemples de dépenses d'eau, par des bouts de tuyau, dans les mêmes circonstances, c'est-à-dire sous les mêmes charges et avec des ouvertures égales.

HAUTEUR constante de l'eau du réservoir au-dessus de l'axe du tuyau.	LONGUEUR du tuyau de conduite.		QUANTITÉS d'eau fournies en une minute par un tuyau de 16 lignes (0,036 m.) de diamètre.		EXEMPLES des quantités fournies par un bout de tuyau dans les mêmes circonstances que dans la 3e. colon. ci-contre.		QUANTITÉS d'eau fournies en une minute par un tuyau de 0,054 mèt. (2 pouces) de diamètre.		EXEMPLES des quantités d'eau fournies par un bout de tuyau dans les mêmes circonstances que dans la colonne ci-contre.	
pie.	pieds	mètres.								
1 0,325	30	9,745	2778	55105,448			7680	152343,556		
1	60	19,490	1957	38919,785			5564	110369,586		
1	90	29,235	1587	29480,327	6330	125564,260	4534	89938,121	14243	267791,055
1	120	38,981	1351	26898,942			3944	78234,660		
1	150	48,726	1778	23367,249			3486	69149,601		
1	180	58,471	1052	20867,866			3119	65936,927		
2 0,650	30		4066	80654,698			11219	222544,285		
2	60		2888	57287,449			8190	162459,907		
2	90		2352	46655,153	8939	177317,351	6812	135125,383	20112	398949,163
2	120		2011	39890,949			5885	116737,064		
2	150		1762	34951,690			5232	103783,911		
2	180		1583	31400,981			4710	93429,324		

Ce tableau d'expériences donne lieu aux remarques suivantes :

1°. Les quantités d'eau fournies par un tuyau de conduite sont beaucoup plus petites, que celles qu'on obtient par un bout de tuyau du même diamètre, dans le même temps, et sous la même charge d'eau.

2°. La quantité d'eau fournie par un tuyau de conduite de

3o *pieds* de longueur, de 2 *pouces* de diamètre et sous une charge de 1 *pied*, est de 7680 *pouces cubes;* tandis que la dépense par un bout de tuyau, dans les mêmes circonstances est de 14243 *pouces cubes;* ce qui montre que cette longueur de tuyau de conduite diminue à peu près de moitié la dépense qui aurait lieu à la sortie immédiate du réservoir par un bout de tuyau.

3°. En comparant les quantités produites par un tuyau de conduite de 16 *lignes* de diamètre, avec celles produites avec un tuyau de 2 *pouces*, nous voyons que le grand diamètre fournit plus à proportion que le petit.

4°. En comparant les dépenses par les tuyaux de conduite, sous une charge d'eau de 2 *pieds* avec celles d'un bout de tuyau dans les mêmes circonstances, nous voyons qu'il n'y a pas autant de diminution dans la dépense que sous la charge *d'un pied;* d'où il suit qu'un même tuyau donne d'autant plus à proportion, que la charge d'eau est plus grande dans le réservoir.

Nous pouvons conclure de ces expériences et des remarques auxquelles elles ont donné lieu, qu'il paraît impossible de donner des règles pour évaluer, d'une manière rigoureuse, la dépense faite par un tuyau de conduite, dans des circonstances quelconques données. Cependant il est permis de croire, d'après ces expériences, qu'on ne commettrait pas de grandes erreurs, en se servant de la règle suivante, donnée par Bossut, savoir : *que les dépenses faites, en temps égaux, par un même tuyau horizontal, sous une même hauteur de réservoir, et pour différentes longueurs, sont entre elles en raison inverse des racines carrées de ces longueurs.*

Supposons, pour indiquer la manière d'appliquer cette règle, en ayant égard aux remarques précédentes, que nous voulons savoir la quantité d'eau que fournira un réservoir contenant de l'eau à *un pied* de hauteur, au-dessus de l'axe d'un tuyau horizontal de 144 *pieds* de longueur et de 2 pouces de diamètre.

Si nous ne voulons pas recourir aux nombres du tableau, rappelons-nous qu'avec un tuyau de 30 *pieds* de longueur, la dépense est la moitié de celle qui aurait lieu par un bout de tuyau du même diamètre, et sous la même charge. Cherchons donc cette dernière par les règles des deux chapitres précédens, nous trouverons qu'en une minute le bout du tuyau nous donnera 14243 *pouces cubes*, et qu'un tuyau semblable, mais de 30 pieds de longueur, nous donnera en nombre rond 7122 *pouces cubes*, ce qui est, à un quinzième près environ, le nombre fourni par l'expérience rapportée dans le tableau.

Maintenant, d'après la règle, les dépenses sont en raison inverse des racines carrées des longueurs, et nous aurons : la dépense de 7122 *pouces cubes* est à celle que nous cherchons pour le tuyau de 144 pieds comme la racine carrée de 144 est à la racine carrée de 30, en renversant les deux termes, comme la règle le prescrit.

En exécutant l'opération nous trouverons que la dépense par un tuyau de 144 *pieds*, dans les circonstances ci-dessus, sera de 3264 *pouces cubes* d'eau en une minute; ce qui semble ne pas s'éloigner beaucoup des résultats de l'expérience directe.

Si le diamètre du tuyau de conduite, qu'on se proposerait d'employer, était plus petit, la dépense, proportion gardée, serait un peu plus faible; et si la hauteur du réservoir était plus grande, la dépense serait un peu plus grande que le calcul ne le donnerait. Il faut ici se contenter d'*à peu près*, et en général il vaut toujours mieux évaluer trop bas que trop haut.

Bossut a remarqué qu'avec deux tuyaux de conduite horizontaux de 180 *pieds* de longueur, chacun, l'un de 16 *lignes* et l'autre de 2 *pouces* de diamètre, sous une charge de 16 *li-*

gnes au-dessus de l'axe de chacun d'eux, la sortie de l'eau à l'extrémité de ces tuyaux n'avait lieu que goutte à goutte : il faut donc, suivant le même auteur, incliner le tuyau d'au moins un *tiers de ligne* par *toise* pour obtenir un filet continu d'écoulement. Une plus grande hauteur de charge, ou un volume d'eau considérable, comme celui d'une rivière, peuvent jusqu'à un certain point suppléer à l'inclinaison du tuyau de conduite.

Dans cet exemple, le frottement est tel que, presque toute la vitesse de l'eau s'anéantit, puisque l'écoulement est presque nul.

En inclinant un tuyau de conduite, l'eau s'y trouve soumise à l'action de la pesanteur relative, qui l'entraîne et répare plus ou moins la perte de mouvement occasionée par les frottemens, selon que le tuyau est plus ou moins incliné.

Bossut a fait les expériences suivantes sur les quantités d'eau fournies par un tuyau incliné.

Le tuyau avait 16 *lignes* de diamètre; il était divisé en trois parties égales, chacune de 59 *pieds ;* ainsi la première partie était de 59 *pieds ;* la première et la seconde de 118 et les trois ensemble formaient 177 *pieds.* Ce tuyau représentait par son inclinaison, l'hypothénuse d'un triangle rectangle, laquelle était à la hauteur du triangle comme 2124 est à 241, la charge d'eau au-dessus du centre de l'orifice, ajusté au réservoir, était de 10 *pouces.*

1°. A 177 pieds du réservoir on obtenait 5795 *pouces cubes* d'eau en une minute.

2°. A 118 *pieds* du réservoir, 5801 *pouces cubes*, en une minute.

3°. A 59 *pieds*, 5808 *pouces cubes* en une minute.

Ces expériences font voir qu'à mesure que le tuyau devient

plus grand, la dépense diminue et que celle-ci ne suit plus la raison des racines carrées des hauteurs, par l'altération que le mouvement de l'eau éprouve dans le tuyau. Ceci est si vrai que si l'on avait appliqué à ce même réservoir un bout de tuyau, au lieu d'un tuyau de conduite, on aurait obtenu 5779 *pouces cubes* d'eau en une minute, par la pression seule de la charge de 10 *pouces* ; et il faut remarquer qu'avec le tuyau incliné, la hauteur de cette charge croît à mesure qu'on approche de l'extrémité du tuyau, par laquelle l'eau sort; cependant malgré cette différence de hauteur de charge en faveur du tuyau incliné, la dépense d'eau qu'il fournit ne dépasse guère celle du bout de tuyau additionnel.

Si la pente du tuyau ci-dessus était un peu moindre, qu'elle fût, suivant Bossut, la huitième ou la neuvième partie de la longueur du tuyau, la dépense serait à peu près égale à celle qui aurait lieu par un bout de tuyau additionnel de 2 *pouces* environ de longueur : la perte que subit le mouvement de l'eau dans le tuyau de conduite se trouve ainsi à peu près compensée par cette pente.

Au surplus, c'est toujours à l'expérience qu'il faudra recourir pour connaître la dépense d'eau fournie par un tuyau de conduite, lorsqu'on se trouvera dans des circonstances trop éloignées de celles dans lesquelles les expériences que nous venons de rapporter ont été faites : l'altération du mouvement de l'eau dans les tuyaux de conduite, même rectilignes, ne paraît pas s'offrir à l'observateur sous une loi de variations qu'il soit possible de saisir et de suivre.

Cette altération de mouvement est encore plus grande dans les tuyaux curvilignes, que dans les rectilignes.

Nous allons rapporter les expériences que Bossut a faites dans le dessein d'établir la comparaison entre les quantités d'eau fournies dans les mêmes circonstances, avec ces deux espèces de tuyaux de conduite.

D'abord il s'est servi d'un tuyau rectiligne et horizontal , bien calibré, de 50 *pieds* de longueur et de 1 *pouce* de diamètre :

1°. Sous une charge constante de 4 *pouces* au - dessus de l'axe de ce tuyau de conduite, on a obtenu 576 *pouces cubes* d'eau en une minute.

2°. Sous une charge constante de 1 *pied* au-dessus de l'axe du même tuyau , toujours placé horizontalement, on a obtenu 1050 *pouces cubes* d'eau en une minute.

Il a ensuite courbé ce tuyau en plusieurs *ondes,* ou *coudes* alternatifs, avec lequel il a opéré de la manière suivante :

1°. Il a placé ce tuyau de manière que les coudes fussent dans un plan horizontal, et que le centre de l'orifice d'entrée fût dans la même direction horizontale que le centre de l'orifice de sortie; on a obtenu, avec une charge constante de 4 *pouces* au-dessus du centre de l'orifice, 540 *pouces cubes* d'eau en une minute.

2°. Sous une charge de 1 *pied,* le tuyau étant dans la même position, on a obtenu 1030 *pouces cubes* d'eau environ en une minute.

3°. Le tuyau curviligne a été placé de manière que les coudes étaient, dans la verticale, au-dessous des centres des orifices d'entrée et de sortie; c'est-à-dire que ces coudes étaient au-dessous de la ligne qu'on aurait pu tracer d'un centre à l'autre; on a obtenu, sous une charge de 4 *pouces* , 520 *pouces cubes* d'eau en une minute.

4°. Enfin sous une charge d'eau de 1 *pied,* avec le tuyau placé comme dans l'expérience précédente, on a obtenu 1028 *pouces cubes* d'eau en une minute.

Il résulte de ces expériences : 1°. qu'il y a moins de perte à proportion, ainsi que nous l'avons déjà dit plus haut, lorsque la hauteur du réservoir est plus grande, que lorsqu'elle est plus petite; c'est ce que montrent ces deux expériences faites avec le tuyau rectiligne.

2°. Que la dépense est plus diminuée par les tuyaux curvilignes que par les rectilignes. Le frottement doit être cependant à peu près le même dans les deux cas; mais le mouvement de l'eau se ralentit, dans le trajet sinueux que l'eau est obligée de faire, par les chocs successifs qui ont lieu contre les différens coudes du tuyau.

3°. Enfin, qu'il y a un peu plus de perte de mouvement par le tuyau dont les sinuosités sont verticales que par celui dont les sinuosités sont horizontales; d'où il suit, comme l'observe avec raison l'auteur de ces expériences, que si l'on avait à conduire de l'eau d'un point à un autre point, entre lesquels se trouverait une montagne, il vaudrait mieux faire tourner le tuyau de conduite autour de la montagne, par des coudes horizontaux, que de remonter la pente de la montagne avec le tuyau, si toutefois le développement de la conduite n'était pas beaucoup plus grand dans un cas que dans un autre.

Un phénomène important se présente dans la conduite des eaux par des pentes et des contre-pentes : l'air se cantonne dans les coudes supérieurs de la conduite, et s'opposerait à l'écoulement de l'eau, si on n'avait pas la précaution de lui ménager une issue. Ce phénomène a lieu dans la troisième expérience rapportée plus haut : lorsque les sinuosités du tuyau furent placées dans le plan vertical, l'air se logea au sommet des coudes, et l'écoulement ne commença que quand on eût pratiqué de petites ouvertures à la partie supérieure des coudes, par lesquelles l'air pouvait s'échapper.

Ordinairement on soude, au sommet de chaque coude d'une

conduite, des petits tuyaux de plomb de 25 à 26 centimètres de hauteur, et à l'orifice supérieur desquels on ajuste une soupape qui s'ouvre de dedans en dehors ; elle est assez lourde pour rester ouverte, tant que l'eau ne vient pas la fermer en s'élevant dans le petit tuyau, ce qui arrive, lorsque l'air s'est échappé. On emploie aussi des robinets qu'on tient ouverts jusqu'à ce que l'écoulement soit bien établi.

Couplet cite, au sujet de cet effet de l'air dans les tuyaux de conduite (Voyez *Mémoires de l'Académie*, pour l'année 1732, page 113), une expérience curieuse qu'il a faite « sur une con-
» duite de plomb de 8 *pouces* de diamètre et de 1900 *toises* de
» longueur qui amène les eaux de Roquencourt au château de
» Versailles, dans les réservoirs du dessous de la rampe de la
» chapelle, sous une pente ou charge d'eau de 2 *pieds* 6 *pouces*.
» Cette conduite n'a jamais fourni, par sa gueule-bée, que 22
» ou 23 *pouces* d'eau (l'équivalent de 14080 à 14720 *pouces*
» *cubes*), d'environ 30 qui se présentent à son embouchure.
» Lorsqu'on lâchait autrefois l'eau à l'embouchure de cette con-
» duite, il se passait environ 10 *jours* avant qu'ile n sortît une
» goutte à son bout de sortie ; et cela parce que le long de cette
» conduite, il y avait beaucoup de coudes élevés, dans lesquels
» l'air se cantonnait, et d'où il ne sortait qu'avec beaucoup de
» peine. C'est pour cela qu'on prit le parti d'adoucir quelques
» coudes et de mettre des ventouses (*bouts de tuyau à sou-*
» *papes*) aux endroits les plus élevés ; et alors au bout de 12
» *heures*, on vit sortir quelques filets d'eau, au lieu de 10 à
» 12 *jours* qu'il fallait auparavant ; et 5 *à* 6 *heures* après il
» sortit 22 à 23 *pouces* d'eau, qui est toute la quantité qu'on
» peut avoir par cette conduite. Dans cet intervalle de 5 *à* 6
» *heures* qu'on attendit avant d'avoir l'écoulement dans sa plé-
» nitude, il sortit des bouffées de vent, des flocons d'air et

» d'eau, et des filets d'eau, qui tantôt coulaient et tantôt ne
» coulaient plus. »

Tout ce qui précède sur l'écoulement de l'eau par des tuyaux
de conduite de différentes longueurs et de différens diamètres,
rectilignes, ou recourbés en différens sens, montre clairement
que la manière d'évaluer les dépenses faites par un tuyau additionnel, dont nous avons parlé dans le chapitre précédent, ne
peut pas s'appliquer directement aux longues conduites par des
tuyaux : d'un côté le frottement, les résistances particulières
que l'eau y éprouve; de l'autre le choc de l'eau contre les coudes
et l'intervention de l'air dans tout le cours de l'eau dans la conduite, altèrent la dépense, avec tant de variations, que ce n'est
qu'après avoir rassemblé les résultats de plusieurs expériences
directes sur ce sujet, qu'il est possible d'établir *quelques rapports approximatifs* entre les dépenses évaluées, abstraction
faite des résistances, et les dépenses *effectives*.

Bossut a réuni, dans cette vue, les expériences de Couplet
aux siennes et a donné le tableau suivant :

DIAMÈTRES ET LONGUEURS des TUYAUX DE CONDUITE.	CHARGES D'EAU OU HAUTEURS des RÉSERVOIRS.				RAPPORT de la dépense effective à la dépense dépouillée de l'effet des résistances.
	pieds.	pouces.	lignes.	mètres.	
Tuyau de plomb rectiligne et horizontal de 0,027 (1 pouce) de diamètre et de 16^m,242 (50 pieds) de longueur.	0	4	0	0,108	$\frac{1}{3.55}$
	1	0	0	0,325	$\frac{1}{3.18}$
Même tuyau de conduite avec plusieurs sinuosités horizontales.	0	4	0	0,108	$\frac{1}{3.78}$
	1	0	0	0,325	$\frac{1}{3.43}$
Même tuyau, mêmes sinuosités mais ; celles-ci sont dans un plan vertical.	0	4	0	0,108	$\frac{1}{3.93}$
	1	0	0	0,325	$\frac{1}{3.44}$
Tuyau de fer-blanc rectiligne et horizontal de 0^m,036 (16 lignes) de diamètre et de 58^m,471 (180 pieds) de longueur.	1	0	0	0,325	$\frac{1}{6.01}$
	2	0	0	0,650	$\frac{1}{5.04}$
Tuyau de fer-blanc rectiligne de 0^m,054, (2 pouces) de diamètre et de 58^m,471 (180 pieds) de longueur.	1	0	0	0,325	$\frac{1}{4.57}$
	2	0	0	0,650	$\frac{1}{4.27}$
Tuyau de fer-blanc rectiligne de 0,^{m}036 (16 lignes) diamètre, de 57^m,497 (177 pieds) de longueur incliné sur une pente de $\frac{241}{2124}$ partie de sa longueur.	20	11	0	6,794	$\frac{1}{5}$
Même tuyau, mais n'ayant que 38^m,331 (118 pieds) de longueur.	13	4	8	4,350	$\frac{1}{4}$
Même tuyau, mais n'ayant que 19^m,165 (59 pieds) de longueur.	6	8	4	2,175	$\frac{1}{2.82}$
Tuyau presque entièrement de fer, de 0^m,108 (4 pouces) de diamètre et d'environ 578^m,864 (297 toises) de longueur avec plusieurs sinuosités horizontales et verticales.	0	9	0	0,244	$\frac{1}{28.5}$
	1	9	0	0,568	$\frac{1}{20.53}$
	2	7	0	0,839	$\frac{1}{25.79}$

DIAMÈTRES ET LONGUEURS des TUYAUX DE CONDUITE.	CHARGES D'EAU OU HAUTEURS des RÉSERVOIRS.				RAPPORT de la dépense effective à la dépense dépouillée de l'effet des résistances.
	pieds.	pouces.	lignes.	mètres.	
Tuyau presque entièrement de fer, de 0^m,162 (6 pouces) de diamètre et d'environ 555^m,475 (285 toises) de développement avec plusieurs sinuosités horizontales et verticales.	0	3	0	0,081	$\frac{1}{12.35}$
	0	5	3	0,142	$\frac{1}{11.37}$
Tuyau partie en grès, partie en plomb de 0^m,135 (5 pouces) de diamètre et d'environ 2280^m,372 (1170 toises) de longueur avec plusieurs sinuosités horizontales et verticales.	0	5	7	0,151	$\frac{1}{23.10}$
	0	11	4	0,307	$\frac{1}{20.98}$
	1	4	9	0,453	$\frac{1}{19.49}$
	1	9	1	0,571	$\frac{1}{18.78}$
	2	1	0	0,677	$\frac{1}{18.40}$
Tuyau de fer de 0^m,325 (1 pied) de diamètre, d'environ 1169^{m}422 (600 toises de longueur avec des sinuosités horizontales et verticales.	12	1	3	3,932	$\frac{1}{19.08}$
Tuyau de fer de 0^{m}487 (18 pouces) de diamètre et d'environ 1169^m,422 (600 toises) de longueur, avec plusieurs sinuosités horizontales et verticales.	12	1	3	3,932	$\frac{1}{6.05}$
Tuyau de fer de 0^m,487 (18 pouces) de diamètre et d'environ 1539^m,738 (790 toises) de longueur avec plusieurs sinuosités horizontales et verticales.	4	7	6	1,502	$\frac{1}{10.11}$
Tuyau de fer de 0^m,325 (1 pied) de diamètre et d'environ 4560^m,744 (2340 toises) avec plusieurs sinuosités horizontales et verticales.	20	3	0	6,578	$\frac{1}{19.34}$

Les résultats d'expérience, rapportés dans ce tableau, confirment pleinement ce que nous avons déjà dit sur l'influence de la hauteur de la charge, de la grandeur du diamètre du tuyau et de la longueur de la conduite, sur les dépenses d'eau.

Nous voyons aussi, par ces résultats, qu'il est impossible d'assigner la part que chacune de ces causes peut avoir dans l'altération de la dépense, et d'en déduire des règles applicables, d'*une manière précise,* à des cas dont les données s'éloigneraient de celles que le tableau présente.

Cependant il y a lieu d'en tirer des évaluations approximatives qui peuvent ordinairement suffire. Ce qui importe, lorsqu'on veut amener de l'eau pour un service quelconque, c'est de calculer au plus bas les quantités d'eau qu'on obtiendra de la conduite qu'on se propose d'établir, et les expériences de Bossut et de Couplet en donnent les moyens.

Il faut observer que, pour former ce tableau, on a calculé d'après les règles des chapitres précédens, les quantités d'eau que fournirait chacun des réservoirs dont il est question, en supposant qu'au lieu de longs tuyaux, on se fût servi de petits tuyaux additionnels de même diamètre et sous la même charge; on a comparé à ces dépenses, les dépenses réelles qu'ont données les expériences avec ces diverses conduites : les rapports qu'on a trouvés entre ces deux dépenses ont été notés à la troisième colonne. Ainsi où l'on voit $\frac{1}{5}$, $\frac{1}{6}$, etc., cela veut dire que la dépense, par les tuyaux de conduite qui correspondent, n'est que la cinquième ou la sixème partie de la dépense, que fourniraient des bouts de tuyaux additionnels du même diamètre et sous la même charge d'eau.

Dans tous les cas analogues à ceux qui sont rapportés dans le tableau, l'évaluation approximative de la dépense ne présentera aucune difficulté; et le diamètre à donner au tuyau de conduite pour amener une certaine quantité d'eau d'un point à un autre point plus bas sera de même très-facile à trouver ; seulement il faudra supposer la charge d'eau un peu plus petite qu'elle ne l'est réellement, et tenir le diamètre de la conduite un peu plus grand que le calcul ne le donnera. Voyez *pour l'établissement des fontaines dans une ville, l'art.* 16 *des Éclaircissemens et Développemens.*

Quant aux épaisseurs à donner aux tuyaux de conduite, eu égard à leur diamètre, pour les rendre propres à supporter l'effort de l'eau contre leurs parois, effort d'autant plus considérable qu'elle y trouve plus d'obstacles à son mouvement, le tableau suivant de Bossut, lequel est assez conforme à ce qui se pratique ordinairement pour les tuyaux de plomb et de fer, les détermine pour quelques cas.

| TUYAUX DE PLOMB. | | | | TUYAUX DE FER. | | | |
| DIAMÈTRES. | | ÉPAISSEURS. | | DIAMÈTRES. | | ÉPAISSEURS. | |
pouces.	mètres.	lignes.	mètres.	pouces.	mètres.	lignes.	mètres.
1	0,027	2 $\frac{1}{2}$	0,006	1	0,027	1	0,002
1 $\frac{1}{2}$	0,040	3	0,007	2	0,054	3	0,007
2	0,054	4	0,009	4	0,108	4	0,009
3	0,081	5	0,011	6	0,162	5	0,011
4 $\frac{1}{2}$	0,121	6	0,014	8	0,216	6	0,014
6	0,162	7	0,016	10	0,270	7	0,016
7	0,189	8	0,018	12	0,324	8	0,018

La pression de l'eau, contre les parois d'un tuyau de conduite, peut être assez aisément évaluée par la hauteur à laquelle l'eau s'élèverait dans un tuyau ajusté sur la paroi de la conduite. Elle s'y élèvera d'autant plus haut, que son mouvement sera plus ralenti et par le frottement, et par les chocs qu'elle éprouve, et enfin par la résistance de l'air. La pression serait égale à toute la hauteur du réservoir, si la vitesse de l'eau dans la conduite était nulle; la pression serait nulle, si le mouvement de l'eau dans le tuyau n'éprouvait aucune résistance; ce qui n'arrive jamais.

Terminons ce chapitre par un exemple :

Supposons qu'on ait un réservoir alimenté par plusieurs sources, et qu'on veuille amener toute l'eau que reçoit ce réservoir à un endroit plus bas éloigné de 150 mètres.

La première chose à faire sera de déterminer la quantité d'eau que le réservoir reçoit par minute : pour cela on pratiquera une ouverture à une des parois de ce réservoir, au-dessous de la surface de l'eau; on diminuera ou l'on augmentera cette ouverture jusqu'à ce qu'on voye que le niveau se conserve sensiblement, malgré l'écoulement; la quantité qui sortira sera dès lors celle même que le réservoir reçoit. Supposons que ce soit 120 mille centimètres cubes en une minute; ce sera donc cette dépense d'eau que la conduite devra faire à l'endroit désigné.

Supposons en outre qu'on prenne l'eau à un mètre au-dessous du niveau de l'eau dans le réservoir; il faudra chercher quelle est l'ouverture qui pourra laisser sortir 120000 centimètres cubes d'eau par minute. Nous trouvons, d'après le chapitre précédent, qu'un orifice de 27 millimètres, sous une charge de un mètre, donne en une minute, 93000 centimètres cubes; ainsi, pour trouver l'orifice qui fournirait 120000 centimètres cubes, rappelons-nous que les dépenses sont comme les carrés des diamètres des ouvertures ; on fera donc la proportion suivante : 93000 : 120000 ou 93 est à 120, comme 729 (carré de 27) est à 940, dont la racine carrée, qui est environ 31 millimètres, exprime le diamètre de l'ouverture nécessaire au passage de l'eau que le réservoir peut dépenser, sans que le niveau s'abaisse.

Voilà bien l'ouverture nécessaire pour un bout de tuyau additionnel, mais ce n'est pas encore celle qui convient pour un tuyau de conduite; car nous savons que, si ce dernier n'avait que 31 millimètres d'ouverture, le ralentissement du mouvement de l'eau dans la conduite n'excéderait pas ce que le réservoir peut fournir.

On sait, par expérience, qu'une conduite de 150 mètres dont l'orifice de sortie est de 3 mètres au-dessous de la *prise d'eau*, au réservoir, fournit tout au plus la sixième partie de celle que donnerait un bout de tuyau additionnel. Donc pour trouver l'augmentation qu'il faudra donner au diamètre du tuyau de conduite pour dépenser les quantités fournies par le réservoir, on dira : 1 est à 6, comme 940 est au carré du diamètre cherché, ou 5640; c'est-à-dire qu'il faudra donner au moins 75 millimètres, racine carrée de ce dernier nombre, pour que les 120000 centimètres cubes d'eau arrivent à la distance de 150 mètres du réservoir.

CHAPITRE XX.

Suite de l'eau comme moteur : De la conduite des eaux par des canaux ; quelques idées sur la construction de ces derniers.

Il ne sera question, dans ce chapitre, que de canaux artificiels qu'on dispose pour prendre l'eau d'un réservoir, au-dessous de son niveau; ou pour la dériver d'un étang alimenté par des sources, ou pour la dériver d'une rivière.

Ils sont ou découverts, ou recouverts d'une voûte qu'on a soin d'établir toujours à une certaine distance de la plus grande hauteur à laquelle l'eau puisse parvenir dans le canal. L'eau n'y touche donc, dans son mouvement que le fond et une partie des deux parois verticales, sans être gênée en aucune manière par la voûte, s'il y en a une, comme elle est gênée dans les tuyaux de conduite qui l'enveloppent immédiatement de toutes parts.

D'où il résulte que l'eau, en cheminant dans un canal, peut s'y élever sans obstacle, et obéir ainsi à la pression occasionée par l'affluence des eaux supérieures. Son mouvement, par cela même, est beaucoup moins altéré que dans les tuyaux de conduite ; et, lorsque quelques obstacles se présentent, elle s'élève, elle se gonfle par l'effet de la pression constante qu'elle reçoit des eaux supérieures, et prend ainsi d'elle-même la force nécessaire pour surmonter ces obstacles.

Aussi, lorsqu'on doit conduire l'eau à de très-grandes distances, est-on obligé de se servir de canaux ou d'aquéducs, au lieu de tuyaux de conduite, qui, par leur longueur, pourraient épuiser tout le mouvement de l'eau; à moins cependant que ces tuyaux ne fussent d'un diamètre tel, que dans la plus grande abondance d'eau, celle-ci n'y fût jamais qu'à une hauteur d'environ le demi-diamètre vertical des tuyaux : ils seraient alors des espèces de canaux circulaires, mais en général beaucoup plus dispendieux que les canaux en usage.

Il faut ajouter que les tuyaux de conduite s'incrustent à la longue, et que le passage de l'eau s'y trouve fort souvent obstrué. Or, il est difficile de savoir où il faut porter remède, si quelqu'accident survient dans l'intérieur de ces tuyaux. Il n'en est pas de même dans les canaux, et surtout dans les canaux découverts.

C'est ce qui explique peut-être le grand usage qu'en ont fait les Romains, et les principaux motifs de ces constructions immenses qu'ils ont consacrées à la conduite des eaux.

Si le frottement de l'eau, sur le fond et contre les parois d'un canal horizontal, était nul, sa surface supérieure serait horizontale et parallèle au fond de ce canal, et elle coulerait, sans altération de mouvement, d'un bout du canal à l'autre, quelle que fût la longueur de celui-ci. En outre le fond n'aurait à supporter que le poids de la masse d'eau qui le parcourt, et les parois n'éprouveraient aucune pression, parce que toute l'action se porterait sans obstacle dans la direction de l'écoulement.

Mais quelqu'attention qu'on ait, quelques précautions que l'on prenne dans la construction d'un canal, l'eau éprouve toujours plus ou moins de frottement contre le fond et contre les parois ; ce qui diminue la vitesse qu'elle a à son entrée dans le canal, et ce qui l'oblige à s'élever sur elle-même, et à produire quelquefois ces remous qu'on remarque dans les canaux horizontaux. On est sûr qu'à l'endroit de ces remous, il y a toujours quelqu'obstacle qui force l'eau à s'élever et à se replier, pour ainsi dire, en arrière.

Le fond, dans les endroits où l'eau s'élève, subit une plus grande pression, et les parois latérales en subissent une à leur tour.

Si le frottement fait soulever l'eau, il en diminue aussi la vitesse ; mais il est essentiel de remarquer qu'il ne diminue pas celle qu'elle a au sortir du réservoir, ou à l'embouchure du canal ; parce qu'ayant la liberté de se gonfler, elle prend plus de place en hauteur, et son ralentissement ne peut pas influer sur la vitesse des eaux à l'origine du canal.

Cela étant, il est évident que le frottement n'altère pas la dépense d'eau, comme dans les tuyaux de conduite, et qu'un canal, quelle qu'en soit la longueur, reçoit toujours et dépense dans un certain temps, toute la quantité d'eau que le réservoir peut en donner dans le même temps. De sorte que la quantité d'eau qui passe, à tous momens, par une portion quelconque du canal, est égale partout : différence très-remarquable entre la conduite des eaux par des tuyaux et par des canaux.

L'eau, à son entrée dans un canal horizontal adapté à un réservoir, éprouve une contraction de la première espèce, et sa vitesse n'a point de contraction ; c'est celle qui est *due* à la hauteur de l'eau du réservoir au-dessus de ce point. Mais immédiatement après ce point de contraction, la masse d'eau s'étend et remplit tout le canal ; la vitesse alors diminue nécessairement ; et pour évaluer *approximativement* cette vitesse, on pourra dire : la racine carrée de la hauteur *due* à cette vitesse de l'eau, supposée uniforme, est à la racine carrée de la hauteur réelle, comme la section du courant au point de la plus grande contraction, est à la section transversale du canal.

Il est rare qu'on établisse un canal horizontalement. On lui donne ordinairement une certaine pente. L'action de la pesanteur accélère alors le mouvement de l'eau ; elle en diminue bien la profondeur dans le canal, mais elle n'en augmente pas la dépense.

Comme la pente accélère le mouvement, et que le frottement le diminue, on a cherché à déterminer par des expériences, le degré d'inclinaison qu'il faudrait donner à un canal, pour que l'accélération de mouvement qui en résulterait, compensât le ralentissement occasioné par les frottemens : mais ceux-ci varient tellement et par la manière dont le canal est construit, et par les matières mêmes qu'on a employées dans sa construction, que cette question paraît insoluble d'*une manière générale*. On s'accorde cependant à reconnaître que, quand la pente est environ la dixième partie de la longueur du canal, la vitesse

de l'eau est à peu près la même que si le canal était horizontal ,
et que le frottement fût nul.

Il est nécessaire, soit pour des canaux, soit pour des aque-
ducs, de leur donner, d'une extrémité à l'autre, la pente la
plus uniforme possible : mais il est rarement avantageux de
donner à la pente du canal, le dixième de la longueur, comme
nous venons de le dire, et il ne l'est jamais, lorsqu'on veut se
servir de l'eau comme force motrice, du moins lorsqu'on veut
tirer de ce moteur tout le parti possible.

Lorsqu'on conduit les eaux d'une source, et qu'elles ne peuvent
refluer vers leur origine, l'inclinaison paraît ne devoir être,
en général, que de 27 millimètres par environ 200 mètres. Elle
suffit amplement pour l'écoulement. Mais si l'on dérive l'eau
d'une rivière, il faut, pour empêcher les eaux de refluer, du
canal vers la rivière, incliner le fond des 50 premiers mètres
d'environ 7 millimètres par mètre, et donner ensuite au reste du
canal la même inclinaison que ci-dessus, de 27 millimètres par
200 mètres.

Si l'on donnait au canal plus de pente qu'il n'est rigoureusement nécessaire pour l'écoulement facile des eaux, si, par
exemple, on donnait pour compenser le frottement par l'accélération , le dixième de la longueur, ou 10 mètres par 100 mètres, ou même le centième, de 1 mètre par 100 mètres, on voit
combien la chute de l'eau, au point où l'on voudrait la faire
servir de force motrice, serait diminuée. Nous verrons plus
loin combien ceci est important.

La pression de l'eau sur le fond d'un canal est proportionnelle à la hauteur de la masse d'eau qui coule; le fond est
comme un plan quelconque qui supporte une suite de poids,
qui se meuvent sur sa surface. Quant à la pression latérale, elle
n'a sensiblement lieu, comme nous l'avons déjà remarqué ci-

dessus, qu'au moment où l'eau, trouvant quelqu'obstacle, éprouve un ralentissement dans sa vitesse. Il suit de là que, pour connaître l'effort de pression que les parois d'un canal éprouvent, il suffira de faire une ouverture à une des parois du canal, bien perpendiculairement à la direction du courant ; la vitesse, qui aura lieu à la sortie de cette ouverture, donnera la mesure de cette pression ; et cette pression une fois connue, on saura quelle grandeur il faudra donner à une ouverture latérale pour obtenir, par dérivation, la quantité d'eau dont on pourra avoir besoin.

En revenant sur les phénomènes qui se montrent lorsque l'eau coule dans un canal, nous voyons que la vitesse de l'eau, à l'embouchure, est le résultat de la pression de celle que contient le réservoir, ou de la masse d'eau qu'on fait affluer dans le canal, par un moyen quelconque. Nous savons, par ce qui a été dit dans les chapitres précédens, comment évaluer cette pression, et la vitesse qui lui est *due*.

On a remarqué que cette vitesse restera à peu près la même sur toute la longueur du canal, si la pente est la dixième partie de cette longueur ; qu'elle s'accélérera, si la pente est plus grande ; enfin qu'elle diminuera à mesure que le canal s'approchera de la situation horizontale.

Mais il est aussi difficile d'établir, avec quelque précision, d'après une ou plusieurs expériences, le degré d'inclinaison qu'il faut donner pour compenser *rigoureusement* et dans tous les cas, les retardemens du frottement, qu'il l'est, d'après un certain nombre d'expériences, d'établir la vitesse que l'eau aura, sous telle charge, avec telle ouverture dans un canal quelconque et de toutes longueurs. On sait bien que la vitesse diminuera d'autant moins proportionnellement, que la charge sera plus grande, que le canal aura plus de profondeur, que l'affluence de l'eau y sera plus considérable ; mais de combien diminue-t-elle ? La règle ci-dessus ne peut donner qu'une légère approximation ; on ne peut le savoir, avec exactitude, que par une expérience directe sur un canal donné. Les frottemens, qui occasionent cette diminution, varient comme nous l'avons déjà dit, d'après la nature des matériaux employés, et même d'après le plus ou moins de soins qu'on a mis à égaliser le fond et les parois.

Ce qui nous importe le plus au reste, c'est de savoir que, quoique le frottement tende à arrêter le mouvement de l'eau à chaque instant, il doit toujours en passer la même quantité par chaque portion du canal : en effet, quand la vitesse diminue par le frottement, l'eau s'élève, et exerçant sur elle-même une pression plus grande, le mouvement qui lui est communiqué à l'embouchure, s'entretient, et le frottement est ordinairement surmonté.

L'écoulement de l'eau dans un canal a donc en général trois causes : la pression à l'embouchure ; la pression de celle qui coule en s'élevant, et enfin l'inclinaison du canal.

Le degré de pente, qu'il est le plus convenable sous tous les rapports de donner à un canal, est le point le plus difficile à décider, et sur lequel les différens auteurs qui ont écrit sur cette matière, ne sont point d'accord.

Si l'on donne très-peu de pente au canal, on pourra, à la vérité, obtenir une grande quantité d'eau, en donnant de grandes dimensions à ce canal, et n'avoir perdu qu'une petite quantité de chute à l'endroit où l'eau doit servir : mais outre qu'un canal de grandes dimensions est très-dispendieux, on perd beaucoup d'eau par les infiltrations et par l'évaporation qu'occasione la lenteur de son mouvement. A quoi il faut ajouter les accidens de la gelée qui saisit l'eau dans un mouvement lent.

Si les localités permettent de donner au canal une pente un peu rapide, on perd d'abord beaucoup de force, comme nous l'avons déjà dit, on l'épuise en partie contre les obstacles que l'eau rencontre dans le trajet ; elle la surmonte, mais en détériorant le canal, dont elle ronge les bords, et qu'elle couvre çà et là de déblais.

M. Muthuon, ingénieur des mines, dont nous extrayons ici les observations qu'il a publiées dans le Journal des Mines, a reconnu que l'eau parcourt 8 mètres par minute, dans un canal dont la pente est de 8 centimètres par 200 mètres, et qu'avec 27 millimètres de pente, l'eau n'avait pas le tiers de la vitesse de celle qui coulait avec une pente de 8 centimètres ; que son mouvement n'y était pas uniforme, et que l'eau qui était à 7 décimètres à l'embouchure du canal, semblait se perdre à une distance de 18 à 20 mille mètres.

Il croit donc qu'un canal ne doit guère avoir moins de 4 centimètres de pente par 100 mètres de longueur, ni guère plus de 6 à 7 centimètres. Avec une pente de 4 centimètres, et une largeur moyenne de 2 mètres, on a une bonne quantité d'eau. Au-delà de 7 centimètres de pente, les bords du canal sont dégradés, et il se fait des ensablemens : mais comme les dépôts sont moins nuisibles que la gelée, puisqu'on peut les enlever, à mesure qu'ils se forment, on doit donner plus de pente dans les pays froids.

D'autres observations pratiques portent à croire que 2 centimètres de pente par 200 mètres suffisent pour des canaux de 7 à 800 mètres de longueur sous une charge d'eau un peu forte.

Quand on a déterminé la pente à donner au canal qu'on veut construire, on le trace après le nivellement, en commençant par l'endroit où il doit aboutir, et l'on va en remontant jusqu'au ruisseau ou à la rivière dont on veut prendre les eaux.

L'on peut en entreprendre le creusement dans plusieurs endroits à la fois, et employer par conséquent un grand nombre d'ouvriers, sans qu'il y ait de la confusion : il convient de diviser ces ouvriers par escouades de dix à douze; et d'enlever en même temps toute la surface à prendre, afin que le travail se fasse vite et bien.

Pour reconnaître facilement ce qui est à exclure sur les petites éminences qui peuvent se présenter, on fait un cadre en forme de trapèze dont le petit côté représente la largeur du fond du canal, et dont les deux montans portent une échelle, marquant les différentes largeurs correspondantes à chaque hauteur.

Les dimensions du canal, une fois adoptées, il faut les suivre avec exactitude. Il faut donner partout la même voie à l'eau, pour que son écoulement ne se trouve arrêté sur aucun point ; il faut aussi donner aux bords une pente de 45 degrés pour éviter l'éboulement des terres.

Il est essentiel d'observer journellement la nature des différens terrains que l'on traverse : les endroits qui sont argileux n'ont besoin que d'être raffermis, en battant le fond et les parois du canal. Ceux, où l'argile est mêlée avec des pierres, ont plus de solidité, et l'on peut se dispenser de les battre pour les raffermir.

Les terres sablonneuses et argileuses ne laissent pas passer l'eau, quand même le sable y serait en assez grande proportion ; mais comme elles ne sont point solides, il faut incliner davantage les bords du canal, ou les couvrir de pierres sur le devant.

Dans les passages bourbeux ou tourbeux, il convient de

jeter sur le fond du canal une couche de gravier, qu'on bat avec force, et d'en garnir les bords avec des pierres longues.

Les endroits rocailleux et ouverts exigent que l'on fasse au milieu de l'excavation, plus élargie et plus approfondie, un canal de rapport. L'argile peut être employée pour cet effet; mais bien souvent l'on n'en trouve pas, et d'autres fois il faudrait l'aller chercher fort loin et avec des frais considérables.

Le gazon, dans ce cas, est aussi bon et meilleur peut-être que l'argile. On le coupe en parallélipipèdes de *trois* décimètres de long, de *deux* de large, et de *sept à neuf* centimètres d'épaisseur. On les place à côté les uns des autres, en les renversant, c'est-à-dire en mettant l'herbe en dessous. On les joint bien, et on les bat pour les assouplir, ainsi que la couche entière, avec des pilons. Cette couche bien battue en reçoit une autre faite de la même manière, et ainsi de suite. Il est certain que les parties d'un canal, ainsi exécutées, et dont le fond et les banquettes ont 5 à 6 décimètres d'épaisseur, tiennent très-bien l'eau.

L'on est quelquefois obligé de passer sur des terrains bas, où le canal doit être fait en relief; le gazon peut encore servir alors, et il vaut mieux que l'argile; mais comme il faut que non-seulement l'eau ne passe pas, mais encore que l'ouvrage soit solide, les banquettes de gazon doivent avoir 10 à 12 décimètres de surface, et être inclinées de l'un et de l'autre côté de 45 à 50 degrés. Il est bon d'appuyer ensuite, de flanquer l'extérieur avec les déblais de l'excavation la plus voisine : une construction de cette espèce consomme beaucoup de gazons; on peut y suppléer, en partie, si l'on a des pierres à portée, en faisant un massif de maçonnerie sèche, dans lequel on construit le canal, comme on le construit dans les terrains rocailleux et ouverts.

L'on rencontre des ravins plus ou moins profonds, des ruisseaux que l'on ne peut pas détourner, et il peut ne pas convenir
d'en prendre l'eau. On établit alors des ponts de bois ou de
pierres, sur lesquels passe le canal. Les dimensions de ces ponts
doivent être telles, que l'eau n'y éprouve point d'étranglement.

Il y a deux manières d'établir des *prises d'eau* : la première
consiste à faire une avancée dans la rivière, et d'anticiper obliquement sur un *quart* ou un *tiers* de sa largeur, afin d'intercepter une quantité d'eau proportionnelle à la capacité du canal,
et à la force de la rivière, lorsqu'elle est à sa hauteur moyenne.
Dans les petites eaux, on a besoin souvent d'en attirer davantage, en disposant sur la partie libre de la rivière quelques
pierres ou quelques pièces de bois mobiles.

On règle l'arrivée de l'eau par des vannes placées immédiatement à l'embouchure du canal, et mieux encore à 40, 5o ou
1oo mètres en arrière, dans un endroit où le canal soit bien en-
caissé. On établit au devant de ces vannes une décharge latérale,
pour écarter la surabondance d'eau.

La seconde manière de prendre l'eau est de barrer le ruisseau
ou la rivière, par une digue plus ou moins haute, suivant que
le canal prend l'eau plus ou moins au-dessus du niveau.

Les barrages simples et peu élevés se font avec des pièces de
bois transversales, appuyées derrière par des piquets, et garnies
par devant avec des planches bien jointes. La vanne régulatrice
est nécessaire dans ce cas, comme dans le premier, et ordinairement on la place à une certaine distance de l'embouchure du
canal.

Lorsque la prise d'eau est établie d'une manière quelconque,
on fait disparaître les remplissages que l'on avait laissés çà et là,
pour faciliter le travail des ouvriers; on lève la vanne, et l'eau
passe dans le canal.

En y entrant pour la première fois, elle détache et entraîne toutes les matières légères qu'elle rencontre; celles-ci s'amassent et arrêteraient l'eau, si on ne les enlevait pas avec soin. Il faut donc faire suivre l'eau par des ouvriers, pour resserrer et battre les parties mouillées, et charger les banquettes de manière qu'il y ait toujours au moins 16 centimètres de bord au-dessus du niveau de l'eau. Les issues que l'eau s'est faites étant fermées et les filtrations arrêtées, elle tarde encore à avancer, et elle se trouve absorbée en grande partie; elle pénètre dans les terrains environnans, et ce n'est qu'après qu'ils sont imbibés, qu'elle s'étend dans un nouvel espace, où elle agit de la même manière, et où il faut par conséquent les mêmes soins et le même temps pour qu'elle avance encore.

Il en est ainsi jusqu'à ce que toute la longueur du canal soit parcourue; et ce n'est que lorsque les deux côtés et le fond sont bien abreuvés, que l'eau prend son cours, et que l'on a un ouvrage solide et impénétrable. L'eau dont les terres sont imprégnées, se forme alors un obstacle à elle-même, et augmente considérablement leur poids.

Elle arrive enfin au bout du canal; il en vient d'abord peu; elle disparaît le jour; la nuit elle revient; elle augmente insensiblement, et varie encore de nouveau; mais peu à peu elle se fixe: et, au bout de quelques jours, lorsqu'un canal a peu d'étendue; au bout de trois ou quatre mois, lorsque sa longueur n'excède pas 3 à 4 mille mètres; et de sept à huit mois, lorsqu'il a une étendue plus considérable, il est en état de faire le service, s'il a été bien construit.

Mais il y a alors des accidens qu'il faut prévenir, et dont nous allons parler pour terminer.

Un canal d'une certaine longueur cotoie ordinairement des vallons, et coupe par conséquent un plus ou moins grand nombre de ravins et de gorges latérales, d'où il coule beaucoup d'eau dans les temps de pluie. Les terrains inclinés eux-mêmes en fournissent alors une quantité considérable : il est nécessaire d'empêcher que toutes ces eaux ne fassent gonfler le canal, dont les bords une fois inondés, sont en un moment coupés, déchirés et emportés.

On a deux moyens pour cela : ou l'eau des ravins et des gorges charrie du gravier, des cailloux et du sable, où elle n'en charrie pas. Dans le premier cas, il faut établir des ponts-aquéducs, en travers du canal ; on les fait pencher du côté où le terrain même a sa pente, et on en élève les bords, de manière que rien ne puisse tomber.

Dans le second cas, on pose des vannes tout près et devant les gorges, et l'on fait, dans la banquette inférieure du canal, une décharge ou coupure qui descend jusqu'au niveau ordinaire de l'eau ; de sorte que celle qui vient par ces gorges, et qui est surabondante, s'échappe sans occasioner d'accidens.

Enfin il peut arriver qu'un canal passe au bas de rochers ou de terrains peu solides ; on est obligé, dans ce cas, de les assurer par des maçonneries et des murailles en talus, pour prévenir la chute des uns, et les éboulemens des autres.

CHAPITRE XXI.

Suite de l'eau, comme moteur : Sur les rivières et les fleuves. Manière d'estimer leur vitesse.

Nous avons examiné à fond, dans les chapitres précédens, les phénomènes que présente l'eau à sa sortie d'un réservoir quelconque, par une simple ouverture au bas de la paroi, par un bout de tuyau, par de longs tuyaux de conduite, et par des canaux artificiels de différentes longueurs. Nous avons maintenant à la considérer dans les canaux naturels qu'elle s'est elle-même creusés à la surface de la terre, et qu'on appelle rivières ou fleuves, selon la grandeur de leurs dimensions.

On s'accorde généralement à rapporter l'origine des rivières et des fleuves aux vapeurs qui s'élèvent de la surface du globe dans l'atmosphère, et s'en précipitent sous forme de pluie ou de neige. Les montagnes de hauteur moyenne sont comme des réservoirs immenses d'où les rivières prennent leur source; les hautes montagnes éternellement couvertes de glace, donnent naissance aux grands fleuves, qui ne tarissent jamais, parce que dans toutes les saisons ils sont constamment alimentés par la fonte graduelle des neiges et des glaces qui couronnent le sommet de ces montagnes.

Les eaux qui forment les rivières, se précipitent des montagnes par mille endroits différens, et en vertu de la pression de la masse d'eau rassemblée dans le sein de ces vastes réservoirs, et en raison de l'inclinaison du sol qu'elles sillonnent dans leur chute.

Lorsque l'eau arrive au bas, elle cherche à se creuser un lit avec toute la puissance que lui donnent et la masse affluente, et la vitesse qu'elle a acquise en se précipitant de son réservoir naturel. Elle tombe par torrens, par cascades, si le sol qu'elle rencontre résiste à son action; mais s'il est moins résistant, elle agit efficacement sur le fond et sur les bords du canal qu'elle se creuse. Elle tend sans cesse, par cela même, à diminuer la pente naturelle de son lit; sa vitesse diminue; elle s'élève, après avoir creusé le fond, où elle s'étend en rongeant les bords, puisque la quantité d'eau qui se précipite de la montagne doit toujours s'écouler et passer toute entière, par chaque portion transversale du lit de la rivière, qu'il soit large ou étroit.

L'action corrosive de l'eau, tant sur le fond que sur les bords de son lit, ne perd de son efficacité que lorsque le sol finit par lui présenter une résistance suffisante ; son cours alors paraît stable et régulier.

Plus la rivière s'éloigne de sa source, plus le lit s'approche du plan horizontal ; il y est à peu près vers son embouchure dans la mer. L'écoulement des eaux continue cependant avec une vitesse qui dépend et de la hauteur du point d'où elles partent, et de la nature des obstacles qu'elles se sont créés, ou qu'elles ont rencontrés dans leur cours. Dans tous les cas elles ont toujours perdu une bonne partie de leur vitesse primitive.

Si les eaux d'une rivière ou d'un fleuve rencontrent une éminence qu'elles ne puissent détruire, elles se détournent par la première pente qu'elles trouvent, ou bien elles se divisent en deux bras, et enveloppent l'éminence en se réunissant au-delà. Ordinairement l'un de ces bras a un niveau et une vitesse différens de ceux de l'autre ; ceci dépend de la pente et de la nature du terrain que chacun a pu rencontrer.

Les eaux entraînent dans leur cours, des sables, des cailloux qu'elles déposent sur tous les points où leur vitesse diminue, soit parce que leur lit s'y trouve élargi, soit par quelques obstacles qui embarrassent le cours : c'est là que se forment les atterrissemens ou bancs de sable et de granit, en petites îles qu'on remarque dans les rivières.

On peut quelquefois déplacer ces atterrissemens, lorsqu'ils sont incommodes, en rendant de la vitesse à l'eau, par le resserrement du lit de la rivière, ou par quelques changemens faits à-propos à la direction du courant supérieur. On emploie ordinairement des piquets, ou un bout de digue, ou *épi*, destinés à renvoyer le courant dans une direction convenable. L'attérissement cède à l'augmentation de vitesse du courant, s'il n'est pas d'une date trop ancienne ; mais il est bon de remarquer qu'il va se reformer plus loin ; il faut donc donner au courant une direction telle, que ce ne soit pas dans quelque endroit où cet atterrissement pourrait devenir tout aussi incommode.

Ces atterrissemens sont considérables à l'embouchure des rivières dans la mer, parce qu'y coulant sur un lit à peu près horizontal, elles y ont peu de vitesse, et que d'ailleurs la hauteur des eaux de la mer contribue à faire repousser les sables amenés par la rivière.

Si la mer, où la rivière se jette, est soumise au flux et au reflux, le niveau de cette rivière éprouve, à une assez grande distance, des variations remarquables : pendant le flux, la mer s'oppose au courant de la rivière, et en ralentit la vitesse ; celle-ci doit donc s'élever, et l'on voit les eaux de la mer pénétrer dans le lit de la rivière, le long des bords jusqu'à une grande distance. Les eaux du milieu de la rivière coulent vers la mer, parce qu'elles y sont plus élevées, et qu'elles y ont plus de vitesse.

On remarque d'autres phénomènes lorsqu'une rivière ou un fleuve se jette dans un autre : ou le fond et les bords de celle-ci sont d'une nature solide et capable de résister à la corrosion de l'eau, ou ils ne le sont pas ; ou bien encore le fond et les bords ne sont pas également solides : dans le premier cas, comme toutes les eaux fournies par les deux rivières doivent couler nécessairement dans le lit d'une seule, elles s'y élèveront et inonderont le voisinage, si on ne rehausse pas les berges partout où le sol sera capable de résister. Dans le second cas, comme la réunion des deux rivières donne une masse d'eau plus puissante, animée d'une plus grande vitesse, toute la surface du lit qui reçoit cette affluence d'eau se creusera en largeur et en profondeur, mais surtout en profondeur, parce que l'action est plus efficace sur le fond que sur les parois, et que la plus grande vitesse de l'eau est vers le milieu de son courant. Dans le troisième cas, si le fond est beaucoup plus solide que les bords, ceux-ci seront corrodés, et le lit de la rivière tendra constamment à s'élargir dans les endroits où cette circonstance se présentera; que si le fond est plutôt de nature à céder que les bords, ou bien qu'on ait eu la précaution de fortifier ceux-ci, la rivière, qui reçoit, s'approfondira, et sa section transversale sera généralement moindre que la somme des mêmes sections de chaque rivière en particulier, attendu que la vitesse y sera plus grande : c'est comme une ouverture plus petite que la somme de deux autres, par laquelle une même quantité d'eau peut passer, parce qu'elle y est animée d'une plus grande vitesse.

On remarque que les eaux d'une rivière ne sont pas animées de la même vitesse au fond et à la surface, que vers le milieu : les aspérités du fond, les cailloux qui le tapissent, les herbes qui y croissent quelquefois, altèrent nécessairement la vitesse des couches d'eau inférieures; aussi est-ce sur le fond que les eaux en ont le moins.

A la surface, la vitesse est plus grande, bien qu'elle le soit moins qu'un peu au-dessous, suivant la profondeur de l'eau et les inégalités du fond; c'est très-près de la surface, lorsque la rivière a peu de profondeur.

Quoi qu'il en soit, la vitesse totale des eaux d'une rivière augmente dans les crues d'eau, et la raison en est simple : la pression est plus forte, puisque la hauteur des eaux augmente; et les obstacles qui s'opposaient, avant la crue, au mouvement

I. 27

du courant, sont plus aisément surmontés par une puissance devenue beaucoup plus considérable.

L'augmentation de pression occasionée par des crues d'eau extraordinaires se fait d'abord sentir, à leur approche, sur les eaux qui touchent le fond : celles-ci prennent plus de vitesse ; c'est pour les gens de rivière un signe de crue d'eau considérable. Cet effet paraît être évidemment le résultat de l'accumulation des eaux vers les sources de la rivière, ces eaux, pressant avec violence celles du fond, en accélèrent la vitesse. Cette pression agit bien aussi sur les eaux de la surface, mais celles-ci cèdent aisément en s'élevant ou en s'étendant, tandis que celles du fond ne peuvent que couler plus rapidement dans la direction du courant.

Dans tous les temps la vitesse d'une eau courante n'est la même, ainsi que nous l'avons déjà indiqué, ni sur tous les points de sa hauteur, ni sur tous les points de sa largeur : c'est ordinairement dans le milieu d'une rivière que les eaux ont le plus de vitesse, dans ce qu'on appelle le *fil de l'eau*. La masse d'eau y est plus élevée, et même d'une manière sensible dans les rivières d'une certaine largeur. L'eau des bords a moins de vitesse, parce que le frottement qu'elle y éprouve ralentit son mouvement.

Quant aux variations de vitesse dans le sens de la hauteur de l'eau d'une rivière, elles se font remarquer depuis le fond jusqu'à la surface; à quelques centimètres de la surface, elle augmente jusque vers le milieu, et de là elle décroît jusqu'au fond. M. de Prony estime, d'après les résultats d'un assez grand nombre d'expériences, que la *vitesse moyenne* d'une rivière est d'environ les ⅘ de la vitesse à la surface.

N'oublions pas de remarquer ici que dans les endroits où l'eau se resserre, comme, par exemple, sous l'arche d'un pont, la vitesse vers le fond est plus grande qu'à la surface. C'est à la pression d'une plus grande hauteur d'eau que cet effet semble devoir être attribué.

On peut chercher à connaître la vitesse d'un courant d'eau dans deux vues différentes : premièrement, pour évaluer la quantité d'eau qui passe, dans un temps donné, par une section latitudinale quelconque du courant; secondement, pour savoir quelle intensité de puissance mécanique on trouvera sur un point déterminé de la surface de la rivière où l'on se propose de recevoir l'action motrice, pour l'appliquer à quelque service industriel.

On peut l'évaluer avec moins d'inexactitude dans un cas que dans l'autre.

Dans le premier cas, il faut chercher la vitesse moyenne de la rivière, et il est rare qu'on puisse en trouver une valeur suffisamment approchée de la véritable; car rappelons-nous que la vitesse de l'eau d'une rivière ne varie pas seulement dans le sens de sa largeur, mais encore dans celui de sa hauteur. Il faudrait donc, pour avoir une valeur exacte de la vitesse moyenne, qu'on pût mesurer avec précision la vitesse de l'eau sur un grand nombre de points de sa hauteur et de sa largeur, ce qui n'est guère possible.

Dans le second cas, il s'agit seulement d'évaluer la vitesse à la surface et tout au plus jusqu'à 30 ou 40 centimètres de profondeur, sur un seul point de la rivière, ou dans un espace très-resserré où tous les filets d'eau ont sensiblement la même vitesse. Il y a ici visiblement beaucoup moins de causes d'erreur, et il est possible d'approcher davantage de la valeur réelle de la vitesse de l'eau à l'endroit où l'on se propose d'en tirer parti.

Quoi qu'il en soit, voyons, pour le premier cas, comment il

faut s'y prendre pour évaluer approximativement la vitesse de la masse totale du courant, et comment on évalue la dépense d'eau d'une rivière.

S'il n'était question que de mesurer les quantités d'eau fournies, en un temps donné, par un petit ruisseau, on y parviendrait aisément à l'aide d'une expérience directe : on ferait les dispositions nécessaires et faciles à imaginer pour recueillir toute l'eau qui s'écoulerait dans un temps arbitraire, dans une minute, par exemple; ou bien on fermerait le canal par une vanne dont on réglerait l'ouverture, de manière que le niveau du courant fût constant : il est certain qu'alors, en mesurant la quantité d'eau fournie, en un temps donné, on aurait exactement la dépense que le ruisseau peut faire pendant ce temps.

Mais lorsqu'il s'agit de rivières ou de fleuves, on peut dire que ces moyens sont impraticables; il faut avoir recours à la détermination approximative de la vitesse et à la mesure d'une ou de plusieurs sections transversales de la rivière, par des sondages répétés sur plusieurs points, pour chercher à évaluer la dépense.

Il y a divers moyens de mesurer la vitesse d'une eau courante; les uns pour la surface, les autres pour les différens points au-dessous du niveau.

Parmi les premiers, le plus simple est de planter deux jalons, à une distance *connue* l'un de l'autre, sur les bords de la rivière, dans un endroit où son cours présente le moins de sinuosités; on met sur la surface de l'eau un corps léger à un point correspondant au premier jalon; on compte le temps qu'il met pour parcourir l'espace compris entre les deux jalons; on divise l'espace parcouru, exprimé en mètres ou en pieds, par le nombre de secondes ou de minutes; et le quotient donne la valeur de la vitesse en pieds ou en mètres, par seconde ou par minute.

Cette évaluation serait assez exacte si le corps léger suivait le fil de l'eau sans déviation ; mais il est rare que cela soit, et on ne peut guère compter que sur une mesure approchée. Ces déviations sont ordinairement encore plus sensibles lorsque, voulant connaître la vitesse sur plusieurs points de la largeur de l'eau, on place le corps léger hors du fil de l'eau, et vers le fond ; la mesure alors en est encore plus incertaine. A bien dire, ce moyen n'est satisfaisant que pour un courant d'eau rectiligne, dont la surface est sur tous les points à peu près animée de la même vitesse. On conçoit, du reste, aisément, sans que nous ayons besoin d'en faire la remarque, que le corps léger prend toute la vitesse des molécules d'eau qui l'entraînent, si toutefois il ne présente pas hors de l'eau une surface assez grande pour éprouver de la part de l'air une résistance qui retarderait son mouvement d'une manière sensible.

On s'est servi aussi, pour mesurer la vitesse de l'eau à la surface, d'un petit moulinet fort léger, garni d'aubes en fer-blanc ; on le place sur le point du courant dont on veut connaître la vitesse : il est certain que ce moulinet tend à prendre toute la vitesse du courant, et s'il la prenait effectivement, on la déduirait avec précision du nombre de révolutions que le moulinet aurait faites dans un temps donné : ainsi, par exemple, s'il avait 2 mètres de circonférence, et qu'il fît dix révolutions par minute, la vitesse du courant à l'endroit de l'expérience serait de 20 mètres par minute.

Mais la résistance que l'air oppose aux aubes qui le frappent ralentit le mouvement du moulinet, d'autant plus que le courant est plus rapide. Rappelons-nous, à ce sujet, que la résistance de l'air croît comme le carré de la vitesse.

Cet instrument, tel qu'on l'a employé jusqu'à présent, ne peut donc pas indiquer avec exactitude la vitesse réelle de l'eau ; et la différence entre celle-ci et celle du moulinet est d'autant plus grande que le courant a plus de rapidité, et que les aubes ont plus de surface.

Nous reviendrons plus loin sur l'emploi de ce moyen, avec les modifications que nous y avons apportées, afin d'en rendre les indications plus exactes.

La mesure de la vitesse de l'eau, à différens points de la profondeur, présente encore plus de difficultés et non moins d'inexactitude, avec les moyens qui ont été proposés par différens auteurs.

Mariotte s'est servi de deux boules de cire attachées aux deux extrémités d'un fil d'une certaine longueur. L'une de ces boules pouvait flotter sur l'eau, et l'autre était lestée par un corps assez lourd, pour qu'elle s'y enfonçât : le mouvement de la boule enfoncée, par rapport à celui de la boule flottante, indique les différences ou l'égalité des vitesses respectives des eaux à la surface, et des eaux à l'endroit où se trouve la boule enfoncée. Il y a égalité si le fil est tendu exactement dans la verticale entre les deux boules ; il y a différence en faveur de la vitesse de la surface, si la boule enfoncée reste en arrière ; et différence en faveur de la vitesse des eaux inférieures, si cette boule est en avant de la boule flottante.

Ce moyen est assurément très-bon pour reconnaître si, à tous les points de la hauteur d'un courant, l'eau a la même vitesse, ou s'il y a des différences ; mais il ne peut donner que le rapport d'égalité, et nullement l'expression des autres. On voit, par exemple, que vers le milieu de la hauteur de la rivière la vitesse est plus grande qu'à la surface ; que vers le fond elle y est moins grande ; mais on ne sait pas de combien.

Pour déterminer ces rapports de vitesse, on a proposé un instrument appelé *quart de cercle hydraulique*. Il porte à son centre deux fils : l'un assez court pour ne pas plonger dans l'eau , et à l'extrémité duquel on a attaché un petit poids ; il sert de fil à plomb ; l'autre plus long soutient un poids dont la pesanteur spécifique est plus grande que celle de l'eau, et qui s'y enfonce plus ou moins, selon qu'on lâche plus ou moins de fil. En recevant l'action du courant, ce corps s'écarte d'autant plus de la verticale que cette action est plus puissante ; et comme on connaît le poids du corps , ainsi que la surface qu'il oppose au courant, on peut déterminer approximativement la vitesse de l'eau d'après la quantité dont le fil , qui porte ce corps , s'écarte de la ligne verticale indiquée par le fil à plomb.

Mais , ainsi que Bossut nous semble le remarquer avec raison, cet instrument demande à être employé avec précaution, si l'on veut en obtenir des résultats qui aient quelque justesse. Le fil, dit ce savant, qui soutient le corps submergé ne conserve pas toujours la même position : il est sujet à des oscillation qui l'éloignent ou l'approchent de la verticale, et qui jettent souvent beaucoup d'incertitude dans la mesure de l'angle qu'il fait avec la même ligne. Cela arrive surtout lorsque la pesanteur spécifique du corps submergé surpasse peu celle du fluide. Mais d'un autre côté, il ne faut pas trop augmenter la pesanteur spécifique de ce corps par rapport à celle de l'eau ; autrement les petites variations qui arrivent dans les vitesses ne deviendraient pas sensibles sur l'instrument.

Pitot, de l'académie des sciences, se servit, pour évaluer la vitesse des rivières à toutes profondeurs, d'un instrument très-simple, mais dont les indications manquaient aussi d'exactitude. C'est un tube de verre ouvert aux deux extrémités, courbé à angle droit et attaché solidement à une pièce de bois d'une longueur suffisante, et divisée en *pouces* et en *lignes*. On maintient fortement le bout de cette pièce de bois sur le fond de la rivière, ayant soin de tourner l'orifice du coude horizontal du tuyau contre le courant. L'eau s'élève dans la branche verticale d'une quantité proportionnelle à la vitesse de l'eau. Si celle-ci était en repos, elle se tiendrait dans le tube au niveau de la surface de la rivière; or, comme dans un courant, elle s'élève dans la branche verticale d'une certaine quantité, cette hauteur d'élévation est évidemment *due* à la vitesse dont l'eau est animée au point où l'orifice de la branche horizontale est placé, et la hauteur de cette petite colonne est tenue en équilibre par l'impulsion du courant; il semble donc qu'on peut déterminer, d'après les indications de cet instrument, la vitesse de l'eau à un point quelconque.

Et en effet, la petite colonne d'eau qui répond à l'ouverture de la branche horizontale du tube est pressée par le poids de celle qui est dans le tube au-dessus du niveau, et qui, si elle pouvait s'échapper, aurait une vitesse *due* à sa hauteur; mais, comme elle est poussée en sens contraire par une force égale à l'orifice d'entrée du tuyau recourbé, elle se maintient en équilibre, et indique par sa hauteur au-dessus du niveau la vitesse du courant.

Pour reconnaître la différence de niveau entre la colonne élevée dans le tube et la surface de la rivière, Pitot, à côté de ce tube, en plaçait un autre qui était plongé verticalement dans l'eau et à la même profondeur, et il évaluait la hauteur *due* à la vitesse du courant, en mesurant la différence de niveau de la colonne du tuyau droit et de celle du tuyau recourbé.

On a observé, ce nous semble, avec justesse, que Pitot trouvait ainsi une hauteur double de la hauteur réelle *due* à la vitesse du courant, et par conséquent une vitesse plus grande

que celle de la rivière ; car il est de fait que, si on plonge verticalement un tuyau rectiligne dans de l'eau animée d'une certaine vitesse, l'eau, qui s'y élève, se tient toujours au-dessous
du niveau de l'eau environnante, à raison de la diminution de
pression qu'occasione le mouvement de l'eau dans la direction
du courant. Dans de l'eau stagnante, l'eau s'élève dans un
tuyau droit au même niveau, et désigne par sa hauteur le
degré de pression qui l'y a fait entrer ; tandis que, dans un courant, l'eau se tient dans ce tuyau droit, au-dessous du niveau,
d'une quantité égale à la hauteur *due* à la vitesse même de ce
courant. La différence entre les niveaux des deux tubes employés par Pitôt, était donc double de la hauteur.

On remarque le même phénomène avec le tuyau recourbé
seul : si au lieu d'opposer au courant l'orifice de la branche
horizontale, on le place en sens contraire, l'eau s'y tient aussi
au-dessous du niveau, et d'autant plus que la vitesse de la rivière est considérable. On observe qu'en plaçant cette branche
horizontale à angle droit avec le courant, c'est-à-dire en la plaçant de manière que son orifice soit tourné du côté d'un des
bords, l'eau s'élève dans la branche verticale d'une quantité
égale à la hauteur *due* à la vitesse du courant.

Cet instrument est sujet à des mouvemens d'oscillations,
qui peuvent donner lieu à des erreurs d'autant plus graves,
que, comme on le sait, les vitesses sont comme les racines
carrées des hauteurs. Il est difficile d'ailleurs de le fixer solidement au fond de l'eau, surtout lorsqu'elle est un peu pro-
fonde. Dubuat a sensiblement amélioré cet instrument, en le
faisant d'un simple tube de fer-blanc recourbé et d'un assez fort
calibre pour y placer un flotteur, destiné à marquer la hauteur à laquelle l'eau s'élève. L'orifice, exposé à l'action du
courant, est recouvert d'une plaque de métal, percée d'un

petit orifice au centre; ce qui diminue beaucoup les oscillations de la colonne.

Quoi qu'il en soit, il n'est pas aisé, au moyen de ce tube, d'évaluer avec un peu de précision la différence des niveaux; car il est encore sujet à des oscillations, malgré les changemens apportés par Dubuat; et, outre la difficulté de s'en servir dans bien des cas, on ne peut encore espérer de cet instrument que des mesures peu approchées.

Si l'on connaissait exactement la vitesse moyenne d'une rivière, dans quelqu'endroit déterminé, il serait facile d'évaluer à peu près la quantité d'eau qui passe en un certain temps, par cet endroit : on n'aurait qu'à multiplier la surface de la section transversale de la rivière par le nombre de mètres que l'eau parcourrait en un certain temps, en vertu de sa vitesse moyenne; le produit de cette multiplication donnerait le nombre de mètres cubes écoulés, dans le même temps, par cette section de la rivière; et si cette section était une figure régulière, dont la surface fût susceptible d'une évaluation exacte, on aurait précisément la quantité d'eau qui passe, en un temps, par l'endroit désigné.

Mais la difficulté d'obtenir des valeurs exactes ne vient pas seulement de l'imperfection des moyens de reconnaître la vitesse moyenne; mais encore des mouvemens irréguliers et quelquefois opposés entr'eux des couches d'eau, aux points que l'on examine; ainsi que de l'irrégularité de figure que présente assez ordinairement la section transversale de la rivière.

On conçoit bien, au surplus, sans que nous ayons besoin d'entrer dans plus de détails à ce sujet, comment il faut s'y prendre pour ces sortes d'évaluations, lorsqu'on veut se contenter *d'à-peu-près :* on prend la vitesse de l'eau à la surface, par le moyen d'un corps léger, ainsi que nous l'avons dit plus haut, et les $\frac{4}{5}$ de cette vitesse pour la vitesse moyenne exprimée en mètres, par minute, ou par seconde; on multiplie la hauteur de l'eau par la largeur, et ce produit par le nombre de mètres parcourus en une minute ou en une seconde, avec la vitesse moyenne.

Ce que nous venons de dire s'applique principalement aux cas assez rares où l'on ne veut connaître que les quantités d'eau qui passent, en un certain temps, dans une rivière, et qu'on ne peut mesurer directement, à raison de leur grande abondance, comme on pourrait le faire pour un ruisseau, ou pour un petit canal de dérivation, ainsi que nous l'avons exposé précédemment.

Mais un autre cas plus applicable aux besoins de l'industrie se présente à notre examen.

Lorsqu'on veut puiser, s'il est permis de parler ainsi, une force motrice à la surface libre d'un courant d'eau, sans changer essentiellement les dispositions naturelles de celui-ci, il suffit alors d'évaluer, avec le plus de précision qu'on le peut, la vitesse de l'eau à sa surface et à quelques centimètres au-dessous, dans le seul endroit où l'on veut recevoir le mouvement que le courant produit. La puissance mécanique qu'on y prendra, dépendra évidemment de la vitesse de l'eau et de la surface que présentera à son impulsion le corps destiné à transmettre cette puissance. La surface de ce corps ne peut, en général, offrir aucune difficulté d'évaluation; mais nous avons vu plus haut qu'avec les moyens employés jusqu'à présent, on n'arrive pas à une exactitude suffisante dans la mesure de la vitesse d'un courant, même sur un point de sa surface.

Nous allons proposer un instrument qui nous semble très-propre à donner des évaluations aussi exactes que la pratique peut le comporter.

Remarquons d'abord, ainsi que nous l'avons déjà fait en parlant du moulinet, ou petite roue à palettes, tournant librement à la surface de l'eau, par l'impulsion de celle-ci, que ce moulinet ne peut prendre toute la vitesse de la mince couche d'eau dans laquelle les palettes se plongent, parce que l'air qu'elles frappent, dans leur rotation plus ou moins rapide, oppose au moulinet une résistance qui ralentit un peu son mouvement, et établit une différence plus ou moins remarquable entre la vitesse uniforme dont il est animé et la vitesse effective de l'eau.

Or, si par un moyen quelconque, on pouvait détruire cette résistance, il est évident qu'alors le moulinet prendrait assez exactement toute la vitesse des molécules d'eau qui en frappent les palettes, puisque n'ayant plus aucune résistance à vaincre, il doit être entraîné comme un corps léger, avec toute la vitesse des molécules qui le touchent et que rien n'arrête.

Si donc nous prenons une force étrangère à l'impulsion de l'eau; qu'on la fasse agir de concert avec celle-ci pour faire tourner le moulinet, et que cette force soit égale à la résistance que l'air peut lui opposer, quand il prendra toute la vitesse de l'eau; cette résistance sera détruite et le moulinet se mouvra aussi vite que l'eau.

On peut obtenir cet effet d'une manière très-simple (*Voyez* à la fin du volume, Pl. I, fig 2.) on enroule par un bout une petite corde de soie bien flexible sur l'axe du moulinet, et on attache à l'autre extrémité un petit plateau sur lequel on peut placer les poids nécessaires. Cette corde est enroulée de manière que les poids, en descendant, fassent tourner le moulinet dans le même sens que l'eau le fait tourner; voilà la force étrangère dont nous venons de parler; voyons maintenant comment il faut s'en servir.

Après avoir détaché la corde de l'axe du moulinet, on commence d'abord par faire agir l'impulsion seule de l'eau sur lui. Supposons que, par le nombre de révolutions qu'il fait, lorsque son mouvement de rotation est devenu bien uniforme, on trouve qu'il a pris une vitesse de 10 mètres par minute : cette vitesse eût été un peu plus grande, si, en frappant l'air par ses palettes, le moulinet n'avait point été retardé dans son mouvement, et il y a lieu de croire que la vitesse de l'eau est d'un peu plus de 10 mètres par minute.

Élevons le moulinet au-dessus de l'eau; rattachons la corde à son axe et donnons-lui le mouvement par l'action *seule* des poids; mettons dans le plateau un poids tel, qu'il fasse faire au moulinet un nombre de révolutions, indiquant une vitesse un peu plus grande que celle qui vient de lui être imprimée par l'eau, par exemple, de 11 mètres par minute.

Le tout étant ainsi disposé, redescendons le moulinet à la surface de l'eau, et faisons agir de concert et l'eau et les poids : de trois choses l'une; ou l'eau a moins de 11 mètres de vitesse par minute; ou elle a cette vitesse exactement; ou elle a plus de vitesse.

Dans le premier cas, puisqu'elle a moins de 11 mètres de vitesse par minute, il est clair que, bien que les poids et l'eau agissent ensemble, le moulinet ne pourra pas prendre dans l'eau la vitesse qu'il avait avec les poids *seuls;* attendu que les palettes frapperont l'eau, au lieu d'en être frappées, par la tendance qu'elles ont à prendre plus de vitesse que l'eau n'en a elle-même; cette résistance ralentira donc le mouvement imprimé par l'action des poids.

Dans le second cas, si l'eau a la même vitesse exactement de 11 mètres par minute, le moulinet fera en une minute le même nombre de révolutions avec l'eau et les poids, qu'avec les poids seuls, parce que les palettes fuiront devant l'action de l'eau

avec la même vitesse que celle-ci, et n'en recevront par conséquent aucune impulsion. La vitesse du moulinet donnera donc
précisément la vitesse de l'eau.

Dans le troisième cas, si l'eau a plus de 11 mètres de vitesse
par minute, le moulinet marchera plus vite qu'avec les *poids
seuls;* car l'excès de vitesse de l'eau sur celle des palettes occa-
sionera une impulsion qui augmentera leur vitesse.

Ainsi, lorsque vous trouverez que l'eau et les poids réunis
n'impriment pas autant de vitesse que les poids *seuls,* c'est
qu'il y a trop de poids sur le plateau et qu'il faut les diminuer ;
si au contraire la double action en imprime plus, il faut
augmenter les poids, jusqu'à ce qu'enfin vous obteniez de cette
double action des poids et de l'eau la même vitesse qu'avec
les *poids seuls :* vous connaîtrez de cette manière, avec une
précision suffisante, la vitesse de l'eau à sa surface et sur le
point où le moulinet se meut.

On conçoit aisément que la résistance de l'air, ainsi que des
frottemens des petits tourillons du moulinet, est détruite, et
que, tant qu'il n'y a point égalité entre la vitesse de l'eau, et
celle que les *poids seuls* impriment au moulinet, il y a variation dans la vitesse de celui-ci, lorsqu'il se meut par les *poids
seuls,* ou lorsqu'il se meut par l'eau et les poids réunis.

Cette manière de compenser l'action de l'air par un contre-
poids fut employée par Smeaton dans les expériences qu'il fit
sur les roues à aubes. Nous l'avons appliquée avec succès à l'instrument dont il est question, et que nous avons tâché de
rendre aussi commode et aussi usuel qu'il nous a été possible.
Nous ne croyons pas devoir parler ici d'une légère modification
que nous y avons apportée, pour le rendre propre à mesurer
la vitesse de l'eau à diverses profondeurs, parce que nous ne
l'avons pas encore soumis à un asssez grand nombre d'expé-

riences. Il peut servir aussi à mesurer approximativement la force absolue d'un courant d'eau.

Le nombre de révolutions que le moulinet fait pendant un certain temps, est exactement indiqué par le compteur qu'on voit sur la fig. 2, Pl. I, à la fin du volume; ce qui rend les observations très-faciles. Une bonne montre à secondes suffit pour mesurer le temps des révolutions : il serait mieux d'adapter un pendule à l'instrument.

Lorsqu'on connaît la vitesse de l'eau, il est facile d'en déduire la hauteur à laquelle cette vitesse est *due*. Nous en avons donné la règle dans un des chapitres précédens. On peut donc ainsi déterminer approximativement la pente d'une rivière, du moins sur une longueur médiocre.

Comme on se trouve souvent dans le cas de chercher le rapport qu'il y a entre la vitesse de l'eau, qu'il est facile de mesurer, d'après ce que nous venons de dire, et la hauteur *due* à cette vitesse, nous croyons utile de donner un tableau de comptes faits sur ce sujet, calculés par Boizot.

Table des hauteurs dues.

VITESSES en une seconde.	HAUTEURS correspondantes.	VITESSES en une seconde.	HAUTEURS correspondantes.	VITESSES en une seconde.	HAUTEURS correspondantes.	VITESSES en une seconde.	HAUTEURS correspondantes.
pouces.	pouces.	pouces.	pouces.	pouces.	pouces.	pouces.	pouces.
0,1	0,000014	4,1	0,023193	8,1	0,090521	12,1	0,20200
0,2	0,000056	4,2	0,024338	8,2	0,092770	12,2	0,20535
0,3	0,000124	4,3	0,025511	8,3	0,095047	12,3	0,20873
0,4	0,000221	4,4	0,026711	8,4	0,097351	12,4	0,21214
0,5	0,000345	4,5	0,027939	8,5	0,099683	12,5	0,21557
0,6	0,000497	4,6	0,029194	8,6	0,102042	12,6	0,21904
0,7	0,000676	4,7	0,030477	8,7	0,104429	12,7	0,22253
0,8	0,000883	4,8	0,031788	8,8	0,106843	12,8	0,22605
0,9	0,001118	4,9	0,033126	8,9	0,109285	12,9	0,22959
1,0	0,001380	5,0	0,034492	9,0	0,111755	13,0	0,23317
1,1	0,001669	5,1	0,035886	9,1	0,114255	13,1	0,23677
1,2	0,001987	5,2	0,037307	9,2	0,116770	13,2	0,24040
1,3	0,002332	5,3	0,038756	9,3	0,119329	13,3	0,24405
1,4	0,002704	5,4	0,040232	9,4	0,121909	13,4	0,24774
1,5	0,003104	5,5	0,041736	9,5	0,124517	13,5	0,25145
1,6	0,003532	5,6	0,043267	9,6	0,127152	13,6	0,25519
1,7	0,003987	5,7	0,044826	9,7	0,129815	13,7	0,25895
1,8	0,004470	5,8	0,046413	9,8	0,132505	13,8	0,26275
1,9	0,004981	5,9	0,048027	9,9	0,135223	13,9	0,26657
2,0	0,005519	6,0	0,049669	10,0	0,137969	14,0	0,27042
2,1	0,006084	6,1	0,051338	10,1	0,140742	14,1	0,27430
2,2	0,006678	6,2	0,053035	10,2	0,143543	14,2	0,27820
2,3	0,007299	6,3	0,054760	10,3	0,146371	14,3	0,28213
2,4	0,007947	6,4	0,056512	10,4	0,149227	14,4	0,28609
2,5	0,008623	6,5	0,058292	10,5	0,152111	14,5	0,29008
2,6	0,009327	6,6	0,060099	10,6	0,155022	14,6	0,29409
2,7	0,010058	6,7	0,061934	10,7	0,157961	14,7	0,29814
2,8	0,010817	6,8	0,063797	10,8	0,160927	14,8	0,30221
2,9	0,011603	6,9	0,065687	10,9	0,163920	14,9	0,30631
3,0	0,012417	7,0	0,067605	11,0	0,166913	15,0	0,31043
3,1	0,013259	7,1	0,069550	11,1	0,169992	15,1	0,31458
3,2	0,014128	7,2	0,071523	11,2	0,173068	15,2	0,31876
3,3	0,015025	7,3	0,073524	11,3	0,176173	15,3	0,32297
3,4	0,015949	7,4	0,075552	11,4	0,179305	15,4	0,32721
3,5	0,016901	7,5	0,077678	11,5	0,182463	15,5	0,33147
3,6	0,017881	7,6	0,079691	11,6	0,185651	15,6	0,33576
3,7	0,018888	7,7	0,081802	11,7	0,188866	15,7	0,34008
3,8	0,019923	7,8	0,083940	11,8	0,192108	15,8	0,34443
3,9	0,020985	7,9	0,086106	11,9	0,195378	15,9	0,34880
4,0	0,022075	8,0	0,088300	12,0	0,198675	16,0	0,35320

VITESSES en une seconde.	HAUTEURS correspondantes.	VITESSES en une seconde.	HAUTEURS correspondantes.	VITESSES en une seconde.	HAUTEURS correspondantes.	VITESSES en une seconde.	HAUTEURS correspondantes.
pouces.	pouces.	pouces.	pouces.	pouces.	pouces.	pouces.	pouces.
16,1	0,35763	20,1	0,55741	24,1	0,80134	28,1	1,08942
16,2	0,36209	20,2	0,56297	24,2	0,80800	28,2	1,09718
16,3	0,36657	20,3	0,56856	24,3	0,81469	28,3	1,10498
16,4	0,37108	20,4	0,57417	24,4	0,82141	28,4	1,11280
16,5	0,37562	20,5	0,57981	24,5	0,82816	28,5	1,12065
16,6	0,38019	20,6	0,58549	24,6	0,83493	28,6	1,12853
16,7	0,38478	20,7	0,59118	24,7	0,84174	28,7	1,13644
16,8	0,38940	20,8	0,59691	24,8	0,84856	28,8	1,14437
16,9	0,39405	20,9	0,60266	24,9	0,85542	28,9	1,15233
17,0	0,39873	21,0	0,60844	25,0	0,86231	29,0	1,16032
17,1	0,40344	21,1	0,61425	25,1	0,86922	29,1	1,16834
17,2	0,40817	21,2	0,62009	25,2	0,87616	29,2	1,17638
17,3	0,41293	21,3	0,62595	25,3	0,88312	29,3	1,18445
17,4	0,41771	21,4	0,63184	25,4	0,89012	29,4	1,19255
17,5	0,42253	21,5	0,63776	25,5	0,89714	29,5	1,20068
17,6	0,42737	21,6	0,64371	25,6	0,90419	29,6	1,20883
17,7	0,43224	21,7	0,64968	25,7	0,91127	29,7	1,21701
17,8	0,43714	21,8	0,65568	25,8	0,91838	29,8	1,22522
17,9	0,44207	21,9	0,66171	25,9	0,92551	29,9	1,23346
18,0	0,44702	22,0	0,66777	26,0	0,93267	30,0	1,24172
18,1	0,45200	22,1	0,67385	26,1	0,93986	30,1	1,25001
18,2	0,45701	22,2	0,67997	26,2	0,94707	30,2	1,25833
18,3	0,46204	22,3	0,68611	26,3	0,95432	30,3	1,26668
18,4	0,46711	22,4	0,69227	26,4	0,96159	30,4	1,27505
18,5	0,47220	22,5	0,69847	26,5	0,96889	30,5	1,28346
18,6	0,47732	22,6	0,70469	26,6	0,97621	30,6	1,29189
18,7	0,48246	22,7	0,71094	26,7	0,98357	30,7	1,30035
18,8	0,48764	22,8	0,71722	26,8	0,99095	30,8	1,30883
18,9	0,49284	22,9	0,72352	26,9	0,99836	30,9	1,31734
19,0	0,49807	23,0	0,72986	27,0	1,00579	31,0	1,32588
19,1	0,50332	23,1	0,73622	27,1	1,01326	31,1	1,33445
19,2	0,50861	23,2	0,74260	27,2	1,02075	31,2	1,34305
19,3	0,51392	23,3	0,74902	27,3	1,02827	31,3	1,35167
19,4	0,51926	23,4	0,75546	27,4	1,03582	31,4	1,36032
19,5	0,52463	23,5	0,76193	27,5	1,04339	31,5	1,36900
19,6	0,53002	23,6	0,76843	27,6	1,05100	31,6	1,37770
19,7	0,53544	23,7	0,77496	27,7	1,05862	31,7	1,38644
19,8	0,54089	23,8	0,78151	27,8	1,06628	31,8	1,39520
19,9	0,54637	23,9	0,78809	27,9	1,07347	31,9	1,40399
20,0	0,55188	24,0	0,79470	28,0	1,08168	32,0	1,41280

VITESSES en une seconde.	HAUTEURS correspondantes.	VITESSES en une seconde.	HAUTEURS correspondantes.	VITESSES en une seconde.	HAUTEURS correspondantes.	VITESSES en une seconde.	HAUTEURS correspondantes.
pouces.	pouces.	pouces.	pouces.	pouces.	pouces.	pouces.	pouces.
32,1	1,42165	36,1	1,79803	40,1	2,21856	44,1	2,68324
32,2	1,43052	36,2	1,80800	40,2	2,22964	44,2	2,69542
32,3	1,43942	36,3	1,81801	40,3	2,24074	44,3	2,70763
32,4	1,44834	36,4	1,82804	40,4	2,25188	44,4	2,71987
32,5	1,45730	36,5	1,83809	40,5	2,26304	44,5	2,73213
32,6	1,46628	36,6	1,84818	40,6	2,27423	44,6	2,74443
32,7	1,47529	36,7	1,85829	40,7	2,28545	44,7	2,75675
32,8	1,48433	36,8	1,86843	40,8	2,29681	44,8	2,76910
32,9	1,49339	36,9	1,87860	40,9	2,30796	44,9	2,78153
33,0	1,50248	37,0	1,88880	41,0	2,31926	45,0	2,79387
33,1	1,51160	37,1	1,89902	41,1	2,33061	45,1	2,80630
33,2	1,52075	37,2	1,90927	41,2	2,34194	45,2	2,81876
33,3	1,52993	37,3	1,91955	41,3	2,35332	45,3	2,83125
33,4	1,53913	37,4	1,92986	41,4	2,36473	45,4	2,84376
33,5	1,54836	37,5	1,94019	41,5	2,37617	45,5	2,85630
33,6	1,55762	37,6	1,95055	41,6	2,38764	45,6	2,86887
33,7	1,56690	37,7	1,96094	41,7	2,39913	45,7	2,88147
33,8	1,57621	37,8	1,97136	41,8	2,41065	45,8	2,89410
33,9	1,58556	37,9	1,98180	41,9	2,42219	45,9	2,90675
34,0	1,59492	38,0	1,99227	42,0	2,43377	46,0	2,91942
34,1	1,60432	38,1	2,00277	42,1	2,44538	46,1	2,93213
34,2	1,61374	38,2	2,01330	42,2	2,45701	46,2	2,94487
34,3	1,62319	38,3	2,02385	42,3	2,46867	46,3	2,95763
34,4	1,63267	38,4	2,03444	42,4	2,48035	46,3	2,97042
34,5	1,64218	38,5	2,04505	42,5	2,49207	46,5	2,98324
34,6	1,65171	38,6	2,05568	42,6	2,50381	46,6	2,99608
34,7	1,66127	38,7	2,06635	42,7	2,51558	46,7	3,00895
34,8	1,67086	38,8	2,07704	42,8	2,52737	46,8	3,02185
34,9	1,68048	38,9	2,08776	42,9	2,53920	46,9	3,03478
35,0	1,69012	39,0	2,09851	43,0	2,55105	47,0	3,04774
35,1	1,69980	39,1	2,10929	43,1	2,56393	47,1	3,06072
35,2	1,70950	39,2	2,12009	43,2	2,57483	47,2	3,07373
35,3	1,71922	39,3	2,13092	43,3	2,58677	47,3	3,08683
35,4	1,72897	39,4	2,14177	43,4	2,59873	47,4	3,09983
35,5	1,73876	39,5	2,15266	43,5	2,61072	47,5	3,11293
35,6	1,74857	39,6	2,16357	43,6	2,62274	47,6	3,12605
35,7	1,75840	39,7	2,17452	43,7	2,63478	47,7	3,13920
35,8	1,76827	39,8	2,18549	43,8	2,64685	47,8	3,15237
35,9	1,77816	39,9	2,19648	43,9	2,65895	47,9	3,16558
36,0	1,78808	40,0	2,20751	44,0	2,67108	48,0	3,17881

VITESSES en une seconde.	HAUTEURS correspondantes.	VITESSES en une seconde.	HAUTEURS correspondantes.	VITESSES en une seconde.	HAUTEURS correspondantes.	VITESSES en une seconde.	HAUTEURS correspondantes.
pouces.	pouces.	pouces.	pouces.	pouces.	pouces.	pouces.	pouces.
48,5	3,24538	68,5	6,47336	88,5	10,80610	108,5	16,24206
49,0	3,31264	69,0	6,36871	89,0	10,92853	109,0	16,39211
49,5	3,38059	69,5	6,66425	89,5	11,05166	109,5	16,54284
50,0	3,44923	70,0	6,76048	90,0	11,17550	110,0	16,69426
50,5	3,51864	70,5	6,85741	90,5	11,30001	110,5	16,84637
51,0	3,58858	71,0	6,95502	91,0	11,42522	111,0	16,99917
51,5	3,65928	71,5	7,05332	91,5	11,55112	111,5	17,15266
52,0	3,73069	72,0	7,15232	92,0	11,67770	112,0	17,30684
52,5	3,80277	72,5	7,25200	92,5	11,80498	112,5	17,46171
53,0	3,87555	73,0	7,35237	93,0	11,93294	113,0	17,61727
53,5	3,94902	73,5	7,45343	93,5	12,06160	113,5	17,77353
54,0	4,02318	74,0	7,55519	94,0	12,19095	114,0	17,93046
54,5	4,09803	74,5	7,65763	94,5	12,32098	114,5	18,08810
55,0	4,17356	75,0	7,76076	95,0	12,45170	115,0	18,24641
55,5	4,24981	75,5	7,86458	95,5	12,58312	115,5	18,40542
56,0	4,32671	76,0	7,96909	96,0	12,71523	116,0	18,56512
56,5	4,40432	76,5	8,07429	96,5	12,84803	116,5	18,72551
57,0	4,48269	77,0	8,18019	97,0	12,98151	117,0	18,88699
57,5	4,56160	77,5	8,28677	97,5	13,11571	117,5	19,04836
58,0	4,64128	78,0	8,39404	98,0	13,25055	118,0	19,21081
58,5	4,72165	78,5	8,50200	98,5	13,38610	118,5	19,37396
59,0	4,80270	79,0	8,61065	99,0	13,52235	119,0	19,53780
59,5	4,88445	79,5	8,71999	99,5	13,65935	119,5	19,70233
60,0	4,96688	80,0	8,83002	100,0	13,79691	120,0	19,86755
60,5	5,05002	80,5	8,94074	100,5	13,93523	120,5	20,03345
61,0	5,13383	81,0	9,05215	101,0	14,07423	121,0	20,20005
61,5	5,21834	81,5	9,16425	101,5	14,24671	121,5	20,36734
62,0	5,30353	82,0	9,27704	102,0	14,35430	122,0	20,53531
62,5	5,38942	82,5	9,39052	102,5	14,49538	122,5	20,70399
63,0	5,47599	83,0	9,50469	103,0	14,63714	123,0	20,87334
63,5	5,56326	83,5	9,61955	103,5	14,77959	123,5	21,04341
64,0	5,65121	84,0	9,73510	104,0	14,92274	124,0	21,21413
64,5	5,73986	84,5	9,85134	104,5	15,06657	124,5	21,38063
65,0	5,82919	85,0	9,96827	105,0	15,21109	125,0	21,55767
65,5	5,91922	85,5	10,08589	105,5	15,35630	125,5	21,73047
66,0	6,00993	86,0	10,20420	106,0	15,50220	126,0	21,90397
66,5	6,10133	86,5	10,32321	106,5	15,64880	126,5	22,07815
67,0	6,19343	87,0	10,44287	107,0	15,79608	127,0	22,25303
67,5	6,28622	87,5	10,58761	107,5	15,94406	127,5	22,42860
68,0	6,37969	88,0	10,68433	108,0	16,09271	128,0	22,60480

VITESSES en une seconde.	HAUTEURS correspondantes.	VITESSES en une seconde.	HAUTEURS correspondantes.	VITESSES en une seconde.	HAUTEURS correspondantes.	VITESSES en une seconde.	HAUTEURS correspondantes.
pouces.	pouces.	pouces.	pouces.	pouces.	pouces.	pouces.	pouces.
128,5	22,78180	148,5	30,42530	168,5	39,17254	188,5	49,02446
129,6	22,95943	149,0	30,63052	169,0	39,40535	189,0	49,28406
129,5	23,13776	149,5	30,83644	169,5	39,63886	189,5	49,54505
130,0	23,31677	150,0	31,04305	170,0	39,87306	190,0	49,80685
130,5	23,49651	150,5	31,25034	170,5	40,10796	190,5	50,06934
131,0	23,67687	151,0	31,45833	171,0	40,54354	191,0	50,53251
131,5	23,85796	151,5	31,66700	171,5	40,57981	191,5	50,59637
132,0	24,03973	152,0	31,87642	172,0	40,81677	192,0	50,86092
132,5	24,22220	152,5	32,08643	172,5	41,05443	192,5	51,12696
133,0	24,40535	153,0	32,29718	173,0	41,29277	193,0	51,39210
133,5	24,58920	153,5	32,50863	173,5	41,53180	193,5	51,65873
134,0	24,77373	154,0	32,72075	174,0	41,77151	194,0	51,92603
134,5	24,95895	154,5	32,93263	174,5	42,01192	194,5	52,19405
135,0	25,14487	155,0	33,14708	175,0	42,25302	195,0	52,46275
135,5	25,33147	155,5	33,36127	175,5	42,49482	195,5	52,73215
136,0	25,51876	156,0	33,57615	176,0	42,73731	196,0	53,00220
136,5	25,70674	156,5	33,79173	176,5	42,98048	196,5	53,27300
137,0	25,89542	157,0	34,00800	177,0	43,22435	197,0	53,54442
137,5	26,08478	157,5	34,22496	177,5	43,46889	197,5	53,81658
138,0	26,27483	158,0	34,44260	178,0	43,71413	198,0	54,08941
138,5	26,46558	158,5	34,66094	178,5	43,96005	198,5	54,36308
139,0	26,65700	159,0	34,87996	179,0	44,20667	199,0	54,63715
139,5	26,84913	159,5	35,09969	179,5	44,45400	199,5	54,91204
140,0	27,04194	160,0	35,32009	180,0	44,70200	200,0	55,18764
140,5	27,23543	160,5	35,54118	180,5	44,95067	200,5	55,46392
141,0	27,42963	161,0	35,76297	181,0	45,20006	201,0	55,74040
141,5	27,62450	161,5	35,98544	181,5	45,45011	201,5	56,01856
142,0	27,82008	162,0	36,20860	182,0	45,70083	202,0	56,29708
142,5	28,01636	162,5	36,43247	182,5	45,95234	202,5	56,57594
143,0	28,21330	163,0	36,65700	183,0	46,20446	203,0	56,85562
143,5	28,41094	163,5	36,88224	183,5	46,45730	203,5	57,13610
144,0	28,60927	164,0	37,10816	184,0	46,71081	204,0	57,41722
144,5	28,80831	164,5	37,33477	184,5	46,96503	204,5	57,69900
145,0	29,00800	165,0	37,56208	185,0	47,21990	205,0	57,98152
145,5	29,20840	165,5	37,79008	185,5	47,47550	205,5	58,26468
146,0	29,40951	166,0	38,01876	186,0	47,73178	206,0	58,54855
146,5	29,61127	166,5	38,24900	186,5	47,98875	206,5	58,83314
147,0	29,81374	167,0	38,47820	187,0	48,24641	207,0	59,11837
147,5	30,01690	167,5	38,70895	187,5	48,50477	207,5	59,40431
148,0	30,22074	168,0	38,94040	188,0	48,76381	208,0	59,69092

VITESSES en une seconde.	HAUTEURS correspondantes.	VITESSES en une seconde.	HAUTEURS correspondantes.	VITESSES en une seconde.	HAUTEURS correspondantes.	VITESSES en une seconde.	HAUTEURS correspondantes.
pouces.	pouces.	pouces.	pouces.	pouces.	pouces.	pouces.	pouces.
208,5	59,97828	228,5	72,03675	248,5	85,19902	268,5	99,46502
209,0	60,26627	229,0	72,35238	249,0	85,54220	269,0	99,83585
209,5	60,54103	229,5	72,66867	249,5	85,88612	269,5	100,20731
210,0	60,84443	230,0	72,98565	250,0	86,23066	270,0	100,57947
210,5	61,13444	230,5	73,30332	250,5	86,57594	270,5	100,95234
211,0	61,42523	231,0	73,62170	251,0	86,92192	271,0	101,3259
211,5	61,71667	231,5	73,94075	251,5	87,26856	271,5	101,7001
212,0	62,00884	232,0	74,26050	25·,0	87,61586	272,0	102,0750
212,5	62,30166	232,5	74,58093	252,5	87,96394	272,5	102,4506
213,0	62,59520	233,0	74,90203	253,0	88,31264	273,0	102,8270
213,5	62,88941	233,5	75,22387	253,5	88,66206	273,5	103,2040
214,0	63,18433	234,0	75,54637	254,0	89,01212	274,0	103,5823
214,5	63,47993	234,5	75,86951	254,5	89,36294	274,5	103,9600
215,0	63,77621	235,0	76,19343	255,0	89,71440	275,0	104,3391
215,5	64,07319	235,5	76,51800	255,5	69,06056	275,5	104,7188
216,0	64,37087	236,0	76,84327	256,0	90,41944	276,0	105,0993
216,5	64,66923	236,5	77,16920	256,5	90,77298	276,5	105,4804
217,0	64,96826	237,0	77,49583	257,0	91,12719	277,0	105,8623
217,5	65,26801	237,5	77,82319	257,5	91,48210	277,5	106,2448
218,0	65,56844	238,0	78,15123	258,0	91,83774	278,0	106,6280
218,5	65,86954	238,5	78,47994	258,5	92,19402	278,5	107,0121
219,0	66,17134	239,0	78,80934	259,0	92,55106	279,0	107,3965
219,5	66,47384	239,5	79,13940	259,5	92,90876	279,5	107,7818
220,0	66,77704	240,0	79,47019	260,0	93,26709	280,0	108,1678
220,5	67,08091	240,5	79,80167	260,5	93,62614	280,5	108,5544
221,0	67,38550	241,0	80,13380	261,0	93,98594	281,0	108,9417
221,5	67,69073	241,5	80,46667	261,5	94,34854	281,5	109,3298
222,0	67,99670	242,0	80,80022	262,0	94,70750	282,0	109,7185
222,5	68,30331	242,5	81,13442	262,5	95,06932	282,5	110,1080
223,0	68,61066	243,0	81,46937	263,0	95,43182	283,0	110,4980
223,5	68,91867	243,5	81,80500	263,5	95,79504	283,5	110,8889
224,0	69,22736	244,0	82,14125	264,0	96,15894	284,0	111,2803
224,5	69,53675	244,5	82,47829	264,5	96,52354	284,5	111,6725
225,0	69,84685	245,0	82,81594	265,0	96,88882	285.0	112,0654
225,5	70,15762	245,5	83,15431	265,5	97,25474	285,5	112,4589
226,0	70,46910	246,0	83,49336	266,0	97,62139	286,0	112,8531
226,5	70,78125	246,5	83,83312	266,5	97,98874	286,5	113,2481
227,0	71,09411	247,0	84,17358	267,0	98,35680	287,0	113,6437
227,5	71,40762	247,5	84,51468	267,5	98,72552	287,5	114,0400
228,0	71,72183	248,0	84,85652	268,0	99,09492	288,0	114,4371

VITESSES en une seconde.	HAUTEURS correspondantes.	VITESSES en une seconde.	HAUTEURS correspondantes.	VITESSES en une seconde.	HAUTEURS correspondantes.	VITESSES en une seconde.	HAUTEURS correspondantes.
pouces.	pouces.	pouces.	pouces.	pouces.	pouces.	pouces.	pouces.
288,5	114,8347	308,5	131,3083	328,5	148,8855	348,5	167,5666
289,0	115,2331	309,0	131,7343	329,0	149,3391	349,0	168,0477
289,5	115,6323	309,5	132,1610	329,5	149,7934	349,5	168,5296
290,0	116,0320	310,0	132,5883	330,0	150,2483	350,0	169,0121
290,5	116,4324	310,5	133,0164	330,5	150,7040	350,5	169,4953
291,0	116,8336	311,0	133,4451	331,0	151,1603	351,0	169,9793
291,5	117,2354	311,5	133,8743	331,5	151,6173	351,5	170,4639
292,0	117,6379	312,0	134,3046	332,0	152,0750	352,0	170,9493
292,5	118,0412	312,5	134,7354	332,5	152,5334	352,5	171,4352
293,0	118,4451	313,0	135,1669	333,0	152,9925	353,0	171,9219
293,5	118,8497	313,5	135,9117	333,5	153,4523	353,5	172,4092
294,0	119,2549	314,0	136,0320	334,0	153,9128	354,0	172,8974
294,5	119,6609	314,5	136,4655	334,5	154,3740	354,5	173,3861
295,0	120,0679	315,0	136,8999	335,0	154,8358	355,0	173,8756
295,5	120,4750	315,5	137,3348	335,5	155,2984	355,5	174,3657
296,0	120,8830	316,0	137,7704	336,0	155,7616	356,0	174,8565
296,5	121,2917	316,5	138,2068	336,5	156,2255	356,5	175,3480
297,0	121,7011	317,0	138,6438	337,0	156,6901	357,0	175,8402
297,5	122,1113	317,5	139,0814	337,5	157,1554	357,5	176,3330
298,0	122,5221	318,0	139,5198	338,0	157,6214	358,0	176,8267
298,5	122,9335	318,5	139,9589	338,5	158,0881	358,5	177,3210
299,0	123,3457	319,0	140,3987	339,0	158,5555	359,0	177,8159
299,5	123,7586	319,5	140,8392	339,5	159,0235	359,5	178,3116
300,0	124,1722	320,0	141,2803	340,0	159,4923	360,0	178,8080
300,5	124,5864	320,5	141,7222	340,5	159,9617	360,5	179,3050
301,0	125,0014	321,0	142,1647	341,0	160,4318	361,0	179,8027
301,5	125,4170	321,5	142,6080	341,5	160,9027	361,5	180,3011
302,0	125,8333	322,0	143,0519	342,0	161,3741	362,0	180,8002
302,5	126,2503	322,5	143,4965	342,5	161,8464	362,5	181,2000
303,0	126,6680	323,0	143,9418	343,0	162,3193		
303.5	127,0864	323,5	144,3878	343,5	162,7928		
304,0	127,5055	324,0	144,8344	344,0	163,2671		
304,5	127,9253	324,5	145,2818	344,5	163,7420		
305,0	128,3456	325,0	145,7299	345,0	164,2177		
305,5	128,7669	325,5	146,1786	345,5	164,6941		
306,0	129,1887	326,0	146,6280	346,0	165,1710		
306,5	129,6113	326,5	147,0781	346,5	165,6488		
307,0	130,0345	327,0	147,5290	347,0	166,1272		
307,5	130,4584	327,5	147,9804	347,3	166,6063		
308,0	130,8830	328,0	148,4327	348,0	167,0860		

CHAPITRE XXII.

Suite de l'eau comme moteur : De son action mécanique sur les corps en diverses circonstances, et de la mesure de cette action.

Pour présenter l'ensemble des phénomènes que produit l'action mécanique de l'eau sur les corps, nous croyons devoir examiner les diverses questions suivantes, qui nous semblent embrasser ce sujet tout entier.

1°. Quelle est l'action de l'eau sur les corps qui y sont plongés librement?

2°. Quelle est son action sur les corps qu'on y fait mouvoir par une force étrangère?

3°. Quelle est son action sur les corps inébranlables qui lui sont opposés, ou qui sont destinés à résister à son impulsion?

4°. Enfin quelle est son action sur les corps qui peuvent céder jusqu'à un certain point à cette action?

Reprenons : *Quelle est son action sur les corps qui y sont plongés librement?*

L'eau exerce son action perpendiculairement sur tous les points de la surface du corps qu'on y a plongé entièrement, et cette action est d'autant plus puissante que le corps y est plongé à une plus grande profondeur. Cette action est le résultat de la pression que subit chaque molécule d'eau dans le sein du liquide, ainsi que nous l'avons vu précédemment, puisque toutes les molécules qui entourent le corps s'appuient sur lui. Mais de même que la pression de chaque molécule est proportionnelle à la hauteur verticale du filet d'eau qu'elle supporte, de même chaque point de la surface du corps plongé reçoit de l'eau une action différente; et la différence d'action entre un point et un autre point de cette surface est d'autant plus grande que le corps est plus volumineux, et que ces deux points sont à une distance verticale plus grande l'une de l'autre.

D'où il résulte que, si le corps doit rester plongé dans l'eau à une profondeur un peu grande, il faut donner aux parties inférieures plus de solidité qu'aux autres.

S'il était de nature à céder à l'action de l'eau, il s'y déformerait, il s'y comprimerait d'autant plus sensiblement qu'il y occuperait une plus grande place en hauteur : une bulle d'air à 11 mètres de profondeur dans l'eau y est comprimée au point de ne plus avoir que la moitié de son volume. Lorsque la bulle d'air est fort petite, elle conserve sensiblement sa forme sphérique; parce que la distance qui sépare les deux extrémités de son diamètre vertical est très-petite. Elle s'aplatit par le bas si le volume de cette bulle est un peu considérable. Or, l'action de l'eau produirait le même effet sur tout autre corps compressible; et, s'il n'était pas d'une nature assez solide pour résister à cette action, il se briserait.

Les actions respectives horizontales des couches d'eau, sur le corps plongé, s'opposant à elles-mêmes tout à l'entour du corps, se font mutuellement équilibre, et le corps est immobile, dans le conflit de ces actions égales.

Mais l'action verticale de bas en haut du liquide tend constamment à soulever le corps, dont la partie supérieure est toujours nécessairement moins pressée que la partie inférieure.

On peut trouver, dans cette poussée de bas en haut, le moyen de tenir un tube, qui serait plongé verticalement dans l'eau, fermé par une plaque bien dressée sur ce tube, et qui n'y serait aucunement assujettie : pour cela, on appliquerait la plaque tout simplement sur l'orifice inférieur du tube; on plongerait celui-ci dans l'eau, en soutenant la plaque jusqu'à une certaine profondeur, la plaque alors resterait exactement appliquée à cet orifice par l'action seule de l'eau; et la force qui agirait sur cette plaque serait d'autant plus grande que le tube serait plus profondément plongé. Il faut remarquer que la plaque ne resterait appliquée à l'orifice qu'à une certaine profondeur; car à la surface de l'eau, elle ne s'y tiendrait pas si elle était d'une pesanteur spécifique plus grande que celle-ci. Mais lorsqu'elle est placée à une profondeur telle que le poids de la colonne qui la presse de bas en haut est supérieur, ou au moins égal à celui de la plaque, elle ferme exactement l'orifice du tube. La densité de la matière dont la plaque est composée détermine donc le degré d'enfoncement auquel on doit porter le tube : ainsi comme le fer de fonte est, sous le même volume, environ *sept fois* plus pesant que l'eau, il faudrait plonger l'extrémité du tube et la plaque si elle était de fonte, à une profondeur au moins *sept à huit fois* plus grande que son épaisseur.

On voit à l'article *pesanteur spécifique*, à la fin du volume, que la poussée de bas en haut est égale au poids d'un volume d'eau égal au volume du corps plongé; il résulte de là que tant qu'un corps plongé dans l'eau a au-dessous de lui une couche de liquide, quelque mince qu'elle soit, toute l'action du fluide supérieur est contrebalancée par celle des couches inférieures, qui s'exerce sur le corps en sens contraire. Il n'éprouve donc pas une action croissante de la part des colonnes supérieures à mesure qu'il s'y enfonce, et jamais il ne peut être entraîné à descendre par la charge d'eau qui se trouve au-dessus de lui.

L'action de l'eau, qui tend constamment à soulever un corps plongé, a exactement lieu dans la ligne verticale, et cette ligne passe nécessairement par le centre de gravité du volume d'eau que le corps déplace par son immersion. Il est évident que la forme du liquide déplacé est toujours la même que celle du corps; et que celui-ci, étant, par exemple, une sphère, la ligne de poussée passe par le centre de cette sphère. Un plan, mené par cette ligne, coupe le volume d'eau déplacé en deux parties égales, et la même intensité d'action se fait sentir des deux côtés du plan.

Deux actions s'exercent à la fois, dans deux sens opposés, sur un corps plongé dans l'eau : celle du liquide qui a lieu, comme nous venons de le dire, de bas en haut, et celle de la pesanteur qui a lieu de haut en bas. La direction de la première passe par le centre de gravité du volume d'eau déplacé, et la direction de la seconde, par le centre de gravité du corps. Ces deux actions tendront à se détruire, si leurs directions respectives sont sur la même ligne : si elles ne sont pas sur la même ligne, l'eau agira d'un côté, la pesanteur de l'autre, et feront faire au corps une portion de révolution sur lui-même, pour arriver à confondre leurs directions et à se contrebalancer. Le corps restera alors immobile, si son poids est égal à celui du volume d'eau déplacé; il descendra s'il est plus lourd, ou il remontera s'il est plus léger.

S'il descend, ce sera d'abord avec une vitesse accélérée; car l'action de l'eau ne peut détruire qu'une partie de celle de la pesanteur; mais comme la résistance de l'eau augmente avec la vitesse du corps, celle-ci sera nécessairement ralentie. S'il remonte par sa légèreté, ce sera aussi avec une vitesse accélérée, qui se ralentira également par la résistance des couches liquides qu'il est obligé de déplacer.

Un corps plus léger que l'eau ne peut donc y être plongé que par une force étrangère : abandonné à lui-même, il remonte et vient flotter à sa surface. Alors une partie de ce corps est plongée dans le fluide, et l'autre en sort; et quoique le niveau des colonnes sur lesquelles le corps s'appuie soit abaissé par leur déplacement, elles sont cependant en équilibre avec celles qui les environnent et dont le niveau est différent. Le poids du corps compense cette différence de niveau, et puisqu'il la compense, il représente évidemment la quantité d'eau nécessaire pour amener toutes ces colonnes au même niveau. On peut donc conclure avec certitude, que le corps déplace, par sa partie plongée, un poids d'eau égal à son propre poids, et qu'on pourrait, pour le dire en passant, connaître le poids d'un corps en le posant sur l'eau, et en recueillant la quantité d'eau qu'il déplacerait.

La pesanteur et la poussée de l'eau s'exerçant sur un corps flottant à sa surface, comme sur un corps plongé, le corps flottant ne peut y avoir une position stable qu'autant que les directions de ces deux forces passent par les centres de gravité et du corps et du volume d'eau déplacé : mais, lorsque, dans cet état d'équilibre, il reçoit l'action d'une force étrangère sur quelques points plus ou moins éloignés de la ligne qui passe par son centre de gravité, il cède très-aisément : une partie du corps s'enfonce au-dessous des points d'application de cette force étrangère; l'autre le soulève au-dessus de l'eau; et, selon les positions respectives des centres de gravité du corps et du volume d'eau déplacé, il peut être ou ne pas être renversé.

Il ne le sera pas, si le centre de gravité du corps est *au-dessous* de celui du volume de fluide déplacé : car, pour le renverser, il faudrait que son centre de gravité s'élevât au-dessus de la surface de l'eau, pour passer de l'autre côté du plan mené par le centre de gravité du corps, ce qui ne peut avoir lieu; et aussitôt que la force étrangère cesse d'agir, le corps oscille sur l'eau et revient à sa première position. C'est le cas d'un bateau construit et chargé convenablement.

Si les deux centres de gravité sont confondus au même point, on aura de la peine à renverser le corps : car la force étrangère portera à une autre place le point sur lequel l'eau pousse le corps, dont le centre de gravité restera dans la même ligne. Or, ce point d'application de la poussée de l'eau ne peut se trouver ailleurs que du côté où le corps penche; cette poussée doit donc coopérer avec la pesanteur, pour empêcher le corps de se renverser, en tendant constamment à le ramener à sa première position.

Mais si le centre de gravité du corps est *au-dessus* de celui du volume d'eau déplacé, le corps flottant sera facilement renversé, si toutefois la distance qui sépare les deux centres est très-petite, car alors il suffira de faire pencher le corps flottant d'une certaine quantité, pour que le point d'action de la poussée de l'eau se trouve au-dessous du centre de gravité du corps et conspire avec la pesanteur pour renverser le corps. Cependant tant que la verticale, qui passe par le centre de gravité de la portion enfoncée du corps qu'on aura fait pencher d'une certaine quantité, rencontre l'axe de ce corps en un point placé au-dessus du centre de gravité de la masse toute entière, le corps flottant tendra toujours à se relever, parce que la pesanteur et la poussée de l'eau agissent, dans ce cas, de concert.

Tels sont les phénomènes de l'action de l'eau sur des corps qui y sont librement plongés, ou qui flottent à sa surface.

Il nous reste à examiner, comme une des applications qu'on

peut faire de ce qui précède, comment il faut déterminer la quantité de matière d'une autre nature, à ajouter à un corps pour le faire plonger entièrement, ou seulement d'une quantité donnée, s'il est plus léger que l'eau; ou pour le faire flotter à sa surface, s'il est plus lourd par sa nature.

Dans le premier cas il peut arriver de deux choses l'une : ou la matière ajoutée sera unie au corps léger, de manière que le volume de celui-ci ne soit pas augmenté ; ou ce volume sera augmenté par cette addition.

Supposons qu'on ait à faire enfoncer dans l'eau un cube de bois de sapin, d'un mètre de côté, et que la pesanteur spécifique de ce bois ne soit que la moitié de celle de l'eau : il est évident que ce cube de bois ne déplacera que la moitié d'un mètre cube d'eau, et qu'une partie surnagera; supposons en outre que ce soit avec du plomb qu'on veuille l'enfoncer tout-à-fait, sans en augmenter le volume : on fera un trou dans le cube, et l'on y introduira du plomb. Il s'agit maintenant de savoir quelle quantité; or le mètre cube d'eau pèse 1000 kilogrammes, et le cube de bois 500; il est donc clair qu'en ajoutant 500 kilogrammes de plomb, le cube de sapin s'enfoncera.

On conçoit sans peine ce qu'il y aurait à faire si les pesanteurs spécifiques des corps qu'on réunit ainsi étaient différentes ; ce seraient d'autres nombres à substituer dans la règle.

Mais supposons qu'il ne convienne pas d'introduire la matière lourde dans le corps léger; et qu'on veuille simplement l'y suspendre : alors le volume de la matière ajoutée agrandit celui du corps léger, et il faudra employer plus de plomb que dans l'exemple précédent. On sait que le poids respectif d'un volume de plomb est environ *onze fois* plus grand que le même volume d'eau, et qu'il perd $\frac{1}{11}$ de son poids dans l'immersion; il faudra donc ajouter aux 500 kilogrammes le *on-zième* de ce poids, pour faire enfoncer le cube de bois.

Si l'on voulait que le cube de bois ne s'enfonçât que d'une certaine quantité, il est facile de déterminer le volume ou le poids de la matière lourde à ajouter, pour obtenir le degré d'enfoncement demandé, puisqu'on connaît le volume de l'immersion du corps léger seul, ainsi que celui correspondant au degré d'enfoncement qu'on veut obtenir, et qu'on connaît de même combien de mètres ou de centimètres cubes d'eau l'on veut déplacer de plus, en portant l'immersion au degré proposé.

Pour le second cas, si l'on se propose de faire une boule de fer, par exemple, du poids de 30 kilogrammes, qui puisse flotter sur l'eau : on sait que le poids d'un décimètre cube d'eau est d'*un* kilogramme, et qu'un volume d'eau de 30 kilogrammes sera de 30 décimètres cubes. On rendra donc cette boule de fer creuse en dedans; et si on lui donne, par exemple, 4 décimètres de diamètre extérieur, elle surnagera.

Lorsqu'au lieu de creuser le corps lourd, on veut simplement lui ajouter un volume suffisant d'un corps léger quelconque, pour le faire flotter, la règle suivante résout toutes les questions de ce genre. Multipliez le volume du corps lourd par la différence entre sa pesanteur spécifique et celle de l'eau; divisez ensuite par la différence entre la pesanteur spécifique de l'eau et celle de la matière légère qu'on veut ajouter, et l'on aura le volume de cette matière qui sera nécessaire pour tenir le corps lourd en équilibre dans l'eau.

Si l'on voulait avoir le poids de cette matière, il faudrait multiplier la différence qu'il y a entre le poids du corps et le poids d'un volume d'eau égal, par la pesanteur spécifique de la matière légère, et diviser par la différence entre cette pesanteur et celle de l'eau; le quotient donnera ce poids.

Terminons l'examen de cette première question, en remarquant que tous les faits rapportés à ce sujet sont indépendans de la quantité d'eau sur laquelle on opère, et que sa poussée verticale de bas en haut s'exerce avec la même puissance, quelles que soient les dimensions de ce fluide.

Il n'en est pas de même quand le corps plongé ou flottant reçoit un mouvement de translation dans le sein ou à la surface du fluide, par l'action d'une force étrangère : la résistance de l'eau varie, suivant les dimensions du canal ou du réservoir qui la contient, comme nous allons le voir dans la discussion de la question suivante.

Quelle est l'action de l'eau sur les corps qui s'y meuvent par une force étrangère?

Nous avons déjà parlé, dans un des chapitres relatifs aux moteurs en général, de ce qu'on appelle *résistance des milieux;* nous y revenons pour examiner les faits que l'eau présente sous ce rapport.

Le corps, soumis dans l'eau à un mouvement qu'il doit à une force étrangère, pousse devant lui les molécules de fluide, qui s'élèvent d'abord au-devant de la surface du corps, pour s'échapper ensuite des deux côtés. Si celles-ci ne pouvaient se soustraire à l'action du corps, en s'échappant latéralement, l'eau continuerait de s'élever contre la partie antérieure du corps, et toute la masse d'eau amoncelée réagirait de toute sa puissance. Que si elle ne pouvait s'élever au-dessus d'une certaine limite, comme cela arriverait dans un large tuyau que le corps mouvant remplirait entièrement, la résistance de l'eau pourrait devenir insurmontable.

Mais quand elle peut s'échapper par les côtés, la résistance ne dépend plus que du nombre de molécules que le corps frappe dans son mouvement, et de la plus ou moins grande facilité qu'ont celles-ci de fuir latéralement, après avoir été refoulées en avant du corps.

On comprend parfaitement que, lorsque l'eau a de grandes dimensions, par rapport au corps qui s'y meut, elle se détourne plus aisément que si elle était renfermée dans un canal étroit.

Examinons quelle est la résistance qu'oppose l'eau au mouvement d'un corps dans l'un et dans l'autre cas.

Quand le canal ou le réservoir dans lesquels le corps se meut sont fort larges, eu égard à la largeur de ce corps, la résistance de l'eau suit à peu près la raison des carrés des vitesses; c'est-à-dire qu'elle est *quatre fois* plus grande, contre un corps qui s'y meut *deux fois* plus vite. Nous avons donné l'explication de ce fait, en parlant de la résistance des milieux, comme cause de perte de mouvement-moteur. Ce fait est d'ailleurs prouvé par un grand nombre d'expériences directes. Cette résistance paraît suivre la même loi, quelle que soit la forme, plane, angulaire, ou courbe du corps qui se meut dans l'eau. Bossut a remarqué cependant que, lorsque le corps se meut très-vite, la résistance croît dans un plus grand rapport que les carrés des vitesses; or, voici comment il explique ce fait : aussitôt qu'un corps flottant, par exemple, vient à se mouvoir, le fluide est obligé de se diviser et de céder pour lui faire place : mais l'eau ne peut pas se prêter en un instant indivisible au mouvement du corps, et fuir aussi vite qu'il le faudrait. Dans le commencement du mouvement, la vitesse s'accélère par degrés; tant qu'elle est fort petite, l'eau se détourne facilement et coule le long des parois du corps flottant; de manière que le fluide demeure sensiblement de niveau, de l'avant à l'arrière du corps ; mais à mesure que la vitesse augmente, l'eau a plus de peine à se détourner ; elle s'amoncèle devant et s'abaisse derrière le corps, d'autant plus que la vitesse et la largeur de celui-ci sont grandes; ainsi l'augmentation de vitesse doit accroître d'une manière particulière la résistance qui provient de la division trop subite du liquide.

Concluons de ces faits que lorsqu'on aura à comparer dans quelques combinaisons mécaniques la résistance de l'eau au mouvement d'un corps pouvant être animé de deux vitesses différentes, il faut en évaluer le rapport un peu plus haut qu'en raison des carrés de la vitesse, si elles sont telles que l'eau s'amoncelle à l'avant du corps; et en raison des carrés, si le niveau de l'eau se conserve malgré le mouvement de celui-là.

La résistance du fluide ne varie pas seulement avec la vitesse du corps en mouvement, mais encore par la différence des formes des surfaces, la vitesse étant la même.

Pour les surfaces planes, elles peuvent être différentes en largeur, ou différer par la hauteur de leur enfoncement dans l'eau.

Dans le cas où elles sont de largeurs différentes et plongées à la même hauteur, les expériences de Bossut ont prouvé que la résistance augmente dans un rapport un peu plus grand que ne le comporte celui des largeurs des surfaces : plus la surface est grande, plus l'eau qu'elle repousse devant elle a de chemin à faire pour fuir latéralement et pour reprendre son niveau à l'arrière; ce qui doit augmenter la résistance dans une proportion un peu plus grande que l'augmentation de largeur.

Lorsqu'à égales largeurs elles sont plongées à diverses profondeurs, il paraît que la résistance est, au contraire, un peu au-dessous de celle qu'on déduirait de la surface plongée; d'où il suit qu'un corps entièrement plongé dans l'eau doit rencontrer proportionnellement moins de résistance qu'un corps flottant à la surface. Il vaudrait donc mieux, à surfaces et à vitesses

I.	31

égales, enfoncer dans l'eau le corps qui doit s'y mouvoir que de l'établir à la surface.

Les variations de la résistance réelle que l'eau oppose au mouvement de surfaces angulaires ou courbes, sous la même vitesse, présentent trop d'anomalies pour être déterminées par une loi applicable, comme pour les surfaces planes, aux cas divers qui peuvent se présenter.

Il est certain que plus la surface antérieure du corps qui se meut dans l'eau est inclinée, moins le fluide présente de résistance; les molécules qui se présentent au passage du corps ne sont frappées qu'obliquement, et glissant avec plus de facilité le long du corps, elles peuvent fuir rapidement de l'avant à l'arrière. Mais y a-t-il quelques rapports à saisir entre les variations des résistances et ceux des degrés d'inclinaison de ces surfaces? C'est ce qu'il est impossible d'affirmer, malgré les expériences assez nombreuses de plusieurs observateurs habiles, qui n'en ont pu faire accorder les résultats avec la loi de variations qu'on peut déduire du calcul, sans expérience directe et préalable, et de quelques constructions géométriques. On peut voir cette théorie purement mathématique, ainsi que les hypothèses sur lesquelles elle est basée, dans l'hydro-dynamique de Bossut.

Les faits principaux qu'on a pu recueillir à ce sujet se réduisent à montrer qu'il faut incliner le plus possible la surface antérieure du corps, à la direction du mouvement, afin que, présentant un angle aigu, elle s'ouvre plus facilement un passage dans l'eau; il faut, en d'autres termes, que les surfaces, soit angulaires, soit courbes, choquent le plus obliquement possible les molécules d'eau, et que par la forme de leurs contours, elle laissent à l'eau le plus de facilité possible pour s'échapper latéralement.

Nous venons de voir dans quels rapports approximatifs il fallait évaluer les résistances de l'eau aux corps qui y subissent un mouvement de translation, suivant les différentes vitesses de ce mouvement, et suivant l'étendue des surfaces mouvantes, soit en profondeur, soit en largeur, et d'indiquer d'une manière générale les formes qui, à surfaces et à vitesses égales, doivent trouver le moins de résistance ; mais nous ne savons pas encore quelle est la valeur de la résistance pour une surface et une vitesse données, ou si l'on veut, nous ne connaissons point encore la valeur absolue de la résistance de l'eau, s'exerçant perpendiculairement et directement contre le plan antérieur d'un corps qui s'y meut ; c'est à présent ce qu'il nous importe d'examiner.

Puisque le nombre de molécules d'eau poussées et déplacées par le mouvement du corps est non-seulement proportionnel à l'étendue de la surface antérieure de celui-ci, mais encore à la vitesse dont il est animé : qu'avec une vitesse double, le corps frappe un nombre double de molécules avec un mouvement double, ce qui produit un effet quadruple, et en raison du carré de la vitesse ; sachant d'ailleurs que les carrés des vitesses sont comme les hauteurs, on peut évaluer d'une manière assez approchée, la valeur absolue de la résistance que l'eau oppose au mouvement d'une surface plane qui la frappe directement et perpendiculairement, pourvu que l'eau soit beaucoup plus large que le corps, *en faisant cette valeur égale au poids d'une colonne d'eau, ayant pour base la surface du plan antérieur du corps ; et pour hauteur, la hauteur due à la vitesse du mouvement de ce corps.* Cette règle que le raisonnement donne, et que de nombreuses expériences semblent confirmer, est applicable à tous les cas de ce genre : seulement il faut regarder dans la pratique cette résistance comme un *minimum*, lorsque les vitesses sont grandes et les surfaces larges.

Ainsi, par exemple, si vous faites mouvoir dans un grand réservoir d'eau, un corps dont la partie antérieure soit une surface plane de 100 centimètres carrés, avec une vitesse de 100 centimètres par seconde, la résistance que ce corps éprouvera sera égale au poids d'une colonne d'eau de 100 centimètres carrés de base, et d'une hauteur qui serait celle avec laquelle on obtiendrait 100 centimètres de vitesse par seconde. Nous savons que, pour trouver cette hauteur, il faut diviser le carré de cette vitesse, ou 10,000 centimètres par le double de l'action de la pesanteur, ou 1981 centimètres ; ce qui donne à peu près 5 centimètres pour la hauteur. On multipliera donc 100 centimètres carrés de surface par 5 centimètres de hauteur, et l'on aura 500 centimètres cubes pour la mesure de la colonne, lesquels représenteront 500 grammes. Vous concluerez donc que la résistance qu'éprouve ce corps est égale à un poids de 500 grammes, ou que la puissance de mouvement de ce corps sera diminuée au moins de 500 grammes en passant dans l'eau.

Rappelons-nous que, dans les observations qui précèdent, nous avons supposé que le corps se mouvait dans un canal ou dans un réservoir beaucoup plus large que lui : s'il se mouvait dans un canal étroit et peu profond, la résistance serait plus grande, tout en suivant néanmoins la loi des carrés des vitesses. Bossut, qui a fait sur ce sujet, beaucoup d'expériences avec des bateaux de diverses formes, a trouvé que la différence pouvait aller très-loin, suivant la largeur et la profondeur des canaux et la forme même des bateaux.

Il a observé que, « dans un canal étroit, le fluide poussé par le bateau, fuit du moins en partie devant lui, et forme un courant plus ou moins rapide, selon que le bateau se meut plus ou moins vite. Ce courant doit avoir lieu d'une manière plus ou moins marquée dans toutes sortes de canaux étroits. Car si le bateau remplissait entièrement le canal, il pousserait toute l'eau devant lui, à peu près de même que le piston d'une seringue chasse l'eau qu'elle contient : mais comme il y a toujours du vide par les côtés et par-dessous le fond du ba- teau, une partie du fluide s'écoule par ce vide; l'autre partie est refoulée par le bateau; ce qui produit des courans con- traires, lesquels sont susceptibles de plusieurs variétés, à rai- son de la variété des causes qui tendent à les former, et de la longueur du canal dans lequel se fait le mouvement. Moins l'eau a de facilité pour passer de l'avant à l'arrière du bateau, plus le courant contraire est grand, et moins le bateau est soutenu vers sa partie postérieure, d'où résulte une augmen- tation de résistance. »

« On voit par-là, ajoute-t-il, combien il est essentiel de donner aux canaux de navigation le plus de largeur et de pro- fondeur qu'il est possible, sans se jeter néanmoins dans une dépense superflue. On doit donc éviter, à moins qu'on n'y soit forcé par des circonstances locales, extrêmement rares, de construire des canaux souterrains; car si l'on veut donner à ces sortes de canaux les dimensions requises pour y établir une navigation sûre et commode, ils coûteront souvent des sommes effrayantes, tant pour l'extraction des terres, que pour la construction des voûtes, presque toujours indispen- sablement nécessaires pour soutenir le ciel et les parois de l'excavation. Il ne s'agit pas ici de se proposer la ridicule gloire de vaincre des difficultés : un canal est un objet d'utilité, et non un monument d'ostentation. Si les frais pour sa con- struction et son entretien l'emportent sur les avantages qu'on en espère, aucune considération ne peut déterminer à l'entreprendre. Les canaux à ciel ouvert méritent en général toute la préférence sur les canaux souterrains. Il est vrai qu'au moyen de ceux-ci, on peut quelquefois diminuer beaucoup le trajet de la navigation ; mais cet avantage prétendu n'est le plus souvent qu'une illusion : car le but qu'on se propose dans le transport d'un bateau, n'est pas simplement d'abréger l'espace qu'il doit parcourir, mais d'arriver d'un point à un autre dans le moins de temps possible ; or, la navigation est incomparablement plus facile et plus prompte dans un canal à ciel ouvert que dans un canal souterrain. Ajoutons que le premier, s'il est bien entendu, bien adapté au terrain, coûtera ordinairement beaucoup moins que le second, malgré les différences qui peuvent se trouver dans les longueurs des deux canaux. »

Quelle est l'action de l'eau sur les corps inébranlables qui lui sont opposés, ou qui sont destinés à lui résister ?

On conçoit d'après ce qui précède, qu'un corps placé à demeure au milieu d'un courant, en reçoit un choc proportionnel et à la vitesse de ce courant et à l'étendue de la surface baignée dans l'eau qui lui est opposée.

Le corps peut n'intercepter qu'une petite partie du courant, et alors l'eau qui le frappe trouve à s'échapper plus ou moins facilement par les deux côtés. On s'accorde assez généralement à dire que la valeur de l'impulsion que reçoit ce corps est égale au poids d'une colonne d'eau dont la base serait la surface du corps que le courant frappe directement et perpendiculairement ; et la hauteur, celle *due* à la vitesse même du courant.

On voit que la mesure est la même, pour l'objet de cette question, comme pour celui de la précédente, qui en est l'inverse ; car dans l'une c'est le corps qui se meut dans une masse liquide en repos ; dans l'autre, c'est un corps en repos qui s'oppose à une partie de l'eau en mouvement.

En général on n'intercepte une petite partie d'un courant par l'établissement d'un corps sur un point quelconque de sa largeur, que pour défendre contre la violence du courant une partie de berge et quelques constructions qu'elle porte, ou bien pour soutenir un pont, ou bien encore on l'intercepte par un édifice élevé au milieu d'une grande masse d'eau en mouvement.

Dans ces diverses circonstances, la question principale n'est point de savoir quelle est la valeur de l'action de l'eau contre une surface donnée, mais bien de chercher quelle est la forme du corps qui présente le moins de prise à l'action de l'eau, ou, en d'autres termes, qui, sous un volume donné, en reçoit la plus petite impulsion.

On sait bien qu'il ne faut pas construire ce corps, cette pile de pont, cet édifice, de manière qu'ils présentent à l'action directe et perpendiculaire du mouvement des eaux, des surfaces planes, qui recevraient l'impulsion de l'eau dans toute sa violence ; cette impulsion finirait par ébranler la solidité de l'assise du corps et pourrait en opérer la destruction.

C'est donc sur des surfaces obliques qu'il faut recevoir l'impulsion du courant, pour en esquiver, si on peut le dire, le choc. L'expérience n'a point encore fait connaître quelle était de toutes les formes celle qui convenait le mieux, sous tous les rapports, à l'objet proposé.

Nous avons vu plus haut qu'on ne connaissait pas au juste la valeur réelle du choc oblique pour tous les cas qui peuvent se présenter. Le calcul indique bien la règle pour l'obtenir, mais on ne doit la considérer que comme donnant une légère approximation, quand on en compare, en général, les résultats avec ceux de l'expérience. Voici cette règle : *le choc d'un fluide contre un plan situé obliquement est au choc contre le même plan directement opposé au courant, comme le carré du sinus de l'angle d'incidence est au carré du rayon.*

Cette règle donne des résultats peu éloignés de ceux de l'expérience, lorsque les angles d'incidence sont entre 5o et 90 degrés; dans ces cas le calcul donne une valeur plus petite que l'expérience, et d'autant plus petite, d'après la remarque de Bossut, que les angles s'éloigneront davantage de 90 degrés. Pour des angles au-dessous de 5o degrés, la règle ne peut plus servir.

On peut regarder les surfaces courbes comme composées d'une infinité de petits plans inclinés les uns par rapport aux autres. Le choc de l'eau est oblique à différens degrés sur ces surfaces courbes, et varie pour chaque plan dont on suppose que chaque courbe est formée. L'expérience directe pour chaque forme donne seule la valeur réelle de ce choc.

On a trouvé que l'impulsion contre une demi-circonférence est les $\frac{2}{3}$ de celle qui aurait lieu contre le diamètre qui serait la base de cette demi-circonférence; et que l'action contre une demi-sphère n'est que la *moitié* de celle qui s'exercerait perpendiculairement contre un grand cercle de cette sphère.

D'où il résulte qu'un cylindre établi au milieu d'une rivière n'a guère à supporter que les $\frac{2}{3}$ de l'action que le courant exercerait perpendiculairement sur un plan qui passerait par l'axe du cylindre. Ce qui explique pourquoi on termine les deux faces verticales des piles de pont par des demi-cylindres opposés à l'action du courant.

Quant aux tours, ou autres édifices construits au milieu des rivières ou sur les bords de la mer, on a soin d'élargir beaucoup leurs bases, non-seulement pour leur donner plus d'assiette, mais encore pour présenter au courant ou aux vagues des surfaces inclinées ou courbes, et pour diminuer ainsi le choc qu'elles éprouvent.

La valeur de l'impulsion est plus considérable, lorsque le corps, par ses dimensions, intercepte la plus grande partie du courant, soit en ne laissant que peu d'issue latéralement, soit en ne laissant d'issue que pour la couche supérieure du courant, laquelle passe alors par-dessus le corps.

Dans les deux cas, l'action de l'eau est plus puissante; les molécules s'amoncellent contre l'obstacle, agissent d'abord avec leur propre force, et réagissent ensuite par l'impulsion de celles qui affluent; attendu qu'elles ne peuvent s'échapper assez vite par les points d'écoulement que le corps laisse au courant.

Quelques expériences semblent avoir montré que le choc dans ces circonstances, et sous certaines conditions dont il sera question plus loin, est à peu près *double* de celui qui a lieu lorsque l'eau peut s'échapper, pour ainsi dire, sans s'arrêter sur l'obstacle. Ainsi, en supposant ces expériences exactes, le choc serait égal au poids d'une colonne d'eau ayant pour base le plan contre lequel il a lieu directement; et pour hauteur, le double de celle qui est *due* à la vitesse du courant.

C'est pourquoi il est indispensable de donner une grande solidité au plan de barrage d'une rivière ou d'un canal de déri-vation, dont on veut prendre l'eau à la surface. Le fluide ne pouvant s'écouler que par une lame de quelques centimètres d'épaisseur à sa surface, tout le plan de barrage reçoit le choc direct des eaux affluentes qui ne s'échappent que peu à peu. C'est alors qu'il n'y a nul inconvénient de considérer l'action de l'eau contre le plan, comme équivalant au poids d'une colonne fluide dont la base est égale à ce plan, et la hauteur double de celle qui est *due* à la vitesse.

Quelle est l'action de l'eau sur les corps qui peuvent céder jusqu'à un certain point à cette action?

Cette question, quant à la valeur absolue de l'action de l'eau, a beaucoup de rapports avec celle que nous venons de traiter; nous allons supposer même dans celle-ci, que le corps présenté à l'impulsion de l'eau lui résiste tout-à-fait, mais ici par le secours d'une force étrangère dont la valeur nous sera connue. Nous pourrons nous mettre ainsi à même de juger les rapports existans entre la force absolue d'impulsion contre le corps maintenu à l'état de repos et la force relative, lorsque le corps vient à céder plus ou moins à l'action de l'eau.

Ce n'est que lorsque le corps cède d'une manière régulière et en vertu des dispositions spéciales qu'on lui a données, que l'action de l'eau prend le caractère de moteur. Tant que le corps en prise à cette action est inébranlable, il n'y a que du mouvement perdu, et non du mouvement transmis, qui seul peut servir aux opérations mécaniques de l'industrie.

Que si nous avons exploré tous les phénomènes de l'action de l'eau, même dans le premier cas, c'est qu'on ne doit pas négliger dans l'étude d'un moteur la connaissance des faits, des qualités matérielles qui jouent un rôle souvent important dans le service qu'il est destiné à faire, à raison des dispositions exigées par son établissement. Ainsi par exemple, pour faire agir l'eau il faut ordinairement changer son cours, l'arrêter sur quelques points par des obstacles inébranlables; la rétrécir pour ne dépenser sa force qu'avec économie et régularité; il faut donc proportionner la solidité des obstacles qu'on lui oppose à l'intensité de son action; il faut donc connaître celle-ci, même quand on la détruit.

Plusieurs raisons nous ont déterminés à séparer, dans l'examen de l'action de l'eau contre un corps immobile, le cas où ce corps est destiné par les dispositions de son établissement à résister long-temps, de celui où le corps ne résiste que par le secours d'une force étrangère qui peut céder sans qu'on fasse subir à cette force un autre changement que de la diminuer.

Dans l'un et dans l'autre cas, la valeur absolue de l'impulsion peut bien être la même dans des circonstances analogues ; mais, dans le premier cas, on ne cherche à connaître l'impulsion de l'eau que pour la détourner ou pour l'esquiver autant qu'on le peut. Dans le second, au contraire, on cherche les dispositions les plus propres à recueillir tout l'effet de cette impulsion.

Cette différence de vues exige nécessairement une autre manière d'étudier le même phénomène. Il entre d'ailleurs dans l'examen de l'impulsion de l'eau sur un corps disposé pour la recevoir dans toute sa force, une considération que l'autre cas ne comporte point : c'est le refoulement de molécules qui a lieu lorsqu'elles viennent frapper, dans les deux cas, l'obstacle inébranlable. Or, ce refoulement, qui suivant la violence du choc, s'étend plus ou moins à l'avant du corps frappé, et dans toutes sortes de sens, anéantit une portion du mouvement ; de sorte que si, par supposition, l'obstacle venait à se mouvoir, il ne recèlerait pas dans son sein toute la force dont l'eau était animée un instant avant le choc ; mais bien cette force diminuée de la quantité perdue dans le refoulement inévitable et toujours renouvelé des molécules.

Ce n'est pas que tant qu'il reste en repos, il ne doive être construit avec assez de solidité, ou maintenu par une force suffisante, pour résister à la totalité de l'action de l'eau ; car le refoulement des molécules ne peut être produit que par une puissance de réaction égale à l'impulsion de l'eau qui l'a fait naître; ou plutôt l'obstacle inébranlable réagit avec une force égale à toutes celles qui viennent s'y épuiser en le choquant.

La question présente nous amène donc à distinguer l'action de l'eau contre un obstacle inébranlable, contre une pile de pont, une digue, une vanne, etc., de celle qui a lieu contre un corps qui, rendu mobile, est destiné à transmettre le mouvement qu'il reçoit. Là c'est la valeur absolue de l'action qu'il faut toujours considérer; ici c'est bien aussi cette même valeur, mais avec toutes les réductions qu'elle éprouve lorsque le corps vient à céder, et avec toutes les modifications qui naissent de la manière dont le corps reçoit l'impulsion, ainsi que des formes qu'on peut donner à celui-ci.

Nous allons y donner d'autant plus d'attention qu'elle prélude à tout ce que nous avons à dire sur l'emploi de l'eau comme puissance mécanique.

Plusieurs auteurs ont fait des expériences sur la force absolue de l'impulsion de l'eau dans l'hypothèse où cette question nous place; examinons d'abord les résultats des plus remarquables.

Pour chercher à évaluer cette force, Bossut s'est servi d'un réservoir d'eau à une hauteur constante de 4 *pieds*, portant à son fond un petit tuyau additionnel. Une plaque de cuivre bien dressée et bien polie, de 2 ½ *pouces* de diamètre, ajustée à l'extrémité d'un bras de balance, vient se placer sous l'orifice inférieur de ce tuyau, à *un pouce* de distance, pour laisser libre la sortie de l'eau, et de telle manière qu'en sortant du réservoir par le tuyau additionnel, elle frappe directement au centre de la plaque. On attache à l'autre bras de la balance un bassin pour recevoir les poids nécessaires à la mesure de la force de l'eau qui tombe sur la plaque.

L'appareil étant ainsi disposé, le choc perpendiculaire de l'eau contre la plaque est de 12,608 *grains*, lorsque le diamètre du tuyau additionnel est de 10 *lignes*, et que l'eau sort à plein tuyau, comme dans toutes les expériences suivantes; c'est-à-dire qu'il faut mettre 12,608 *grains* dans le bassin de balance pour faire équilibre ou pour résister à l'action de l'eau ainsi employée.

Pour connaître la différence entre le choc perpendiculaire et le choc oblique, on a incliné la plaque sous un angle de 60 degrés; on s'est servi du même tuyau additionnel de 10 *lignes* de diamètre: l'impulsion de l'eau n'a été que de 12,248 *grains*.

Avec un tuyau additionnel de 6 *lignes* de diamètre, le choc perpendiculaire a été de 4484 *grains*, et le choc oblique, sous un angle de 60 degrés, a été de 4315 *grains*.

L'eau n'étant plus dans le réservoir qu'à la hauteur constante de 2 *pieds*, le choc perpendiculaire a été de 6306 *grains*, et le choc oblique sous un angle de 60 degrés, de 6125 *grains*, avec un tuyau de 10 *lignes* de diamètre.

Avec un tuyau de 6 *lignes*, le choc perpendiculaire a été de 2243 *grains*, et le choc oblique, sous un angle de 60 degrés, de 2138 *grains*.

Il résulte de ces expériences, 1°. que la force impulsive de l'eau, *dans les circonstances particulières où elles ont été faites*, est égale au poids d'une colonne d'eau qui aurait pour base la portion de surface choquée répondant à celle de l'orifice de sortie, et pour hauteur, environ le double de celle qui est *due* à la vitesse de l'eau.

En effet, dans la première expérience, l'orifice du tuyau étant de 10 *lignes* de diamètre, la colonne d'eau qui donne l'impulsion a une base d'environ 10 *lignes* de diamètre aussi;

mais , quoique la charge soit de 4 *pieds* , il ne faut pas donner cette mesure à la hauteur de la colonne , car, rappelons-nous qu'en vertu de la contraction dans un tuyau additionnel , la hauteur *due* à la vitesse avec laquelle la plaque est frappée , n'est qu'à peu près les $\frac{2}{3}$ de la hauteur de la charge. La hauteur effective de la colonne sera donc égale aux $\frac{2}{3}$ de 4 *pieds* ou $\frac{8}{3}$. Or, si nous réduisons en *lignes* ce dernier nombre, et si nous le multiplions par la base circulaire de 10 *lignes* de diamètre, nous trouvons que le poids de la colonne ainsi évalué est de 6518 *grains ;* ce qui donne à peu près la moitié du poids qu'il a fallu employer pour résister à l'impulsion.

2°. Que si l'on compare les résultats obtenus sous une même charge , avec un tuyau de 10 *lignes* de diamètre et avec un autre de 6 *lignes,* on voit que les forces d'impulsion sont à peu près proportionnelles aux surfaces choquées, et qui sont censées correspondre à l'aire de chaque ouverture : avec 10 *lignes* de diamètre d'ouverture , la force a été de 12,608 *grains ,* et avec 6 *lignes,* de 4484 *grains ;* et l'on voit que ces nombres sont à peu près entre eux comme les carrés des diamètres d'ouverture , ou si l'on veut comme les aires de ces ouvertures.

3°. Qu'avec des charges différentes, l'une de 4 *pieds* et l'autre de 2 , avec les mêmes orifices , la force d'impulsion est à peu près comme les hauteurs au-dessus des centres de percussion ; car avec les 4 *pieds* de charge et un tuyau de 10 *lignes* de diamètre , on a 12,608 *grains,* et avec la moitié de cette charge et le même orifice , on a 6306 *grains.*

Et quant au rapport de force d'impulsion perpendiculaire et oblique , sous un angle de 60 degrés , on voit , par les résultats de ces expériences , que la première est à la seconde , sous les mêmes charges et avec les mêmes orifices , à peu près comme 100 est à 97 ; résultat fort différent de celui qu'on obtiendrait par le calcul, d'après la règle du sinus des angles d'incidence dont nous avons dit un mot plus haut.

La confiance que l'on doit avoir dans l'habileté de l'auteur de ces expériences ne laisse aucun doute sur l'exactitude des résultats que nous venons de rapporter : mais ne perdons pas de vue, ainsi que nous l'avons exprimé plus haut, qu'il ne faut les considérer que comme des faits particuliers, comme des valeurs de la force impulsive de l'eau, dépendant des circonstances spéciales dans lesquelles ces expériences ont eu lieu, et que, si ces circonstances venaient à changer, les résultats ne seraient plus semblables.

Ceci est si vrai que Bossut lui-même a trouvé que la force impulsive de l'eau était beaucoup moindre lorsque la plaque, au lieu d'être à *un pouce* de distance de l'orifice, le touchait immédiatement : le poids nécessaire pour résister à la force impulsive de l'eau n'était plus égal qu'à celui d'une colonne dont la base est la surface choquée, et la hauteur, la simple hauteur *due* à la vitesse.

Il est à présumer que si la plaque était à 2, 3 ou 4 *pouces*, de l'orifice de sortie, les valeurs de l'impulsion ne varieraient pas proportionnellement aux hauteurs prises depuis le niveau de l'eau dans le réservoir jusqu'au centre d'impulsion; car à mesure qu'on éloignerait la plaque, les filets, dont se compose la veine fluide, arriveraient divisés et à divers degrés de divergence entre eux. Or ceci influerait d'autant plus sur les résultats, que l'eau s'échapperait plus facilement après le choc et qu'une portion ne frapperait qu'obliquement.

Dans les expériences ci-dessus, la colonne d'eau, au centre d'impulsion, devait être sensiblement cylindrique, vu le petit éloignement de la plaque; et comme le diamètre de cette colonne n'était tout au plus que le *tiers* ou le *cinquième* du diamètre de cette plaque, les filets d'eau, arrivant parallèlement entre eux et perpendiculairement au centre d'impulsion, devaient s'y briser à angles droits pour s'échapper en parcourant toute la surface du corps choqué, depuis le centre jusqu'à la circonférence. On comprend bien que si la plaque eût été à une plus grande distance, la surface effective d'impulsion, ou si l'on veut la portion du corps touché par la colonne élargie, eût été plus grande, et les filets répandus, éparpillés tout autour de la colonne affluente, auraient eu moins de chemin à faire sur la surface pour l'abandonner après le choc.

Si le tuyau additionnel avait eu le même diamètre que la plaque, il est raisonnable de penser que la valeur de l'impulsion n'aurait pas été dans la même proportion que son diamètre, en prenant, bien entendu, pour premier terme de comparaison une expérience avec un orifice de 6 ou de 10 *lignes* de diamètre : car les filets fluides, en arrivant parallèlement entre eux et venant couvrir toute la surface de la plaque, n'auraient point agi de la même manière que dans les expériences ci-dessus. Tous les filets qui entourent le centre de la colonne seraient repoussés à l'instant du choc, peut-être même avant, par les filets correspondans au centre d'impulsion. Ceux-ci pour s'échapper, doivent tendre à élargir la base de la colonne et offrir aux molécules extérieures qui se succèdent, une sorte de plan incliné qui leur fait dépasser les bords de la plaque et en détourne le choc.

Le contraire devrait arriver si la surface d'impulsion était très-grande comparativement à l'orifice du tuyau de sortie : les molécules s'accumuleraient sur cette surface avant de la quitter, et leur poids s'ajouterait à la force qu'elles auraient déployée dans l'impulsion.

La forme de la plaque, ou recourbée, ou à rebords et présentant sa concavité au choc de l'eau, influerait beaucoup aussi sur la valeur de celui-ci ; et ce qui serait vrai pour l'impulsion contre une surface plane, ne le serait plus pour une surface d'une forme différente.

Or, l'examen le plus attentif ne peut pas faire apercevoir la manière dont les filets d'eau se conduisent, lorsqu'ils viennent perdre tout ou partie de leur mouvement contre un corps qu'on a opposé à leur passage : il y a dans cette action, une telle confusion de mouvemens partiels, une telle variété de directions dans tous ces mouvemens, tant de contrariétés dans le développement de la force respective de chaque filet, qu'on ne peut ni leur assigner de règle, ni leur supposer une manière d'agir à peu près constante, sans s'écarter de ce qui sera, si l'on prétendait conclure d'un résultat obtenu, à un autre qu'on voudrait obtenir dans des circonstances un peu différentes.

C'est donc encore à l'expérience qu'il faut recourir pour évaluer avec quelque exactitude la force impulsive de l'eau dans des circonstances données ; encore ne faut-il considérer les résultats qu'on en obtient, que comme applicables aux circonstances semblables ou analogues. Nous venons de voir dans les expériences de Bossut, combien varie la valeur de l'impulsion, à mesure que la plaque est écartée de l'orifice du tuyau. Aussi ne peut-on regarder comme nous l'avons dit plus haut, les résultats de ces expériences que comme des faits particuliers, dépendans des circonstances dans lesquelles on s'est mis pour les obtenir.

Les opinions des auteurs qui ont fait des recherches ou qui ont écrit sur ce sujet diffèrent beaucoup entre elles.

Les uns évaluent dans tous les cas, la force absolue de l'impulsion de l'eau par le poids d'une colonne dont la hauteur est

I. 33

simplement la hauteur *due* à la vitesse du fluide. Si cette évaluation est le résultat d'expériences bien faites, il faudrait savoir dans quelles circonstances elles ont eu lieu ; cette valeur, au reste, ne peut être vraie que dans quelques cas particuliers.

Les auteurs estiment cette force beaucoup plus haut que le poids d'une colonne dont la hauteur serait double de celle qu'on déduirait de la vitesse.

Don Georges Juan, dans son *Traité de mécanique appliquée à la construction des vaisseaux*, rapporte qu'ayant exposé perpendiculairement à l'action du courant dont la vitesse était de 2 *pieds* (anglais) par seconde, une planche représentant un parallélogramme rectangle *d'un pied* de large, il a fallu pour la soutenir plongée à *un pied* de profondeur, un poids de 15 ½ *livres* (anglaises) (1) ; et plongée à 2 *pieds* de profondeur dans un courant de ⅔ *pied* de vitesse par seconde, il a fallu un poids de 26 ¼ livres.

Pour savoir à quel degré cet auteur porte l'évaluation de la force impulsive du courant, calculons celle-ci par la règle de la double hauteur : la hauteur *due* à 2 *pieds* de vitesse par seconde est d'environ $0^{pouce},75$ (mesure anglaise), et la double hauteur de $1^{pouce},50$. Or, en multipliant ce dernier nombre par la surface choquée dans la première expérience par 144 *pouces carrés*, nous trouvons une colonne d'eau équivalente à 216 *pouces cubes* ; ce qui équivaut à un poids d'environ 7 ¼ *livres* (poids anglais).

Dans la seconde expérience, la double hauteur *due* à 16 *pou-*

---

(1) Dans la traduction de Levesque, l'auteur marque 25 ½ *livres ;* mais il est probable que c'est une faute d'impression ; parce qu'en comparant cette expérience avec la seconde, il dit que le poids donné par celle-ci est de 10 ¾ *livres* plus grand.

ces de vitesse par seconde, est d'environ $0^{pouce},66\frac{2}{3}$ qui multipliant la surface de 288 *pouces carrés*, donnait environ 192 *pouces cubes*, pesant à peu près 7 *livres*.

Voilà, comme on le voit, des résultats qui donnent des différences bien grandes dans l'évaluation de la force impulsive de l'eau : l'un, en admettant ce qui vient d'être remarqué dans la note, porte à peu près au double l'impulsion de l'eau calculée par la double hauteur ; et l'autre, au quadruple ; ce qui est d'autant plus surprenant que celle-ci, d'après ce même calcul, devrait offrir une valeur plus petite. Ajoutons que, sur un autre point, elle ne s'accorde pas avec les expériences de Bossut relatives au mouvement d'une surface plane dans l'eau, et par lesquelles nous nous rappelons qu'il a trouvé que la résistance ne croissait pas proportionnellement à la profondeur de l'immersion.

Au surplus, don Georges Juan ne dit pas si le courant auquel il a exposé une planche rectangulaire d'*un pied* de large, était beaucoup plus large, ou s'il l'était à peu près autant. L'impulsion serait fort différente dans les deux cas. Il ne dit pas non plus si la planche était épaisse ; si les côtés en étaient bien ébarbés ; si la surface était bien plane et bien unie, toutes choses qui peuvent influer sur la valeur de l'impulsion. Encore serait-il peu présumable que toutes ces circonstances réunies en faveur de la force impulsive pussent la porter aussi haut, si l'évaluation par la double hauteur s'éloigne peu de la vérité, comme beaucoup d'auteurs le croient d'après leurs propres expériences.

Mariotte en a fait du même genre que celles de don Georges Juan, et dans des circonstances analogues : il a exposé à un courant dont la vitesse était de $3\frac{1}{4}$ *pieds* par seconde une planche d'*un demi-pied carré* ; il n'a fallu qu'un poids de $3\frac{1}{4}$ *livres* pour la soutenir ; et qu'un poids de 9 *onces* pour soutenir la même planche contre un courant de 1 ¼ *pied* de vitesse par seconde.

En calculant par la double hauteur, on trouverait un poids d'environ 6 ½ *livres* pour la première expérience, et un poids d'environ 14 *onces* pour la seconde ; ce qui donne une valeur intermédiaire entre les résultats du calcul par la simple hauteur et par la double hauteur.

Il faut remarquer que les expériences de Mariotte ont été faites, l'une au milieu d'une rivière et l'autre sur le bord ; de sorte que l'eau pouvait s'échapper après l'impulsion par les côtés de la planche, d'autant plus aisément que la largeur du fluide était incomparablement plus grande ; en outre, que ce carré de planche était plongé à 2 ou 3 *pouces* au-dessous de la surface du courant.

Quoi qu'il en soit, les expériences de don Georges Juan et de Mariotte, bien que faites à ce qu'il paraît, dans des circonstances essentiellement analogues, présentent des différences telles, qu'on ne peut les attribuer qu'à quelques graves erreurs d'observation de la part de l'un ou de l'autre auteur.

Dubuat a exposé au choc d'un courant, dont la vitesse était de 36 *pouces* de vitesse par seconde, une surface mince d'*un pied carré*, et il a trouvé qu'il fallait, pour la maintenir en équilibre avec le courant, un poids de 19 ½ *livres*, nombre plus petit de quelques onces que celui donné par la règle de la double hauteur.

Bouguer, dans son *Traité du navire*, établit que l'eau de la mer, ayant *un pied* de vitesse par seconde, fait contre une surface plane d'*un pied* carré un effort de 23 *onces*, ce qui est au-dessous de la double hauteur ; tandis que dans son ouvrage sur la manœuvre des vaisseaux, il donne une table des valeurs du choc de l'eau, mue avec différens degrés de vitesse, contre une surface plane d'*un pied* carré; il n'attribue, dans cette table, qu'un poids de 19 *onces* au choc de l'eau ayant *un pied* de vitesse par seconde : évaluations qui, comme on le voit, ne s'accordent pas dans les deùx ouvrages du même auteur.

Fabre adopte entièrement les évaluations de Bossut (Voyez *Essai sur la construction des machines hydrauliques*) et il établit que si un large courant d'eau, d'*un pied* de vitesse par seconde, choque perpendiculairement une surface immobile d'*un pied* carré, le choc équivaut à $\frac{2}{7}$ *livres ;* et qu'il est double ou de $\frac{4}{7}$ *livres,* si le courant n'a que la largeur de la surface choquée, à peu de chose près. Le premier nombre correspond à la simple hauteur et le second à la hauteur double. Il fonde tous ses calculs sur ces évaluations, sans qu'il paraisse s'être assuré par expérience de leur exactitude; et si l'on substituait, dans les calculs hydrauliques de Fabre, les valeurs trouvées par don Georges Juan, on aurait de bien grandes différences dans les résultats. Nous verrons plus loin ce que nous devons penser de ces évaluations.

Cette question fondamentale, si simple, si facile en apparence à résoudre par des expériences directes, semble donc se compliquer par une foule de conditions extrêmement variables, qui peuvent intervenir suivant la manière de faire l'expérience. On ne peut guère expliquer autrement la disparate des résultats obtenus par les divers auteurs qui se sont occupés de cette question.

Des expériences assez récentes que le chevalier Joseph Morosi, a présentées dans un mémoire lu à l'institut de Milan, que nous allons rapporter d'après la *Bibliothéque universelle,* semble donner du poids à cette présomption.

« En considérant la variété des résultats obtenus par des

physiciens habiles sur la force du choc de l'eau en mouvement, et la diversité des maximes hydrauliques qu'ils en ont déduites, l'auteur de ce mémoire fut conduit à penser qu'ils n'ont pas suivi la meilleure route, ou que des circonstances inaperçues ont une grande influence sur les phénomènes fondamentaux de l'hydraulique. Ainsi, dit-il, un des grands géomètres de notre temps, Lagrange, n'hésitait point à dire que la théorie du choc des fluides présente des résultats aussi différens que le sont entre elles les hypothèses sur lesquelles elle se fonde ; théorie qui, disait Lagrange, n'est encore à la rigueur et ne sera encore pour long-temps qu'un objet de pure spéculation, parce qu'on ne connaît pas et qu'on ne peut pas déterminer exactement tous les mouvemens qui ont lieu dans les particules du fluide.

» Comme il est démontré, ajoute le chevalier Morosi, que le poids qui exprime la pression de l'eau peut aussi exprimer le choc de ce même liquide, on a imaginé de le déterminer, en faisant arriver la veine fluide contre un bassin de balance, en cherchant à faire équilibre à son action par des poids.

» Mais cet appareil peut donner des résultats erronés, surtout si la veine provient d'une colonne d'eau d'une certaine hauteur ; et il n'est point propre à indiquer les petites variations qui sont l'effet de causes ignorées ; de plus, les bras de la balance sont toujours flexibles, et pour peu qu'ils cèdent et que le plan d'impulsion ne soit pas exposé perpendiculairement au jet, le choc se décompose, et paraît moindre qu'il ne l'est réellement ; et si l'on bâtit sur les résultats d'une expérience pareille des théories générales qu'on applique à des travaux en grand, on court risque de se tromper beaucoup.

» Il y a des causes de variation qui ont échappé aux plus habiles : par exemple les diverses dimensions qu'on peut donner au plan d'impulsion. Le savant abbé **Zuliani** a prouvé que cette circonstance faisait varier essentiellement les résultats ; il a fait voir que la diversité même des matières dont le plan était formé influait sur l'intensité du choc, comme aussi les diverses distances auxquelles on pouvait le placer, et enfin la longueur des conduits et la forme des orifices.

» **M. Morosi** ajoute à ces causes de variation celle qui provient des variétés de formes qu'on peut donner au disque contre lequel l'impulsion s'exerce.

» On croit généralement que les molécules aqueuses communiquent leur mouvement à un corps quelconque, en le frappant l'une après l'autre, sans presque se toucher réciproquement, ou se comprimer entre elles, soit avant, soit après le choc. Mais le fait qui va être exposé montrera que cette opinion ne peut guère expliquer ce qui se passe dans le choc, selon les circonstances.

» L'auteur fit construire un appareil composé d'une balance à bras égaux et d'un réservoir de 10 *pieds* d'élévation, dans lequel il pouvait maintenir l'eau à la même hauteur, pendant un temps suffisant. Il fit descendre perpendiculairement au fléau une barre de fer, jointe à ses deux bras par des arcs-boutans. Il fixa à l'extrémité de ce rayon le disque, plan ordinaire contre lequel devait frapper la veine liquide. Dans l'une des faces du réservoir et vers sa base, il pratiqua une ouverture rectangulaire de 4 *pouces* de côté, à laquelle il adapta un conduit horizontal de forme pyramidale, qui avait pour base l'aire de l'ouverture, et pour sommet, la section transversale *d'un pouce* de côté. On plaça verticalement le disque, qui devait recevoir l'impulsion, en face de ce conduit, et à la distance de l'orifice qui correspondait au *maximum* de contraction de la veine fluide.

» On remplit d'eau le réservoir et on le fit communiquer avec un autre qui fournissait de quoi la maintenir, pendant l'expé-rience, à un niveau constant de 9 *pieds* au-dessus de l'orifice, hauteur choisie pour procurer la vitesse de sortie, et on com-mença l'expérience.

» On vit que lorsque l'eau, jaillissant par l'orifice, frappait bien perpendiculairement contre le disque attaché au bras ver-tical de la balance, son impulsion faisait équilibre à un poids de 9 *livres*, 12 *onces* de Milan (1), suspendu au bras horizon-tal du même appareil. C'était à peu près ce qu'indiquait la théorie communément admise.

» On remarquait, en outre, qu'après le choc, l'eau se mouvait en rayonnant parallèlement au plan du disque, avec une vi-tesse telle qu'on aurait pu croire que le choc ne lui avait rien ôté de sa vitesse primitive ; car si le choc l'avait détruite en tout ou en partie, l'eau aurait dû tomber droit en bas et non rayonner dans le plan vertical, comme elle le faisait.

» M. Morosi conclut donc de cette observation fort simple que, si le mouvement ainsi disposé, avait pu s'accumuler dans sa totalité sur le disque, il aurait obtenu plus d'effet et par conséquent une impulsion plus grande que celle qu'indiquait la théorie dans laquelle on n'a jamais fait entrer en compte ce reste de mouvement que possède l'eau après le choc.

» Mais comment obtenir ce résultat par l'expérience ? Il lui semblait d'après les idées reçues, qu'une portion du choc pri-mitif serait diminuée ou détruite, s'il opposait à cette eau un second obstacle, et s'il l'obligeait à frapper dans une direction différente de celle selon laquelle le disque pouvait se mouvoir.

---

(1) La petite livre de Milan de 12 onces, vaut o^k,327 ; la grosse de 28 onces o^k,762.

» Voulant éprouver ce qui arriverait dans ce cas, il attacha tout autour du disque un rebord de bois, qui faisait sur son plan une saillie d'environ 6 *lignes* ; et, sans rien changer d'ailleurs ni à l'appareil ni au procédé, il répéta l'expérience.

» Il fut fort surpris de voir que cette même eau dont l'impulsion, dans le premier cas, faisait à peine équilibre au poids de 9 *livres*, 12 *onces* indiquées, en soutenait 20 par cette addition si simple. Pouvant à peine croire à la réalité du fait, il répéta plusieurs fois l'expérience, et toujours avec le même résultat.

» Il voulut comparer entre eux les deux procédés, en faisant varier les hauteurs de la chute et par conséquent les vitesses du jet ; voici le tableau de trois expériences faites dans ce but.

» L'aire de la section transversale de la veine fluide est d'*un pouce carré.*

NUMÉROS des expériences.	HAUTEUR de la colonne d'eau.	POIDS SOUTENU par le disque sans rebords.	POIDS SOUTENU par le disque avec rebords.
1	6 pieds.	5 livres.	11 livres.
2	8	7	15
3	10	9	20

» Il résulte de ce tableau que les hauteurs de chute, croissant comme les nombres 6, 8 et 10, les poids, qui font équilibre à l'impulsion contre le disque sans rebord, sont comme les nombres 5, 7 et 9 ; et avec le rebord, comme les nombres 11, 15 et 20.

» Ainsi, en admettant l'opinion généralement reçue, savoir : que le choc de l'eau en mouvement est en raison composée des bases des colonnes et du double de la hauteur de chacune,

opinion avec laquelle s'accorde à peu près la première série
des poids 5, 7 et 9, l'effet obtenu par l'addition d'un simple
rebord à ce même disque est plus que double de celui qui indique le rapport admis ; d'où l'auteur conclut que le moyen
employé par les physiciens pour déterminer, par expérience,
les lois générales du choc de l'eau en mouvement, n'est pas
le plus convenable pour atteindre ce but, parce qu'il ne met
en évidence qu'une partie de l'effet total que peut produire le
fluide selon les circonstances.

» Pour essayer une explication plausible de ce phénomène,
il observe : 1°. qu'une veine fluide rectangulaire, arrivant perpendiculairement contre un plan, y forme un prisme dont le
sommet est tourné vers l'orifice d'où sort le jet ; 2°. que les
côtés de ce prisme se courbent en dedans à mesure qu'ils se
rapprochent de sa base.

» Supposons, dit-il, pour un moment que l'intérieur de ce
prisme soit solide. Il est certain que l'eau qui glissera dessus
décomposera son mouvement à raison de la courbure des
faces, et qu'en conséquence, l'effort perpendiculaire des molécules contre le plan, sera diminué à mesure que l'obliquité des
filets du liquide deviendra plus grande.

» Voyons maintenant ce qui arrivera, si nous attachons au
plan un rebord qui fasse contourner la base du prisme. Toutes
les molécules qui viendront frapper ce rebord seront retardées
dans leur mouvement ; s'arc-boutant les unes contre les autres,
elles exerceront ainsi simultanément leur effet contre ce rebord, et par conséquent aussi contre le plan.

» C'est à peu près comme si l'on supposait une série de
boules qui tomberaient librement dans un canal recourbé par
le bas ; la direction verticale que leur donne la pesanteur serait
décomposée par le fait de la courbure ; et si la première ren-

contrait un obstacle invincible , toutes celles qui la suivent se reposeraient sur elle , et le fond du canal serait refoulé simultanément par la somme de leur action.

» Mais on recherchera peut-être comment il arrive que les filets d'eau composés d'un nombre indéfini de molécules trèsglissantes et indépendantes les unes des autres , ne se dispersent pas confusément au moment du contact et ne perdent pas ainsi leur force.

» M. Morosi répond , 1°. qu'il ne voit point que ces molécules soient indépendantes, ainsi que l'affirment presque tous les physiciens; mais au contraire qu'il est persuadé qu'elles sont douées d'une forte cohésion réciproque; 2°. que la force acquise, qui les porte contre le plan, les pousse à se soutenir réciproquement, et forme de leur ensemble comme un solide, dans l'instant qu'elles emploient à parcourir le prisme curviligne en question.

» Il paraît donc, suivant l'auteur, que tout obstacle que l'eau rencontre sur le plan dans son mouvement latéral, obstacle contre lequel les filets liquides s'appuient comme sur une base, peut devenir la cause du phénomène dont nous parlons.

» On se fera une idée nette de ce genre d'effet, si l'on suppose qu'en tenant à la main un faisceau de verges élastiques et très-souples, on le pousse contre un plan bien poli; elles le frappent sans doute; mais, divergeant à l'instant, et leur effort devenant ainsi en partie latéral, une portion de leur force d'impulsion sera perdue; si cependant, en glissant par leurs extrémités sur le plan, elles rencontrent un obstacle, par exemple un rebord qui en fasse le tour, alors cet appui les fera réagir sur le plan avec leur force d'impulsion presque entière.

» La même considération peut expliquer pourquoi une veine fluide exerce, toutes choses égales, une impulsion plus énergique sur un disque de fer que sur du bois, ainsi que l'a observé l'abbé Zuliani : probablement l'eau a plus d'affinité de contact avec le fer qu'avec le bois ; d'où il doit arriver que la première couche du liquide étant plus retenue sur le métal, agit comme un obstacle et réagit sur les suivantes, à peu près comme l'aurait fait un rebord.

» On imaginera peut-être, continue M. Morosi, que l'augmentation dans la force d'impulsion produite par l'addition du rebord provient du poids de l'anneau liquide que celui-ci retient. Mais si l'on considère que, dans toutes les expériences, le disque a toujours été placé verticalement en face de la veine fluide, on verra que cet anneau n'a pas pu produire d'effet sensible.

» Pour ne point laisser de doute à cet égard, il essaya de supprimer la partie inférieure de ce rebord, la seule qui pouvait retenir de l'eau après le choc, et il a vu que l'effet demeurait le même sauf la diminution absolue, résultant de la soustraction d'une portion de la circonférence active de l'expérience. »

L'augmentation d'impulsion sur une plaque garnie de rebords a été constatée par M. Morosi lui-même, dans l'établissement de roues de moulin, construites sur ce principe. Les aubes à rebords donnaient un tel avantage à la puissance de l'eau, que lorsque par une circonstance particulière, on vint à supprimer ces rebords, les machines mues précédemment par le cours d'eau, restèrent immobiles : avec des aubes sans rebords, l'eau n'avait plus assez de puissance, ou plutôt elle en perdait une trop grande portion.

Il est donc permis de croire, d'après ces dernières expériences, que le peu d'accord qui règne dans celles qui ont été faites par divers auteurs, vient de circonstances particulières qu'ils ont négligé de faire connaître , et dont ils n'ont probablement pas cru l'influence aussi grande.

Nous avons désiré interroger nous-mêmes l'expérience pour fixer notre opinion sur la valeur de l'impulsion de l'eau, en différens cas applicables à l'emploi ordinaire de ce fluide comme moteur; nous allons les consigner dans le chapitre suivant.

CHAPITRE XXIII.

Suite du même sujet : Nouvelles expériences ayant pour objet de déterminer le poids nécessaire pour contre-balancer la force impulsive de l'eau, agissant contre une surface de différentes formes.

Nous avons vu dans le chapitre précédent les anomalies que présentent les expériences de divers auteurs sur la force impulsive de l'eau contre un plan immobile, soit par la manière dont ils ont procédé dans les expériences, soit par les formes qu'ils ont données aux plans destinés à recevoir l'impulsion.

Nous avons pu juger combien des dispositions, en apparence insignifiantes, changeaient les valeurs du choc, et dès lors combien il est nécessaire d'entrer dans les plus grands détails sur la manière dont on a opéré dans ces sortes d'expériences, afin qu'on puisse les répéter dans des circonstances semblables, ou afin de se mettre sur la voie d'expliquer les différences qui pourraient se trouver entre les résultats obtenus dans un cas et ceux qu'on aurait recueillis dans un autre plus ou moins analogue.

Nous allons donc rapporter exactement comment nous nous y sommes pris dans celles que nous avons faites sur ce sujet important.

Nous aurions eu sans doute une grande variété d'expériences à faire, si nous avions voulu examiner le phénomène de l'impulsion sous toutes les dispositions qu'on peut imaginer et donner au fluide choquant et au corps choqué : mais une suite de recherches de cette nature ne nous a pas paru aussi utile qu'elle eût été étendue, et susceptible de variations extrêmement minutieuses ; nous avons préféré nous attacher exclusivement à considérer le phénomène dans les circonstances les plus ordinaires de la pratique.

Nous avons donc pris un courant d'eau, tel que serait le courant d'une rivière ou d'un coursier, et quant au plan, nous nous sommes bornés à lui donner les formes qu'on pourrait adopter pour les aubes d'une roue hydraulique ordinaire.

Voici d'abord comment nous avons formé le courant.

La caisse A (*Voyez* fig. 3, Pl. I, à la fin du vol.) a 130 décimètres carrés de base et 1 mètre de hauteur ; elle est accolée à la caisse B et communique avec elle par une large ouverture rectangulaire o de 80 centimètres de largeur et de 33 centimètres de hauteur.

La caisse B porte un déversoir D de 10 centimètres de hauteur et de 20 centimètres de largeur ; le canal CC, de 7 mètres de longueur, a la même largeur et hauteur que le déversoir auquel il est ajusté et dont il n'est que le prolongement horizontal. La surface intérieure de ce canal est fort unie.

Le flotteur F qu'on fait mouvoir avec le treuil à déclic T, est destiné à conserver le niveau pendant l'écoulement ; une tige divisée n sert de guide à celui qui dirige le mouvement du flotteur.

Les divers plans on palettes soumis à l'expérience ont été fixés successivement à la partie inférieure d'une règle de bois, portant au milieu de sa longueur, au point L, un axe sur lequel elle peut osciller, et à sa partie supérieure, une petite corde bien flexible, passant sur une poulie, et au bout de cette corde est attaché un bassin de balance pour recevoir les poids.

On a déterminé la vitesse du courant de deux manières différentes : d'abord avec un moulinet de fer-blanc de 2 mètres juste de circonférence, et ensuite avec des petites rondelles de bois de sapin, de 5 millimètres d'épaisseur, et lestées de manière qu'elles s'enfonçaient presque entièrement dans l'eau. La vitesse a été prise au milieu de la longueur du canal, par le moulinet, et l'on n'a commencé à compter qu'après trois révolutions accomplies.

Pour trouver la vitesse par les corps légers, on a divisé les bords du canal en décimètres et l'on n'a compté que lorsque le corps léger s'est présenté à 1 mètre de distance du point où il a été placé dans le courant. On a reconnu par les deux moyens que la vitesse sensiblement uniforme du courant était de un mètre par seconde; les deux indications se sont accordées à environ $\frac{1}{100}$ près.

Il est bon d'observer ici, qu'ayant fait un grand nombre d'expériences dont il sera question plus loin, avec ces caisses et ce flotteur, on était parvenu à maintenir le niveau de l'eau pendant l'écoulement, avec autant d'exactitude qu'il paraît possible d'en mettre dans des recherches de cette nature.

Tout étant ainsi disposé, on a attaché au bas de la tringle, un plan formé d'une feuille de cuivre mince, d'un décimètre carré de surface. Ce plan touchait presque le fond du canal et se présentait à l'action directe et perpendiculaire du courant.

On ne lâchait l'eau que lorsque le plan était en position.

Pour estimer avec autant de précision que possible la valeur de l'impulsion, voici comment on s'y est pris.

La petite corde était attachée à la tringle de manière qu'il fallait amener, à la main, le plan dans la ligne perpendiculaire au courant; alors le bassin était soulevé, au-dessus de son support, d'environ un centimètre; on soutenait ainsi avec un doigt, la tringle en équilibre avec des poids jusqu'à l'arrivée de l'eau; si les poids étaient trop faibles, la tringle abandonnait le doigt et le bassin était emporté; s'ils étaient trop forts, aussitôt qu'on abandonnait la tringle, le bassin retombait. On augmentait donc ou l'on diminuait les poids jusqu'à ce que ceux-ci pussent maintenir l'équilibre comme on le maintenait à la main, et on avait ainsi la valeur exacte de l'impulsion

On a trouvé qu'avec le plan ci-dessus il a fallu un poids de 500 grammes pour le tenir en équilibre contre l'impulsion ; ce qui ajouté à 75 grammes que pèsent et le plateau et la portion de corde, comprise depuis la poulie jusqu'au bassin , donne une valeur de 575 grammes au poids qui doit représenter l'action de l'eau sur le plan.

Le plan recevait l'impulsion sur toute sa hauteur, et l'eau débordait le canal au point du choc, parce qu'elle était repoussée par le plan dont la hauteur était égale à celle du canal.

On remarquait un phénomène curieux : quoique le plan n'occupât que la moitié de la largeur du canal, et qu'il y eût par conséquent, de chaque côté du plan, 5 centimètres d'intervalle libre, on voyait l'eau s'élever en quelque sorte comme un mur liquide, aux deux côtés du plan, comme si elle y avait été arrêtée par un obstacle solide : la proue liquide demi-circulaire qui se montrait en avant du plan semblait donner lieu à cet effet, et repousser continuellement les molécules qui tendaient à s'échapper par les côtés.

On substitua à ce plan un autre de même surface, portant à sa partie inférieure un rebord de 1 centimètre, opposé au courant. Ce rebord n'eut aucune influence sensible sur la valeur de l'impulsion; car on mit ce plan en équilibre avec 575 grammes y compris le bassin, comme précédemment.

Mais avec un plan d'égale surface portant deux rebords latéraux de 1 centimètre, et perpendiculaires au courant, il a fallu pour l'équilibre un poids de 625 grammes y compris le bassin.

On a soumis à l'expérience un autre plan semblable, mais avec quatre rebords, c'est-à-dire qu'il était entouré de rebords de 1 centimètre : la valeur de l'impulsion a été la même que ci-dessus; un poids de 625 grammes, tout compris, l'a contre-balancée.

D'où il semble qu'on peut conclure que les rebords horizontaux inférieur et supérieur n'ajoutent rien, du moins sensiblement, à la valeur du choc, et que ce sont les bords latéraux seuls qui l'augmentent.

Une palette concave, de même surface que tous les autres plans, a été exposée ensuite à l'impulsion du courant : le poids nécessaire pour l'équilibre n'a été que de 605 grammes y compris le bassin. Cette forme a donc présenté moins d'avantages que la palette à rebords latéraux.

Enfin on a essayé l'impulsion contre un plan, fait de bois de sapin de 5 centimètres d'épaisseur, et ainsi que les autres d'un décimètre carré de surface; le poids nécessaire à l'équilibre a été, avec le bassin, de 595 grammes. Il paraît que l'épaisseur du plan a contribué à augmenter l'impulsion. C'est, au surplus, ce que nous pouvions prévoir, d'après ce qui a été dit dans les chapitres précédens.

Nous avons voulu comparer l'impulsion oblique à l'impulsion directe et perpendiculaire : pour cela on a préparé des coins de bois qu'on a glissés successivement entre la tringle et les plans flexibles de cuivre, pour donner à ceux-ci une inclinaison déterminée.

On ne s'est servi que de la palette plane de cuivre mince de la première expérience, et de la palette avec deux rebords latéraux. Avec la palette plane et à 10 degrés d'inclinaison sur la tringle, l'impulsion a été de 525 grammes ; à 20 degrés, de 475 ; à 30 degrés, de 425 ; à 40 degrés, de 375.

Avec la palette à rebords, à 10 degrés, l'impulsion a été de 575 grammes ; à 20 degrés, de 525 ; à 30 degrés, de 475 ; enfin à 40 degrés, de 425.

Remarquons que ces différens degrés d'inclinaison, ainsi que la manière de disposer chaque palette pour lui donner chacune de ces inclinaisons, représentaient exactement la position des aubes d'une roue, qui, en avant de son diamètre vertical, peuvent être en prise dans un courant un peu incliné.

Les expériences ci-dessus ont été faites, comme on voit, dans un canal le double plus large que le plan destiné à recevoir l'impulsion ; nous n'oserions affirmer qu'on obtiendrait exactement les mêmes résultats dans un canal d'une largeur dix ou douze fois plus grande que celle du plan. Il peut se faire que l'espèce de difficulté qu'avait l'eau de passer par l'intervalle de 5 centimètres qui se trouvait aux deux côtés du plan ait influé sur la valeur de l'impulsion, et que s'il y avait plus d'espace, l'eau s'échapperait plus aisément et donnerait une impulsion différente. C'est une expérience que nous n'avons pas été à portée de faire convenablement, et qu'il serait intéressant de tenter avec le même genre de palettes que celui dont nous nous sommes servis, afin de pouvoir marquer les différences s'il y en a ; il est à présumer qu'on en trouverait aussi dans le cas où le courant, beaucoup plus profond que le plan n'aurait de hauteur, s'écoulerait aisément par-dessous.

Nous avons fait avec l'appareil ci-dessus une autre suite d'expériences, en nous servant de palettes semblables aux précédentes ; seulement elles avaient, chacune, à un ou deux millimètres près, *deux décimètres* de largeur, et interceptant par conséquent toute l'eau du courant, c'est-à-dire qu'elles entraient presqu'à frottement dans l'intérieur du canal, sans cependant y manquer de jeu.

Voici les résultats de ces expériences :

1°. Avec une palette plane, en cuivre même, de 2 décimètres de large sur un de hauteur, l'impulsion a été de $1^k,305$;

2°. Avec une palette portant un seul rebord inférieur d'un centimètre, l'impulsion a été de $1^k,305$;

3°. Avec une palette à deux rebords latéraux et comme ci-dessus parallèles aux parois du canal, ou, si l'on veut, perpendiculaires au courant, l'impulsion a été de $1^k,465$;

4°. Avec une palette entourée de rebords, l'impulsion a été de $1^k,465$;

5°. Avec une palette concave, l'impulsion a été de $1^k,435$;

6°. Enfin avec une palette de bois d'égale surface et de 5 centimètres d'épaisseur, l'impulsion a été de $1^k,425$.

Le tableau suivant montre l'ensemble de ces expériences.

ACTION DIRECTE ET PERPENDICULAIRE DU COURANT.			ACTION OBLIQUE DU COURANT.		
FORMES DES PALETTES.	VALEUR de l'impulsion sur un décimètre carré de surface.	VALEUR de l'impulsion sur un décimètre de hauteur et deux de largeur.	FORMES DES PALETTES.	INCLI-NAISON.	VALEUR de l'impulsion sur un décimètre carré de surface.
	grammes.			degrés.	grammes.
Palette plane en cuivre mince.	575	$1^k,305$	Palette plane en cuivre mince.	10	525
Palette avec un rebord inférieur.	5,5	$1^k,305$		20	475
Palette avec deux rebords latéraux. . . .	625	$1^k,465$		30	425
Palette avec quatre rebords.	625	$1^k,465$		40	375
Palette concave.	605	$1^k,435$	Palette avec deux rebords latéraux. . . .	10	575
Palette de bois de 5 centimètres d'épaisseur.	595	$1^k,425$		20	525
				30	475
				40	425

Les expériences que nous venons de raporter sur l'impulsion d'un courant contre un plan tenu en équilibre par des poids, ont été faites, à la vérité, sur une petite échelle; mais en revanche nous pouvons assurer qu'elles l'ont été avec le plus grand soin; et comme elles ont eu lieu dans les circonstances les plus ordinaires de la pratique, nous pensons qu'on ne s'éloignerait pas beaucoup de la vérité en les prenant pour base de calcul dans les constructions en grand.

Du reste, il nous est permis de conclure d'abord de ces expériences, qu'on obtient plus de puissance mécanique d'un courant, lorsqu'on en reçoit l'action sur des aubes ou sur des palettes portant deux rebords latéraux et parallèles aux parois du canal ou du coursier.

L'effet des rebords que M. Morosi, ainsi que nous l'avons vu dans le chapitre précédent, a observé le premier, nous paraît pouvoir s'expliquer comme il l'a fait lui-même.

Nous n'avons pas trouvé la même différence que M. Morosi entre l'impulsion contre une surface plane et celle contre un plan à rebords; cela vient peut-être de la dissemblance dans les manières d'opérer et dans les dispositions des expériences. M. Morosi recevait immédiatement l'impulsion du fluide sortant par un conduit de forme pyramidale, ayant pour base l'aire de l'ouverture, qui était un rectangle de 4 *pouces* de côté, et pour sommet la section transversale d'*un pouce* de côté. Nous ne savons pas quelle était la grandeur de la surface du plan ou disque dont il s'est servi; mais on peut présumer, d'après les détails dans lesquels il est entré, que ce plan était plus grand que l'aire de l'orifice de sortie. Dans nos expériences, au contraire, les palettes étaient plongées, pendant l'impulsion, dans un courant animé d'une vitesse uniforme, et leurs surfaces entières étaient directement en prise avec tous les filets d'eau auxquels chaque point de la surface du plan correspondait. Cette différence d'action peut fort bien apporter quelques différences remarquables dans les résultats.

Quoi qu'il en soit, il paraît certain que toutes les fois qu'on voudra transmettre du mouvement par l'impulsion de l'eau sur des surfaces, les surfaces planes avec deux rebords latéraux sont celles qui donneront lieu à la transmision de la plus grande quantité de mouvement.

Il résulte encore de nos expériences que l'épaisseur des palettes ou des aubes contribue aussi à augmenter la force d'impulsion, sans produire néanmoins autant d'effet que les rebords latéraux.

Si l'on voulait comparer maintenant les opinions des divers auteurs dont nous avons fait mention dans le chapitre précédent, avec celle qu'on pourrait se former d'après nos expériences, on sera frappé des disparates qui existent entre elles;

et si l'on admet que toutes les expériences sur lesquelles elles se fondent, aient été faites avec l'exactitude requise, on restera convaincu qu'une foule de circonstances, peut-être jusqu'à présent inaperçues, ont une plus grande influence qu'on ne le croit sur la valeur de l'impulsion.

D'après les nôtres, l'impulsion directe et perpendiculaire sur une surface plane ayant la moitié de la largeur du courant, est équivalente au poids d'un prisme d'eau ayant pour base la surface choquée, et pour hauteur la simple hauteur due à la vitesse, plus les $\frac{15}{100}$ environ de cette hauteur; et contre un plan à peu près de la largeur du coursier ou du canal, elle est équivalente au poids d'un prisme d'eau ayant pour base la surface choquée, et pour hauteur la simple hauteur due à la vitesse, plus les $\frac{10}{100}$ environ de cette hauteur.

On remarquera que l'impulsion dans ces deux cas ne diffère que de $\frac{15}{100}$; mais rappelons-nous ce que nous avons dit sur la difficulté qu'avait l'eau de s'échapper par les petits intervalles laissés aux deux côtés du plan, dans la première expérience : il serait possible que la différence eût été plus grande, si le canal avait été beaucoup plus large que le plan, dans cette première expérience.

Nous voyons aussi que l'impulsion contre un plan de la moitié de la largeur du courant et portant deux rebords latéraux, est équivalente au poids d'un prisme d'eau ayant pour base la surface choquée, et pour hauteur la simple hauteur *due* à la vitesse, plus le *quart* environ de cette hauteur; et contre un plan semblable de la largeur du canal, qu'elle est équivalente au poids d'un prisme d'eau ayant pour base la surface choquée, et pour hauteur la simple hauteur *due* à la vitesse, plus la *moitié* environ de cette hauteur.

Ces valeurs étant de beaucoup au-dessous de celles données

par la plupart des auteurs qui ont fait des recherches sur ce sujet, nous avons été portés à mettre dans les nôtres un soin tout particulier : chaque expérience a été répétée plusieurs fois ; nous avons fait plus, nous avons chargé plusieurs personnes de répéter ces expériences en notre absence ; les mêmes résultats se sont toujours présentés.

Malgré notre confiance dans l'habileté de ceux qui nous ont précédés dans ces recherches, nous nous sommes rendus à ce qui nous a paru de toute évidence dans les faits que nous avons observés.

Nous croyons bien cependant que, dans quelques circonstances, la valeur de l'impulsion peut être plus grande ; mais nous ne pouvons dissimuler qu'il nous est impossible de concevoir ce qui a pu donner lieu aux résultats extraordinaires que don Georges Juan dit avoir obtenus, en exposant tout simplement à un courant un parallélogramme de bois, à peu près comme nous l'avons fait.

Il se peut qu'avec un courant d'une plus grande vitesse que celui dont nous nous sommes servis, l'impulsion croisse plus que les vitesses ; nous n'avons pas encore eu occasion d'en faire l'expérience. Quoi qu'il en soit, en se servant de nos évaluations, dans des cas où l'on aurait à transmettre le mouvement de l'eau communiqué par impulsion, on sera sûr, tout au moins, de ne pas estimer trop haut la puissance mécanique dont on voudra se servir, puisque la valeur que nous avons trouvée est un *minimum* par rapport aux principales évaluations que nous avons fait connaître dans le chapitre précédent.

Nous verrons dans le suivant que la mesure de l'impulsion paraît devoir changer, lorsque plusieurs aubes sont en prise à la fois.

CHAPITRE XXIV.

De l'action impulsive de l'eau contre des plans qui cèdent plus ou moins à son action.

Nous connaissons, par les expériences du chapitre précédent, quelle valeur absolue on peut attribuer à un courant d'eau qui exerce son impulsion contre un plan immobile, dans le cas où le courant est à peu près intercepté en totalité, et dans celui où il ne l'est qu'en partie ; nous voyons jusqu'où se porte l'effet de l'inclinaison de ce plan, par la comparaison avec le choc direct et perpendiculaire ; nous voyons en outre combien est grande l'influence des formes que peut recevoir ce plan.

Il s'agit maintenant de rechercher avec soin ce que devient cette valeur, lorsque le plan contre lequel l'impulsion a lieu vient à se mouvoir, en vertu du mouvement qu'il en a reçu ; il s'agit de reconnaître avec le plus d'exactitude possible, si, comme nous l'avons dit dans nos considérations générales sur les moteurs, il y a des circonstances auxquelles il faut attribuer une plus grande quantité de puissance mécanique transmise, et quelles sont ces circonstances.

Nous arrivons donc au moment de considérer l'eau comme une force capable de produire un mouvement dont l'industrie tire parti, et nous allons faire usage de tout ce que nous avons appris et sur la force mécanique en général et sur les qualités de l'eau.

Pour ne pas intervertir l'ordre de nos recherches sur cette matière, et pour ne pas interrompre la suite des faits concernant l'impulsion d'un courant, nous considérerons d'abord l'eau dans cette manière d'agir, et nous l'étudierons ensuite dans son action par simple pression.

Sous le premier point de vue, une question importante s'offre d'abord à notre examen : celle de savoir, si, au moyen de dispositions quelconques, il est possible de faire passer dans un corps mobile toute la force avec laquelle il a pu être frappé par de l'eau en mouvement.

Avant de chercher la réponse à cette question, tâchons de déterminer quelles seraient les conditions requises pour que cette transmission de force fût complète.

Il faudrait, 1°. que les molécules, dont se compose chaque filet d'eau en action, vinssent l'une après l'autre et dans une indépendance absolue, épuiser la totalité de leur force sur le plan qui leur serait opposé, et s'anéantir immédiatement après le choc pour faire place aux suivantes, sans subir par conséquent aucun rebroussement, sans céder à aucune force de réaction; 2°. que le plan fût inflexible et rigoureusement perpendiculaire à la direction du courant et reçût cette impulsion dans un repos parfait, pendant le temps que doit durer l'action, et qu'il ne se mût qu'au moment où l'on suspendrait subitement le développement de cette action.

Toutes ces hypothèses sont de rigueur; ôtez-en une et la force n'est plus transmise qu'en partie. Or, toutes ces hypothèses sont gratuites et les choses se passent tout autrement dans la nature.

D'abord les molécules, les filets d'eau que nous avons pu considérer comme si mobiles, si indépendans les uns des autres, lorsqu'il ne s'est agi que des phénomènes de la pression contre les enveloppes qui les entourent, sont liés dans leur mouvement, par une réciprocité d'action dont aucune disposi-

I.   36

tion ne peut les affranchir. Si une molécule se détourne de sa direction par quelque cause, elle paraît entraîner avec elle toutes celles qui la suivent; et si elle ne produit pas le même effet sur les molécules qui l'entourent immédiatement, elle tend du moins à rompre la direction de leur mouvement.

Un courant n'est donc pas un composé de filets d'eau agissaut à part avec la force dont ils sont respectivement animés : c'est une seule action qu'on ne peut diviser, ni dans ses effets, ni dans les causes qui la troublent, pour attribuer à une portion du courant, ce qu'on ne voudrait pas attribuer à l'autre.

Cet état de dépendance, dans lequel se trouvent les molécules d'eau en mouvement, donne lieu à une grande variété d'effets plus ou moins remarquables, suivant la manière dont le courant afflue vers le plan d'impulsion, et suivant les formes et les dimensions de celui-ci, eu égard à celles du courant; effets qu'il semble impossible de ramener à une expression générale et rigoureuse, et qui montrent combien s'éloigne de la vérité l'hypothèse par laquelle l'on voudrait établir que toutes les molécules frappent de la même manière, comme si chacune était libre et isolée, et viennent épuiser successivement leur force contre le plan qui leur est opposé.

L'anéantissement, ou la disparition de chaque molécule, après le choc, est plus contraire encore aux lois de la nature; car, bien loin de disparaître, elles rebroussent après l'impulsion, et opposent ce mouvement de recul, qu'elles viennent de recevoir, au mouvement des molécules suivantes et en décomposent la force. Tantôt elles fuient aux deux côtés du plan, si la masse d'eau est beaucoup plus large que celui-ci, et présentent dès lors à l'eau affluente un demi-cylindre liquide, une sorte de proue demi-cylindrique qui dénature la valeur de l'impulsion; tantôt elles s'élèvent contre le plan, si

elles n'ont que de légères issues latérales, rayonnent avec force
sur la surface de ce plan et portent la confusion sur tous les
points d'action du courant. Ce fait incontestable, plus aisé à
estimer par ses résultats, qu'à saisir dans ses détails, repousse
toute hypothèse qui ne l'admettrait point avec toutes ses conséquences.

L'hypothèse de l'inflexibilité du plan ne donnerait lieu à
aucune erreur grave, parce qu'il n'est pas difficile, dans la pratique, de trouver et de disposer des corps qui rempliraient à
peu près cette condition; mais celle de l'immobilité de ce plan
pendant le développement d'une certaine quantité de force impulsive n'est pas admisible : en effet, à l'instant même où commence l'action dans sa plénitude, ou le plan s'y dérobe en
cédant, ou s'il y résiste, il continuera à rester immobile, tant
que la force n'augmentera point d'intensité. Dans le premier
cas, il recevra d'autant moins de mouvement qu'il sera animé
de plus de vitesse; il sera donc loin de recueillir toute la force
que le courant développe successivement. Dans le second cas,
il n'y aurait point de mouvement transmis, et cette considération sort de la question dont nous nous occupons.

Ainsi, comme dans le choc de l'eau, aucune des conditions indispensables pour la transmission pleine et entière de
la force impulsive, n'existe, il est évident qu'il y a toujours
moins de force transmise, par le corps frappé, qu'il ne s'en
est exercé sur lui, quelles que soient les dispositions qu'on
prenne et qu'on puisse imaginer : c'est-à-dire, que si une
masse d'eau de 100 kilogrammes tombe d'un mètre de hauteur sur un plan disposé de manière à transmettre le mouvement reçu à un poids, elle sera loin de pouvoir élever un poids
de 100 kilogrammes à un mètre de hauteur. Remarquez bien
que cette même eau, tombant par une des branches d'un large

tuyau recourbé , s'élèverait dans l'autre branche à la même hauteur , parce qu'en faisant abstraction des frottemens , il n'y a point de cause de perte de mouvement. Cent kilogrammes d'eau , tombant d'un mètre de hauteur , recèlent donc une force capable de porter un poids égal à la même hauteur, lorsqu'aucune circonstance ne vient anéantir une portion de cette force ; mais lorsqu'il y a choc, rebroussement de molécules dans toutes sortes de sens , mouvement du corps choqué dans la direction du courant , une partie de la force s'anéantit, et une autre reste au courant sans être transmise au corps qui fuit plus ou moins vite devant l'impulsion.

A la vérité lorsqu'un corps élastique animé d'une force impulsive en choque un autre de même espèce , toute la force se transmet alors complétement du corps choquant au corps choqué , s'ils sont tous les deux du même poids ; mais cet effet a lieu , parce que les molécules refoulées au moment du choc se relèvent incontinent avec vivacité , et restituent autant de force que le refoulement en avait exigé. C'est, ainsi que nous l'avons dit dans nos considérations générales sur les moteurs , un ressort qui, en se débandant, reproduit toute la force qui s'est exercée sur lui pour le tendre. Dans ce cas , le corps choquant épuise si bien toute sa force sur le corps choqué , qu'il reste en repos après le choc. Il n'y resterait pas , si le premier était plus lourd que le second ; il ne communiquerait même pas toute sa force, si le corps choqué était animé d'une certaine vitesse dans le même sens.

Or , dans le choc de l'eau sur un plan qui doit se mouvoir pour transmettre le mouvement, il y a premièrement perte de force par le refoulement des molécules, qui , bien loin de se rétablir comme si elles étaient élastiques , réagissent contre les molécules affluentes dans leur mouvement rétrograde ; secondement on doit considérer encore comme perte de force toute celle qui reste à l'eau après le choc, et qui n'est pas employée à produire un effet utile.

Nous insistons beaucoup sur les circonstances de l'impulsion de l'eau contre un plan mobile, parce que les suppositions qu'en général on a cru pouvoir faire pour en évaluer la force, n'ont conduit jusqu'à présent qu'à des résultats erronés, fort éloignés de ceux que donne ou que donnerait l'expérience. Ce point est fondamental dans les recherches sur la puissance mécanique de l'eau, et il est nécessaire, ce nous semble, d'essayer de le soustraire à des théories qui, ne reposant que sur des hypothèses gratuites, ne peuvent jamais s'appliquer aux réalités, aux usages pratiques.

Le seul fait du refoulement des molécules, lorsque l'eau frappe un corps, et de la confusion des mouvemens divers qui en résultent, ne permet peut-être pas de trouver jamais, pour tous les cas, une valeur de la quantité de puissance mécanique qu'on peut obtenir d'un courant quelconque et en toutes circonstances.

Ces mouvemens des molécules d'eau refoulées, sont en effet si variables, se croisent dans tant de sens divers, opposent dans un cas des effets de réaction si différens de ceux qu'elles opposent dans un autre, qu'on ne peut parvenir à une évaluation satisfaisante que par des expériences faites dans des circonstances données et exactement déterminées.

Une expérience de Mariotte, faite dans le dessein de comparer le choc du vent au choc de l'eau, montre bien clairement l'influence de l'élasticité dans les résultats du refoulement par le choc : il a trouvé que le choc de l'air était équivalent à celui de l'eau, lorsque la vitesse du premier fluide était seulement vingt-quatre fois aussi grande que celle du dernier ; cependant si nous n'avons égard qu'à la loi du carré des vitesses, une vitesse vingt-quatre fois plus grande ne produit qu'un choc cinq cent soixante-seize fois plus grand; et le choc de l'air avec cette vitesse devrait être moins grand que celui de l'eau, s'il n'y avait pas dans l'un une cause de perte qui n'est pas dans l'autre; en effet, la densité moyenne de l'air étant environ huit cent fois plus petite que celle de l'eau, le choc du premier fluide devrait être, à vitesses égales, huit cent fois plus petit que celui du second. Il s'ensuit donc que la force impulsive de l'air est plus grande que celle qui devrait résulter de sa densité comparée à la densité de l'eau. Cette différence vient évidemment de l'élasticité de l'air qui se comprime par le choc, mais qui, réagissant comme un ressort, tend constamment à restituer la force qui l'a refoulé.

Il faut donc regarder comme une loi de l'action mécanique de l'eau par impulsion, qu'il y a inévitablement une certaine portion de force perdue, dans la communication qui s'en est faite du moteur, au mécanisme disposé pour la transmettre.

Il peut être raisonnable d'affirmer qu'il est impossible qu'aucune disposition, aucun mécanisme puissent jamais donner lieu à une transmission totale de la force impulsive et continue de l'eau à un corps quelconque : nous disons continue, parce qu'il pourrait se faire qu'une certaine masse d'eau, tombant par exemple toute d'une pièce dans un large tuyau, et venant frapper instantanément un piston mobile que celui-ci renfermerait, il pourrait se faire, disons-nous, que la force dont cette masse d'eau serait animée passât à peu près toute entière dans le piston ; mais si cette masse d'eau se renouvelait sans interruption, l'action de l'eau changerait de nature : elle s'accumulerait sur le piston, après l'avoir frappé, et l'impulsion se convertirait promptement en pression, ce qui est fort différent. Pour qu'il y ait impulsion, il faut que la couche d'eau qui a frappé, s'échappe pour faire place à d'autres qui viennent la chasser avec violence.

Mais n'est-il donc pas possible de déterminer d'une manière générale, la quantité, ou de force perdue, ou de force transmise, dans le choc de l'eau? Ne pourrait-on pas embrasser l'ensemble de toutes les causes de perte, estimer l'influence de chacune et fonder ainsi une base d'évaluation applicable à tous les cas? Pour nous en assurer, examinons attentivement le phénomène de l'impulsion de l'eau, dans les principales circonstances où elle peut avoir lieu.

Prenons d'abord le cas le plus simple : imaginons qu'on ait plongé verticalement dans le courant d'une rivière un morceau de planche, ajusté de manière qu'on puisse le soutenir plus ou moins, par des poids, contre l'impulsion directe et perpendiculaire de ce courant; c'est-à-dire, qu'on soit le maître, ou de le faire résister sans céder à la force impulsive, ou de l'y abandonner en partie, ou enfin de l'y abandonner entièrement sans aucune résistance, et, dans ces trois cas, sans que le rectangle de planche change sa position perpendiculaire au courant.

Supposons donc, en premier lieu, qu'on ait disposé un nombre de poids suffisant pour contre-balancer l'action du courant sur la planche et voyons ce qui se passe : les premières molécules qui viennent frapper la surface de la planche reculent en arrière par la réaction qu'elles en reçoivent; celles qui suivent, rencontrent les premières et tendent à les repousser contre le plan : or, il est évident que leur mouvement doit se décomposer dans cette action de molécules à molécules; il peut se faire que celles qui correspondent au centre d'impulsion soient repoussées directement contre ce centre; mais celles qui s'approchent des bords de la planche, s'échappent par une courbe dont la convexité se présente à l'action de toutes les autres molécules affluentes qui glissent rapidement sur cette courbe liquide, et si ce n'est pas sans agir efficacement contre le plan, c'est du moins sans le frapper avec toute la force dont elles sont animées. Il serait bien difficile, impossible peut-être de déterminer où s'arrête la sphère d'activité des mouvemens rétrogrades si divers, que les molécules éprouvent par le choc. S'étend-elle de tous les points jusqu'au centre d'impulsion? Alors l'action de l'eau n'est que la résultante d'une foule de mouvemens décomposés, dont la loi de décomposition nous est inconnue, loi qu'il est peut-être impossible d'établir. Ou bien les molécules qui viennent frapper au milieu de la planche sont-elles directement repoussées contre celle-ci, et n'est-ce que vers les bords qu'a lieu le rebroussement en ligne courbe? Nous avons souvent observé ce phénomène avec attention, et nous n'avons jamais pu rien démêler distinctement dans la confusion de mouvemens qu'il présente. Quoi qu'il en soit, l'impulsion de l'eau ne serait pas plus, dans ce cas-ci que dans l'autre, la somme de toutes les actions directes et considérées isolément des filets d'eau correspondans à tous les points de la surface qui leur est opposée.

Il s'ensuit donc que le poids employé pour contre-balancer la force du courant ne donne pas la valeur absolue de cette force, mais une valeur en quelque sorte relative, qui dépend et de la manière dont les molécules viennent frapper la planche dont on se sert, et des directions qu'elles suivent dans leur refoulement après le choc.

Or, cette valeur est susceptible d'un grand nombre de variations qui ne permettent point de lui donner une expression convenable à tous les cas : le courant, beaucoup plus large que le plan sur lequel il vient exercer son impulsion, tend à communiquer à celui-ci moins de mouvement, que si le plan était à peu près de la même largeur; dans le premier cas, les molécules, pouvant fuir rapidement par les côtés, suivent dans leur rebroussement des directions divergentes, et semblent écarter de l'action une partie des molécules affluentes qu'elles entraînent avec elles dans leur mouvement rétrograde; dans le second cas, les premières molécules rebroussées reviennent, par l'action de celles qui suivent, parce qu'elles sont comme emprisonnées entre les deux parois du canal, fermé jusqu'à un certain point par la largeur du plan. L'action des filets d'eau est bien décomposée sur tous les points de la section verticale de la veine fluide, mais elle est plus forte que dans le premier cas; de sorte que le poids nécessaire pour maintenir le plan contre l'action du courant, ne serait pas le même dans un cas que dans l'autre; il varierait encore suivant la situation des issues laissées au courant, soit à la partie inférieure du plan, soit à la partie supérieure, soit aux parties latérales, et il y a une valeur relative d'impulsion pour chacune de ces circonstances.

Ce n'est pas tout : la planche dont nous avons parlé, dans notre supposition, peut être plus ou moins épaisse; ses petites faces latérales peuvent être plus ou moins lisses; elle peut présenter au courant une surface convexe ou concave; elle peut porter des rebords diversement placés sur sa surface antérieure; toutes ces choses influeront sur la quantité de mouvement que l'eau tendra à communiquer, et il y aura pour chacune une valeur particulière.

Si donc on veut déterminer, ou exprimer la valeur du choc de l'eau contre un corps destiné à transmettre le mouvement qui en résulte, il faut la chercher par expérience, sous les conditions spéciales que l'on veut adopter, ou dans lesquelles on s'est renfermé pour l'obtenir : toute autre voie ne conduit qu'à une expression inexacte de la valeur du choc ; et il semble raisonnable de penser qu'on ne doit jamais chercher des évaluations de faits positifs par des hypothèses évidemment contraires à la réalité : l'utilité d'une expression générale est sans doute d'une importance incontestable; mais il faut, avant tout, qu'elle soit vraie, et qu'elle renferme au moins les principales conditions du phénomène qu'elle doit représenter.

Il y a une autre manière d'envisager les difficultés de la question qui nous occupe. On peut remarquer qu'en la dégageant même des anomalies qu'introduisent, dans les phénomènes de l'impulsion, les diverses circonstances dont nous venons de parler, on peut remarquer, disons-nous, qu'il ne se présente aucune hypothèse plausible dont il soit permis de déduire la valeur absolue de cette impulsion, quel que soit le degré de simplicité auquel on essaie de ramener le phénomène. De sorte qu'en supposant même que tous les filets d'eau agissant isolément et directement, sans éprouver ni entraves, ni rebroussement, ni déviation dans la direction de leurs mouvemens; qu'en admettant même, si l'on veut, que chaque molécule se dissipe après le choc, sans réagir sur aucune autre, ce serait encore à l'expérience seule qu'il appartiendrait de déterminer la valeur de l'impulsion.

Examinons ceci bien attentivement : un corps qui en frappe un autre, c'est toujours en raison de sa masse et de la vitesse de son mouvement; et, comme la valeur du choc dépend tout aussi-bien de la masse agissante que de la vitesse de l'action, pour déterminer cette valeur, il faut nécessairement connaître l'une et l'autre.

Il est certain qu'on peut déduire jusqu'à un certain point, la vitesse d'un courant d'après sa pente; mais comment évaluer rationnellement la masse d'eau agissante? On saura à la vérité, que cette masse est un prisme d'eau dont la base est égale à la surface choquée; mais comment, d'après quelles données déterminera-t-on la longueur de ce prisme? il faut cependant, pour estimer le poids de l'eau, connaître cette longueur. La surface choquée correspond à un prisme liquide qui, à la rigueur, a pour longueur, la longueur même du courant : il n'y a point de solution de continuité dans ce prisme, et toutes les portions, dans lesquelles on peut l'imaginer divisé transversalement, agissent de concert. Il serait absurde de prendre le prisme dans cette longueur; c'est donc une portion de ce prisme; mais quelle est cette portion? Un centimètre, un décimètre, un ou plusieurs mètres de longueur? On ne voit rien, dans les qualités mécaniques de l'eau, sur quoi l'on puisse fonder incontestablement la détermination de la portion de prisme qu'il faut considérer comme masse agissante.

Si le prisme liquide, qui correspond, par sa base, à la surface frappée, passait tout à coup à l'état de glace, sans rien perdre de la vitesse du courant, le choc serait, pour ainsi dire, irrésistible, et présenterait une masse immense d'action. L'eau à l'état liquide agit sans doute tout autrement, mais pour connaître les résultats de cette différence d'action, il faut, comme nous l'avons déjà dit, interroger l'expérience, dans quelqu'état de simplicité qu'on veuille ramener la question, et conclure que toute recherche purement rationnelle sur cet objet semble manquer de base solide, même en ne considérant que la simple détermination du poids nécessaire pour maintenir un plan en équilibre contre la force d'un courant donné.

Passons maintenant et en second lieu à l'examen de ce qui arrive, lorsqu'on diminue, d'une certaine quantité, le poids qui maintenait en équilibre le rectangle de planche opposé à l'impulsion du courant.

Aussitôt que le poids n'est plus équivalent au résultat de l'action de l'eau contre le plan, celui-ci se meut et communique son mouvement au poids; devenant ainsi l'agent intermédiaire de la puissance de l'eau, il transporte le mouvement qu'il a pu recueillir dans le courant, aux points divers où l'industrie le fait servir à ses opérations.

Il peut se mouvoir avec des vitesses différentes, suivant que le poids est plus ou moins fort. Nous supposerons, pour plus de simplicité, que le poids est disposé de manière à prendre exactement la vitesse du plan.

Lorsque le poids est peu inférieur à celui qui suffit pour contre-balancer l'impulsion de l'eau, le plan se meut très-lentement, ainsi que le poids, par rapport au courant. S'il est de beaucoup inférieur, le plan se meut avec une vitesse plus grande, mais toujours avec une vitesse moindre que le courant. Dans les deux cas, il fuit devant l'impulsion, après le premier choc qui l'a fait passer du repos au mouvement; de sorte que le courant ne le frappe plus avec toute sa vitesse, mais seulement avec l'excès de sa vitesse sur celle du plan : ainsi, par exemple, si le courant a 90 centimètres de vitesse par seconde, et que le plan en ait pris 30, l'impulsion ne s'exerce plus qu'avec une vitesse de 60 centimètres.

Remarquons que le plan ainsi que le poids qu'il doit entraîner, ne prennent pas au premier instant de l'impulsion tout le mouvement qu'ils vont prendre au bout d'un instant, très-court à la vérité, mais qu'ils n'ont pas à l'instant même : le mouvement du plan est très-lent d'abord; il croît ensuite par degrés jusqu'à ce qu'il devienne uniforme et parfaitement régulier.

Le passage du mouvement accéléré au mouvement uniforme se fait promptement; il est cependant très-sensible et d'une durée susceptible d'évaluation.

On comprendra aisément ce phénomène si l'on fait attention que pour déterminer le mouvement du plan et du poids, le courant a, en quelque sorte, deux effets à produire : il doit vaincre d'abord l'inertie des masses solides pour les faire passer du repos au mouvement, ainsi que les résistances provenant du frottement, etc.; il doit ensuite, toutes les résistances passives vaincues, imprimer un certain mouvement au plan et au poids, mouvement qu'il doit constamment entretenir après l'avoir transmis, sans quoi celui-ci diminuerait par degré, et finirait par s'anéantir.

Or, à la première impulsion, le plan s'ébranle; l'inertie et les résistances passives sont vaincues, le mouvement a commencé; une seconde impulsion a lieu, mais avec moins de force que la première, parce que le plan fuit déjà devant l'action ; cependant le mouvement s'accélère ; enfin, par une suite nécessaire de l'accélération du mouvement du plan, l'impulsion diminue d'efficacité, tandis que les résistances augmentent avec l'accroissement de vitesse ; le rapport de la force d'impulsion avec les résistances du plan, s'approche donc de plus en plus de celui en vertu duquel l'impulsion et les résistances pourraient se faire mutuellement équilibre : alors les deux forces opposées se détruisent, et le plan ne se meut plus qu'à raison du mouvement acquis, lequel, à cause de l'inertie, doit rester sensiblement uniforme.

Concluons de cette remarque que la portion de force impulsive employée à détruire la résistance passive, est irrévocablement perdue pour l'effet utile qui ne consiste ici que dans le mouvement imprimé au poids. La quotité de ce mouvement représente bien la portion de puissance qu'on a puisée, si on peut le dire, dans le courant, mais non la puissance naturelle de celui-ci ; il est impossible de la transmettre toute entière, tant par l'effet des résistances dont nous venons de parler, que par d'autres causes auxquelles nous allons revenir.

Nous avons dit plus haut que le plan arrivé au mouvement uniforme ne reçoit plus du courant que des impulsions proportionnelles à la différence des vitesses respectives du premier et du second, et que plus cette différence est petite, moins l'impulsion est forte. Il s'ensuit donc que le courant, après avoir choqué le plan, conserve ou tend à conserver une vitesse d'autant plus grande, que le plan se meut lui-même avec plus de vitesse, et que toute la force qui lui reste est ainsi perdue pour l'effet utile.

Rappelons-nous qu'on peut faire prendre au plan toutes sortes de degrés de vitesse, depuis une très-petite, eu égard à celle du courant, jusqu'à une vitesse à peu près égale à cette dernière : il suffit de diminuer graduellement le poids. Mais quand on diminue le poids, on affaiblit un des élémens de la valeur de l'effet produit ; on fait plus : on rend plus petite chaque action impulsive du courant, et on laisse sans emploi, toute la portion de force mécanique qu'il conserve, ou si l'on veut, qu'il ne dépense pas sur le plan qui fuit rapidement devant lui.

A la vérité la vitesse plus grande, imprimée au poids ainsi réduit, est aussi un des élémens de la valeur de l'effet mécanique ; et la question est de savoir si cet excès de vitesse compense ce qu'on a perdu, tant par la diminution du poids que par celle du choc.

Une considération fort importante vient ici compliquer la question, c'est celle du refoulement des molécules par le choc.

Le refoulement est l'effet de la réaction du plan contre l'impulsion des molécules d'eau ; il est donc d'autant plus considérable, il a d'autant plus de puissance à opposer à l'action successive des molécules affluentes que le premier choc a plus de violence. Ainsi le refoulement est aussi grand qu'il peut l'être dans une circonstance donnée, lorsque le plan est immobile ; et il est sensiblement nul, lorsque le plan, ne présentant aucune résistance appréciable, prend toute la vitesse du courant.

Il s'ensuit donc que moins vous laissez prendre de vitesse au plan, en augmentant la quantité de poids, plus l'impulsion est forte ; mais aussi plus vous perdez de la force motrice par la réaction des molécules refoulées ; et au contraire, plus vous donnez de vitesse à ce plan en diminuant le poids, moins l'impulsion est forte, mais moins vous perdez, par le fait, de la force motrice, parce que la réaction est plus faible.

En récapitulant ce que nous avons dit sur le phénomène de l'impulsion de l'eau contre un plan, nous remarquerons, 1°. que l'impulsion est aussi forte quelle peut l'être dans une circonstance donnée, lorsque le plan résiste à l'action du courant ; que cette action varie suivant le degré de facilité qu'ont les molécules d'eau de s'échapper après le choc, et suivant les formes du plan et sa situation par rapport à la direction du courant ; enfin qu'on ne peut déterminer que par expérience le poids nécessaire pour tenir un plan donné en équilibre avec l'impulsion de l'eau, ou en d'autres termes, la valeur de la force impulsive d'un courant.

2°. Que lorsque le plan cède à l'action d'un courant, son mouvement s'accélère dans les premiers instans, et parvient bientôt à l'uniformité ; qu'alors la force motrice ne fait plus qu'entretenir le mouvement acquis, et tout ce qui lui reste de puissance au delà est perdu pour l'effet utile ; que le choc du courant sur le plan en mouvement est d'autant plus petit que celui-ci se meut plus vite, au lieu que le choc n'est plus proportionnel qu'à la différence qu'il y a entre la vitesse naturelle du courant, et celle du plan ; que le refoulement ou le mouvement rétrograde des molécules anéantit une partie de la force d'un cours d'eau, et que cet effet peut varier pour ainsi dire à l'infini ; en outre que, lorsque le plan se meut avec la vitesse du courant, le choc et le refoulement sont à peu près nuls.

3°. Nous remarquerons enfin qu'il y a entre le point où le plan ne prend aucune vitesse, parce qu'il résiste à l'action impulsive de l'eau, et celui où il en prend toute la vitesse, parce qu'il n'offre pas de résistance, il y a, disons-nous, un point intermédiaire qu'on doit saisir, lorsqu'on veut employer l'impulsion de l'eau comme puissance motrice ; et ce ne peut être qu'en se plaçant entre ces deux points extrêmes qu'on peut obtenir un effet industriel.

Toutes ces remarques s'appliquent aux diverses dispositions de plans ou de pièces solides auxquels l'eau communique du mouvement par impulsion.

Nous voilà maintenant en état d'aborder directement le sujet qui nous occupe, et d'examiner à fond les questions suivantes auxquelles on peut ramener tout ce qui concerne l'impulsion de l'eau comme force motrice.

1°. Quelle est en général la meilleure disposition à donner au courant et aux plans, ou corps solides, destinés à recevoir le choc de l'eau, et à transmettre le mouvement qui en résulte?

2°. Quelle est la vitesse qu'il convient de laisser prendre aux plans d'application de la force impulsive pour obtenir le *maximum* d'effet?

3°. Enfin quelle est la quantité de mouvement transmise, dans les diverses circonstances qui se présentent ordinairement ?

P*remière question.* *Quelle est en général la meilleure disposition à donner au courant et aux plans, ou corps solides, destinés à recevoir le choc de l'eau, et à transmettre le mouvement qui en résulte ?* En un mot, quel est le meilleur mode d'application de la force impulsive de l'eau ?

Les expériences rapportées, dans le chapitre précédent, nous semblent fournir toutes les données nécessaires pour répondre à cette question.

Nous y voyons, en effet qu'un courant communique plus de mouvement au plan, chargé de le transmettre, lorsque celui-ci est renfermé dans un canal n'ayant que la largeur nécessaire pour qu'il puisse s'y mouvoir, sans frotter contre les parois ; nous en avons donné plus haut les raisons.

Ainsi, toutes les fois qu'on en est le maître, il importe que le plan soit à très-peu près de la largeur du canal. Nous pouvons ajouter par les mêmes raisons, qu'il est préférable de donner au courant plus de largeur que de profondeur, afin que le plan puisse recevoir l'action de l'eau, depuis la surface de celle-ci jusqu'à une petite distance du fond, et offrir ainsi plus d'obstacle à la fuite du fluide par le bas ; mais alors on doit prendre le mouvement le plus près possible de l'orifice de sortie, pour ne pas en perdre par le frottement des molécules d'eau dans un canal plutôt large que profond ; comme cela se pratique au reste assez ordinairement.

Il est permis de croire cependant, d'après les phénomènes que présente le choc de l'eau, que quand même on serait obligé, dans quelques circonstances, de s'éloigner de l'orifice de sortie d'un courant artificiel, il vaut mieux le disposer de manière à pouvoir l'intercepter par le plan aussi bien en hauteur qu'en largeur ; bien qu'il y ait dans cette disposition quelque perte de mouvement par les frottemens ; mais cette

I.38

perte peut être plus que compensée par l'augmentation d'impulsion.

Il faut en outre que les parois intérieures de l'orifice, par lequel l'eau arrive sur le plan, soient bien unies et ne dispersent pas la veine fluide, par mille petits jets, qui s'échappent dans toutes sortes de directions; ce qui affaiblit considérablement le choc, surtout lorsque l'eau sort sous une hauteur de charge de 3 à 4 mètres. Le mieux est de faire sortir l'eau par un prisme à peu près de la forme de la veine contractée : les filets d'eau suivent alors moins irrégulièrement les parois de l'orifice, et la veine fluide est en quelque sorte plus compacte.

En donnant peu de profondeur au canal dans lequel le plan se meut, on obtient encore un autre avantage, c'est celui de se ménager la faculté de donner à l'orifice de sortie, ordinairement rectangulaire, une petite hauteur en comparaison de sa largeur, et de profiter ainsi d'une charge effective plus grande.

Voilà pour ce qui regarde le courant, voyons maintenant pour le plan.

Nous savons que le choc est plus considérable sur un plan qui le reçoit perpendiculairement et directement, que lorsqu'il le reçoit obliquement. Ce qu'il y aurait donc de plus avantageux, serait de faire des dispositions telles que le plan restât constamment dans une situation perpendiculaire à la direction du courant, aussi long-temps qu'il y serait exposé. Mais pour atteindre ce but il faut une construction assez compliquée, plus coûteuse, plus sujette à réparation, et offant plus de résistance de frottemens; on en voit deux exemples, dans l'*Atlas*, parmi les modes d'appliquer la force impulsive de l'eau : l'un est une chaîne sans fin s'enroulant sur deux tambours, et portant une suite de plans, aubes ou palettes, exposés perpendiculairement

à l'action d'un courant; l'autre représente deux roues excen-
triques conjuguées, portant les aubes de concert. Avec ces
deux modes d'application, les plans ou aubes sont opposés
perpendiculairement à l'action de l'eau tant qu'ils y restent
plongés.

Ordinairement les aubes sont placées sur la circonférence
d'une seule roue, comme on en voit plusieurs exemples dans
l'*Atlas*. Cette construction est plus simple, mais chaque aube
ne reçoit que pendant un instant l'impulsion directe et perpendiculaire de l'eau : il est aisé de comprendre que ce n'est qu'au
moment où elle arrive dans le prolongement de la partie inférieure du diamètre vertical de la roue; hors de cette ligne,
en deçà ou au delà; le choc est plus ou moins oblique. On
sacrifie ainsi une portion de la force impulsive, pour avoir un
mode d'application plus simple, plus aisé à construire, et dont
les frottemens soient beaucoup moindres.

On peut cependant racheter en partie cette obliquité d'action, en donnant au canal d'impulsion qu'on nomme *coursier*,
la forme d'un segment de cercle qui enveloppe une portion de
la roue. (Voyez *Atlas, mode d'application de la force de
l'eau.*) Le courant frappe alors assez directement chaque
aube; mais l'orifice de sortie, ou, ce qui est la même chose,
l'ouverture de la vanne, ne peut pas être, dans ce cas, au point
le plus bas de la chute : il faut bien prendre l'eau un peu plus
haut, pour pouvoir la faire couler sur une surface courbe et y
mettre les aubes en prise.

Quant à la forme des aubes, il paraît évident, d'après les
expériences que nous avons rapportées plus haut, que les
planes sont les moins avantageuses, et que quand elles portent
deux rebords latéraux en saillie du côté de l'action, il y a plus
de mouvement transmis, et l'on obtient par conséquent un

plus grand effet mécanique de la puissance de l'eau. Les aubes concaves valent mieux aussi que les planes ; mais cette forme n'est facile à donner que lorsqu'on les fait avec des feuilles de cuivre ou de fer.

Quelles que soient au surplus les dispositions qu'on choisisse, il est toujours nécessaire que l'eau, après le choc, après avoir agi sur l'aube aussi long-temps que celle-ci y reste convenablement en prise, il est nécessaire, disons-nous, qu'elle s'échappe promptement et sans s'amonceler derrière les aubes. Si cet effet avait lieu, on conçoit que les aubes, en se relevant par la rotation, tendraient à soulever l'eau et trouveraient à vaincre une résistance qui diminuerait la quantité de mouvement qui leur est communiqué.

En résumant la discussion à laquelle nous venons de livrer la question présente, nous voyons que les principales conditions, que les conditions fondamentales à remplir pour tirer le parti le plus avantageux possible de l'impulsion d'un courant, sont : 1°. de donner à l'orifice de sortie la forme qui se rapproche le plus de celle de la veine contractée, et de ne laisser autant qu'on le peut, dans l'intérieur de cet orifice, aucune aspérité, aucune pièce ou rebord en saillie, qui pourraient éparpiller les filets d'eau à leur sortie ; 2°. de donner au courant dans le coursier, plus de largeur que de profondeur, et de construire les aubes dans des dimensions telles qu'elles s'approchent le plus près possible et du fond et des parois du coursier ; 3°. de disposer le coursier de manière que le choc de l'eau soit aussi direct qu'il peut l'être, et que plusieurs aubes y soient à la fois en prise, sans néanmoins trop compliquer la construction du mode d'application ; 4°. de relever les deux côtés de chaque aube, ou d'y ajuster deux rebords en saillie du côté de l'impulsion ; 5°. enfin de favoriser, par tous les moyens possibles, la fuite de l'eau , lorsquelle a dépassé le point correspondant au diamètre vertical de la roue.

Nous renvoyons à l'*Atlas* pour se faire une idée nette des différens moyens mis en usage pour recevoir et transmettre à un travail quelconque l'action de l'eau par impulsion. Nous nous contentons d'ailleurs pour le moment de chercher à déterminer les principales indications qu'il faut remplir , pour que dans la communication de mouvement qui se fait du moteur au mode d'application , il en passe la plus grande quantité possible. Nous ne croyons pas devoir entrer dans des détails sur les différentes manières de remplir ces conditions , qui varient pour ainsi dire , autant que peuvent varier les circonstances dans lesquelles on se trouve : nous aimons mieux essayer de montrer avec précision le but qu'il faut atteindre et laisser à la sagacité de celui qui a une construction à faire ou à diriger , le soin de chercher les moyens les plus convenables d'y atteindre. Les localités , l'état des eaux , des raisons d'économie , sont pour beaucoup dans le choix des dispositions à faire. Des prescriptions spéciales , des formes de constructions arrêtées sur ce sujet , comme sur beaucoup d'autres que présente la mécanique industrielle , en retardent plutôt les progrès qu'ils ne lui en font faire.

Ajoutons toutefois que les expériences que nous avons à rapporter sur cette matière , compléteront les données nécessaires pour être à même de raisonner à fond les dispositions qu'il convient le mieux de prendre en diverses circonstances.

Deuxième question. *Quelle est la vitesse qu'il faut laisser prendre aux plans d'application de la force impulsive de l'eau pour obtenir le maximum d'effet?*

On peut chercher à résoudre cette question de deux manières , ou par le raisonnement , ou par l'expérience.

Voyons si on peut y parvenir par le seul secours du raisonnement, et si les résultats que nous obtiendrons s'accorderont avec l'expérience que nous ferons parler ensuite sur le même sujet.

Supposons qu'il s'agit d'une simple roue sur la circonférence de laquelle les plans ou aubes sont placés dans le plan du prolongement des rayons ; et notons avec soin tout ce à quoi il est indispensable que nous ayons égard dans le phénomène de la communication du mouvement qui a lieu dans ce cas.

Rappelons-nous , 1°. qu'on peut considérer la force impulsive agissante , comme divisée en deux portions : l'une qui fait équilibre aux résistances , et l'autre qui donne et entretient le mouvement de la roue.

2°. Que l'impulsion diminue à mesure que la roue perd de sa vitesse, elle diminue aussi suivant le degré d'inclinaison sous lequel les aubes se présentent à l'action du courant.

3°. Que plus la roue a de vitesse, plus l'eau conserve, après le choc, de sa force réelle et primitive ; ce qui est en pure perte pour l'effet.

4°. Que le refoulement des molécules d'eau est d'autant plus grand que les plans choqués ont moins de vitesse ; la perte de force occasionée par le refoulement semble donc augmenter avec l'augmentation du choc ; en outre , les effets du refoulement sont diversement modifiés suivant l'obliquité de l'action de l'eau sur les aubes.

5°. Qu'en ramenant enfin l'effet mécanique produit à l'élévation d'un poids à une certaine hauteur, le poids élevé est d'autant plus petit que la roue prend plus de vitesse, toutes choses égales d'ailleurs, mais aussi plus la hauteur à laquelle le poids s'élève, est grande.

Si , écartant cependant ces considérations pour un instant,

l'on admettait que dans l'impulsion de l'eau contre les aubes,
il n'y eût point à tenir compte d'aucun autre phénomène que
de la communication pure et simple du mouvement sans aucune perte, on pourrait croire d'un côté, puisqu'avec un certain poids, appliqué à la roue, on la mettrait en état d'équilibre avec la force d'impulsion, ce qui donnerait o de vitesse ;
de l'autre, qu'en supprimant le poids, la roue prendrait
sensiblement la vitesse de l'eau, et que, dans les deux cas,
il n'y aurait point d'effet mécanique produit; on pourrait
croire, disons-nous, qu'en prenant un point intermédiaire,
également éloigné de ces deux extrêmes, c'est-à-dire, en donnant à la roue la moitié de la vitesse du courant, on obtiendrait
le *maximum* d'effet; le poids élevé serait, dans cette supposition, la moitié de celui qui contre-balancerait l'impulsion de
l'eau : on considérerait ainsi la moitié de l'impulsion comme
faisant équilibre aux résistances, et l'autre moitié, ou l'excédant
de la force agissante sur les résistances, comme donnant et
entretenant le mouvement du poids.

On pourrait encore raisonner de la manière suivante : si la
roue était libre et qu'elle n'eût à vaincre aucune résistance,
elle prendrait à peu près la vitesse du courant. Réciproquement
si la roue avait en opposition une résistance suffisante, elle
pourrait rester immobile. Dans ces deux cas, l'effet serait
comme nul, puisqu'on aurait d'une part, vitesse produite
sans masse en mouvement, et de l'autre, une masse sans
vitesse.

Entre ces deux extrêmes il y a une infinité de points où le
courant pourra faire mouvoir un certain poids avec une certaine vitesse; mais il est évident que ce poids sera toujours plus
petit que celui qui peut arrêter le mouvement de la roue en
prise au courant, et que la vitesse que celle-ci pourra prendre,

sera toujours plus petite aussi que celle de l'eau. Le *maximum* d'effet aura donc lieu, lorsque le produit du poids par la vitesse qui lui sera imprimée, sera le plus grand produit de tous ceux qu'on pourrait obtenir en variant entre nos deux points extrêmes les poids et la vitesse.

On sait que la roue en mouvement échappe en partie à l'action du courant, et l'impulsion qu'elle reçoit n'est due qu'à la différence qu'il y a entre la vitesse du fluide et celle de la roue. Or, comme l'impulsion de l'eau est proportionnelle au carré de sa vitesse, l'effet dépendra du carré de la différence des deux vitesses ci-dessus. En outre, la grandeur de cet effet dépend aussi de la vitesse dont la roue est animée, attendu que l'élévation du poids en résulte immédiatement. L'effet est donc proportionnel au carré de la différence de ces deux vitesses, multiplié par la vitesse de la roue, et il faut que le produit de cette multiplication soit un *maximum* pour le cas où l'effet mécanique est le plus grand.

Or, d'après les règles du calcul, on trouvera que pour que le carré de la différence de deux quantités, multiplié par la plus petite des deux, donne le plus grand produit possible, il faut que la plus petite quantité soit le *tiers* de la plus grande (1), et d'après cette manière de raisonner, on conclurait que la roue doit prendre le tiers de la vitesse du courant.

Mais s'il est dans la nature de l'eau de subir inévitablement

---

(1) Soit V la plus grande des deux quantités, et v la plus petite. $V - v$ sera leur différence. Le carré de cette différence $V^2 - 2Vv + v^2$; multiplié par v ou $V^2v - 2Vv^2 + v^3$, devant être le plus grand possible, il faut que l'accroissement qu'il prendrait, en supposant que v augmente d'une très-petite quantité q soit nul. Or, cet accroissement, en supprimant les puissances supérieures de q est : $q(V^2 - 4Vv + 3v^2)$. En l'égalant à o, on en tire $v = \frac{1}{3}V$.

une perte de force , lorsqu'elle vient frapper un corps soumis à son impulsion , et si cette perte varie, d'après la vitesse que prend la roue, ou, ce qui revient au même, d'après le plus ou le moins d'intensité du choc; si elle varie même de différentes manières, dans une foule de circonstances dont il a été fait mention dans les chapitres précédens, nous ne pouvons regarder comme vrais les résultats de recherches purement spéculatives , et qui ne tiennent pas compte de cette perte.

Nous ne pouvons donc apprendre par le seul secours du raisonnement , à quel degré de vitesse doit appartenir le *maximum* d'effet, puisqu'il faut nécessairement faire entrer dans l'évaluation la valeur de cette perte qu'il ne paraît pas possible de déterminer autrement que par expérience : encore faut-il considérer cette valeur ainsi obtenue, comme dépendante des circonstances spéciales dans lesquelles les expériences ont lieu. Or, comme on ne peut déterminer par expérience la perte de force qui résulte de l'impulsion dans un cas donné, sans être à portée de reconnaître en même temps à quelle vitesse appartient le *maximum* d'effet , il semble permis de conclure que c'est toujours à l'expérience qu'on doit avoir recours pour résoudre cette question mécanique, si l'on ne veut pas se jeter dans les écarts dans lesquels entraînent des suppositions gratuites.

La troisième question posée plus haut, savoir : *quelle est la quantité de mouvement transmise dans les diverses circonstances qui peuvent se présenter*, ne peut être résolue qu'avec la seconde question que nous venons d'examiner ; ou plutôt l'une donne la solution de l'autre.

Nous allons donc interroger l'expérience dans le chapitre suivant, et essayer de trouver cette double solution.

CHAPITRE XXV.

Expériences sur les roues à aubes.

Plusieurs auteurs ont fait, à diverses époques, des recherches expérimentales sur les roues à aubes ; les uns dans la vue
de prouver des théories qu'ils s'étaient faites à l'avance, les
autres pour essayer de déduire une théorie de l'observation
du phénomène compliqué de l'impulsion de l'eau contre les
aubes d'une roue et des effets mécaniques qui en résultent.
Parmi ces derniers, Bossut et Smeaton nous semblent devoir
être placés au premier rang. Les expériences qu'ils nous ont
fait connaître, semblent mériter toute confiance ; nous allons
les rapporter, ainsi que celles que nous avons faites nous-
mêmes sur ce sujet.

Expériences de Bossut.

Bossut s'est occupé de trois séries d'expériences sur les roues
à aubes, savoir : la première sur un courant beaucoup plus
large que les aubes de la roue, la deuxième sur un courant à
peu près de la même largeur, et la troisième sur ces deux
espèces de courant avec des aubes plus ou moins inclinées sur
le rayon de la roue. Dans ces trois séries il a fait varier le
nombre d'aubes que portaient les roues.

Première série d'expériences. La roue à aubes dont il s'est
servi avait 3 *pieds* de diamètre extérieur ; les aubes étaient
faites en tôle d'une *demi-ligne* d'épaisseur, de 5 *pouces* de largeur et de 6 *pouces* de hauteur dans le sens du rayon de la roue.

Le diamètre de l'arbre de cette roue était de 2 *pouces* 6 *lignes*. Une corde de 2 *lignes* de diamètre s'enroulait sur cet arbre, passait sur une petite poulie de 3 *pouces* 8 *lignes* de diamètre, et portait des poids à son extrémité. Bossut avait fait les dispositions nécessaires pour pouvoir évaluer aisément les fractions de tours que faisait la roue et l'arrêter à des momens précis. Le tout pesait 44 *livres*.

Le courant sur lequel les expériences de cette première série ont été faites, était contenu entre deux murs verticaux, parallèles et distans l'un de l'autre d'environ 12 à 13 *pieds*. La largeur des aubes était donc plus de vingt-huit fois plus petite que celle du courant. Le fond de ce canal était un radier assez uni, et la profondeur totale de l'eau était d'environ 7 à 8 *pouces*. Cette profondeur a toujours été la même pour la même suite d'expériences.

Pour mesurer la vitesse de l'eau, l'auteur s'est servi d'un moulinet très-léger placé à côté de la roue. Il portait 6 petites aubes qui trempaient dans l'eau d'environ 4 lignes. On a trouvé que la *vitesse moyenne* de l'eau était d'environ 2740 *pouces* en 40 secondes.

La roue a été solidement établie sur le courant; les aubes plongeaient de 4 *pouces* dans l'eau, suivant la verticale. On pouvait en augmenter ou en diminuer le nombre.

Il est superflu de dire que la roue, en tournant, enroulait la corde sur son arbre et élevait les poids que cette corde portait.

L'arc de la roue, plongé dans l'eau, était de 77 degrés 53 minutes.

Voici les résultats de ces expériences.

NOMBRE des aubes de la roue.	POIDS élevé exprimé en livres.	DURÉE de chaque expérience exprimée en secondes.	NOMBRE des révolutions de la roue.	EFFET MÉCANIQUE exprimé en livres, élevées à un pouce de hauteur.
Aubes.	livres.	secondes.	révolutions.	livres élevées à un pouce.
48	24	60	$27\frac{19}{48}$	5160
24	24	60	$27\frac{7}{48}$	5o88
24	4o	60	$15\frac{28}{48}$	484o
12	4o	40	$13\frac{15}{48}$	416o
24	3o	40	$17\frac{22}{48}$	411o
24	35	40	$16\frac{25}{48}$	4515
24	4o	40	$15\frac{28}{48}$	484o
24	45	40	$14\frac{31}{48}$	513o
24	5o	40	$13\frac{34}{48}$	53oo
24	55	40	$12\frac{37}{48}$	5445
24	56	40	$12\frac{28}{48}$	5488
24	57	40	$12\frac{19}{48}$	555o
24	58	40	$12\frac{10}{48}$	5568
24	59	40	$12\frac{4}{48}$	56o5
24	60	40	$11\frac{40}{48}$	564o maximum.
24	61	40	$11\frac{30}{48}$	5612
24	62	40	$11\frac{19}{48}$	5549
24	63	40	$11\frac{2}{48}$	5381
24	64	40	$10\frac{41}{48}$	5376
24	65	40	$10\frac{25}{48}$	533o
24	66	40	$10\frac{5}{48}$	5194

Les quatre premières expériences de ce tableau ont été faites dans la vue de déterminer quelle peut être l'influence du nombre d'aubes sur l'effet mécanique produit par l'impulsion de l'eau. On voit que le plus grand produit de ces quatre expériences correspond au plus grand nombre d'aubes.

Cependant la différence qu'on remarque entre l'effet produit par quarante-huit aubes et vingt-quatre, dans les deux premières expériences, est fort petite en comparaison de celle que présentent les nombres d'aubes vingt-quatre et douze des deux expériences suivantes; il semble donc que ce serait trop hasarder que de dire qu'il faut donner à une roue le plus grand nombre d'aubes qu'on le peut, sans en affaiblir la construction et sans trop la charger; nous avons remarqué, dans nos propres expériences, qu'il fallait que l'écartement d'une aube à l'autre fût tel, que le fluide pût se rejoindre dans l'intervalle de deux aubes, après s'être partagé, comme il le fait en agissant contre la surface d'une aube. Si, par leur rapprochement, le fluide partagé d'abord ne peut se réunir derrière chacune, on peut être sûr qu'il y a trop d'aubes et qu'elles sont plus nuisibles qu'utiles.

Quant à la vitesse correspondante au *maximum* d'effet, nous voyons dans la colonne représentant les effets mécaniques, et dans celle des poids, que c'est avec 60 *livres* de charge qu'on a obtenu le plus grand produit. Il s'agit de savoir maintenant quel est le rapport des vitesses respectives et du courant et de la roue, dans le cas du *maximum*.

Puisque la roue a 3 *pieds* de diamètre et qu'elle fait 11 $\frac{42}{43}$ révolutions en 40 secondes, il suit que sa vitesse à la circonférence est à très-peu de chose près de 1338 *pouces* pendant ce temps; mais comme les aubes sont plongées de 4 *pouces* dans l'eau, nous considérerons la vitesse au centre d'impulsion et nous diminuerons de 2 *pouces* le diamètre de la circonférence; nous trouvons alors environ 1250 *pouces* de vitesse en 40 secondes. Rappelons-nous que la vitesse du courant est d'environ 2740 *pouces* pendant ce même temps; la vitesse de la roue correspondante au *maximum* d'effet, et prise au centre d'impulsion, est donc à la vitesse du courant à peu près comme 1250 est à 2740, ou comme 45 est à 100, c'est-à-dire un peu plus des *deux cinquièmes* de la vitesse du courant; que si l'on prenait la vitesse de la roue à la circonférence extérieure, la vitesse correspondante au *maximum* d'effet serait à peu près la *moitié* de celle du courant.

Il est à regretter que d'après ces expériences on ne puisse

essayer d'évaluer d'une manière certaine le rapport qui se trouve entre la puissance mécanique dépensée et le plus grand effet produit, qui paraît être de 5640 *livres* élevées à *un pouce* de hauteur en 40 secondes.

Deuxième série d'expériences. La roue qui a servi à cette seconde série d'expériences pouvait porter successivement 48, 24 et 12 aubes, toutes dirigées au centre de rotation. Ces aubes avaient 5 *pouces* juste de largeur, c'est-à-dire suivant la dimension perpendiculaire au plan de la roue, et 4 à 5 *pouces* de hauteur, c'est-à-dire suivant la dimension dirigée au centre. Elle trempe dans le canal rectangulaire de 600 *pieds* de longueur, de 5 *pouces* de largeur et de 8 à 9 *pouces* de hauteur, qui s'applique parfaitement à un orifice de même forme et de même largeur, percé au fond d'un réservoir en-tretenu constamment plein d'eau.

La roue est placée à 50 *pieds* du réservoir ; la hauteur constante de l'eau dans le réservoir au-dessus du fond du canal était d'*un pied ;* la pente du canal est de $\frac{1}{10}$ de la ligne de niveau.

La roue tourne librement, parce qu'il s'en faut d'environ une *demi-ligne* que les extrémités des aubes atteignent le fond et les parois du canal. L'arbre horizontal de la roue porte une gorge cylindrique de 2 *pouces* de diamètre, pour recevoir les rangs parallèles d'une corde qui s'y enroule, et qui, au moyen d'une poulie de renvoi, comme dans les expériences précédentes, fait monter les poids, lorsque l'eau frappe les aubes.

Le diamètre extérieur de la roue est de 3 *pieds* 1 *pouce* 11 *lignes*.

La vanne placée à l'orifice rectangulaire du réservoir, fut élevée à *un pouce*, et la vitesse de l'eau dans le canal était de 300 *pieds* en 33 secondes.

On ne comptait les tours de la roue que lorsque le mouvement ascensionnel du poids était devenu uniforme.

A l'endroit où la roue était placée, c'est-à-dire à 5o *pieds* de distance du réservoir, l'eau s'élevait au-dessus du fond du canal, d'environ 13 à 14 *lignes;* et la plus grande profondeur à laquelle les aubes s'enfonçaient, était d'environ 13 *lignes.* L'arc immergé de la roue était donc de 24 degrés 54 minutes.

NOMBRE des aubes de la roue.	POIDS élevé exprimé en livres.	DURÉE du mouvement exprimé en secondes.	NOMBRE des révolutions de la roue.	EFFET MÉCANIQUE exprimé en livres, élevées à un pouce de hauteur.
aubes.	livres.	secondes.	révolutions.	livres élevées à un pouce
48	12	60	$33\frac{1}{4}$	2496
48	16	60	$28\frac{1}{2}$	2848
24	12	60	29	2184
24	16	60	$25\frac{1}{4}$	2560
12	12	60	$25\frac{1}{2}$	1920
12	16	60	$19\frac{1}{2}$	1952

Ces expériences n'ont été faites que dans la seule vue de montrer qu'un plus grand nombre d'aubes donne un plus grand effet mécanique.

Il en est de même de celles que représente le tableau suivant; l'appareil a été le même, si ce n'est que la vitesse de l'eau était de 3oo *pieds* en 3o secondes; il y avait 2 *pieds* de hauteur d'eau dans le réservoir.

NOMBRE des aubes de la roue.	POIDS élevé exprimé en livres.	DURÉE du mouvement exprimé en secondes.	NOMBRE des révolutions de la roue.	EFFET MÉCANIQUE exprimé en livres, élevées à un pouce de hauteur.
aubes.	livres.	secondes.	révolutions.	livres élevées à un pouce.
48	12	48	34	2556
48	16	48	31 $\frac{1}{4}$	3130
24	12	48	30 $\frac{1}{3}$	2280
24	16	48	28 $\frac{1}{2}$	2860
12	12	48	25	1884
12	16	48	23	2304

On voit manifestement dans ces deux tableaux que le plus grand produit correspond au plus grand nombre d'aubes.

On pourrait encore tirer la conclusion suivante de ces expériences, en comparant celles de ce tableau avec le tableau précédent, savoir : que les effets mécaniques se sont accrus à peu près dans le même rapport que les vitesses : en effet, dans les premières, la vitesse était de 300 *pieds* en 33 secondes, c'est-à-dire de 9^{pieds},09 par seconde; et dans la dernière, de 300 *pieds* en 30 secondes, ou de 10 *pieds* par seconde, ces vitesses sont donc dans le rapport de 9,09 à 10,00, à peu près comme 2848 est à 3130; voyez les nombres de la seconde expérience de chaque tableau.

On a repris la roue de la première série d'expériences; elle porte 48 aubes; mais au lieu de la placer comme alors sur un large courant, on l'a établie sur le même canal que ci-dessus. La hauteur de l'eau était de 1 *pied* dans le réservoir; la vanne fut levée de 2 *pouces*; la vitesse était de 300 *pieds* en 27 secondes.

Voici le tableau des expériences que Bossut fit avec cette roue, dont il faut se rappeler que les aubes étaient à peu près de la même largeur que le courant.

POIDS ÉLEVÉ exprimé en livres.	DURÉE du mouvement exprimé en secondes.	NOMBRE des révolutions de la roue.	EFFET MÉCANIQUE exprimé en livres élevées à un pouce.
livres.	secondes.	révolutions.	livres élevées à un pouce.
$30\frac{1}{2}$	40	$22\ \frac{12}{48}$	5332
31	40	$22\ \frac{4}{48}$	5379
$31\frac{1}{2}$	40	$21\ \frac{42}{48}$	5414
32	40	$21\ \frac{32}{48}$	5448
$32\frac{1}{2}$	40	$21\ \frac{20}{48}$	5469
33	40	$21\ \frac{8}{48}$	5488
$33\frac{1}{2}$	40	$20\ \frac{44}{48}$	5506
34	40	$20\ \frac{12}{48}$	5572 *maxim.*
$34\frac{1}{2}$	40	$20\ \frac{21}{48}$	5570
35	40	$19\ \frac{44}{48}$	5460
$35\frac{1}{2}$	40	$19\ \frac{15}{48}$	5384
36	40	$18\ \frac{26}{48}$	5184

On voit que le *maximum* d'effet correspond au poids de 34 livres avec lequel la roue a fait $20\frac{22}{48}$ révolutions. En comparant cette vitesse avec celle du courant, on trouve que la première est à la seconde comme 2 est à 5 environ, à peu près comme dans les expériences précédentes.

Il est à regretter que l'auteur ne soit pas entré dans des détails suffisans pour mettre à même de chercher à évaluer le rapport de la puissance mécanique dépensée avec l'effet produit. Apparemment qu'il n'a pas cru devoir se proposer ce but-là.

Troisième série d'expériences. Ces expériences ont eu seulement pour objet de reconnaître l'influence de divers degrés d'inclinaison des aubes sur l'effet produit. En voici le tableau.

POSITION des AUBES.	POIDS ÉLEVÉ exprimé en livres.	DURÉE du mouvement exprimé en secondes.	NOMBRE des révolutions de la roue.	OBSERVATIONS.
	livres.	secondes.	révolutions.	
Dirigées au centre.	34	40	$20\ \frac{26}{48}$	La vanne est élevée de 2 *pouces*: la vitesse de l'eau dans le canal des expériences précédentes est de 3oo *pieds* en 27 secondes. La roue porte 48 aubes.
8 deg. d'inclinaison.	34	40	$19\ \frac{20}{48}$	
8 *idem.*	38	40	$17\ \frac{5}{48}$	
12 *idem.*	34	40	$19\ \frac{46}{48}$	
12 *idem.*	38	40	$17\ \frac{22}{48}$	
16 *idem.*	34	40	$20\ \frac{24}{48}$	

Les aubes dirigées au centre sont, dit Bossut, plus avantageuses, dans le cas du canal proposé, que les aubes inclinées de 8 degrés au rayon; celles-ci moins avantageuses que les aubes inclinées de 12 degrés; celles-ci moins avantageuses que les aubes inclinées de 16 degrés. L'effet est à peu près le même lorsque les aubes sont directes, et lorsqu'elles sont inclinées de 16 degrés au rayon. Tout cela, suivant l'auteur, est évident à l'inspection du tableau ci-dessus. En voici l'explication physique : lorsque les aubes tendent au centre, il s'en faut peu que chacune d'elles soit frappée perpendiculairement par le fluide, et que par conséquent la percussion soit la plus grande qu'il est possible. Mais lorsqu'elles sont inclinées au rayon, la percussion est oblique, et elle se décompose en deux forces : l'une perpendiculaire à l'aube, la seule qui agisse par le choc, l'autre dirigée suivant l'aube, qui n'agit pas par le choc, mais qui fait monter l'eau le long de l'aube : or, comme cette eau ainsi élevée demeure pendant un certain temps sur l'aube, elle la presse par son poids, et il peut se faire que l'effort qui en résulte compense à peu près la diminution que le choc éprouve par l'obliquité sous laquelle l'aube est frappée. On ne peut pas établir en général quelle est la meilleure combinaison de ces différentes forces ; elle dépend de la vitesse, de l'inclinaison du courant, et du fardeau élevé. Mais en supposant qu'on ait trouvé en effet la position la plus avantageuse des aubes, cet avantage se fera d'autant plus sentir (toutes choses égales d'ailleurs) que la roue tournera plus lentement. Dans les roues posées sur des canaux qui ont peu de pente et dans lesquels l'eau a la liberté de s'échapper aisément après le choc, il convient, suivant l'auteur, de diriger les aubes au centre. Au contraire, sur les coursiers qui ont beaucoup de pente, les aubes doivent être inclinées d'une certaine quantité au rayon, tant pour être frappées plus perpendiculairement que pour recevoir une augmentation de force de la part du poids de l'eau.

Bossut a donné le tableau suivant pour marquer la limite d'inclinaison qu'on ne doit pas dépasser dans un courant tel que celui de la première série d'expériences et dont on s'est servi pour celles-ci. La roue ne porte que douze aubes qui sont plongées de 4 *pouces* dans l'eau.

POSITION des AUBES.	POIDS ÉLEVÉ en livres.	DURÉE du mouvement en secondes.	NOMBRE des révolutions de la roue.
	livres.	secondes	révolutions.
Dirigées au centre.	40	40	$13 \frac{17}{48}$
15 degrés d'inclinaison.	40	40	$14 \frac{21}{48}$
30 *idem*.	40	40	$14 \frac{23}{48}$
37 *idem*.	40	40	$14 \frac{15}{48}$

On voit qu'avec un courant comme celui dont on s'est servi et dans les mêmes circonstances, l'obliquité des aubes la plus avantageuse se trouve entre 15 et 30 degrés. On voit en outre qu'il y a toujours une certaine obliquité qu'il ne faut pas passer, parce que, selon la remarque de Bossut, on perdrait plus par la diminution du choc qu'on ne regagnerait pas le poids de l'eau qui glisse sur les aubes et les presse.

Expériences de Smeaton sur le même sujet.

L'appareil avec lequel Smeaton a fait ses expériences sur les roues à aubes était composé d'une roue portant vingt-quatre aubes, et d'un réservoir rectangulaire adossé à la roue, et dans lequel on maintenait le niveau de l'eau au moyen d'une pompe dont on connaissait exactement le produit.

Le réservoir portait à sa partie inférieure une ouverture verticale rectangulaire, fermée par une vanne qu'on pouvait hausser et baisser à volonté, pour laisser passer plus ou moins d'eau. On arrêtait cette vanne à la hauteur qu'on voulait, au moyen d'une cheville qu'on faisait entrer dans des trous percés diagonalement sur la face de la tige de la vanne, afin de faire moins varier les hauteurs de la vanne en passant d'un trou à un autre.

Le canal ou plutôt le coursier sur lequel la roue tournait était horizontal et par conséquent perpendiculaire à l'ouverture du réservoir. Les aubes n'avaient dans le coursier que le jeu nécessaire pouy s'y mouvoir librement.

La section horizontale du réservoir était de 105,8 *pouces carrés* (1).

La circonférence de la roue était de 75 *pouces*, et celle de l'arbre sur lequel la corde s'enroulait était de 9 *pouces*.

---

(1) Le pied anglais vaut environ 0^m,305. Les quantités dont il est question dans ces expériences sont exprimées en mesure anglaise. Ce qui est indifférent, puisque nous n'avons que des rapports à chercher.

Cette corde portait un plateau pour recevoir les poids, et une *poulie mobile*, pesant ensemble 10 *onces*. Comme cette corde était double, à raison de la poulie mobile, une révolution de l'arbre de la roue ne l'élevait que de la moitié de la circonférence de cet arbre, c'est-à-dire de 4 *pouces et demi*.

Les vitesses de l'eau dans le coursier furent déterminées par la roue même, au moyen d'un contre-poids, comme nous l'avons indiqué pour l'appareil à mesurer la vitesse des eaux courantes. Smeaton a fait varier ces vitesses dans le cours de ces expériences, comme nous allons le voir.

Pour évaluer la quantité d'eau dépensée dans chaque expérience, on s'est servi de la pompe destinée à remplir d'eau le réservoir ; elle avait été exécutée avec tant de soins, que, ne perdant point d'eau par les cuirs du piston, elle en fournissait précisément la même quantité à chaque coup, soit que le mouvement en fût accéléré ou ralenti ; et comme l'amplitude de ce mouvement était déterminée, le produit d'un seul coup, ou plus exactement le produit de douze coups de piston, était connu par l'évaluation de l'eau dans le réservoir, dont les dimensions régulières rendaient le jaugeage facile. En outre, la vanne sous laquelle l'eau s'écoulait sur la roue pouvait être fixée à une certaine hauteur, au moyen d'une cheville : on pouvait connaître ainsi sans incertitude la quantité d'eau dépensée sous une charge quelconque, par un orifice donné ; car il suffisait d'observer combien il fallait de coups de piston dans une minute pour tenir l'eau du réservoir à une hauteur déterminée, et de multiplier le nombre de coups par la quantité d'eau fournie par chaque coup. L'examen d'une série d'expériences va éclaircir et mettre pour ainsi dire en jeu toutes ces dispositions :

1°. La vanne était arrêtée au premier trou, et la hauteur de l'eau dans le réservoir au-dessus du seuil de la vanne était de 3o *pouces*.

2°. On donna dans une minute trente-neuf coups et demi de piston, et douze coups de piston élevaient l'eau dans le réservoir de 21 *pouces*.

3°. La roue, chargée du plateau vide et de la poulie mobile, faisait quatre-vingts révolutions en une minute.

4°. Par l'action seule du contre-poids d'*une livre* 8 *onces*, elle faisait quatre-vingt-cinq révolutions; et par l'action simultanée de l'eau et du contre-poids, elle faisait quatre-vingt-six révolutions; la vitesse réelle de l'eau était donc équivalente à quatre-vingt-six révolutions de la roue en une minute.

NUMÉROS D'ORDRE.	POIDS ÉLEVÉ.	NOMBRE des révolutions de la roue en une minute.	PRODUITS résultans de la multiplication du nombre des révolutions, par chaque poids élevé.	OBSERVATIONS.
	livres.	révolutions.		
1	4	45	180	
2	5	42	210	
3	6	36 $\frac{1}{4}$	217 $\frac{1}{2}$	
4	7	33 $\frac{3}{4}$	236 $\frac{1}{4}$	
5	8	3o	24o max. d'effet.	
6	9	26 $\frac{1}{2}$	238 $\frac{1}{2}$	
7	1o	22	220	
8	11	16 $\frac{1}{7}$	181 $\frac{1}{2}$	
9	12	. . .	. . . . .	La roue s'est arrêtée, parce que l'eau retournait en arrière, à raison de la lenteur du mouvement de la roue.

Smeaton fait sur cette série d'expériences les observations suivantes.

1°. La circonférence de la roue, qui est de 75 *pouces*, étant multipliée par 86, nombre des révolutions qu'elle fait en une minute, lorsqu'elle prend toute la vitesse de l'eau, donne 6450 *pouces*, pour la valeur de la vitesse de l'eau dans le même temps. Cette vitesse étant divisée par 60, le quotient 107^pouces,5 est la vitesse par seconde, laquelle est *due* à une hauteur de 15 *pouces*.

La section horizontale du réservoir, laquelle est de 105,8 *pouces carrés* étant multipliée par le poids d'*un pouce cube* d'eau, c'est-à-dire par 0,579 de l'*once avoirdupoids* (1) ; on aura 61^onces,26, ou 3^l,83 pour le poids d'une tranche horizontale du réservoir d'*un pouce* d'épaisseur. Ce poids multiplié par 21 *pouces*, hauteur de l'eau au-dessus du seuil de la vanne, donne 80^l,43 pour le produit de douze coups de piston ; et pour le produit de trente-neuf coups et demi, fourni et dépensé dans une minute, 264^l,75.

Maintenant, ces 264^l,75 d'eau doivent être considérées comme descendues de 15 *pouces* de hauteur dans une minute, hauteur *due* à la vitesse du courant. Le produit de ces nombres, ou 3970 *livres* élevées à *un pouce*, sera donc la valeur de la puissance de l'eau employée à produire les effets mécaniques dont voici l'expression.

La vitesse de la roue, correspondante au *maximum* d'effet, était, comme on le voit, de trente tours par minute, nombre qui, multiplié par 9 *pouces*, circonférence de l'arbre, donne 270 *pouces*. Mais comme, ainsi que nous l'avons dit plus haut, le plateau avec les poids était suspendu par une poulie mobile et une double corde, le poids était seulement élevé à la moitié de cette hauteur, c'est-à-dire à 135 *pouces*.

La charge du plateau, correspondante au *maximum* d'effet,

---

(1) L'once *avoirdupoids* est d'environ 533 grains, poids de marc, ou de 0^k,0283, et la livre environ 453,25 grammes.

est de. . . . . 8 livres.

    Le poids du plateau de la poulie est de. .   »   10 onc.

    Le contre-poids , le plateau et la poulie

pèsent ensemble. . . . .   »   12

____

    La somme des résistances était donc de.   9   6

                                   ou $9^{\text{livres}},375$

    Le poids de $9^{l},375$ étant multiplié par la hauteur de 135 *pouces*, à laquelle il est élevé, donne 1266 *livres* élevées à 1 *pouce* pour l'expression du *maximum* d'effet : ainsi le rapport de la puissance à l'effet est celui de 3970 à 1266, ou de 10 à 3,18.

    Mais quoique ce soit là le plus grand effet simple de l'impulsion de l'eau sur cette roue à aubes , cependant comme cet effet n'épuise pas entièrement la puissance du fluide en mouvement , le rapport précédent ne sera pas le véritable rapport de cette puissance à la somme des effets qu'elle est capable de produire ; car, comme l'eau doit nécessairement abandonner la roue , après l'avoir frappée avec la même vitesse qu'elle a imprimée à la circonférence de cette roue , il est clair que le fluide reste , après le choc , animé d'une certaine portion de sa puissance primitive.

    La vitesse de la roue correspondante au *maximum* d'effet , est de trente tours par minute , et par conséquent sa circonférence se meut à raison de $3^{\text{pieds}},125$ par seconde, dont la hauteur *due* est de $1^{\text{pouce}},82$: multipliant cette hauteur par la quantité d'eau dépensée dans une minute, c'est-à-dire, par $264^{l},75$, on aura 483 pour l'expression de la puissance qui reste à l'eau après qu'elle a dépassé les aubes de la roue , nombre qui, déduit de la puissance primitive 3970, donne 3486 pour la portion de la puissance réellement employée à produire l'effet 1266 : donc la portion de puissance dépensée pour produire

l'effet est au plus grand qu'elle est susceptible de produire,
comme 3486 est à 1266, ou comme 10 est à 3,63, ou comme
11 est à 4.

2°. La vitesse de l'eau qui frappe la roue a été trouvée égale
à quatre-vingt-six révolutions de cette roue par minute, et la
vitesse de la roue correspondante au *maximum* d'effet, a été
trouvée de trente révolutions ; la vitesse de l'eau sera donc à
celle de la roue comme 86 est à 30, ou comme 10 est à 3,5, ou
comme 20 est à 7.

3°. Enfin on a vu que la charge du plateau correspondante
au *maximum* d'effet était de 9 *livres* 6 *onces*, et que la roue
cessait de se mouvoir, lorsque le plateau était chargé d'un
poids de 12 *livres*, à quoi ajoutant le poids de ce plateau,
ou 10 *onces*, on trouve le rapport de trois à quatre pour
celui qui existe entre la charge correspondante au *maximum* d'effet et la charge sous laquelle le mouvement de la
roue est arrêté.

Smeaton a consigné, dans le tableau suivant, d'autres séries d'expériences qui donnent lieu à des remarques plus étendues sur cette matière.

On continue à se servir des mesures anglaises dans le tableau suivant.

Tableau des expériences de Smeaton, sur les roues à aubes.

1	2	3	4	5	6	7	8	9	10	11	12	13	14
NUMÉROS des expériences.	HAUTEUR de l'eau dans le réservoir. (pouces)	NOMBRE des révolutions de la roue non chargée.	HAUTEUR *due* à la vitesse de l'eau suivant la colonne précédente. (pouce)	NOMBRE des révolutions de la roue au *maximum* d'effet.	CHARGE qui arrête le mouvement de la roue. (livres · onces)	CHARGE correspondante au *maximum* d'effet. (livres · onces)	QUANTITÉ d'eau dépensée en une minute.	PUISSANCE mécanique.	EFFET mécanique.	RAPPORT entre la puissance et l'effet.	RAPPORT entre la vitesse de l'eau et celle de la roue.	RAPPORT entre la charge faisant équilibre au mouvement, et celle correspondante au *maximum* d'effet.	HAUTEUR de la vanne.
1	33	88	15,75	30	13 · 10	10 · 9	275	4358	1411	10 : 3,24	10 : 3,4	10 : 7,75	La cheville est arrêtée au premier trou de la tige de la vanne.
2	30	86	15,0	30	12 · 10	9 · 6	264,7	3970	1266	10 : 3,2	10 : 3,5	10 : 7,4	
3	27	82	13,7	28	11 · 2	8 · 6	243	3329	1044	10 : 3,15	10 : 3,4	10 : 7,5	
4	24	78	12,38	27,7	9 · 10	7 · 5	235	2890	901,4	10 : 3,12	10 : 3,55	10 : 7,53	
5	21	75	11,4	25,9	8 · 10	6 · 5	214	2439	735,7	10 : 3,02	10 : 3,45	10 : 7,32	
6	18	70	9,95	23,5	6 · 10	5 · 5	199	1970	561,8	10 : 2,85	10 : 3,36	10 : 8,02	
7	15	65	8,54	23,4	5 · 2	4 · 4	178,5	1524	442,5	10 : 2,9	10 : 3,6	10 : 8,3	
8	12	60	7,29	22	3 · 10	3 · 5	161	1173	328	10 : 2,8	10 : 3,77	10 : 9,1	
9	9	52	5,47	19	2 · 12	2 · 8	134	733	213,7	10 : 2,9	10 : 3,65	10 : 9,1	
10	6	42	3,55	16	1 · 12	1 · 10	114	404,7	117	10 : 2,82	10 : 3,8	10 : 9,3	
11	24	84	14,2	30,75	13 · 10	10 · 14	342	4890	1505	10 : 3,075	10 : 3,66	10 : 7,9	au 2ᵉ. trou.
12	21	81	13,5	29	11 · 10	9 · 6	297	4009	1223	10 : 3,01	10 : 3,62	10 : 8,05	
13	18	72	10,5	26	9 · 10	8 · 7	285	2993	975	10 : 3,25	10 : 3,6	10 : 8,75	
14	15	69	9,6	25	7 · 10	6 · 14	277	2659	774	10 : 2,92	10 : 3,62	10 : 9	
15	12	63	8,0	25	5 · 10	4 · 14	234	1872	549	10 : 2,94	10 : 3,97	10 : 8,7	
16	9	56	6,37	23	4 · »	3 · 13	201	1280	390	10 : 3,05	10 : 4,1	10 : 9,5	
17	6	46	4,25	21	2 · 8	2 · 4	167,5	712	212	10 : 2,98	10 : 4,55	10 : 9	
18	15	72	10,5	29	11 · 10	9 · 6	357	3748	1210	10 : 3,23	10 : 4,02	10 : 8,05	au 3ᵉ. trou.
19	12	66	8,75	26,75	8 · 10	7 · 6	330	2887	878	10 : 3,05	10 : 4,05	10 : 8,1	
20	9	58	6,8	24,5	5 · 8	5 · »	255	1734	541	10 : 3,01	10 : 4,22	10 : 9,1	
21	6	48	4,7	23,5	3 · 2	3 · »	228	1064	317	10 : 2,99	10 : 4,9	10 : 9,6	
22	12	68	9,3	27	9 · 2	8 · 6	359	3338	1006	10 : 3,02	10 : 3,97	10 : 9,17	au 4ᵉ. trou.
23	9	58	6,8	26,25	6 · 2	5 · 13	332	2257	686	10 : 3,04	10 : 4,52	10 : 9,5	
24	6	48	4,7	24,5	3 · 12	3 · 8	262	1231	345	10 : 3,13	10 : 5,1	10 : 9,35	
25	9	60	7,29	27,3	6 · 12	6 · 6	355	2588	783	10 : 3,03	10 : 4,55	10 : 9,45	au 5ᵉ. trou.
26	6	50	5,03	24,6	4 · 6	4 · 1	307	1544	450	10 : 2,92	10 : 4,9	10 : 9,3	
27	6	50	5,03	26	4 · 15	4 · 9	360	1811	534	10 : 2,95	10 : 5,2	10 : 9,25	au 6ᵉ. trou.

On voit dans ce tableau, que Smeaton a fait varier toutes les conditions de la question, en ce qui concerne la hauteur de la charge dans le réservoir, l'ouverture de la vanne et les poids dont la roue a été sucessivement chargée. Il n'y a eu de constant que les dimensions de la roue, le nombre des aubes, leur forme et leurs dimensions, ainsi que celles du coursier. La vitesse du courant, la vitesse de la roue au *maximum* d'effet, la puissance mécanique dépensée, et l'effet produit ont par conséquent varié aussi.

Au moyen de ces dispositions, l'auteur a pu offrir des solutions expérimentales à plusieurs questions que nous allons successivement examiner.

1°. Deux cours d'eau qui auraient les mêmes vitesses seraient considérés comme ayant la *même hauteur due ;* mais les hauteurs *réelles* de l'eau au-dessus du seuil de la vanne seraient différentes, si les ouvertures le sont; car il faut moins de hauteur d'eau dans le réservoir pour obtenir une certaine vitesse avec une grande ouverture, qu'il n'en faut avec une plus petite ouverture, pour obtenir la même vitesse. Dans ce cas les masses d'eau écoulées sont différentes, bien qu'elles s'écoulent avec la même vitesse; les dépenses varient donc d'une manière proportionnelle à la différence des ouvertures de sortie.

Ceci bien entendu, l'on peut se demander : deux courans étant donnés, avec la même vitesse, mais dont les ouvertures de vanne sont différentes, quel est le rapport de l'effet produit avec les quantités d'eau dépensées?

Prenons dans le tableau les expériences qui ont eu lieu sous les mêmes hauteurs *dues*, c'est-à-dire celles où la roue a fait dans le même temps le même nombre de révolutions; nous trouvons que, dans les expériences nᵒˢ. 8 et 25, la hauteur *due* pour chacune est de 7,29; que les quantités d'eau dépensées sont dans le rapport de 161 à 355, et les effets respectifs produits dans celui de 328 à 785. Or, en comparant ces deux rapports, on les trouve à peu près égaux, car 161 : 355 :: 328 : 723. Ce dernier nombre ne diffère de celui de l'expérience que de 62.

En faisant les mêmes comparaisons avec les n°². 13 et 18, 20 et 23, 21 et 24, 26 et 27, on trouve à peu près les mêmes résultats ; d'où l'auteur conclut *que les effets mécaniques produits par deux courans agissant avec la même vitesse sur une roue à aubes, sont comme les quantités d'eau dépensées.*

Ainsi avec une dépense double ou triple d'eau dans le même temps, on obtient un effet mécanique double ou triple, à peu de chose près.

2°. Comme on peut faire la dépense d'eau avec des ouvertures de vanne différentes, lorsque la vitesse, ou, si l'on veut, les hauteurs de charge varient, il se présente des cas où il serait intéressant de connaître le rapport de l'effet produit avec la vitesse du courant ou avec la hauteur de la charge : les expériences n°². 2 et 24, 1 10, 11 et 17 du tableau semblent prouver que *les quantités d'eau dépensée étant les mêmes, les effets produits sont à peu près comme les hauteurs de charge respectives, ou comme les carrés des vitesses.*

D'où l'on pourrait conclure que si le courant, dont vous vous servirez comme moteur, prenait une vitesse double, vous obtiendriez un effet quadruple ; mais il faut remarquer ici que cet effet quadruple comprend toutes les résistances et non pas l'effet utile seulement : ainsi le frottement, qui augmente avec la vitesse des pièces qui le subissent, est une partie importante de cet effet quadruple ; et il ne s'ensuit pas qu'avec une vitesse double vous puissiez, par exemple, obtenir un produit quadruple en filature ou en d'autre opérations mécaniques, donnant lieu à beaucoup de frottemens. Dans les expériences de Smeaton, ceux-ci sont compensés par un contre-poids.

3°. Enfin on pourrait conclure des expériences n°ˢ. 1 et 10, 11 et 17, 18 et 21, 22 et 24 *que l'ouverture de la vanne étant la même, l'effet produit est à peu près comme le cube de la vitesse de l'eau* dans le coursier; à quoi il importe d'appliquer la remarque du paragraphe précédent.

Smeaton fait en outre sur ces diverses expériences les observations suivantes :

En comparant les colonnes deuxième et quatrième du tableau, on reconnaît évidemment que la hauteur *due* à la vitesse n'a aucune proportion certaine avec la hauteur de la colonne d'eau dans le réservoir; mais que, lorsque l'ouverture de la vanne est plus grande, ou que la vitesse de l'eau qui en sort est plus petite, ces deux quantités approchent davantage de coïncider entre elles : d'où il suit que dans les grandes ouvertures de moulins et de vannes, où de grandes quantités d'eau sont dépensées sous des charges médiocres, la hauteur réelle de la colonne et la hauteur *due* à la vitesse réelle, approcheront de la coïncidence, comme l'expérience le confirme.

En comparant les divers rapports de la puissance à l'effet, indiqués dans la colonne onzième du tableau, on voit que le rapport le plus général est celui de 10 à 3. Les rapports extrêmes sont ceux de 10 à 3,2 et de 10 à 2,28. Mais comme on observe que, lorque la quantité d'eau ou sa vitesse, c'est-à-dire, lorsque la puissance de l'eau est plus grande, le second terme du rapport précédent devient aussi plus grand, on est suffisamment fondé à admettre que le rapport dont il s'agit est celui de 3 à 1 dans les grandes machines.

Quant aux rapports des vitesses de l'eau et de la roue, indiqués dans la douzième colonne, ils sont renfermés entre les rapports de 3 à 1 et de 2 à 1. Mais comme la première de ces limites convient aux plus grandes vitesses, et la seconde aux plus grandes quantités d'eau dépensées, il s'ensuit que le rapport moyen entre les vitesses de l'eau et de la roue est en général celui de 5 à 2.

Si l'on compare ensuite les nombres portés dans la colonne treizième, on voit qu'il n'y a aucun rapport constant entre la charge que la roue peut élever dans le cas du *maximum* d'effet, et celle capable d'arrêter le mouvement de la roue; mais que ce rapport est renfermé entre ceux de 20 à 19 et de 20 à 15. D'un autre côté, comme ce rapport approche davantage de celui de 20 à 15 ou de 4 à 3, lorsque la puissance devient plus grande, soit par l'accroissement de la vitesse, soit par l'augmentation du volume d'eau dépensé, il paraît que ce rapport est particulièrement applicable aux grandes machines. Quoi qu'il en soit, la charge qu'une roue doit supporter pour produire l'effet le plus avantageux, pouvant se déduire de la connaissance de cet effet et de la vitesse dont la roue doit être animée pour le produire, on voit que la détermination exacte du plus grand poids qu'elle puisse soutenir est de peu d'importance dans la pratique.

Smeaton réduisit à douze le nombre des aubes de la roue; on remarqua une diminution d'effet, parce qu'une plus grande quantité d'eau s'échappait entre les aubes et le fond du coursier; mais ayant recouvert le fond du coursier d'une planchette circulaire d'une longueur telle, qu'une des aubes entrait dans la courbe avant que l'aube antérieure en fût sortie, on obtint des effets qui coïncidèrent avec les précédens, au point qu'on ne put espérer de les augmenter en portant au delà de vingt-quatre le nombre des aubes de la roue mise en expérience.

Avant de parler des expériences que nous avons faites nous-mêmes sur ce sujet, il nous reste à faire les remarques suivantes sur celles de Smeaton : 1°. si l'on comparait les divers effets mécaniques qu'il a obtenus et qu'il a notés dans la dixième colonne du tableau avec la puissance qu'il a réellement employée, dans chaque expérience, on ne trouverait plus les rapports présentés dans la onzième colonne.

En effet, si nous prenons une de ces expériences, la première, par exemple, nous voyons que l'eau dans le réservoir a été constamment maintenue à la hauteur de 33 *pouces*, par l'action de la pompe qui devait renouveler l'eau, à mesure qu'elle se dépensait. Cette eau est donc tombée de toute cette hauteur, et la puissance mécanique réellement dépensée était équivalente à la masse d'eau écoulée pendant la durée de l'expérience, multipliée par la hauteur moyenne du liquide dans le réservoir. En déduisant, comme l'a fait Smeaton, la hauteur de la chute de la vitesse de l'eau dans le coursier, et prenant cette hauteur pour facteur de la puissance, on n'a pour résultat qu'une valeur relative à l'appareil dont on s'est servi, et les rapports entre les puissances et les effets, qu'a donnés Smeaton, ne peuvent, à la rigueur, être considérés comme applicables, que dans le cas où l'on se trouverait placé dans les mêmes circonstances que lui.

2°. Enfin il ne paraît pas qu'on doive considérer les poids notés dans la sixième colonne et arrêtant le mouvement de la roue, comme représentant ceux qui seraient nécessaires pour faire équilibre à l'impulsion de l'eau contre les aubes en prise au courant. L'auteur dit lui-même que quand la roue se mouvait assez lentement pour ne point entraîner l'eau fournie par la vanne, à mesure qu'elle était frappée, cette eau retournait en arrière vers l'ouverture du réservoir, et la roue cessait de se mouvoir. Or, il est à présumer que cet effet dépendait en grande partie des dispositions de l'appareil, et que si l'on avait voulu estimer réellement la force d'impulsion contre la roue rendue immobile par un poids suffisant, il aurait fallu en employer un plus considérable, et les rapports entre la charge faisant équilibre au courant et la charge correspondante au *maximum* d'effet eussent été plus grands que ceux indiqués dans la treizième colonne du tableau. Du moins nos propres expériences nous portent à le penser, ainsi qu'on va le voir.

Nouvelles expériences sur les roues à aubes.

Nous avons fait deux séries d'expériences sur les roues à aubes, l'une avec un courant plus large que les aubes, et l'autre avec un coursier où les aubes n'avaient que le jeu nécessaire pour le mouvement libre de la roue.

Première série d'expériences. Nous nous sommes servis, pour cette première série, du même appareil que celui que nous avons décrit dans le Ch. XXIV ; seulement on a substitué à la tringle de bois portant les divers plans destinés à recevoir l'impulsion de l'eau, une petite roue de fer-blanc de 2 mètres juste de circonférence extérieure. L'arbre de cette roue, sur lequel s'enroulait la petite corde portant le plateau et ses poids, avait 81 millimètres de circonférence. On avait ajusté sur un des tourillons de cet arbre une aiguille qui marquait sur un cercle divisé les fractions de tours que faisait la roue.

Cette roue portait trente-trois aubes, de 5 centimètres de hauteur dans le sens du rayon et 10 centimètres de largeur.

Comme le canal avait 20 centimètres de largeur, les aubes

n'occupaient que la moitié de cette largeur; dans toutes les expériences elles ont été entièrement plongées dans l'eau.

La vitesse du courant était comme précédemment d'un mètre par seconde.

On n'a commencé à compter les tours dans chaque expérience, qu'après deux révolutions de la roue, lorsqu'elle paraissait se mouvoir avec uniformité.

On remarquera que cette roue, abstraction faite de ses dimensions, se trouve assez exactement dans les mêmes circonstances qu'une roue à aubes placée tout simplement sur le courant d'une rivière.

La roue sans charge faisait quinze tours en 30 secondes, et pour la tenir en équilibre contre l'impulsion du courant, il fallait un poids de $7^k,775$ y compris le poids du plateau.

Le tableau suivant présente les résultats des expériences faites avec cet appareil.

NUMÉROS des expériences.	DURÉE de chaque expérience.	NOMBRE des révolutions de la roue.	POIDS ÉLEVÉ y compris le plateau.	EFFET MÉCANIQUE exprimé en kilogrammes élevés à 81 millimètres.
	secondes.	révolutions.	kilogrammes.	kilogrammes.
1	30	9	2,075	18,675
2	30	$8\frac{1}{2}$	2,475	21,037
3	30	$7\frac{3}{4}$	2,775	21,506
4	30	7	3,075	21,525 maximum.
5	30	6	3,575	21,450
6	30	$5\frac{1}{2}$	3,875	21,312
7	30	$5\frac{1}{3}$	3,925	20,933

Chacune de ces expériences a été répétée plusieurs fois; celles de la même espèce ont donné des résulats très-peu différens les uns des autres, et, pour plus d'exactitude, ce sont les moyennes que nous avons consignées, à chaque numéro, dans le tableau.

I. 42

On voit que la vitesse au *maximum* d'effet correspond à sept révolutions de la roue. Si donc nous prenons tout simplement la circonférence extérieure de celle-ci, nous trouvons que cette vitesse est de 14 mètres en 3o secondes; que par conséquent elle est à la vitesse du courant comme 0,47 est à 1. Il nous paraît plus commode, pour la pratique, de considérer les circonférences extérieures des roues pour en déduire les vitesses, que celles qui correspondent aux centres d'impulsion; d'ailleurs comme il est toujours convenable de donner peu de hauteur aux aubes, il y a peu de différence entre une circonférence et l'autre.

Pour déterminer le rapport entre l'effet produit et la puissance mécanique dépensée, rappelons-nous que les aubes ont 1o centimètres de largeur sur 5 de hauteur, ou 5o centimètres carrés, et qu'elles plongent entièrement dans l'eau; en outre que le courant parcourt 3o mètres en 3o secondes. La masse d'eau agissante peut être dès lors considérée comme un prisme d'eau de 5o centimètres carrés de base, et d'une longueur égale à 3o mètres ou 3ooo centimètres; ce qui équivaut à un poids de 15o,ooo centimètres cubes ou 15o,ooo grammes, ou enfin 15o kilogrammes.

Or ce poids est tombé d'une hauteur *due* à une vitesse de 1 mètre par seconde, et cette hauteur est à peu près de 5 centimètres. La puissance mécanique est donc équivalente à 15o kilogrammes multipliés par 5 centimètres, dont le produit représente 75o kilogrammes élevés à 1 centimètre de hauteur en 3o secondes. Mais l'effet est de $21^k,525$ élevés à $8^c,1$, dans le même temps, ou de $174^k,35$ élevés à 1 centimètre; le rapport de la puissance à l'effet semble donc être comme 75o est à 174,35, ou à peu près comme 9 est à 2.

Deuxième série d'expériences. Ces expériences ont été

faites avec l'appareil suivant. (*Voyez* Pl. I, fig 4, *à la fin du volume.*)

AA'. Deux réservoirs rectangulaires accolés l'un à l'autre et communiquant par une large ouverture *a*. Le réservoir antérieur *A'* porte une vanne *b* dont la tige s'élève jusqu'à *b'* au-dessus du réservoir. Le réservoir postérieur *A* reçoit le flotteur *C*, qu'on manœuvre avec un treuil à déclic, le volume du flotteur représente exactement un volume d'eau du poids de 450 kilogrammes; de sorte que lorsque le flotteur est entièrement immergé, il a produit une dépense de 450 kilogrammes d'eau. Une règle divisée *C'* sert à diriger la descente du flotteur pour maintenir un niveau constant.

La chute totale de l'eau, depuis son niveau *D* jusqu'au bas de la roue en *D'* est de $2^m,484$. Ainsi, lorsque le flotteur a fait sortir du réservoir un volume d'eau égal au sien, 450 kilogrammes d'eau sont tombés de $2^m,484$.

E, roue à aubes; elle à $3^m,280$ de diamètre, sans compter la hauteur des aubes. Celles-ci ont 30 centimètres de largeur sur 20 de hauteur dans le sens du rayon de la roue, dont le diamètre total, y compris les aubes, est par conséquent de $3^m,320$.

Cette roue porte un tambour *F*, sur lequel une corde d'un centimètre de diamètre s'enroule; la circonférence de ce tambour, y compris la corde, est exactement de $1^m,523$.

GG', coursier, embrassant une partie de la circonférence de la roue, et ne laissant aux aubes que le jeu nécessaire pour se mouvoir, la largeur de l'ouverture de la vanne est de 30 centimètres comme les aubes.

H, H', H", plateau pour recevoir les poids que la roue doit élever; poulie mobile, et poulie fixe avec leur double corde.

Les deux tableaux suivans donnent les résultats des expériences faites avec cet appareil. Dans le premier, la roue portait soixante aubes; dans le second, elle n'en portait que trente.

(1)   1ᵉʳ. TABLEAU. —— SOIXANTE AUBES.

NUMÉROS des expériences.	CHARGE de la roue, y compris le plateau et les frottemens.	HAUTEUR à laquelle le poids a été élevé.	NOMBRE des révolutions de la roue.	DURÉE du mouvement.	EFFET PRODUIT exprimé en kilogrammes élevés à un mètre de hauteur.
	kilogrammes.	mètres.	révolutions.	secondes.	kilogrammes.
1	134	1,733	$2\frac{5}{18}$	8	232,222
2	154	1,523	2	8	234,542
3	177	1,332	$1\frac{3}{4}$	8	235,764
4	198	1,268	$1\frac{2}{3}$	8	251,064
5	220	1,205	$1\frac{7}{12}$	8	265,100
6	241	1,120	$1\frac{17}{36}$	8	269,920
7	262 $\frac{1}{2}$	1,035	$1\frac{13}{36}$	8	271,687 *maximum.*
8	284	0,888	$1\frac{8}{36}$	8	252,192
9	306 $\frac{1}{2}$	0,739	$0\frac{35}{36}$	8	226,503
10	327 $\frac{1}{2}$	0,676	$0\frac{8}{9}$	8	221,390
11	373 $\frac{1}{2}$	0,380	$0\frac{1}{2}$	8	141,930

2ᵉ. TABLEAU. —— TRENTE AUBES.

1	177	1,395	$1\frac{15}{18}$	8	246,915
2	198	1,268	$1\frac{13}{18}$	8	250,064
3	220	1,183	$1\frac{10}{18}$	8	260,260
4	241	1,099	$1\frac{8}{18}$	8	264,859
5	262 $\frac{1}{2}$	1,014	$1\frac{6}{18}$	8	266,175 *maximum.*
6	284	0,845	$1\frac{2}{18}$	8	239,980

Chacune des expériences, dont ces deux tableaux présentent les résultats, a été répétée plusieurs fois avec tous les soins qu'il a été possible d'apporter dans l'emploi d'une roue d'un aussi grand diamètre.

A la vérité, la durée de chaque expérience a été courte, et

---

(1) Dans le calcul des nombres de la 3ᵉ. et de la 6ᵉ. colonne, on a négligé quelques fractions qui n'influent pas sur les rapports généraux.

il a bien fallu compter les tours qu'a faits la roue du moment même qu'elle commençait à s'ébranler, sans attendre que le mouvement fût parvenu à l'uniformité; mais aussi ces expériences ont été faites dans les principales circonstances qui accompagnent l'action de l'eau sur une roue ordinaire à aubes, destinée aux travaux industriels. Nous avons en outre employé une quantité de puissance mécanique bien déterminée et dégagée de toutes espèces d'incertitude; car nous avons eu, chaque fois, 450 kilogrammes d'eau tombant de $2^m,484$ de hauteur.

La roue, sans charge, faisait à peu de chose près trois tours pendant l'écoulement de 450 kilogrammes d'eau; écoulement qui, comme on le voit dans les tableaux, avait lieu en 8 secondes. Nous remarquerons que le premier tour ne s'accomplissait qu'en 4 secondes; la roue avait par conséquent une vitesse double, après ce premier tour.

La charge qui mettait la roue en équilibre avec l'action de l'eau était équivalente à 545 kilogrammes.

Si nous voulons maintenant comparer la vitesse de la roue, correspondant au *maximum* d'effet, avec sa vitesse sans charge, nous ferons attention que la roue chargée n'a pas fait, en général, deux tours pendant la durée de la plupart des expériences, et que pour faire une comparaison plus exacte de ces vitesses, nous compterons tous les tours que fait la roue dans ces deux cas; quoique dans le premier instant le mouvement ait été accéléré. Tout en convenant qu'il eût été préférable de faire durer chaque expérience assez long-temps, pour ne compter le mouvement qu'au moment où il serait arrivé à l'uniformité, ce qui aurait exigé un appareil et une masse d'eau énormes, nous ne pensons pas néanmoins qu'il y ait à craindre quelque erreur grave, en prenant le mouvement au moment où la roue chargée et non chargée s'ébranle ; les ré-sultats au surplus, comparés avec ceux des expériences précé-dentes, nous le feront voir.

Rappelons-nous donc que le diamètre de la roue, sans les aubes, est de $3^m,280$, et qu'en y ajoutant la hauteur des aubes, il est de $3^m,320$; d'où il suit que le diamètre moyen est 3,300 et la circonférence de $10^m,371$.

Or, en 8 secondes la roue sans charge a fait trois tours, et sa vitesse a été de $31^m,114$ pendant ce temps ; tandis que la roue au *maximum* d'effet a fait, d'après le premier tableau, un tour $\frac{13}{30}$ dans le même temps, et que sa vitesse a été de $14^m,116$; et d'après le second, un tour $\frac{6}{18}$ et que la vitesse a été de $13^m,825$; la vitesse de la roue sans charge est donc à sa vitesse au *maximum* d'effet, la roue ayant soixante aubes, comme le nombre 31114 est au nombre 14116, à peu près comme 2,2 est à 1, et avec trente aubes, comme 31114 est à 13825, à peu près comme 2,25 est à 1 ; d'où il résulte que la vitesse de la roue, au *maximum* d'effet, semble évidemment devoir être un peu moins de la moitié de celle que prendrait la roue qu'on ferait tourner sans charge par l'impulsion de l'eau.

Quant au rapport qui existe entre l'effet produit au *maximum* d'effet et la puissance mécanique *réellement dépensée*, nous voyons dans le premier tableau, que l'effet est représenté par $271^k,687$ élevés à 1 mètre de hauteur, et dans le second, par $266^k,175$ élevés à 1 mètre. La puissance mécanique qui a produit ces effets est représentée par 450 kilogrammes tombés de $2^m,484$ de hauteur, ou, ce qui est la même chose, par le produit de ces deux nombres, $1117^k,800$ à 1 mètre, la puissance dépensée est donc à l'effet produit dans le premier cas, comme le nombre 1117,800 est au nombre 271,687, ou à peu près comme 4,11 est à 1. Et dans le second cas, comme

1117,800 est à 266,175, ou à peu près comme 4,19 est à 1.

Ces résultats sont un peu plus forts que ceux que nous avons trouvés dans nos expériences avec la petite roue; mais il faut remarquer que les aubes de celle-ci n'avaient que la moitié de la largeur du courant, et qu'en outre nous avons compris dans la charge de la grande roue, les frottemens des poulies et les résistances occasionées par l'enroulement de la corde; frottemens et résistances que nous avons déterminés par expérience, et pour chaque poids qu'a porté le plateau.

Nous reviendrons sur ce sujet, pour appliquer à des questions de pratique les faits et les théories que nous venons d'exposer, lorsque nous aurons étudié l'action de l'eau par pression sur les roues à augets.

CHAPITRE XXVI.

Expériences relatives à l'action de l'eau, par pression, sur les roues à augets.

Les roues qui reçoivent l'action de l'eau par pression, portent à leurs circonférences des espèces de vases qu'on nomme *godets*, *pots* ou *augets*, dans lesquels l'eau tombe, à mesure qu'ils se présentent à l'orifice du canal par lequel elle sort; la roue est donc entraînée par le poids de l'eau que portent les augets.

La théorie de ce mode d'action a été développée dans nos considérations générales sur les moteurs; nous rappellerons cependant ici, 1°. que la plus grande charge qu'une roue à augets puisse supporter, est équivalente à la quantité d'eau que les augets sont en état de contenir, lorsqu'ils sont placés convenablement pour la recevoir de son orifice de sortie, et pour retenir celle qu'ils ont reçue; avec cette charge, il y aurait équilibre entre la résistance et la force de pression, et il n'en résulte aucun effet mécanique.

2°. Que la limite de la plus grande vitesse que la roue non chargée puisse prendre, limite même qu'elle ne peut rigoureusement atteindre, est celle qu'acquerrait un corps grave tombant de la hauteur du réservoir jusqu'au bas de la roue; mais alors il n'y a pas non plus d'effet mécanique produit.

Pour qu'il y en ait un, il faut, comme on le sait, que la roue soit chargée, et que le poids de la charge soit moindre que celui de l'eau qu'une portion de la circonférence de la roue peut recevoir. La roue prend alors une certaine vitesse qui devient d'autant plus grande que le poids de la charge est plus petit comparativement à celui de la masse d'eau agissant sur la circonférence de la roue.

Mais plus la roue a de vitesse, moins les augets peuvent recevoir d'eau, lorsqu'ils passent successivement devant l'orifice du canal, et moins le fluide, animé par la pesanteur, déploie de force de pression sur les augets qui fuient trop précipitamment devant son action. Moins, au contraire, elle a de vitesse, plus les augets se remplissent d'eau, et plus la pression de celle-ci sur les augets est considérable. Il suit donc, ainsi que nous l'avons dit ailleurs, que plus la roue va lentement, plus on obtient d'effet mécanique avec une quantité d'eau donnée.

Il y a cependant une limite de lenteur qu'on ne peut pas dépasser et que les expériences suivantes vont déterminer.

Cette détermination, ainsi que celle du rapport entre la puissance mécanique dépensée et l'effet produit, sont l'objet des seules questions fondamentales que présente l'action de l'eau par pression sur les roues à augets, et sur lesquelles nous allons faire prononcer l'expérience.

Expériences de Bossut sur les roues à augets.

La roue à augets dont Bossut s'est servi avait 3 *pieds* de diamètre, ou 9^{pieds},43 de circonférence. L'arbre sur lequel la corde s'enveloppait était de 2 *pouces* 7 *lignes* de diamètre, ou de 97 *lignes* de circonférence. La hauteur des augets était d'environ 3 *pouces* et leur largeur de 5 *pouces* ; la roue en portait 48.

Le canal qui amenait l'eau sur la roue était horizontal ; il avait 5 *pouces* de largeur ; l'eau y était comme stagnante ; il fournissait constamment et régulièrement 1194 *pouces cubes* d'eau en une minute. Comme le canal était placé au-dessus de la roue, les augets se remplissaient le plus près possible du point le plus élevé de la roue.

Dans les expériences qui suivent, on n'a commencé à compter les tours qu'après cinq ou six révolutions de la roue.

NUMÉROS des expériences.	POIDS ÉLEVÉ exprimé en *livres.*	DURÉE de l'expérience exprimée en secondes.	NOMBRE des révolutions de la roue.	EFFET PRODUIT exprimé en *livres* élevées à *un pouce.*
	livres.	secondes.	révolutions.	livres élevées à *un pouce.*
1	11	60	11 $\frac{46}{48}$	1068
2	12	60	11 $\frac{11}{48}$	1094
3	13	60	10 $\frac{25}{48}$	1107
4	14	60	9 $\frac{40}{48}$	1118
5	15	60	9 $\frac{16}{48}$	1121
6	16	60	8 $\frac{34}{48}$	1130 $\Big\}$ *maximum d'effet.*
7	17	60	8 $\frac{9}{48}$	1130
8	18	60	7 $\frac{32}{48}$	1120

En mettant 19 *livres* pour charge, la roue tourne encore,

I.   43

mais très-lentement. Lorsque le fardeau est de 20 *livres*, la roue s'arrête, quoiqu'on l'ait d'abord mise en mouvement avec la main pour lui faire prendre l'eau.

La roue sans charge fait 40 $\frac{1}{7}$ tours en 60 secondes, et au *maximum* d'effet 8 $\frac{2}{7}$ tours à peu près ; d'où il résulte que la vitesse de la roue chargée est à celle de la roue non chargée à peu près comme 1 est à 5 ; on voit aussi qu'à la circonférence la roue prend 1^{pied},33 de vitesse par seconde, lorsqu'elle donne le plus grand produit.

Quant au rapport entre l'effet produit et la puissance mécanique dépensée, nous pouvons l'évaluer approximativement, en supposant que l'eau tombe de toute la hauteur du diamètre de la roue : la puissance est une masse d'eau de 1194 *pouces cubes*, ou de 48 $\frac{1}{4}$ *livres*, qui tombe en une minute de 36 *pouces* de hauteur ; ce qui équivaut à 1737 *livres* élevées à *un pouce* : or, le plus grand effet correspond à 1131 *livres* élevées à 1 *pouce* ; donc le rapport entre la puissance et l'effet, d'après les expériences de Bossut, est à peu près comme 3 est à 2.

Expériences de Smeaton sur les roues à augets.

L'auteur a substitué à la roue à aubes de son appareil, dont nous avons parlé dans le chapitre précédent, une roue à augets du même diamètre. La roue portait trente-six augets, et les augets avaient 2 *pouces anglais* de profondeur. L'eau arrivait par un canal, le plus près possible du sommet de la roue.

Voici les détails d'une série d'expériences faites avec cet appareil.

La hauteur de la charge d'eau était de 6 *pouces anglais*. On a employé, dans une minute, 14 $\frac{1}{2}$ coups de piston ; dont douze ne produisaient plus que 80 *livres* d'eau, à raison d'un petit dérangement dans la pompe ; le plateau vide pesait 10 $\frac{1}{2}$ *onces*

et le contre-poids mis dans le plateau, pour produire vingt
tours par minute, était de 3 *onces*.

NUMÉROS des expériences.	POIDS dans le plateau.	NOMBRE de tours par minute.	EFFET produit.	OBSERVATIONS.
1	0 liv.	60	0	La plus grande partie de l'eau était rejetée hors des augets.
2	1	56	0	
3	2	52	0	
4	3	49	147	L'eau est reçue dans les augets.
5	4	47	188	
6	5	45	225	
7	6	42 ½	255	
8	7	41	287	
9	8	38 ½	308	
10	9	36 ½	328 ½	
11	10	35 ⅓	355	
12	11	32 ¾	360 ½	
13	12	31 ¼	375	
14	13	28 ½	370 ½	
15	14	27 ½	385	
16	15	26	390	
17	16	24 ½	392	
18	17	22 ¾	386 ¾	
19	18	21 ¾	391 ½	
20	19	20 ⅔	394 ½	Maximum d'effet.
21	20	19 ¼	395	
22	21	18 ¼	388 ¼	
23	22	18	396	Travail irrégulier. La roue est entraînée par la charge.
24	23	. . .	. . .	

On peut conclure de ces expériences que la charge d'eau
étant de 6 *pouces* et la hauteur de la roue de 24, la chute totale de l'eau était de 30 *pouces*. La dépense de 14 ¼ coups de
piston par minute était de 96 *livres* ⅔ d'eau, puisque douze
coups de piston en produisaient quatre-vingts.

Or, cette dépense de 96 ⅔ *livres* multipliées par 30 *pouces*,
donne pour l'expression de la puissance 2900 *livres* élevées à
1 *pouce*.

Et si nous prenons le résultat de la vingtième expérience pour le *maximum* d'effet, nous aurons 20 ¾ tours par minute; et comme chacun de ces tours élevait le poids à une hauteur de 4 ½ *pouces*, celui-ci était donc élevé à 93^pouces^,37 en une minute. Le poids mis dans le plateau était de 19 *livres*; celui du plateau de 10 ½ *onces*; le contre-poids de 3 *onces*; à quoi ajoutant une seconde fois le poids du plateau, on a pour la charge totale qui produit résistance, 20 ½ *livres*, lesquelles, multipliées par 93^pouces^,37, produisent un effet mécanique de 1914 *livres* élevées à 1 *pouce*.

Le rapport de la puissance à l'effet sera donc comme 2900 est à 1914, ou comme 10 est à 6,6, ou à peu près comme 3 est à 2.

Mais si on ne calculait la puissance que d'après la hauteur de la roue, on aurait pour son expression 96 ½ *livres*, multipliées par 24 *pouces* = 2320; ce qui sera à l'effet comme 2320 : 1914, ou comme 10 est à 8,2, ou à peu près comme 5 est à 4.

Le résultat de cette expérience est consigné dans le tableau suivant, sous le n°. 9. Les autres résultats sont déduits d'expériences semblables, calculées de la même manière.

1	2	3	4	5	6	7	8	9	10	11
NUMÉROS des expériences.	CHUTE TOTALE.	EAU dépensée par minute.	NOMBRE de tours correspondant au maximum d'effet.	POIDS élevé au maximum.	PUISSANCE CALCULÉE d'après la chute totale.	PUISSANCE CALCULÉE d'après la hauteur de la roue.	EFFET.	RAPPORT de la puissance à l'effet, calculé d'après la chute totale.	RAPPORT de la puissance à l'effet, calculé d'après la hauteur de la roue.	RAPPORT MOYEN.
1	27	30	19	6 ½	810	720	556	10 : 6,9	10 : 7,7	
2	27	56 ⅔	16	14	1530	1360	1060	10 : 6,9	10 : 7,8	
3	27	56	20	12	1530	1360	1167	10 : 7,6	10 : 8,4	10 : 8,1
4	27	63	20	13	1710	1524	1245	10 : 7,3	10 : 8,2	
5	27	76 ⅔	21 ½	15 ½	2070	1840	1500	10 : 7,3	10 : 8,2	
6	28 ½	73 ⅓	18 ¼	17 ½	2090	1764	1476	10 : 7,0	10 : 8,4	10 : 8,2
7	28 ½	96 ⅔	20 ¼	20 ½	2755	2320	1868	10 : 6,8	10 : 8,0	
8	30	90	20	19 ½	2700	2160	1755	10 : 6,5	10 : 8,1	
9	30	96 ⅔	20 ¾	20 ½	2900	2320	1914	10 : 6,6	10 : 8,2	10 : 8,2
10	30	113 ⅓	21	23 ½	3400	2720	2221	10 : 6,5	10 : 8,2	
11	33	56 ⅔	20 ¼	13 ½	1870	1360	1230	10 : 6,6	10 : 9,0	
12	33	106 ⅔	22 ¼	21 ½	3520	2560	2153	10 : 6,1	10 : 8,4	10 : 8,5
13	33	146 ⅔	23	27 ½	4840	3520	2846	10 : 5,9	10 : 8,1	
14	35	65	19 ¾	16 ½	2275	1560	1466	10 : 6,5	10 : 9,4	
15	35	120	21 ½	25 ½	4200	2880	2467	10 : 5,9	10 : 8,6	10 : 8,5
16	35	163 ½	25	26 ½	5728	3924	2981	10 : 5,2	10 : 7,6	

Smeaton a fait diverses remarques sur ces expériences, et en déduit des conséquences que nous allons faire connaître et dont quelques-unes serviront de nouvelles preuves expérimentales à différentes assertions établies dans nos considérations générales sur les moteurs.

1°. La puissance effective de l'eau doit être calculée d'après sa chute totale, c'est-à-dire depuis le niveau de l'eau dans le canal, jusqu'au sol sur lequel elle roule pour s'échapper après l'action; ceci est si vrai qu'il faut qu'elle soit élevée à la même hauteur pour être rendue capable de produire une seconde fois le même effet.

Les rapports entre les puissances calculées de cette manière, et les effets mécaniques au *maximum*, déduits de différentes séries d'expériences, sont présentés comme on le voit dans la neuvième colonne du tableau. On remarque que ces rapports varient depuis celui de 10 à 7,6 jusqu'à celui de 10 à 5,2; c'est-à-dire depuis le rapport de 4 à 3 jusqu'à celui de 4 à 2. Le premier de ces rapports a lieu pour les plus petites dépenses; le second pour les charges et les dépenses d'eau les plus grandes. Le rapport moyen est celui de 3 à 2.

Or, nous avons vu, dans les observations sur les roues à aubes, que le rapport moyen entre la puissance et l'effet au *maximum* était de 3 à 1 : donc, suivant Smeaton, l'effet des roues à augets supposées dans les mêmes circonstances, quant à la charge résistante et à la dépense d'eau, est moyennement double de l'effet des roues à aubes.

D'où l'on peut tirer la conséquence que des corps non élastiques, qui agissent par impulsion, ne communiquent qu'une partie de leur puissance, l'autre partie étant employée à opérer le *changement de figure* qu'ils éprouvent par l'effet du choc.

Si l'on calcule la puissance de l'eau seulement d'après la hauteur de la roue, et qu'on la compare à l'effet au *maximum*, on trouve qu'elle est dans un rapport plus constant; car on voit dans la dixième colonne du tableau, que les deux rapports extrêmes qui diffèrent le plus entre eux, sont ceux de 10 à 8,1 et de 10 à 8,5; et comme le second terme de ce rapport croît graduellement de 8,1 à 8,5, en vertu d'un accroissement de charge de 3 à 11 *pouces*, l'excès de 8,5 sur 8,1 doit être attribué à l'excès de 11 *pouces* sur 3 *pouces* de charge d'eau; de sorte qu'en déduisant l'effet de la roue à 8,0, pour le rendre indépendant de la charge de 3 *pouces*, nous aurons pour le rapport de la puissance calculée d'après la hauteur de la roue seulement, au *maximum* d'effet de cette roue, le rapport de 10 à 8 ou de 5 à 4.

Et, attendu que le rapport de la puissance au *maximum* d'effet reste le même quand les machines sont d'une construction semblable, nous pouvons conclure que les effets mécaniques, aussi-bien que les puissances, varient proportionnellement aux produits des quantités d'eau dépensées et du diamètre de la roue.

2°. Nous avons déjà dit, continue l'auteur, qu'une même quantité d'eau descendant de la même hauteur verticale, et agissant par son poids sur une roue à augets, produit un effet double de celui qu'elle produit par son choc sur les aubes d'une roue frappée en dessous. Il paraît aussi que la charge d'eau croissant de 3 à 11 *pouces*, ou la charge totale, de 27 à 35, c'est-à-dire à peu près dans le rapport de 7 à 9, l'effet ne croît que dans le rapport de 8,1 à 8,5, c'est-à-dire de 7 à 7,34 : l'accroissement de l'effet n'est donc pas même proportionnel au septième de l'accroissement de l'espace vertical parcouru ; d'où il suit que *plus la roue est haute à proportion de la chute totale, plus l'effet qu'elle produit est grand ;* parce que cela dépend moins du choc de l'eau contre les augets, en vertu de sa hauteur au-dessus de l'orifice, que du poids de cette eau lorsqu'elle les remplit. Si l'on considère en effet l'obliquité sous laquelle l'eau sortant du réservoir de pression frappe les augets, il est facile d'expliquer le peu d'avantages qui résulte de ce choc, et combien peu il doit avoir d'influence pour augmenter l'effet d'une roue frappée par-dessus. Cependant, comme tout a ses limites, ce que nous venons de dire ne doit point s'entendre sans restriction. Il convient en effet que l'eau en sortant du réservoir soit animée d'une vitesse un peu plus grande que celle avec laquelle se meut la circonférence de la roue : autrement cette roue ne sera pas seulement retardée par le choc des augets contre l'eau affluente, mais ces mêmes augets en laisseront échapper une partie, qui est perdue pour la puissance.

3°. Si un corps est abandonné librement à sa pesanteur, il mettra un certain temps à tomber depuis la surface jusqu'au fond du réservoir; et dans ce cas, l'action totale de la gravité sera employée à imprimer au corps une certaine vitesse; mais si ce corps agit en tombant sur un autre, et produit par cette action un effet mécanique, son mouvement sera retardé, parce qu'une partie de la pesanteur servira à produire cet effet, tandis que la portion restante de la force de la pesanteur servira à donner le mouvement au corps.

Il suit de là que plus un corps descend lentement, plus la portion de la force de la pesanteur, qui est appliquée à produire l'effet, est grande, et par conséquent plus cet effet est considérable.

Si donc un courant tombe dans les augets d'une roue, l'eau est retenue jusqu'à ce que la roue, en tournant, la déverse en bas; plus la roue se mouvra lentement, plus chaque auget recevra d'eau; de sorte que ce qui est perdu en vitesse est gagné par la pression qu'une plus grande quantité d'eau exerce à la fois dans chaque auget; et, considérée sous ce seul point de vue, la puissance mécanique d'une roue à augets sera la même pour produire un effet déterminé, soit qu'elle se meuve vite, soit qu'elle se meuve lentement; mais si l'on fait attention à ce qui vient d'être dit sur la chute des corps pesans, on verra que l'on doit retrancher de la pression de l'eau dans les augets la portion de la gravité qui est employée à imprimer à la roue et aux augets pleins d'eau une plus grande vitesse.

Ainsi, quoique le produit obtenu en multipliant le nombre de *pouces cubes* d'eau, qui agissent sur la roue, par la vitesse de cette roue, soit le même dans tous les cas, cependant comme chaque *pouce cube* d'eau exerce sur l'auget, lorsque sa vitesse est plus grande, une pression moindre que lorsque sa vitesse est plus petite, il suit que la puissance de l'eau, pour produire un effet quelconque, augmente à mesure que la vitesse de la roue diminue; ce qui conduit à cette règle générale pour les roues à augets, que tout étant égal d'ailleurs, l'effet de la roue est d'autant plus grand que sa vitesse est moindre; règle que confirment les expériences rapportées dans le tableau précédent, où l'on voit aussi les limites entre lesquelles on doit renfermer les applications de cette règle à la pratique.

D'après ces expériences, lorsque la roue faisait environ vingt tours par minute, l'effet atteignait à peu près son *maximum;* quand elle faisait trente tours, l'effet diminuait d'environ $\frac{1}{10}$; avec une vitesse de quarante tours par minute, l'effet était diminué d'un *quart*.

On voit également que cette vitesse, étant réduite à dix-huit tours par minute, le mouvement de la roue devenait irrégulier. Enfin, quand elle était chargée d'un poids de 23 *livres*, la roue cédait à l'action de sa charge.

Il est avantageux dans la pratique, de ne point diminuer la vitesse de la roue au delà de certaines limites. En effet, tout étant égal d'ailleurs, plus le mouvement est lent, plus les augets doivent avoir de capacité; mais plus la roue sera chargée d'eau, plus l'effort du fluide sur toutes les parties de la machine s'accroîtra.

I.   44

L'expérience prouve qu'une vitesse de 3 *pieds* par seconde convient aux plus grandes, comme aux plus petites roues à augets; et si toutes les parties du mécanisme sont convenablement disposées, cette vitesse produira le plus grand effet possible.

Cependant l'expérience prouve aussi que les grandes roues peuvent, avant de perdre une portion de leur puissance, s'écarter davantage de cette vitesse que les roues d'un petit diamètre. Une roue de 24 *pieds*, par exemple, peut se mouvoir à raison de 6 *pieds* par seconde, sans perdre notablement de sa force; et d'un autre côté, j'ai vu une roue de 33 *pieds* de diamètre, se mouvoir très-régulièrement avec une vitesse qui n'était que de 2 *pieds* par seconde.

Nouvelles expériences sur les roues à augets.

Avant de faire connaître nos expériences sur la roue à augets, nous allons rapporter celles que nous avons faites pour déterminer les dépenses d'eau par des *déversoirs* rectangulaires, la prenant à sa surface dans le canal ou dans le réservoir qui l'amène immédiatement dans les augets de la roue.

Les règles que nous avons données dans les chapitres précédens, pour évaluer les quantités d'eau écoulées par des ouvertures pratiquées au fond d'un réservoir, ou par des ouvertures de vanne en dessous, semblent ne pas s'appliquer avec assez d'exactitude à l'écoulement de l'eau par un déversoir placé à la partie supérieure du réservoir; manière de prendre l'eau cependant qui convient essentiellement à l'emploi d'une roue à augets.

Pour ne rien laisser d'incomplet sur cette matière, nous nous sommes donc livrés à une suite d'expériences sur ce mode d'écoulement; les tableaux suivans en présentent les résultats.

Expériences pour déterminer les quantités d'eau écoulées par des déversoirs rectangulaires de différentes hauteurs et largeurs.

Nous nous sommes servis du double réservoir et du flotteur dont nous avons parlé précédemment. Dans chaque expérience, la quantité d'eau écoulée a été constante; elle a toujours équivalu à la quantité d'eau déplacée par l'immersion entière du flotteur, c'est-à-dire à 450 kilogrammes d'eau. Ces expériences ont été faites avec le plus grand soin, et répétées plusieurs fois.

Première série d'expériences. Le déversoir rectangulaire pratiqué en haut de la face antérieure du réservoir, a 8 décimètres de largeur; on y a adapté un canal horizontal de 1 mètre de longueur et de la largeur du déversoir.

1er. TABLEAU.

NUMÉROS des expériences.	HAUTEUR du réservoir, ou épaisseur de la nappe d'eau sortante.	DURÉE de l'écoulement de 450 kilogrammes d'eau exprimée en secondes.	QUANTITÉ d'eau écoulée par seconde.
	centimètres.	secondes.	
1	8	16	
2	8	15	
3	8	12 Moyenne. 14	32^k,142
4	8	13	
5	8	14	
6	6	20	
7	6	22 } 21	21^k,428
8	5	28	
9	5	26 } 27	16^k,666
10	5	27	
11	4	42	
12	4	38	
13	4	37	
14	4	40	
15	4	38 } 39	11^k,538
16	4	41	
17	4	38	
18	4	38	
19	2	118	
20	2	120	
21	2	117	
22	2	116 } 118	3^k,813
23	2	119	
24	2	118	
25	1	360 } 362	1^k,243
26	1	364	

Deuxième série d'expériences. Le déversoir a, comme précédemment, 8 décimètres de largeur ; le canal a été supprimé
et l'eau tombait immédiatement par le déversoir.

2e. TABLEAU.

NUMÉROS des expériences.	HAUTEUR du réservoir, ou épaisseur de la nappe d'eau sortante.	DURÉE de l'écoulement de 450 kilogrammes d'eau exprimée en secondes.		QUANTITÉ d'eau écoulée par seconde.
	centimètres.	secondes.		
1	8	14	Moyenne.	
2	8	10		
3	8	15	13	$34^k,615$
4	8	13		
5	7	16		
6	7	16	16	$28^k,125$
7	7	16		
8	6	20		
9	6	20	20	$22^k,500$
10	6	20		
11	5	29		
12	5	31		
13	5	24	27	$16^k,666$
14	5	24		
15	4	39		
16	4	40	39	$11^k,538$
17	4	38		
18	3	66		
19	3	69		
20	3	55	62	$7^k,258$
21	3	58		
22	2	118		
23	2	127		
24	2	108	117	$3^k,846$
25	2	115		
26	1	373		
27	1	343		
28	1	340	354	$1^k,271$
29	1	360		

Troisième série d'expériences. Le déversoir n'a plus que
4 décimètres de largeur.

3ᵉ. TABLEAU.

NUMÉROS des expériences.	HAUTEUR du déversoir, ou épaisseur de la nappe d'eau sortante.	DURÉE de l'écoulement de 450 kilogrammes d'eau exprimée en secondes.		QUANTITÉ d'eau écoulée par seconde.
	centimètres.	secondes.	Moyenne.	
1	8	25	} 26	17^k,307
2	8	26		
3	7	32	} 32	14^k,062
4	7	32		
5	6	40	} 40	11^k,250
6	6	40		
7	5	53	} 53	8^k,490
8	5	53		
9	4	75	} 75	6^k,000
10	4	75		
11	3	123	} 124	3^k,629
12	3	125		
13	2	245	} 244	1^k,844
14	2	240		
15	2	247		
16	1	680	} 682	0^k,659
17	1	684		

Quatrième série d'expériences. Le déversoir est réduit à
2 *décimètres de largeur.*

4ᵉ. TABLEAU.

NUMÉROS des expériences.	HAUTEUR du déversoir, ou épaisseur de la nappe d'eau sortante.	DURÉE de l'écoulement de 450 kilogrammes d'eau exprimée en secondes.	QUANTITÉ d'eau écoulée par seconde.
	centimètres.	secondes.	
1 2 3	8 8 8	50 50 } Moyenne. 50 } 50 	9ᵏ,000
4 5 6	4 4 4	145 145 } 147 150	3ᵏ,061
7 8 9	2 2 2	515 450 } 476 463	0ᵏ,945

Nous pouvons déduire des expériences présentées dans ces
quatre tableaux, deux règles pour évaluer les dépenses d'eau,
par des déversoirs de différentes hauteurs et largeurs, du moins
dans les limites de ses expériences ; savoir :

1°. *Que les quantités d'eau écoulées, dans le même temps,*
par deux déversoirs de même largeur, mais dont la hauteur
de l'un est double de celle de l'autre, sont dans le rapport
de 1 à 3 ; c'est-à-dire que par une hauteur double la dépense
est triple.

Nous trouvons en effet, dans le premier tableau, qu'à 8 centimètres de hauteur, sous une largeur de 8 décimètres, la
dépense a été de 32ᵏ,142 par seconde ; à 4 centimètres, de
11ᵏ,538, et à 2 centimètres de 3ᵏ,813 ; or, le premier nombre

est à peu près le triple du second, et celui-ci le triple du troisième.

Dans le second tableau, la dépense à 8 centimètres de hauteur est de 34^k,615 par seconde et à 4 centimètres de 11^k,538 ; à 6 centimètres de hauteur, elle a été de 22^{k}500 et à 3 centimètres de 7^k,258 ; à 4 centimètres de 11^k,538 et à 2 centimètres de 3^k,846.

Dans le troisième tableau, la dépense sous 8 centimètres de hauteur, a été de 17^k,307 et sous 4 centimètres de 6^k,000 ; sous une hauteur de 6 centimètres elle a été de 11^k,250, et sous 3 centimètres, de 3^k,629 ; sous 4 centimètres elle a été de 6^k,000 et sous 2 centimètres de 1^{k}844.

On voit, dans le quatrième tableau, le même rapport entre les hauteurs 8 et 4, et 4 et 2 centimètres.

2°. *Que sous les mêmes hauteurs d'ouverture, les dépenses d'eau faites, dans le même temps, par des déversoirs de différentes largeurs, sont proportionnelles aux largeurs de ces déversoirs.*

On voit en effet, par la comparaison des résultats portés dans ces quatre tableaux, qu'avec 4 décimètres de largeur d'ouverture, et sous la même hauteur, la dépense d'eau dans une seconde est à peu près la moitié de celle qui a lieu avec une ouverture de 8 décimètres, et le quart de celle qui a lieu avec 2 décimètres de largeur.

Les résultats de ces expériences s'accordent assez, pour qu'il soit permis, de considérer ces deux règles comme suffisamment exactes pour les évaluations que la pratique peut réclamer. Il semble même qu'il serait difficile dans des expériences de cette nature, d'approcher de beaucoup plus près d'une parfaite concordance dans les résultats sur lesquels nous fondons ces règles.

Voici , au surplus , l'usage qu'on peut en faire.

1°. Supposons qu'on ait un déversoir de 8 centimètres de hauteur et d'un mètre ou de 10 décimètres de largeur, et qu'on veuille savoir combien de kilogrammes d'eau s'écouleraient en une seconde par ce déversoir : nous voyons, dans le second tableau, que sous la même hauteur et avec une largeur de 8 décimètres la dépense est de $34^k,615$ en une seconde; nous dirons donc conformément à la seconde règle ci-dessus : 8 décimètres sont à $34^k,615$, comme 10 décimètres sont à la quantité cherchée. Effectuant l'opération, nous trouvons que la quantité de kilogrammes d'eau qu'on obtiendra en une seconde de temps par un déversoir de 8 centimètres de hauteur et de 10 décimètres de largeur est de $43^k,268$. On procéderait de même pour toute autre largeur, lorsque la dépense sous une hauteur donnée est déterminée ou par l'expérience directe, ou par les opérations préliminaires dont nous allons parler, lorsque les hauteurs d'ouverture sont au-dessus de 8 centimètres.

2°. Supposons qu'on ait un déversoir de 8 décimètres de largeur et de 12 centimètres de hauteur. Nous voyons, dans le second tableau que, sous une hauteur de 6 centimètres, avec cette largeur, la dépense par seconde est de $22^k,500$, et nous savons, par la première règle, que, sous une hauteur double, la dépense est triple dans le même temps; il suffira donc de multiplier par 3 les $22^k,500$ pour avoir la dépense de ce déversoir, et l'on aura $67^k,500$.

Que si la largeur ne se trouvait pas dans les nombres portés dans ces tableaux; qu'elle fût, par exemple, de 20 décimètres ou 2 mètres, on ferait la proportion indiquée plus haut, après avoir déterminé la dépense pour ce qui concerne la hauteur, et l'on dirait : 8 décimètres sont à $67^k,500$, comme 20 décimètres sont à un quatrième terme, ou $168^k,750$ qui représentent la valeur approchée de la quantité écoulée en une seconde.

3°. L'application des deux règles précédentes est très-facile et peu sujette, selon nous, à de graves mécomptes, lorsqu'il s'agit de largeurs différentes, ou de hauteurs doubles, quadruples de celles dont nous nous sommes servis dans nos expériences ; mais lorsqu'il est question d'évaluer des dépenses de déversoirs dont les hauteurs seraient, par exemple, de 9, 11, 13, etc., centimètres, la règle pour les hauteurs ne pourrait plus servir ; voyons si dans les résultats de nos expériences, on ne trouverait pas quelque moyen d'estimer *approximativement* la quantité d'eau écoulée par un déversoir qui aurait pour hauteur un des nombres ci-dessus.

Les quatre tableaux sont assez d'accord entre eux pour montrer que de 4 centimètres à 8 centimètres de hauteur, les quantités d'eau écoulées, pour chaque nombre intermédiaire, sont à peu près en progression arithmétique croissante.

On remarquera en effet que si l'on veut insérer trois moyens proportionnels arithmétiques entre les nombres $32^k,142$ et $11^k,538$ du premier tableau, on trouvera pour raison $5^k,151$, qui est à peu près celle qui règne entre les nombres donnés directement par l'expérience ; on trouvera pour le second tableau $5^k,769$; pour le troisième $2^k,826$; et pour le quatrième $1^k,486$; ce qui paraît assez d'accord avec les résultats de l'expérience.

Nous ne sommes pas descendus plus bas que 4 centimètres pour chercher la loi de progression, parce qu'au-dessous de 4 décimètres de hauteur d'ouverture, les causes d'erreur se multiplient, et que nous ne comptons pas autant sur l'exactitude des résultats obtenus au-dessous de 4 centimètres qu'au-dessus.

Maintenant, s'il était permis d'étendre la loi de progression qui paraît exister entre les 4, 5, 6, 7 et 8 centimètres de hauteur, avec une largeur d'ouverture donnée; il faudrait, pour un déversoir de 9 centimètres de hauteur et de 8 décimètres de largeur, ajouter à la dépense par une ouverture de 8 centimètres de hauteur, et de 8 décimètres de largeur la valeur de la raison arithmétique trouvée pour cette largeur, valeur qui est de $5^k,769$; la moitié de cette raison, pour une largeur sous-double; et le quart pour le quart de cette largeur; parce qu'on voit que pour différentes largeurs, les nombres qui expriment les raisons de cette progression sont proportionnels eux-mêmes aux largeurs.

Nous nous hâtons, au reste, d'avertir qu'il ne faut compter que sur des évaluations plus ou moins approchées, lorsque les hauteurs des déversoirs dont on cherche à estimer les écoulemens surpassent les limites de nos expériences : nous ne prétendons pas, par exemple, qu'en multipliant par 3, d'après la première règle, la quantité d'eau dépensée sous 8 centimètres de hauteur, on trouverait exactement la quantité d'eau que fournirait une hauteur de 16 centimètres; ou bien qu'on obtiendrait le même nombre en se servant de la raison arithmétique qui se montre en 8 et 4 centimètres de hauteur; trop de circonstances viennent modifier les résultats, quand on opère sur de grandes masses d'eau, ou que de grandes masses d'eau sont en mouvement; nous dirons seulement qu'au moyen de ces règles, il nous semble qu'on doit obtenir des valeurs approximatives dont on peut se contenter dans la pratique. Ajoutons d'ailleurs qu'une nappe d'eau de 8 centimètres de hauteur sortant d'un déversoir d'une certaine largeur, est déjà une force considérable, et qu'il n'est pas ordinaire qu'on dépasse de beaucoup cette limite. Il n'en est pas de même des largeurs : mais aussi la règle qui les concerne est de nature à inspirer plus de confiance et à donner des résultats plus approchans de la réalité.

Nous dirons aussi, pour terminer, que la loi de progression arithmétique ne s'accorde pas d'une manière satisfaisante avec la première règle, pour les hauteurs au-dessus de 8 centimètres, et d'autant moins que les hauteurs sont plus grandes. Il conviendrait peut-être, dans la pratique, de prendre une moyenne entre les résultats obtenus par la première règle et ceux qu'on obtiendrait de la progression arithmétique; nous croyons qu'on évaluerait ainsi la dépense au-dessous de la dépense réelle; ce qu'il faut toujours faire dans les calculs d'une force qu'on veut employer à une opération industrielle. La théorie semble indiquer que la dépense dont nous venons de parler est proportionnelle à la racine carrée du cube des hauteurs; ce qui s'accorde assez bien avec nos expériences.

Expériences sur les roues à augets. Nous nous sommes servis de la même roue que dans nos expériences précédentes; elle avait pour circonférence moyenne $10^m,618$; on avait substitué aux aubes soixante-douze augets en cuivre mince dont on voit la forme à l'article de l'*Atlas* concernant les roues à augets. Ils avaient chacun trois litres de capacité.

L'eau sortait du réservoir, pour tomber dans les augets, par un déversoir, comme dans nos expériences sur l'écoulement de l'eau par cette sorte d'ouverture.

La roue était placée de manière, par rapport au réservoir, que la ligne de niveau de l'eau, supposée plongée indéfiniment, faisait un angle de 3o degrés avec le rayon mené au point où elle rencontre la roue.

L'eau tombait d'une hauteur d'environ 135 millimètres, à partir de son niveau jusqu'au bord supérieur de l'auget en prise ; quand elle cessait d'agir sur le fond de l'auget, elle était tombée d'environ 405 millimètres. De sorte que l'eau agissait, en petite partie, par impulsion.

La chute totale de l'eau, depuis son niveau jusqu'au bas de la roue, était comme précédemment de $2^m,484$, et la quantité d'eau dépensée pour chaque expérience a été de 450 kilogrammes. On verra quelques expériences dans les tableaux suivans pour lesquelles on n'a dépensé que la moitié du volume du flotteur, ou 225 kilogrammes.

On a recueilli avec soin la quantité d'eau qui se perdait dans chaque expérience, en rejaillissant pendant l'action ; elle était d'environ 23 kilogrammes qui ne concouraient que très-faiblement à la production de l'effet.

Rappelons-nous que la circonférence du tambour sur lequel la corde s'enroulait était de $1^m,523$, y compris la corde qui soulevait le plateau et les poids, au moyen d'une poulie mobile et d'une poulie fixe ; la corde était donc double, et dans les calculs de l'élévation du poids, on n'a dû prendre que la moitié du développement des révolutions du tambour pour chaque expérience, ainsi que le portent les tableaux suivans.

1ᵉʳ. TABLEAU. — *Dépense de 450 kilogrammes d'eau.*

NUMÉROS des expériences.	CHARGE y compris le plateau et les frottemens.	HAUTEUR à laquelle le poids a été élevé.	NOMBRE des tours de la roue.	DURÉE du mouvement, exprimé en secondes.	EFFET produit exprimé en kilog. élevés à 1 mètre de hauteur.	OBSERVATIONS.
	kilogrammes.	mètres.	tours.	secondes.	kilogrammes.	
1	198	4,188	5 $\frac{1}{2}$	66	829,224	
2	220	3,934	5 $\frac{1}{6}$	66	855,480	Les augets se remplissent à moitié.
3	241	3,616	4 $\frac{3}{4}$	66	871,456	Les augets se remplissent au tiers et ne se vident qu'en bas.
4	262	3,198	4 $\frac{1}{10}$	66	837,876	
5	284	2,855	3 $\frac{3}{4}$	66	810,820	
6	306	2,475	3 $\frac{1}{4}$	66	757,350	Les augets perdent de l'eau en descendant, parce qu'ils se remplissent.
7	349	1,776	2 $\frac{1}{3}$	66	618,824	
8	371 $\frac{1}{2}$	1,523	2	66	565,794	

2ᵉ. TABLEAU. — *Dépense de 225 kilogrammes d'eau.*

NUMÉROS des expériences.	CHARGE y compris le plateau et les frottemens.	HAUTEUR à laquelle le poids a été élevé.	NOMBRE des tours de la roue.	DURÉE du mouvement, exprimé en secondes.	EFFET produit exprimé en kilog. élevés à 1 mètre de hauteur.	OBSERVATIONS.
1	92 $\frac{1}{2}$	3,858	5 $\frac{1}{15}$	33	356,867	Les augets frappaient l'eau sortant du réservoir.
2	114	3,553	4 $\frac{2}{3}$	33	405,042	L'eau sort des augets par la rotation.
3	135	3,096	4 $\frac{1}{15}$	33	417,960	
4	156	2,792	3 $\frac{2}{3}$	33	435,552	Les augets se chargent et se déchargent régulièrement.
5	177	2,385	3 $\frac{2}{15}$	33	442,145	
6	198	2,094	2 $\frac{3}{4}$	33	414,612	(1)

Si nous multiplions la quantité d'eau dépensée par la hauteur de la chute totale, nous trouverons dans le premier tableau, $2^m,484 \times 450^k = 1117^k,800$ élevés à *un mètre* de hauteur pour la puissance mécanique, et pour l'effet produit au *maximum* $871^k,456$ à 1 mètre; ce qui donne 3,851 à 3 pour le rapport de la puissance à l'effet; et dans le second tableau, $2,484 \times 225 = 558,900$ pour puissance mécanique, et pour l'effet produit au *maximum* 442,145; ce qui donne environ le rapport de 5 à 4 pour celui de la puissance à l'effet.

---

(1) Les légères différences qu'on peut remarquer dans les nombres de la 3ᵉ. et de la 4ᵉ. colonne, viennent de l'extension de la corde.

Si nous cherchons maintenant la vitesse de la roue, cor-respondante au plus grand effet dans les deux cas, nous trou-vons pour le premier que la roue fait quatre tours trois quarts en 66 secondes; la vitesse à la circonférence moyenne de la roue est par conséquent de 764 millimètres par seconde, ou 2 *pieds* 4 *pouces* environ; pour le second, qu'elle fait 3 tours $\frac{4}{15}$ en 33 secondes, et que la vitesse de la roue est de $1^m,008$, ou un peu plus de 3 *pieds*.

Le second tableau nous fait voir aussi que l'eau sort des augets par la rotation, lorsque la roue fait 4 tours $\frac{4}{7}$ en 33 se-condes et que la vitesse est de $1^m,501$ par seconde, ou d'envi-ron 4 *pieds* 7 *pouces*.

Nous avons voulu comparer l'action de l'eau par un dé-versoir de pression sur les *aubes* d'une roue, avec cette action sur les *augets*. Pour cela, nous avons substitué à ceux-ci les aubes de nos expériences consignées dans le chapitre précé-dent. L'appareil était le même que pour la roue à augets; même dépense d'eau et même chute; les aubes tournaient dans une auge fixée au réservoir et qui embrassait une portion de la circonférence de la roue; de telle façon que l'eau sortant du déversoir, s'arrêtait sur les aubes en les pressant, et ne s'échappait que lorsqu'elle était parvenue, avec chacune, au bas de la roue. On voit dans l'*Atlas* un exemple de roue à aubes qui reçoit l'eau par un déversoir, comme dans les expé-riences dont nous allons donner les résultats.

L'eau agissait en partie par impulsion comme précédem-ment; car avec trente aubes sur la roue, l'eau était tombée de 459 millimètres, lorsqu'elle cessait d'agir sur l'aube en prise; et elle était tombée de 297 millimètres de hauteur, avec soixante aubes. Le niveau du déversoir correspondait aussi, comme précédemment, à 30 degrés au-dessus du rayon horizontal de la roue.

1ᵉʳ. TABLEAU. 1ʳᵉ. SÉRIE. — *Avec une roue portant* 30 *aubes. Dépense de* 450 *kilogrammes d'eau.* (1)

NUMÉROS des expériences.	CHARGE y compris le plateau et les frottemens.	HAUTEUR à laquelle le poids a été élevé.	NOMBRE des tours de la roue.	DURÉE du mouvement, exprimé en secondes.	EFFET produit exprimé en kilog. élevés à 1 mètre.	OBSERVATIONS.
	kilogrammes.	mètres.	tours.	secondes.	kilogrammes.	
1	164	3,625	$4\frac{12}{15}$	40	599,420	
2	185	3,197	$4\frac{3}{15}$	40	603,445	
3	206	2,995	$3\frac{14}{15}$	40	616,970	
4	227	2,655	$3\frac{1}{2}$	40	604,955	
5	249	2,284	3	40	568,716	
6	270	2,030	$2\frac{2}{3}$	40	548,100	} Mouvement irrégulier. L'eau rejaillit dans l'action.
7	313	1,599	$2\frac{1}{10}$	40	500,487	

2ᵉ. SÉRIE. — *Avec* 225 *kilogrammes d'eau.*

1	143	2,030	$2\frac{2}{3}$	20	290,290	
2	121	2,094	$2\frac{3}{4}$	20	233,374	} Les aubes frappent l'eau qui sort du déversoir.
3	100	2,233	$2\frac{14}{15}$	20	223,300	

2ᵉ. TABLEAU. 1ʳᵉ. SÉRIE. — *La roue porte* 60 *aubes. La dépense d'eau est de* 450 *kilogrammes.*

1	164	3,807	5	40	623,348	{ L'eau ne rejaillit point en agissant.
2	185	3,426	$4\frac{1}{2}$	40	633,810	
3	206	3,122	$4\frac{1}{10}$	40	643,132	
4	227	2,855	$3\frac{3}{4}$	40	648,085	} L'eau rejaillit en arrivant sur les aubes.
5	249	2,475	$3\frac{1}{4}$	40	616,275	
6	270	2,221	$2\frac{11}{12}$	40	599,670	
7	307	1,776	$2\frac{17}{30}$	40	538,128	Mouvement irrégulier de la roue.

2ᵉ. SÉRIE. — *Avec* 225 *kilogrammes d'eau.*

1	143	1,904	$2\frac{1}{2}$	20	272,272	
2	121	2,182	$2\frac{13}{15}$	20	264,022	{ Les aubes frappent l'eau qui sort du déversoir.

On voit en premier lieu, par le calcul des nombres que présente le premier tableau ci-dessus, que le rapport de la

---

(1) Même observation qu'à la page 358, pour les 3ᵉ. et 4ᵉ. colonnes.

puissance mécanique dépensée à l'effet produit au *maximum*, est, dans la première série, à peu près comme 2 est à 1, et que la vitesse de la circonférence de la roue à ce *maximum* est de 1^m,044 par seconde, ou 3 *pieds* 3 *pouces* environ. La deuxième série de ce tableau montre qu'avec une vitesse de 1^m,557 par seconde, ou 4 *pieds* 9 *pouces* environ, les aubes frappent l'eau qui sort du déversoir.

On voit, en second lieu, par les nombres du deuxième tableau qu'avec soixante aubes le rapport de la puissance à l'effet est à peu près comme 1,83 est à 1; que la vitesse de la roue au *maximum* d'effet est de 0^m,995, à peu près 3 *pieds* par seconde; enfin que les aubes frappent l'eau, lorsque la vitesse de la circonférence moyenne de la roue est de 1^m,521, ou environ 4 *pieds* 8 *pouces* par seconde.

Nous conclurons qu'il paraît évident, d'après ces expériences, que l'emploi des augets donne un plus grand effet que les aubes, en faisant agir l'eau de la même manière dans les deux cas et dans les mêmes circonstances.

Résumé des expériences de divers auteurs sur les roues à aubes et à augets.

ROUES A AUBES par impulsion.

Vitesse de la roue correspondante au *maximum* d'effet, comparée à la vitesse du courant.

45 : 100, d'après les expériences de Bossut.
2 : 5, d'après celles de Smeaton.
0,47 : 1, petite roue. } D'après
1 : 2,2, grande roue de 60 aubes. } les
1 : 2,25, *idem* de 30 aubes. } nôtres.

Effet produit au *maximum* comparé à la puissance mécanique dépensée.

1 : 3, d'après les expériences de Smeaton.
(On a vu plus haut que la puissance a été évaluée trop bas par l'auteur.)
2 : 9, petite roue. } D'après les nôtres.
1 : 4,19, grande roue. }

ROUES A AUGETS ou par pression.

Effet produit comparé à la puissance mécanique dépensée.

2 : 3, d'après les expériences de Bossut.
2 : 3, d'après celles de Smeaton.
3,50 : 4,42, d'après les nôtres.

Vitesse de la roue à la circonférence correspondante au *maximum* d'effet.

432 millimètres par seconde, d'après Bossut.
912 millimètres par seconde, d'après Smeaton,
886 millimètres par seconde, d'après nous.

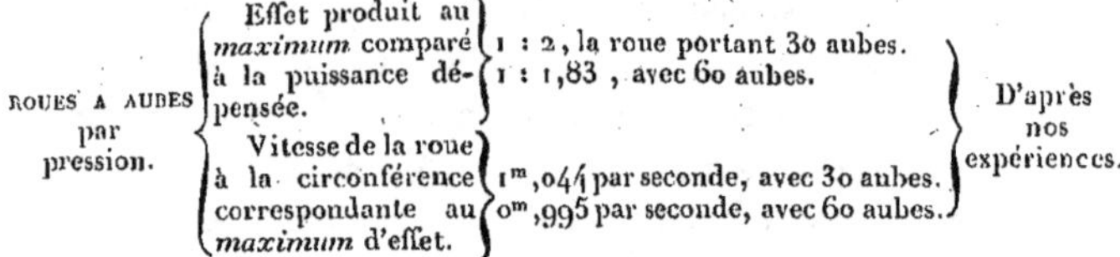

ROUES A AUBES par pression. { Effet produit au *maximum* comparé à la puissance dépensée. { $1 : 2$, la roue portant 30 aubes. $1 : 1,83$, avec 60 aubes. } Vitesse de la roue à la circonférence correspondante au *maximum* d'effet. { $1^m,044$ par seconde, avec 30 aubes. $0^m,995$ par seconde, avec 60 aubes. } } D'après nos expériences.

CHAPITRE XXVII.

De l'application des théories et des faits précédens à diverses questions de pratique.

LES diverses questions que l'industrie peut se proposer sur le service de l'eau, comme force motrice, sont relatives, soit aux meilleures dispositions à prendre pour donner à l'eau ce caractère, soit aux améliorations dont peut être susceptible le mode d'en faire usage qui se trouve déjà établi, soit à l'évaluation de la quantité de travail industriel qu'on peut attendre de tel mode d'emploi de ce moteur, soit enfin à la détermination des modifications que peut subir la quantité de travail, lorsque l'eau elle-même en subit dans les élémens de sa puissance.

Essayons de poser et de résoudre, au moins dans des cas généraux, les questions qui peuvent se présenter sur cette matière.

1°. Dans quelles circonstances l'eau doit-elle se trouver pour devenir une force motrice, et quelle est en général la meilleure manière de la faire agir et d'en appliquer l'action?

2°. Lorsqu'on a choisi la manière de la faire agir, que faut-il faire pour mettre cette force en activité, et quelles sont les dispositions les plus favorables à la puissance ?

3°. Comment évaluer la force de l'eau suivant les diverses circonstances où elle se présente ordinairement, ou selon le mode d'application adopté, soit en poids élevés à une certaine hauteur, soit en quantité de travail industriel quelconque?

4°. Comment peut-on reconnaître si l'on tire tout le parti possible de la force motrice de l'eau dans un établissement déjà formé? s'il y a des vices essentiels de dispositions, peut-on les corriger, sans détruire le système en entier?

5°. Enfin quelle est dans un cas donné la valeur de l'influence de l'augmentation ou de la diminution des eaux affluentes, sur la quantité de travail produit?

Voilà, selon nous, les questions les plus importantes : nous allons les examiner l'une après l'autre:

Première question. *Dans quelles circonstances l'eau doit-elle se trouver pour devenir une force motrice, et quelle est en général la meilleure manière de la faire agir et d'en appliquer l'action?*

L'eau ne doit jamais être considérée comme moteur que lorsqu'elle coule ou tombe *naturellement* à la surface de la terre : ainsi des eaux de sources qui descendent d'un point plus ou moins élevé, un ruisseau, une rivière, un fleuve, le flux et le reflux de la mer, offrent toujours une puissance motrice quelconque sur tous les points de leur cours mais de l'eau *en repos*, quelle qu'en soit la quantité, telle que celle d'un puits, d'une mare, ou d'une masse d'eau quelconque, qu'*on ne pourrait mettre en mouvement que par l'action d'une force étrangère, quelle qu'elle soit, ne peut jamais être considérée, ni servir comme force motrice;* nous renvoyons sur ce sujet à ce que nous avons déjà dit au commencement de ce livre.

Toute recherche de combinaison mécanique, pour tirer

parti de l'eau stagnante comme force motrice, est donc absolument inutile, et absurde en elle-même. Quand vous chercherez à améliorer l'usage qu'on peut faire de l'eau dans cette qualité, par quelques nouvelles conceptions, il faut toujours supposer que vous avez à votre disposition de l'eau qui jouit d'un mouvement naturel, indépendant de tout ce que vous imaginerez pour la faire servir à vos vues : c'est une condition dont vous ne pouvez vous départir sans tomber dans l'absurde.

Quant à la manière de faire agir l'eau, vous avez à choisir entre l'action par impulsion et celle par pression; et vous avez vu dans le résumé, à la fin du chapitre précédent, qu'avec le même mode d'application (une roue hydraulique), vous obtenez par pression un effet plus que double de celui que vous obtiendriez en faisant agir la même force d'eau par impulsion.

Toutefois, vous aurez remarqué que le point d'application de la force à la circonférence de la roue, doit être animé de moins de vitesse pour obtenir le *maximum* d'effet, lorsque l'eau agit par pression, que lorsqu'elle agit par impulsion; que par conséquent le *mouvement primitif,* que vous voulez faire servir à quelque opération manufacturière, est moins rapide dans le premier cas que dans le second, bien qu'il ait plus de puissance réelle avec la même force d'eau. Il a plus de puissance réelle parce qu'il faut se rappeler qu'on en perd beaucoup moins, par cette manière de la transmettre.

Ainsi, lorsque vous ne serez point forcé, par quelques circonstances spéciales et sans doute fort rares, d'obtenir *immédiatement* de l'eau un mouvement rapide, vous ne devez pas hésiter de la faire agir par pression. Nous verrons, dans le volume suivant comment on transforme un mouvement lent en un mouvement rapide.

Nous ne disconviendrons pas cependant qu'il ne puisse se présenter quelques cas où la vivacité de l'action impulsive conviendrait mieux aux vues particulières qu'on pourrait avoir; aussi parlerons-nous plus loin des moyens de rendre cette action la plus favorable possible à l'économie de la force employée.

Les roues hydrauliques, qui sont les seuls modes d'application de la force de l'eau, desquels nous ayons parlé jusqu'à présent, se prêtent très-bien à l'une et à l'autre manière de faire agir la force. Il n'en est pas de même, ainsi que nous le verrons dans le chapitre suivant, de tous les modes d'application que l'usage a adoptés ou peut adopter; la plupart ne s'y prêteraient qu'en compliquant leur construction, et souvent avec une perte de force considérable.

D'un autre côté, de tous les modes d'appliquer la force de l'eau, les roues à aubes et à augets sont les plus en usage; et si l'on ne peut avancer que dans tous les cas indistinctement ces roues soient préférables sous le rapport de l'économie du moteur, on peut dire du moins, en général, que par la simplicité de leur construction et des dispositions mêmes qu'elles exigent pour leur établissement, par la quantité de puissance que les roues à augets surtout transmettent, et par la convenance à la plupart des travaux industriels du mouvement direct de rotation qu'elles donnent, elles méritent le choix qu'on en fait généralement; et à moins qu'on ne se trouve dans quelques localités particulières ou dans quelques circonstances où l'on voudrait, par exemple, obtenir directement un mouvement de *va-et-vient plus ou moins lent,* il faut donner la préférence aux roues hydrauliques.

Au surplus, le chapitre suivant nous apprendra les diverses sortes de mouvement que l'on peut obtenir directement de l'eau qui se meut à la surface de la terre.

DEUXIÈME QUESTION. *Lorsqu'on a choisi la manière de faire agir l'eau, que faut-il faire pour mettre cette force en activité, et quelles sont les dispositions les plus favorables à la puissance ?*

D'après ce que nous venons de dire, on arrêtera en général son choix à l'action par pression, et pour mode d'application à une roue hydraulique à augets.

Comme les cas où il pourrait être convenable d'employer un autre mode d'application qu'une roue sont des exceptions, nous nous bornerons, dans l'examen de la question qui nous occupe, à attacher principalement nos remarques à l'emploi d'une roue hydraulique; d'ailleurs ceux qui auront lu avec attention ce qui précède et ce qui nous reste à dire, ne seront point embarrassés pour établir convenablement d'autres modes d'application que des raisons particulières ou locales feraient préférer aux roues.

Examinons donc successivement ce qu'il y a à faire lorsqu'on veut tirer parti, pour quelque opération mécanique industrielle, de la force motrice; 1°. d'un fleuve ou d'une grande rivière; 2°. d'un ruisseau et des eaux de sources; car, pour répéter ce que nous avons déjà dit plus haut, ce n'est que sous l'une ou l'autre de ces formes, que l'eau se présente à nous avec les qualités nécessaires pour devenir un moteur.

Ainsi, supposons en premier lieu, que vous ayez un fleuve ou une grande rivière à votre disposition; il peut arriver de deux choses l'une : ou vous ne pouvez, à raison des localités, ou vous ne voulez pas, par des raisons d'économie, détourner une portion des eaux de ce fleuve ou de cette rivière pour les amener au point où vous voulez fonder votre établissement ; ou vous pouvez et voulez en détourner une portion, comme vous le trouvez le plus convenable.

Dans le premier cas, vous ne changez rien au cours de la rivière, et vous vous servez de son mouvement dans toute sa liberté. Mais comme il convient de choisir le point où les eaux ont le plus de rapidité, c'est vers le milieu qu'il est préférable de s'établir. Sur les bords, l'eau est souvent stagnante, ou sujette à des remous qui jetteraient du désordre dans le mouvement de la roue.

Pour prendre la force motrice au milieu d'une rivière, on n'a souvent d'autres ressources que d'établir une roue entre deux bateaux. Cette disposition pare à un grand inconvénient de la situation où nous nous plaçons ; nous voulons parler des variations perpétuelles qui surviennent dans la hauteur des eaux : on conçoit en effet qu'avec un établissement sur bateaux, la roue reste toujours plongée de la même quantité dans la rivière.

Si vous ne pouviez vous établir sur bateaux au milieu de la rivière, soit parce que la navigation en serait gênée, soit parce que la nature de vos opérations s'opposerait à un semblable emplacement, il faudrait choisir sur les bords du fleuve ou de la rivière, quelque endroit libre, d'un sol parfaitement résistant et où l'eau coulerait régulièrement avec quelque vitesse ; c'est ordinairement aux lieux où le lit des eaux est naturellement resserré.

Là, il faudrait placer votre roue entre deux murs parallèles, auxquels il faudrait donner toute la solidité qu'exigerait l'espèce de rivière dont on disposerait ; vous rendriez à l'eau un peu de vitesse en la faisant couler ainsi entre deux murs parallèles : mais vous remarquerez que vous ne remédiez point à l'inconvénient des hautes et basses eaux; il arrive donc, une grande partie de l'année, que votre roue plonge trop dans l'eau et *pajotte* au détriment de votre opération, lorsque les eaux sont hautes; ou qu'elle y plonge trop peu et que vous n'avez que peu ou point de force lorsqu'elles sont basses.

Vous êtes donc forcé, en vous plaçant sur les bords, comme nous le disons, de disposer votre roue de manière à pouvoir la baisser ou l'élever, pour lui faire prendre l'eau à volonté. Voyez dans l'*Atlas* une roue construite dans cette vue.

Maintenant, que vous vous établissiez sur bateaux au milieu de la rivière, ou que ce soit sur les bords avec les dispositions dont venons de parler, vous n'avez point le choix du mode d'action de l'eau dans l'une et dans l'autre de ces situations : vous ne pouvez vous servir que de sa force impulsive et par conséquent d'une roue à aubes; une roue à augets n'y prendrait qu'un mouvement incertain; les raisons en sont trop faciles à saisir pour nous y arrêter.

Si donc vous gagnez du côté de la simplicité dont ces deux sortes d'établissement sont en général susceptibles, vous êtes obligé de renoncer à tirer le parti le plus avantageux possible de la puissance motrice, sans compter la sujétion où l'on se trouve d'user d'une force comme celle-là, sans avoir fait les dispositions qu'il aurait fallu pour s'en rendre maître.

Mais du moins vous pouvez construire la roue à aubes de manière à obtenir du courant libre le plus grand effet mécanique que votre construction puisse comporter.

Pour cela, il faut donner à votre roue le plus de légèreté possible, sans nuire à sa solidité. La hauteur de son diamètre dépend de la distance de la surface du courant au point où vous voulez que la roue donne du mouvement. Cette hauteur est au fond indifférente sous d'autres rapports; car elle ne peut rien ajouter à la force motrice de l'eau. Sur ce point vous êtes donc le maître de faire la roue grande ou petite; ce sont les localités qui vous dirigeront. Mais pour ce qui concerne la largeur des aubes (nous prenons la largeur sur une ligne parallèle à l'arbre de la roue), il faut la rendre la plus grande possible, afin de recevoir l'impulsion sur une plus grande surface; car ce n'est pas sur la hauteur des aubes que vous pouvez chercher à gagner de la surface, attendu qu'une aube, trop profondément plongée, soulève l'eau, lorsqu'elle en sort, et que cette circonstance peut affaiblir beaucoup l'effet utile de la puissance. Vous devez donc vous borner à leur donner de 2 à 4 décimètres de hauteur; et vous favoriserez la puissance au moins d'un dixième de sa force, en plaçant sur ces aubes des rebords latéraux d'environ un décimètre de saillie perpendiculaire à l'aube.

Quant au nombre d'aubes que la roue doit porter, il dépend du diamètre de la roue : l'expérience nous a prouvé qu'il faut mettre entre chaque aube une distance à peu près équivalente à leur hauteur.

Enfin, quand vous montez la roue sur ses appuis, vous devez vous assurer qu'elle *tourne bien rond ;* ce qu'on reconnaît aisément en faisant tourner la roue, à la main, devant un point fixe, qui marque si tous les points de la circonférence s'y présentent à la même distance.

Lorsque la roue est établie, vous avez à juger quelle vitesse elle doit prendre pour obtenir le *maximum* d'effet; deux moyens vous sont offerts : le courant, et la roue elle-même. Vous mesurez le courant, comme nous l'avons indiqué plus haut, et vous combinez tout votre système mécanique de manière à laisser prendre régulièrement à la circonférence de la roue les *deux cinquièmes* au moins de la vitesse du courant;

ou bien vous faites tourner la roue sans charge par le courant et vous prenez la *moitié* de cette vitesse pour celle qui doit correspondre au *maximum* d'effet.

Prendre l'eau dans toute la liberté de son cours, comme nous le supposons dans le cas présent, est sans doute ce qu'il y a de plus simple dans la manière de faire servir sa puissance motrice aux opérations industrielles ; mais l'on ne peut disconvenir que l'emploi d'une roue hydraulique et les dispositions qu'exige son établissement ne soient sujets à bien des difficultés qui quelquefois peuvent être insurmontables. Ainsi, par exemple, il peut se faire que la navigation du fleuve ou de la rivière s'oppose à la station de bateaux vers le milieu de son cours ; ou bien que le travail exige des distributions locales que deux bateaux ne comporteraient point ; il peut se faire encore qu'on trouve des difficultés très-grandes à établir une roue hydraulique sur les bords, comme il conviendrait qu'elle le fût pour le but qu'on se propose : cependant le passage d'un fleuve ou d'une rivière, dans un lieu quelconque, offre une masse énorme de puissance mécanique qui ne coûte rien ; mais il s'agit de prendre cette force et de la prendre par communication ; c'est alors que vous avez des dépenses à faire et qu'elle vous coûte pour en jouir.

Or, plus le moyen que vous emploierez pour puiser cette force, est simple et peu dispendieux, plus vous trouverez d'avantages dans l'opération à laquelle la puissance de l'eau vous sert ; il semblerait donc qu'il y aurait d'utiles recherches à faire sur la question de savoir comment on pourrait puiser, d'une manière simple, économique, et surtout *indépendante des variations de hauteur qu'un fleuve ou qu'une rivière subissent*, la puissance mécanique qu'elles possèdent, sans gêner d'aucune façon la liberté de leurs cours ; la recherche d'un mode d'application qui aurait ces qualités mériterait assurément l'attention du mécanicien.

Voyons maintenant ce qu'il y a à faire pour le second cas, lorsque vous pouvez et voulez détourner une portion des eaux d'une grande rivière, en admettant toutefois que vous n'avez pas la faculté d'en barrer le cours par une digue; ce qui se rapporte en général aux rivières navigables et flottables.

Ou vous avez déjà sur une rive un établissement tout bâti dans lequel vous voulez amener la force de l'eau, ou vous êtes dans le cas de choisir sur une des deux rives l'emplacement qui convient le mieux à la prise et au développement de la force dont vous avez dessein de faire usage.

Dans les deux cas, vous avez à ouvrir un canal dont la direction sera déterminée par les localités; ce canal *s'abouchera en amont* avec la rivière, à une distance plus ou moins grande de l'établissement, et *débouchera* dans cette même rivière à une distance aussi plus ou moins grande du lieu où l'eau fait le service de moteur. Une forte vanne, à chaque extrémité du canal, vous rendra maître des eaux, dans les temps ordinaires; et le degré de puissance, que vous aurez à votre disposition, dépendra de la quantité d'eau que vous détournerez et de la différence de niveau qui se trouvera entre la surface de l'eau à la vanne d'entrée dans le canal, et sa surface à la vanne de décharge; cette différence représente la hauteur de chute de votre puissance. Vous la reconnaîtrez en faisant opérer le nivellement par des hommes exercés à cette opération qui, bien que fort simple en elle-même, demande cependant de l'habitude pour être faite avec exactitude.

Il peut arriver que, dans le premier cas, la rivière ayant peu de pente, cette différence ou cette chute soit peu importante, à raison du peu d'étendue de terrain que vous pouvez consacrer à la largeur du canal et par conséquent du peu d'espace que vous pouvez donner entre le point où se fait la prise d'eau et celle où elle se décharge. Dans cette circonstance, vous n'avez guère qu'une ressource, c'est de donner au canal une grande largeur, d'en rendre le fond et les parois bien unis, et de donner à une roue à aubes toute la largeur du canal, en la faisant tourner dans le cours libre des eaux du canal.

Mais ne perdez point de vue que vous êtes ici sujet aux grandes eaux, et qu'il faut de toute nécessité proportionner vos constructions à ces graves circonstances et accorder vos dispositions, suivant les localités où vous vous trouvez, avec toute l'étendue du gonflement des eaux.

Vous pourriez toutefois être placé de manière à ne pouvoir vous soustraire, sans de grands frais, au danger d'ouvrir sur votre emplacement une issue au débordement des eaux.

Si donc vous êtes le maître de choisir cet emplacement, il faut avant tout avoir égard à ces circonstances et prendre ensuite un endroit situé entre deux points de la rivière, dont la différence de niveau soit la plus grande. C'est entre ces deux points que vous établirez votre canal de dérivation; vous inclinerez ce canal d'après la pente de la rivière, si vous voulez faire tourner une roue à aubes dans le cours libre des eaux; et si vous voulez retenir celles-ci et vous ménager toute leur chute sur un point donné, vous ferez les dispositions dont nous allons bientôt parler.

On voit ici que les fleuves et les grandes rivières, si riches en puissance mécanique, offrent des difficultés plus ou moins grandes à l'établissement de roues hydrauliques, mode d'application le plus en usage de la force de l'eau; il n'en est pas de même des petites rivières, des ruisseaux et des eaux de source, dont il nous reste, en second lieu, à nous occuper.

Lorsque vous avez à disposer d'une petite rivière, et que vous êtes le maître d'en régler le cours, suivant vos vues; lorsque vous avez fait reconnaître par quelques coups de niveau la pente de la rivière, il y a deux manières de prendre l'eau : ou vous la prenez en *amont* à quelque distance de l'établissement de la roue, ou vous la prenez tout à côté ; ce sont les localités qui doivent vous déterminer sur ce point. Dans les deux cas, on peut barrer transversalement la rivière, pour en élever les eaux ; mais on proportionne cette élévation à la pente reconnue par le nivellement; de telle manière que les eaux en refluant en arrière par l'effet du barrage, n'aillent pas inonder et dégrader les terrains supérieurs, ou nuire à quelqu'autre établissement hydraulique, en *amont* de la rivière, en diminuant la hauteur de la chute dont il est en possession.

Lorsque vous prenez l'eau à quelque distance de la roue, une première vanne peut être nécessaire à l'endroit de la prise d'eau, afin de ne laisser pénétrer dans le canal de dérivation que des quantités d'eau régulières, ou, si l'on veut, une puissance motrice régulière; les eaux surabondantes s'écoulent en franchissant la digue que vous leur avez opposée : cependant une vanne de décharge est quelquefois nécessaire aussi, lorsque la rivière est sujette à des crues subites qui vous obligent à donner aux eaux plus de facilité et de promptitude d'écoulement que par le dessus.

Il est superflu de dire que vous réglez la quantité d'eau que vous voulez admettre dans le canal de dérivation, en baissant ou en haussant la vanne de la prise d'eau.

Le canal de dérivation doit avoir très-peu de pente, par les raisons que nous avons données en parlant de ces sortes de construction; et au bout du canal, vous établissez une seconde vanne qui fournira immédiatement les eaux motrices. Cette vanne s'abaissera pour laisser passer l'eau, si elle s'écoule par un déversoir et agit par pression ; ou la vanne se lèvera, pour la laisser couler, si l'ouverture est au-dessous de la charge d'eau, et que celle-ci agisse par impulsion.

Dans les deux cas, le canal peut être barré transversalement, à l'endroit où la roue est située, par un mur solide ; dans le premier on ajuste une vanne à la partie supérieure du mur ; dans le second on l'ajuste à la partie inférieure, et dans celui-ci il faut avoir l'attention de faire sortir l'eau par une espèce de tuyau très-court, de la forme d'une pyramide tronquée, construit en maçonnerie, ou en planches solidement établies ; de bien unir les parois intérieures de ce tuyau et de donner à la petite base de la pyramide moins de surface qu'aux aubes de la roue. Voyez sur ce sujet les exemples rapportés dans l'*Atlas* ainsi que sur la manière de se décharger des eaux surabondantes.

Il est en général plus avantageux de faire tomber l'eau par un déversoir, en la faisant agir par son poids, que de la faire écouler par dessous, avec la pression de la charge ; cette question a été suffisamment approfondie à plusieurs reprises ; il est plus avantageux aussi de donner au canal plus de largeur que de profondeur, et de prendre par conséquent, pour agir, une lame d'eau peu épaisse, mais la plus large que la construction puisse le comporter.

Dans les dispositions que vous avez à prendre pour faire agir l'eau, une des plus importantes est celle qui a pour objet de lui donner après l'action, la plus grande facilité d'écoulement possible : si elle s'amoncelait derrière les aubes ou les augets, elle embarrasserait le mouvement de la roue et pourrait diminuer beaucoup l'effet de la puissance. Il faut donc incliner le coursier, l'élargir même à partir du point qui dépasse immédiatement le diamètre vertical de la roue, et empêcher en outre les eaux de la rivière qui ne vous ont pas servi, de refluer sur celles qui s'échappent du coursier.

Lorsque la prise d'eau a lieu à l'endroit même où la roue est établie, ou plutôt lorsque celle-ci est à côté de la digue qui retient les eaux de la rivière, il est difficile, avec une seule vanne, quelles qu'en soient les dispositions, de régler la force dans les variations de hauteur que les eaux de la rivière éprouvent : si elles sont basses, il faut compenser la diminution de la chute par une ouverture de vanne plus grande; si elles sont hautes, il faut donner moins d'ouverture; or, la manière d'établir cette compensation n'est pas aisée pour les hommes chargés de ces sortes de détails, et il est permis de croire que, dans un cas pareil, la puissance de l'eau varie d'intensité avec tous les mouvemens d'abaissement et d'exhaussement du cours de la rivière. Il arrive alors que si, avec un travail donné, on a dans un moment, une vitesse de roue correspondante au *maximum* d'effet, on ne l'a plus dans un autre, à moins de faire varier les résistances de travail, ce qui en général n'est guère praticable.

On peut éviter ces inconvéniens en établissant une seconde vanne de décharge au côté opposé de la digue, si les localités le permettent, et de fonder un système d'opération sur un niveau d'eau qu'on fait en sorte de rendre constant, soit en fermant, soit en ouvrant plus ou moins la vanne de décharge. Cette indication, par le niveau, est plus simple et tout-à-fait à portée de ceux qui dirigent les travaux de la roue.

L'usage trop généralement répandu, de donner peu de largeur aux aubes ou aux augets des roues, a nécessité, surtout pour les premières, l'emploi des écluses et autres moyens équivalens, dans la vue d'élever le niveau des rivières. Si l'on donnait, comme on doit toujours le faire, beaucoup de largeur aux roues, il est bien des cas où il suffirait de faire couler les eaux librement sur un radier bien uni et peu profond, et d'y établir une large roue, sans autres dispositions qu'une seule vanne de décharge. Ceci serait particulièrement applicable aux petites chutes avec abondance d'eau, dont, en général on ne sait pas assez tirer parti.

Quant aux ruisseaux et aux eaux de sources, il est assez d'usage de les rassembler dans des étangs ou grands réservoirs, d'où l'on fait couler les eaux suivant les besoins de l'opération dont elles doivent faire le service. Cependant lorsqu'un ruisseau présente une chute de 4 à 5 mètres, on le fait arriver, ou directement dans les augets d'une roue par un simple canal de conduite, ou dans un petit réservoir où les eaux viennent s'étendre en surface et couler en nappe mince dans les augets de la roue. Ce procédé est préférable au premier, tant sous le rapport de l'économie de la force, que sous celui de la régularité qu'on est à même de donner à la puissance de l'eau.

Dans la construction d'un étang dans lequel les eaux se rassemblent, il est indispensable de donner une très-grande solidité à la paroi ou digue qui s'oppose à la direction du mouvement que la masse d'eau prendrait, si elle était abandonnée à elle-même.

Cette digue doit être en talus des deux côtés et formée de terres argileuses bien corroyées, bien battues, couche par couche ; il faut même qu'un mur épais en maçonnerie la traverse par le milieu dans toute sa longueur. La vanne se place ordinairement vers le milieu de cette digue et débouche dans un canal qui amène l'eau au point de travail.

Qu'on fasse agir l'eau par impulsion ou par pression, on est le maître d'établir la roue à une certaine distance de l'étang ;

mais alors il faut construire un petit réservoir de service, tant pour régler les quantités d'eau qu'on voudra dépenser, que pour déterminer exactement le mode suivant lequel l'écoulement se fera. On pense bien qu'il ne faut donner au canal qui conduit les eaux de l'étang au petit réservoir de service que le degré d'inclinaison rigoureusement nécessaire au mouvement de l'eau dans ce canal.

On placerait sa roue très-près de la vanne de l'étang, qu'il conviendrait encore de faire usage de ce petit réservoir, qu'on a soin au surplus de tenir toujours au-dessous du niveau des plus basses eaux de l'étang. De cette manière, on a une puissance mécanique régulière ; ce qui est dans l'emploi de l'eau comme force motrice, une des conditions les plus importantes.

Telles sont les principales dispositions que l'on doit prendre dans le service de ce moteur, eu égard aux diverses formes sous lesquelles il se présente à la surface de la terre. Nous n'avons pu toucher que les sommités de ce sujet, attendu que les localités, si variées en elles-mêmes, influent essentiellement sur la manière de se rendre maître des eaux pour les faire servir à une opération mécanique.

Nous n'avons donc pu entrer dans plus de détails, de peur de tomber dans un cercle de remarques et d'observations dont les applications eussent été restreintes à quelques cas particuliers. Ce que nous avons dit sur cette matière, nous paraît devoir suffire pour appeler l'attention sur les points principaux d'un établissement de cette nature, et pour montrer le but qu'il faut atteindre.

TROISIÈME QUESTION. *Comment évaluer la force de l'eau suivant les diverses circonstances où elle se présente ordinairement, ou selon le mode d'application adopté, soit en poids*

élevé à une certaine hauteur, soit en quantité de travail in-
dustriel quelconque?

Dans l'examen de cette question, nous nous attacherons de
préférence aux roues hydrauliques, ainsi que nous l'avons fait
précédemment, et par les mêmes raisons. Le calcul de la force
de l'eau, avec tout autre mode d'application, ne présentera
aucune difficulté sérieuse à ceux qui auront bien compris ce
que nous avons dit de cette force et des phénomènes de son
action.

Il ne faut pas, d'ailleurs, perdre de vue que les calculs auxquels nous allons soumettre l'emploi des roues hydrauliques,
dans les divers cas qu'il présente, ne peuvent être qu'approximatifs : nous savons tout ce qui s'oppose à ce qu'on obtienne
des valeurs exactes. Nous répéterons sur ce point ce que nous
avons dit plusieurs fois : l'essentiel, dans les problèmes de
mécanique industrielle, est d'estimer les forces plutôt trop bas
que trop haut ; il pourrait y avoir de grands inconvéniens si l'on
attribuait à un cours d'eau plus de puissance qu'il n'en a réellement, et de fonder sur une exagération de cette nature, un
système d'opérations qu'on ne pourrait exécuter, parce qu'on
aurait évalué trop haut la force disponible : mais il n'y a point
d'inconvéniens à l'estimer trop bas, attendu que si dans quelques cas sans doute fort rares, l'excès de la puissance réelle
pouvait nuire, on serait toujours le maître d'en diminuer
l'intensité.

Nous savons que l'effet produit par la puissance de l'eau
varie d'après la manière de la faire agir ; qu'on prend cette puissance, ou dans un courant naturel auquel on laisse toute la
liberté de son cours, ou bien qu'on la prend dans un courant
factice dont on règle et le mouvement et la direction, pour en
faire agir l'eau soit par impulsion, soit par pression.

Un exemple pris dans chacun des cas que peuvent offrir ces divers modes d'action, suffira pour mettre à même de calculer l'effet qu'on doit attendre de la force de l'eau, dans toutes les circonstances analogues.

Supposons donc, 1°. qu'on veuille tirer parti d'un courant donné, en y établissant une roue à aubes, et en laissant aux eaux un cours libre : on veut savoir quelles dimensions doivent avoir les aubes de cette roue pour faire mouvoir, par exemple, tel nombre de *meules à farine*, de *métiers à filer*, de *pilons pour fouler les draps*, etc., etc., etc.

Nous présentons à dessein la première question sous cette forme, parce que nous avons d'abord à montrer comment on peut évaluer la quantité de tel travail que ferait un cours d'eau donné, bien qu'en général on ne connaisse pas l'expression en kilogrammes, élevés en un certain temps à une certaine hauteur, de la force qu'exige chaque espèce de travail industriel, et que, dans les recherches expérimentales sur la puissance mécanique de l'eau, on en ait toujours comparé la valeur à un certain nombre de kilogrammes élevés à une certaine hauteur, et non à une certaine quantité de travail fait.

A défaut d'expériences directes sur ce sujet, nous allons indiquer un moyen indirect de calculer quelle quantité de tel travail on peut faire avec un cours d'eau déterminé; et ceci s'applique à toutes espèces de roues hydrauliques, comme à tout autre mode d'application.

Reprenons la question ci-dessus : vous voulez établir une roue à aubes sur un courant libre, et vous voulez faire un travail de telle espèce et de telle étendue.

Si vous saviez à quelle quantité de kilogrammes élevés à un mètre, par exemple, équivaut le travail que vous avez en vue, vous calculeriez par les règles que nous avons données, et que nous allons rappeler, la largeur et la hauteur qu'il faudrait donner à vos aubes, pour qu'avec le courant dont vous disposez, vous obtinssiez cette puissance : mais vous ne connaissez pas cet équivalent du travail; voici donc comment vous vous y prendrez; vous chercherez cet équivalent dans un établissement tout formé : si c'étaient des meules à farine que vous eussiez à faire marcher, vous choisiriez un établissement de ce genre, où l'on mettrait en activité, par la force de l'eau, le nombre de meules que vous vous proposez d'avoir, ou même un nombre quelconque de meules : vous calculez la force du cours d'eau qui en fait le service, peu importe que ce soit par impulsion ou par pression, et vous en évaluez l'effet en kilogrammes élevés à un ou plusieurs mètres de hauteur dans un temps donné. Cette valeur en kilogrammes exprime approximativement la force qu'exige le nombre de meules employées.

Or, avec cette valeur ainsi exprimée, vous déterminerez ainsi qu'il suit les dimensions de vos aubes.

Supposons que, dans l'établissement en activité, vous ayez trouvé que la puissance mécanique dépensée est équivalente, par exemple, à 200 kilogrammes élevés à un mètre de hauteur en une seconde, et qu'avec cette puissance le même travail que celui que vous voulez faire s'accomplit régulièrement, il faudra donc que vous puisiez dans votre courant une force pour le moins équivalente à celle-là, pour obtenir les mêmes résultats; si toutefois l'eau agit, dans cet établissement, comme vous voulez la faire agir, c'est-à-dire par impulsion. Vous n'avez pas besoin alors de chercher le rapport de la puissance mécanique dépensée à l'effet produit : puisque vous emploierez l'eau de la même manière, vous obtiendrez les mêmes résultats avec une puissance que vous vous ménagerez plutôt au-dessus qu'à l'égal de celle-là, pour ne pas vous tromper.

Mais si l'eau y était employée par pression, vous seriez obligé, dans la position où vous êtes de ne pouvoir la faire agir que par impulsion, de chercher le rapport de l'effet produit avec la puissance, pour le faire servir de base à vos calculs.

Prenons d'abord le cas où l'action est la même, et supposons que votre courant a 2 *mètres* de vitesse par seconde, vitesse que vous avez déterminée par les moyens que nous avons indiqués.

Vous ne pouvez guère donner à vos aubes plus de 4 *décimètres* de hauteur. Supposons que vous admettiez cette hauteur; calculez alors votre puissance par *décimètre de largeur d'aube*; vous trouvez qu'elle est équivalente à une masse régulière d'eau de 2 *mètres* ou de 20 *décimètres de longueur* et de 4 *décimètres carrés* de base, ou de 80 *décimètres cubes*, ou enfin de 80 *kilogrammes*, masse qui vient frapper l'aube, à chaque seconde, avec une vitesse de 2 *mètres* par seconde, dont la hauteur *due* est d'environ 202 *millimètres*.

Donc, en multipliant la masse frappante, 80 *kilogrammes*, par la hauteur *due* à la vitesse, vous avez par *chaque décimètre de largeur d'aubes*, une puissance équivalente à $80 \times 202 = 16160$ *kilogrammes* élevés à 1 *millimètre* de hauteur par seconde.

Or, 200 kilogrammes élevés à 1 *mètre*, qui représentent la puissance de l'établissement en activité, sont la même chose que 200,000 kilogrammes élevés à 1 *millimètre*; divisez donc ce nombre par 16160, et le quotient vous donnera le nombre de décimètres de largeur que vous devez donner à vos aubes, avec 4 décimètres de hauteur; le quotient est 12,4 environ; d'où il suit que vos aubes devront avoir 1^m,24 centimètres de largeur pour obtenir une puissance à peu près égale à celle qui fait le service de l'établissement en question.

Vous serez d'autant plus sûr des résultats de ce calcul, que la manière de faire agir l'eau dans cet établissement s'approchera plus de celle que vous avez le projet d'employer.

S'il y avait quelque différence importante en faveur de l'établissement en activité, comme, par exemple, au coursier qui embrasserait aussi exactement que possible les aubes de la roue, il faudrait, d'après ce qui a été dit sur la valeur de l'impulsion de l'eau en diverses circonstances, augmenter la largeur de votre roue d'environ un huitième, pour mettre de votre côté tous les avantages.

Maintenant, si l'établissement-modèle employait l'eau par pression, avec une roue à augets, il faudrait d'abord calculer la puissance mécanique dépensée, et ensuite le rapport de l'effet produit à la puissance employée; et vous savez, d'après les expériences du chapitre précédent, que ce rapport est au moins celui de 2 à 3.

Ainsi, en supposant que la puissance mécanique dépensée soit équivalente à 200 kilogrammes élevés à 1 mètre en une seconde, la valeur de l'effet produit, ou ce qui est la même chose ici, *la force réellement transmise* par la roue, pour le produire, est équivalente à $133\frac{1}{3}$ kilogrammes élevés à 1 mètre en une seconde.

Mais pour produire par impulsion un effet de $133\frac{1}{3}$ kilogrammes élevés à 1 mètre en une seconde, il faut dépenser plus de 200 kilogrammes de puissance, attendu que le rapport de la puissance à l'effet est à peu près comme 9 est à 2 pour une roue comme celle que vous voulez employer; vous direz donc : $1 : 9 :: 133\frac{1}{3}$ est à un quatrième terme qui représentera la puissance dont vous avez besoin, pour obtenir un effet égal à $133\frac{1}{3}$ kilogrammes; ce quatrième terme est 600; il faut donc que vous dépensiez une puissance équivalente à 600 kilogrammes élevés à 1 mètre de hauteur, en une seconde, pour produire, avec votre roue à impulsion, le même travail qu'on obtient, dans cet établissement, avec une roue à augets.

Or, pour trouver, dans cette hypothèse, quelle devrait être la largeur de vos aubes, vous avez 600 kilogrammes à 1 mètre qui équivalent à 600,000 kilogrammes à 1 millimètre; divisant comme ci-dessus ce nombre par la puissance correspondante à 1 décimètre de large sur 4 de hauteur d'aube, ou par 16160, vous trouverez que votre roue devrait avoir un peu plus de 37 *décimètres de largeur;* ce qui n'est pas hors des limites de la construction des roues.

Si cependant vous ne vouliez pas adopter une construction de cette espèce, il faudrait vous résoudre à faire moins de travail qu'on n'en ferait dans l'établissement-modèle, ou bien il faudrait que le courant eût plus de vitesse.

On conçoit bien que nous entendons par établissement-modèle, celui où l'on exécute le genre de travail qu'on se propose, et que ce que nous venons de dire s'applique à toutes espèces d'opérations mécaniques, aussi-bien qu'à la mouture dont il a été question dans notre hypothèse.

2°. Supposons qu'au lieu de se servir d'un courant libre, vous faites un barrage pour élever les eaux et avoir une chute factice; supposons en outre que l'ouverture de la vanne se fasse en dessous, c'est-à-dire que l'écoulement ait lieu par une ouverture rectangulaire pratiquée à une certaine distance de la surface des eaux du réservoir; c'est ordinairement ce qui se pratique, lorsqu'on se sert de roues à aubes et de la force impulsive de l'eau.

Il s'agit de calculer dans ce cas la force que vous avez à votre disposition et la quantité de tel genre de travail que vous pouvez produire avec cette force.

Supposons donc, pour ce qui regarde le premier point, que la hauteur de votre chute, à partir du seuil de la vanne, soit, par exemple, de 24 *décimètres;* que la vanne étant levée autant qu'elle peut l'être pour ne pas dépenser plus d'eau que le réservoir n'en donne en conservant son niveau ou pour le service ordinaire de votre établissement; que la vanne, disons-nous, présente un orifice d'écoulement de 10 décimètres de largeur sur 6 de hauteur; si vous connaissiez la vitesse de l'eau à sa sortie de l'ouverture de la vanne, dans une unité de temps, vous multiplieriez l'aire de l'ouverture, réduite autant qu'elle doit l'être à raison de la contraction de la veine fluide, par le nombre de mètres que l'eau parcourt dans cette unité de temps, et vous auriez la masse d'eau agissante, dans ce même temps, que vous multiplieriez par la hauteur de la chute, pour connaître la puissance mécanique de votre cours d'eau.

Mais il est ordinairement plus difficile ou plus embarrassant de déterminer directement la vitesse de l'eau, dans ces sortes de cas, que de la déduire de la hauteur de la chute qu'il vous est toujours facile de mesurer.

Voici donc comment il faudra s'y prendre; rappelons-nous que la vitesse dépendrait de la hauteur de la chute : or comme, dans notre hypothèse, l'orifice de sortie a 6 décimètres de hauteur, toutes les molécules d'eau qui se présentent à la fois, à cet orifice, pour s'écouler, n'éprouvent point la même pression, puisqu'elles sont à diverses distances du niveau du réservoir; il faut donc prendre ici la hauteur moyenne entre la distance de la surface de l'eau et le seuil de la vanne, et celle qu'il y a entre cette surface et la limite supérieure de l'ouverture : la première distance est de 24 décimètres et la seconde de 24 moins 6, ou 18; ajoutant donc ces deux nombres, nous avons 42, dont la moitié, 21 décimètres, représente la hauteur moyenne.

Il s'agit de chercher quelle est la vitesse *due* à cette hauteur. Vous savez que les vitesses sont comme les racines carrées des hauteurs (*Voyez* Chap. XVIII), et vous direz 49 décimètres sont à 21 décimètres, hauteur moyenne de votre chute, comme 9604, carré de 98 décimètres, vitesse *due* à une hauteur de 49 décimètres, est au carré de la vitesse cherchée, ou 4116. En extrayant la racine carrée de ce nombre, vous trouverez à très-peu près 64 décimètres de vitesse par seconde.

Multipliant ensuite 64 par 60 décimètres carrés, aire de l'ouverture de la vanne, vous aurez 3840 décimètres cubes ou kilogrammes d'eau qui, réduits aux $\frac{5}{8}$, à raison de la contraction de la veine, vous donnent une masse d'eau écoulée en une seconde, équivalente à 2400 kilogrammes.

Enfin vous connaîtrez la puissance mécanique de votre cours d'eau, en multipliant 2400 kilogrammes par 21 décimètres, hauteur moyenne de la chute; ce qui vous donnera 5040 kilogrammes élevés à 1 mètre de hauteur par seconde.

Si vous voulez connaître maintenant quelle quantité de telle espèce de travail vous pouvez produire avec cette force, il faudra recourir, comme précédemment, à un établissement du même genre en activité, et en appliquant à celui-ci les mêmes calculs, si l'eau agit de la même manière, vous serez en état de juger si vous obtiendrez de votre force moins, autant, ou plus de travail.

Ainsi, supposons, par exemple, que cet établissement marche avec une force équivalente à 2520 kilogrammes élevés à 1 mètre en une seconde; vous pouvez espérer de faire avec votre force, le double du travail qu'il fait avec la sienne qui est sous-double.

Quant à l'action de l'eau par pression, elle a lieu ordinaire-

I. 49

ment, ou par un déversoir, où par un canal qui conduit librement l'eau dans les augets de la roue.

Dans le premier cas, nous avons vu, dans le chapitre précédent, comment il faut évaluer les quantités d'eau dépensées par un déversoir; et lorsque vous connaissez les quantités écoulées en un temps donné, il ne vous reste, pour évaluer la puissance mécanique, que de multiplier cette masse par la hauteur de la chute.

Dans le second cas, le moyen d'évaluation le plus sûr, et il est presque toujours praticable, c'est de recueillir la quantité d'eau qui s'écoule, en un temps donné, par le canal, et de multiplier de même cette quantité exprimée en kilogrammes ou bien en d'autres unités de poids, par la hauteur de la chute, ou plutôt par le diamètre de la roue, si le canal est au-dessus, pour avoir la puissance au *minimum*.

Nous rappelerons pour terminer ce que nous avons à dire sur cette question, que lorsque l'eau agit *par pression sur des aubes*, ainsi qu'on l'a vu dans nos expériences du chapitre précédent, le rapport de la puissance dépensée à l'effet produit est à peu près celui de 2 à 1; mais qu'avec une roue à augets, ce rapport est à peu près celui de 3 à 2. Il faut donc avoir égard à cette différence, lorsqu'on cherche, dans un établissement en activité dont la force motrice agit par pression, les données nécessaires pour évaluer, comme nous l'avons montré plus haut, la quantité de travail du même genre qu'on peut faire avec le cours d'eau dont on veut tirer parti.

Quatrième question. *Comment peut-on reconnaître si l'on tire tout le parti possible de la force motrice de l'eau, dans un établissement déjà formé : s'il y a des vices essentiels de disposition, peut-on les corriger sans détruire le système en entier?*

S'il nous était permis, au point où nous en sommes, de traiter cette question avec tous les développemens qu'elle comporte, nous aurions beaucoup à dire sur son sujet ; en effet l'avantage ou le désavantage du parti qu'on tire de la force motrice de l'eau, dans un établissement déjà formé, dépendent de plusieurs causes dont la connaissance est réservée au deuxième et au troisième volumes ; nous sommes donc obligés pour le moment, de restreindre cette question dans le simple examen de ce qui est relatif à l'action de l'eau et au mode d'application, et à supposer que tout le reste du système mécanique employé est tel qu'il doit être.

Se servir de l'action de l'eau par impulsion où l'on pourrait la faire agir par pression, est sans contredit le plus grand vice qu'on puisse remarquer dans l'emploi d'un cours d'eau ; et l'on peut être assuré que, pour toutes chutes, surtout au-dessus de deux mètres, il y a en général beaucoup à gagner à substituer l'action par pression à l'action par impulsion.

Pour juger de l'avantage qu'on peut tirer de cette substitution, supposons que, dans un établissement, la force impulsive de l'eau dépensée soit équivalente à 5040 kilogrammmes élevés à 1 mètre par seconde ; vous savez que la force *réellement transmise*, ne sera que dans le rapport de 2 à 9 avec la force dépensée ; le travail fait sera donc équivalent à 1120 kilogrammes élevés à 1 mètre de hauteur par seconde ; encore faut-il que le mode d'application soit convenablement choisi et établi.

Mettez à la place de la roue à aubes, une roue à augets, par exemple, et au lieu de faire agir l'eau par une ouverture de vanne inférieure, faites-la tomber lentement, par un déversoir dont les dimensions soient telles que dans le même temps on dépense la même quantité d'eau qu'auparavant ; le travail fait, comparé à la même puissance dépensée, sera au moins dans le rapport de 2 à 3, et équivalent à 3360 kilogrammes élevés à 1 mètre de hauteur en une seconde. D'où il suit que l'effet produit sera triple de celui qu'on obtenait avec l'impulsion, en faisant usage de la même puissance mécanique.

Un tel changement peut assurément se faire sans changer le système entier des machines employées : il porte principalement sur les dispositions du cours d'eau et de la roue ; et c'est d'après les localités qu'on peut décider jusqu'où s'élèveraient les dépenses d'un pareil changement. Il en est beaucoup qui se prêteraient très-bien à ce changement, sans exiger de grandes dépenses.

Mais dans l'usage même d'une roue à augets, il peut se présenter aussi des défauts qui influent plus ou moins sur la quantité d'effet produit, et dont nous allons faire connaître les principaux.

1°. Lorsque l'eau sort du déversoir pour tomber dans les augets, elle décrit une portion de courbe qu'on nomme parabole ; or la roue, par sa position à l'égard de cette courbe liquide, peut en recevoir l'action directement sur le fond de ses augets, ou en d'autres termes, dans la direction de la circonférence où l'action a lieu ; ou bien dans une direction plus ou moins opposée à la jante de la roue ; de telle sorte que l'eau, au lieu de tomber directement au fond de l'auget, vient frapper sous un angle d'inclinaison plus ou moins grand, la paroi verticale de l'auget. Dans le premier cas, l'eau agit aussi efficacement qu'elle peut le faire ; dans le second, on conçoit aisément sans entrer dans des explications superflues, que la puissance agit avec désavantage. Ceci peut arriver, parce que la roue est trop près du déversoir et qu'elle prend l'eau à un point trop élevé de la courbe parabolique. Il est très-facile, on le sent bien, de corriger ce défaut, soit en écartant la roue, soit en reculant le plan antérieur du déversoir, soit en diminuant la dépense d'eau, si cela se peut sans inconvénient, jusqu'à ce que la tangente de la courbe vienne, dans l'action, se confondre en quelque sorte avec celle qui serait menée au point de la circonférence sur lequel l'eau agit à sa sortie du réservoir.

2°. La roue peut tourner trop vite et approcher ou dépasser même, comme on le voit quelquefois, 2 mètres de vitesse par seconde; il faut alors ou diminuer la dépense d'eau, ou augmenter la charge, jusqu'à ce que la vitesse de la roue soit ramenée à 10 ou 12 décimètres par seconde.

3°. Enfin les augets peuvent être trop petits et ils le sont lorsque l'eau s'en échappe avant que chacun soit arrivé vers le bas de la roue. En général les augets, d'une forme convenable, doivent être assez grands, eu égard aux quantités d'eau dépensées, pour ne s'emplir qu'à moitié ou aux deux tiers tout au plus de leur capacité.

Quant aux défauts que peuvent présenter les roues à aubes; ils sont principalement relatifs à la vitesse de la roue, et à la manière dont l'eau s'échappe après le choc; sans compter ce que nous avons dit des aubes trop hautes.

Pour ce qui regarde la vitesse, le moyen le plus simple et le plus expéditif de s'assurer si la roue prend celle qui donne le *maximum* d'effet, est de faire tourner la roue sans charge, et de voir si, avec la charge ordinaire, elle prend plus ou moins de la moitié de cette vitesse : si elle en prend plus, il faut ou augmenter la charge, ou diminuer l'ouverture de la vanne; si elle en prend moins, il faut diminuer la charge, ou augmenter l'ouverture de la vanne, jusqu'à ce qu'on obtienne cette moitié de vitesse qui donne le plus d'avantage à la puissance.

Pour ce qui concerne la manière de faire échapper l'eau,

après son action utile sur les aubes, on ne peut remédier aux défauts qu'elle peut offrir en s'amoncelant derrière les aubes, qu'en relevant la roue, ou en élargissant ou en approfondissant le bout de canal qui éconduit les eaux, si les localités le permettent.

Tels sont en général les vices principaux que peuvent présenter les dispositions prises pour tirer parti de l'eau comme moteur, au moyen de roues hydrauliques, et en restreignant toutefois cette question dans les limites que nous nous sommes tracées en l'abordant.

On voit qu'on peut remédier à ceux que nous venons de signaler, sans changer le système entier de l'opération mécanique dont l'eau fait le service, et quelquefois même avec très-peu de dépenses et de très-légers changemens.

Cinquième question. *Quelle est la valeur de l'influence, dans un cas donné, de l'augmentation ou de la diminution des eaux affluentes, sur la quantité de travail produit?*

Cette question, moins importante que celles qui précèdent, se résoud aisément par les règles appliquées à la troisième question : il faut évaluer la force aux divers changemens qu'elle peut subir par l'augmentation ou par la diminution des eaux motrices, et comparer entre eux les effets respectifs produits. On pourra déterminer ainsi la valeur de cette influence sur les divers cas qui peuvent se présenter.

Au surplus, nous renvoyons aux observations que nous avons faites sur les règles de Smeaton, à l'article des expériences sur les roues à aubes.

CHAPITRE XXVIII.

Des différens modes d'appliquer la force de l'eau.

Dans l'étude que nous venons de faire de l'eau, comme moteur, nous l'avons considérée successivement dans les phénomènes qu'elle présente en repos dans les réservoirs qui la contiennent, dans son écoulement par divers orifices pratiqués, soit à une profondeur quelconque au-dessous de son niveau, soit à la surface même du fluide, ou par des tuyaux de conduite et par des canaux artificiels de diverses formes, ou naturels comme les fleuves et les rivières.

Nous avons appris à évaluer les masses d'eau en mouvement ainsi que leurs vitesses, dans les diverses circonstances où ce mouvement peut avoir lieu; à déterminer son action, soit sur les corps qui s'y trouvent librement plongés, ou qui s'y meuvent de différentes manières; soit sur les corps qu'on y tient immobiles, ou qui peuvent lui céder et fuir plus ou moins rapidement devant elle.

Nous avons montré ce qu'il y avait à faire pour tirer parti d'un cours d'eau et l'appliquer à une opération industrielle; quelle était sa puissance et les effets mécaniques qu'elle pouvait produire, en prenant pour exemple les roues hydrauliques; enfin, pour nous résumer en deux mots, nous avons tâché de montrer ce qu'est l'eau comme agent mécanique; comment il faut s'en servir, et comment on peut mesurer la valeur de son service, dans les diverses circonstances sous lesquelles elle se présente à l'industrie qui veut l'employer.

Il ne nous reste plus, pour terminer l'étude de ce moteur,

que de jeter un coup d'œil sur divers modes d'application qu'il reçoit ou qu'il pourrait recevoir.

L'eau, sous quelque forme qu'elle se montre à la surface de la terre, ne se meut, comme on le sait, qu'en vertu de la pesanteur ; et la direction de son mouvement est toujours perpendiculaire à l'horizon, si elle tombe librement sans être soutenue, ou conduite ; ou bien cette direction est plus ou moins inclinée à l'horizon, suivant l'inclinaison du sol qui la soutient et sur lequel elle coule.

Le mouvement primitif de l'eau ne peut donc avoir *naturellement* que ces deux directions ; encore ce mouvement est-il continu ; et dans cet état il ne peut servir qu'à transporter des masses d'un point à un autre point, sans pouvoir les faire revenir sur elles-mêmes ; il faut que l'art intervienne, il faut saisir ce mouvement et s'en rendre maître, pour pouvoir le changer et l'approprier aux besoins des opérations industrielles ; c'est ce qu'on fait en disposant, comme il convient, un mode quelconque d'application.

On voit dans l'*Atlas* les principaux modes d'appliquer la force de l'eau, et leur description dans les légendes, à la fin du volume.

En les considérant sous le rapport de l'espèce de mouvement qu'ils transmettent, on remarque qu'ils se divisent en deux séries bien distinctes : la première comprend les modes d'application qui fournissent immédiatement un mouvement de va-et-vient rectiligne, ou alternatif par arcs de cercle à volonté ; la seconde, ceux qui donnent immédiatement le mouvement de rotation continu.

Nous citerons dans la première série :

1°. *Les machines à colonnes d'eau.* Lorsqu'on a une certaine quantité d'eau à une grande hauteur, et qu'on veut en faire agir la force au bas de cette hauteur, d'une manière simple et économique, le service d'une machine à colonne d'eau est très-utile. On place au point du travail, un corps de pompe avec un piston ; on met cette pompe en communication avec l'eau située sur la hauteur, par le moyen d'un tuyau, et si le piston est en position dese soulever par la pression de la colonne d'eau, il s'élève dans le corps de pompe, jusqu'au bout de la course qui lui est assignée ; la communication se ferme alors avec la colonne motrice, pendant qu'on ouvre une issue à l'eau qui est entrée dans le corps de pompe ; le fluide s'échappe, et le piston, abandonné à son poids, redescend ; la même manœuvre continue, et le mouvement de *va-et-vient* de la tige du piston est produit.

Cette machine, qui n'a guère d'emploi que dans les mines, n'est pas d'une construction coûteuse et occupe peu de place.

Elle peut être avantageuse surtout, ainsi que toutes celles de cette série, dans les cas où le travail qu'on veut faire exige le va-et-vient alternatif, comme l'élévation de l'eau par des pompes ordinaires, etc.

D'ailleurs, elle a la propriété particulière de produire le mouvement alternatif dans toutes sortes de plans, attendu qu'on peut donner telle inclinaison, telle direction qu'on veut au corps de pompe qui reçoit le piston-moteur.

Il faut dire cependant que, vu les frottemens du piston dans le corps de pompe, et ceux de l'eau dans les tuyaux et dans les robinets par lesquels elle passe, la machine à colonne d'eau ne présente pas sous le rapport de la force utilement transmise, les mêmes avantages qu'une roue à augets ; aussi ne l'a-t-on employée jusqu'à présent que dans le cas particulier où l'é-tablissement d'une roue de cette espèce eût exigé de grands frais de construction, beaucoup plus d'emplacement, et eût

I.   50

occasioné, en dernier résultat, plus de perte de force que la machine à colonne d'eau, à raison de la complication de construction qu'on ne peut éviter lorsqu'il faut transmettre la force à de grandes distances, par l'intermédiaire de pièces solides.

Nous nous sommes arrêtés quelques momens à la machine à colonne d'eau, parce qu'elle est le meilleur mode d'application qu'on connaisse jusqu'à présent, pour faire usage de la force de l'eau au bas d'une chute d'une hauteur considérable. Nous ajouterons qu'on peut remplacer le corps de pompe par un simple réservoir, mis en communication avec la colonne motrice; et le piston, par un flotteur, d'après le système de M. de Solages. Cette disposition conviendrait aux grandes masses d'eaux motrices, ou bien lorsque l'on n'aurait besoin que d'un mouvement alternatif très lent : les dimensions du réservoir et du flotteur devant être beaucoup plus grandes que celles du corps de pompe et du piston de la machine à colonne d'eau ordinaire.

2°. *Levier hydraulique d'Aldini.* Ce mode d'application ingénieux donne immédiatement et d'une manière fort simple le mouvement rectiligne de *va-et-vient horizontal;* il n'a pas encore été, que nous sachions, employé en grand.

Nous ne doutons pas cependant que ce mode ne puisse l'être avec avantage, lorsqu'on n'a qu'un petit ruisseau à sa disposition et surtout lorsque le travail à faire doit s'exécuter directement par un mouvement de *va-et-vient horizontal.*

3°. *Balances et bascules hydrauliques.* Lorsque les localités permettent d'établir ces modes d'application sans de grands frais, ils sont en général fort avantageux, dans les seuls cas cependant où l'on a besoin d'un mouvement-moteur alternatif d'une certaine lenteur. Ils perdraient de leurs avantages, s'il fallait animer ce mouvement ou le transformer en un autre, par une combinaison de pièces accessoires. Les roues à augets seraient alors indubitablement préférables.

Nous ne citerons ici pour la seconde série, que les *roues hydrauliques.*

On obtient par ces modes d'application le mouvement-moteur qui semble en général s'approprier le mieux aux différens systèmes d'opérations mécaniques, nous voulons parler du mouvement de rotation continu.

L'on peut diviser ces modes d'application en deux genres : le premier donnant immédiatement le mouvement de rotation dans le *plan horizontal,* et le second, dans le *plan vertical,* comme les roues à aubes et à augets ordinaires.

Les roues du premier genre peuvent être mues, comme celles du second, par impulsion, ou par pression, mais dans ce dernier cas ce n'est pas par le poids de l'eau, mais par sa *réaction* (1).

----

(1) C'est Daniel Bernouilli qui paraît avoir observé le premier que l'eau d'un vase, dont elle presse les parois, repousse ce vase dans une direction opposée à l'orifice de sortie. Voici comment on explique ce phénomène.

Que l'on fasse une ouverture sur le côté d'un vase plein d'eau, à un mètre, par exemple, de profondeur ; l'eau s'écoulera avec toute la vitesse *due* à cette hauteur, et la pression qui avait lieu sur le point de la paroi où l'ouverture est pratiquée, cesse à l'instant, tandis qu'elle continue à s'exercer avec la même force sur tous les autres points correspondans à la même profondeur ; l'équilibre de pression n'existe donc plus aussitôt que l'écoulement commence, et le point directement opposé à l'orifice est repoussé en arrière, puisque la pression qu'il reçoit n'est plus contre-balancée par celle qui avait lieu au point opposé, avant que l'ouverture n'y eût détruit la pression. Si donc le vase est disposé de manière à pouvoir céder à cette pression, il se meut avec une force de réaction égale à celle qui fait jaillir le fluide par l'ouverture.

Pour évaluer cette force, il suffit de déterminer la vitesse de l'eau immé-

Les roues à coquilles, ou à palettes concaves implantées perpendiculairement tout autour de l'arbre vertical, et autres roues analogues, la danaïde de M. le marquis de Mannouri-Dectot, marchent par l'impulsion de l'eau. Les volans hydrauliques, les roues à réaction marchent en vertu de la pression de ce fluide (1) les localités semblent devoir entrer pour beau-

---

diatement à la sortie de l'orifice. On sait que la vitesse à la sortie est connue, lorsqu'on connaît la hauteur de la chute, à partir du niveau de l'eau dans le réservoir jusqu'au centre de l'orifice.

Une roue à réaction, ou un volant hydraulique, sont donc mis en mouvement avec une force égale à celle qui a lieu contre la partie opposée de l'orifice, sur une surface égale à l'aire de cet orifice.

Si la roue ou le volant hydraulique sont sans charge et parfaitement mobiles sur leur axe de rotation, ils se mouvront en sens contraire de l'eau sortante, au moment où celle-ci pourra s'échapper, et leur vitesse s'accélérera de plus en plus, jusqu'à ce qu'elle parvienne à celle que peut donner la charge d'eau motrice; tandis que la vitesse de l'eau sortante diminuera de plus en plus et finira par tomber, sans vitesse sensible, lorsque la roue ou le volant auront pris toute la vitesse due à la charge d'eau.

Toute la vitesse aura donc passé dans la roue même qui s'éloignera de l'eau qui sort de l'orifice, avec la même vitesse que celle-ci s'éloignerait de la roue si elle était immobile.

Pour évaluer les effets mécaniques que pourraient produire ce mode d'application, il faut recourir à l'expérience, attendu que le phénomène de la sortie de l'eau par les orifices, et de son mouvement dans les espaces resserrés qu'elle traverse, viennent s'ajouter à l'action de la force centrifuge, qui résulte du mouvement de rotation imprimé, ou au volant ou à la roue, et compliquer singulièrement cette question.

(1) M. le marquis de Mannouri-Dectot, auteur de la danaïde, a imaginé une roue à réaction qu'il a fait établir en grand, et qui tourne entièrement plongée dans l'eau. Ce mode d'application peut être très-utile dans bien des cas, et notamment lorsqu'on voudrait tirer parti du cours libre d'une rivière. M. de Mannouri-Dectot vient d'être enlevé aux sciences; on attendait de lui un ouvrage d'un grand intérêt, sur les importans travaux qu'il a faits en mé-

coup dans le choix de ces modes d'application, et le besoin qu'on peut avoir d'un mouvement de rotation dans le plan horizontal, pour exécuter le travail qu'on se propose, doit y entrer aussi : telle serait, par exemple, celui de deux meules à moudre le blé; on l'obtient directement de la roue horizontale, sans avoir à interposer entre le mode d'application et le travail aucune pièce accessoire.

Les roues verticales sont plus généralement employées, et elles sont en général plus avantageuses. Le mouvement-moteur qu'elles donnent se prête très-bien aux transformations que le travail peut exiger; on peut d'ailleurs leur donner autant de hauteur de diamètre qu'une bonne construction peut comporter, ce qui convient principalement pour les roues à aubes; parce qu'ainsi qu'il est facile de le concevoir, une grande roue reçoit mieux l'impulsion qu'une petite. On peut en outre donner aux aubes une largeur qu'on ne pourrait admettre pour des roues horizontales.

Ajoutons qu'il est beaucoup moins difficile de monter, avec justesse, l'arbre horizontal d'une roue verticale sur ses paliers, que l'arbre vertical d'une roue horizontale sur sa crapaudine et dans le collet supérieur qui doit maintenir l'arbre bien exactement dans la verticale. Cette considération a de l'importance dans le choix qu'on pourrait faire entre ces deux espèces de roues.

On voit quelquefois des roues à aubes inclinées sur le rayon : nous renvoyons à ce que nous avons vu plus haut; mais nous remarquerons ici que la pratique a montré que

canique. On devait y trouver la danaïde, la roue à réaction, ainsi que les autres inventions de l'auteur, traitées dans le plus grand détail.

l'inclinaison des aubes ne convenait que lorsqu'on leur donnait plus de hauteur qu'à l'ordinaire, et lorsqu'on se servait du cours libre d'une rivière.

Enfin nous recommanderons l'examen attentif des modes d'application de la force de l'eau, représentés dans l'*Atlas* ; et si nous avons été bien compris dans tout le cours de nos observations sur l'eau, nous espérons qu'il ne restera aucune difficulté, aucun doute sur la meilleure manière de faire, en toutes occasions, usage de cette force, et de la mesurer dans les diverses circonstances où elle est appliquée aux opérations mécaniques de l'industrie.

ÉCLAIRCISSEMENS

ET

DÉVELOPPEMENS.

Conte

RAPPORTS
de cha
leur mesu

EN LETTRES.

x mille.
lle.
nt.
x
n.
o dixième
n centiè
a milliè

Rapports d
et ave

Valeurs d

ÉCLAIRCISSEMENS

ET

DÉVELOPPEMENS,

ARTICLE Ier. — Ire. SECTION.

TABLEAU DES NOUVELLES MESURES

Contenant le système méthodique de leur nomenclature et leurs rapports avec les anciennes.

RAPPORTS DES MESURES de chaque espèce à leur mesure principale.		PREMIÈRE PARTIE du nom qui indique le rapport à la mesure principale.	MESURES PRINCIPALES					EXEMPLES DES NOMS COMPOSÉS POUR EXPRIMER différentes unités de mesures.
EN LETTRES.	EN CHIFFRES.		DE LONGUEUR.	DE CAPACITÉ.	DE POIDS.	AGRAIRE.	POUR LE BOIS de chauffage.	
[Dix] mille.	10000	Myria.						*Myriamètre.* Longueur de dix mille mètres égale à deux lieues moyennes.
[Mi]lle.	1000	Kilo.						*Kilogramme.* Poids de mille grammes équivalent à un peu plus de deux livres poids de marc.
[Ce]nt.	100	Hecto.						*Hectare.* Mesure agraire égale à environ deux arpens des eaux et forêts, ou trois, mesure de Paris.
[Di]x	10	Déca.	Mètre.	Litre.	Gramme.	Are.	Stère.	*Décalitre.* Mesure de capacité pour les grains, égale à environ $\frac{2}{3}$ du boisseau de Paris.
[U]n.	1	. . . . .						*Décimètre.* Dixième partie du mètre, égale à environ trois pouces et demi.
[U]n dixième.	0,1	Déci.						*Centigramme.* Centième partie du gramme, égale à environ $\frac{1}{6}$ de grain.
[U]n centième.	0,01	Centi.						
[U]n millième.	0,001	Milli.						
RAPPORTS des mesures principales entre elles et avec la grandeur du méridien.			Dix-millionnième partie de la distance du pôle boréal à l'équateur.	Un décimètre cube.	Poids d'un centimètre cube d'eau distillée.	Cent mètres carrés.	Un mètre cube.	*Nota.* Plusieurs composés, tels que *décaare*, *kiloare*, et tous ceux qui sont formés avec le stère, ne sont point d'usage.
VALEURS des mesures principales en mesures anciennes.			Trois pieds onze lignes et un tiers environ.	Une pinte et un quatorzième ou un litron et un quart à peu près.	18 grains et 827 millièmes.	Deux perches carrées, mesure des eaux et forêts.	Une demi-voie environ, ou quart de corde, mesure des eaux et forêts.	

TABLE

Pour réduire un nombre quelconque de mesures anciennes de capacité
(1) *en mesures nouvelles, et réciproquement.*

NOMBRES.	PINTES de Paris en litres.	MUIDS DE VIN de Paris en hectolitres.	SETIERS de blé de Paris en hectolitres.	BOISSEAUX en litres.	LITRONS en litres.
1	0,9313	2,6822	1,5610	13,008	0,8130
2	1,8626	5,3644	3,1220	26,017	1,6260
3	2,7940	8,0466	4,6830	39,025	2,4391
4	3,7253	10,7288	6,2440	52,033	3,2521
5	4,6566	13,4110	7,8050	65,042	4,0651
6	5,5879	16,0932	9,3660	78,050	4,8781
7	6,5192	18,7754	10,9270	91,058	5,6911
8	7,4506	21,4576	12,4880	104,066	6,5042
9	8,3819	24,1398	14,0490	117,075	7,3172
10	9,3132	26,8220	15,6100	133,083	8,1302

NOMBRES.	LITRES en pintes de Paris.	HECTOLITRES en muids de vin de Paris.	HECTOLITRES en setiers de blé de Paris.	LITRES en boisseaux.	LITRES en litrons.
1	1,0737	0,3728	0,6406	0,07687	1,2300
2	2,1475	0,7457	1,2812	0,15375	2,4600
3	3,2212	1,1185	1,9219	0,23062	3,6900
4	4,2950	1,4913	2,5625	0,30750	4,9199
5	5,3687	1,8642	3,2031	0,38437	6,1499
6	6,4424	2,2370	3,8437	0,46124	7,3799
7	7,5162	2,6098	4,4843	0,53812	8,6099
8	8,5899	2,9826	5,1250	0,61499	9,8399
9	9,6637	3,3555	5,7656	0,69187	11,0699
10	10,7374	3,7283	6,4062	0,76874	12,2998

(1) Voici les évaluations qu'on à prises pour bases des calculs de ces tables,
1°. 10000000 mètres font 5130740 toises, ou 1^mo^{toise},513074 ; 2°. le gramme vaut
1^{grains},82715.

TABLE

*Pour réduire un nombre quelconque de poids anciens en poids nouveaux,
et réciproquement.*

NOMBRES.	LIVRES en kilogrammes.	ONCES en kilogrammes.	GROS en kilogrammes.	GRAINS en kilogrammes.	QUINTAUX en myriagrammes.
1	0,48951	0,03059	0,003824	0,0000531	4,8951
2	0,97901	0,06119	0,007648	0,0001062	9,7901
3	1,46852	0,09178	0,011472	0,0001593	14,6852
4	1,95802	0,12238	0,015296	0,0002124	19,5802
5	2,44753	0,15297	0,019120	0,0002655	24,4753
6	2,93704	0,18356	0,022944	0,0003186	29,3704
7	3,42654	0,21416	0,026768	0,0003717	34,2654
8	3,91605	0,24475	0,030592	0,0004248	39,1605
9	4,40555	0,27535	0,034416	0,0004779	44,0555
10	4,89506	0,30594	0,038240	0,0005310	48,9506

NOMBRES.	KILOGRAMMES en livres.	KILOGRAMMES en onces.	KILOGRAMMES en gros.	KILOGRAMMES en grains.	MYRIAGRAMM. en quintaux.
1	2,04288	32,686	261,49	18827,15	0,20429
2	4,08575	65,372	522,98	37654,30	0,40858
3	6,12863	98,058	784,46	56481,45	0,61286
4	8,17150	130,744	1045,95	75308,60	0,81715
5	10,21438	163,430	1307,44	94135,75	1,02144
6	12,25726	196,116	1568,93	112962,90	1,22573
7	14,30013	228,802	1830,42	131790,05	1,43001
8	16,34301	261,488	2091,90	150617,20	1,63430
9	18,38588	294,174	2353,39	169444,35	1,83859
10	20,42876	326,860	2614,88	188271,50	2,04288

TABLE pour réduire un nombre quelconque de mesures linéaires anciennes en nouvelles, et réciproquement.

NOMBRES.	LIEUES de 25 au degré en kilomét.	LIEUES marines en kilomètres.	TOISES en mètres.	PIEDS en mètres.	POUCES en mètres.	LIGNES en mètres.	AUNES de Paris en mètres.		FRACTIONS d'aune en mètres.		FRACTIONS d'aune en mètres.		FRACTIONS d'aune en mètres.
1	4,4444	5,5556	1,94904	0,32484	0,027070	0,002256	1,18845	$\frac{1}{2}$	0,594	$\frac{5}{8}$	0,743	$\frac{7}{16}$	0,520
2	8,8889	11,1111	3,89807	0,64968	0,054140	0,004512	2,37689	$\frac{1}{3}$	0,396	$\frac{7}{8}$	1,040	$\frac{9}{16}$	0,669
3	13,3333	16,6667	5,84711	0,97452	0,081210	0,006768	3,56534	$\frac{2}{3}$	0,792	$\frac{1}{12}$	0,099	$\frac{11}{16}$	0,817
4	17,7778	22,2222	7,79615	1,29936	0,108280	0,009022	4,75378	$\frac{1}{4}$	0,297	$\frac{5}{12}$	0,495	$\frac{13}{16}$	0,966
5	22,2222	27,7778	9,74519	1,62420	0,135350	0,011279	5,94223	$\frac{3}{4}$	0,891	$\frac{7}{12}$	0,693	$\frac{15}{16}$	1,114
6	26,6667	33,3333	11,69422	1,94904	0,162420	0,013534	7,13068	$\frac{1}{6}$	0,198	$\frac{11}{12}$	1,089		
7	31,1111	38,8889	13,64326	2,27388	0,189430	0,015791	8,31912	$\frac{5}{6}$	0,990	$\frac{1}{16}$	0,074		
8	35,5556	44,4444	15,59230	2,59872	0,216559	0,018047	9,50737	$\frac{1}{8}$	0,149	$\frac{3}{16}$	0,223		
9	40,0000	50,0000	17,54133	2,92356	0,243630	0,020303	10,69601	$\frac{3}{8}$	0,446	$\frac{5}{16}$	0,371		
10	44,4444	55,5556	19,49036	3,24868	0,270699	0,022540	11,88446						

NOMBRES.	KILOMÈTRES en lieues de 25 au degré.	KILOMÈTRES en lieues marines.	MÈTRES en toises.	MÈTRES en pieds.	MÈTRES en pouces.	MÈTRES en lignes.	MÈTRES en aunes de Paris.
1	0,225	0,18	0,51307	3,07844	36,9413	443,296	0,84144
2	0,450	0,36	1,02615	6,15689	73,8827	886,592	1,68287
3	0,675	0,54	1,53922	9,23533	110,8240	1329,888	2,52431
4	0,900	0,72	2,05230	12,31378	147,7653	1773,184	3,36574
5	1,125	0,90	2,56537	15,39222	184,7067	2216,480	4,20718
6	1,350	1,08	3,07844	18,47066	221,6480	2659,775	5,04861
7	1,575	1,26	3,59152	21,54911	258,5893	3103,071	5,89005
8	1,800	1,44	4,10459	24,62755	295,5306	3546,367	6,73148
9	2,025	1,62	4,61767	27,70600	332,4720	3989,663	7,57292
10	2,250	1,80	5,13074	30,78444	369,4133	4432,959	8,41435

La lieue de 25 au degré vaut 2280 toises, 33, d'après le mètre définitif.

La lieue marine, de 20 au degré, vaut 2850 toises, 41.

L'aune de Paris vaut 3 pieds 7 pouces 10 lignes $\frac{1}{2}$.

TABLE pour réduire un nombre quelconque de mesures agraires anciennes en mesures nouvelles, et réciproquement.

NOMBRES.	TOISES carrées en mètres carrés.	PIEDS carrés en mètres carrés.	POUCES carrés en mètres carrés.	LIGNES carrées en mètres carrés.	NOMBRES.	LIEUES carrées en myriamètres carrés.	LIEUES carrées en myriares.	ARPENS, eaux et forêts, ou perches carrés en ares.	ARPENS de Paris en hectares, ou perches carrées en ares.
1	3,798744	0,105521	0,00073278	0,000005089	1	0,1975309	19,75309	0,510720	0,341887
2	7,597487	0,211041	0,00146556	0,000010178	2	0,3950617	39,50617	1,021440	683774
3	11,396231	0,316562	0,00219834	0,000015267	3	0,5925926	59,25926	1,532060	025661
4	15,194975	0,422083	0,00293112	0,000020356	4	0,7901234	79,01234	2,042880	367548
5	18,993718	0,527604	0,00366390	0,000025445	5	0,9876543	98,76543	2,553600	709435
6	22,792462	0,633124	0,00439668	0,000030534	6	1,1851852	118,51852	3,064320	051322
7	26,591205	0,738645	0,00512946	0,000035623	7	1,3827160	138,27160	3,375040	393209
8	30,389949	0,844166	0,00586224	0,000040712	8	1,5802469	158,02469	4,085760	735096
9	34,188693	0,949686	0,00659502	0,000045801	9	1,7777777	177,77777	4,596480	076983
10	37,987436	1,055207	0,00732780	0,000050890	10	1,9753086	197,53086	5,107200	418870

NOMBRES.	MÈTRES carrés en toises carrées.	MÈTRES carrés en pieds carrés.	MÈTRES carrés en pouces carrés.	MÈTRES carrés en lignes carrées.	NOMBRES.	MYRIAMÈTRES carrés en lieues carrées.	MYRIARES en lieues carrées.	HECTARES en arpens, eaux et forêts ou ares en perches carrées.	HECTARES en arpens de Paris, ou ares en perches carrées.
1	0,263245	9,47682	1364,66	196511	1	5,0625	0,050625	1,958020	2,924943
2	0,526490	18,95363	2729,32	393023	2	10,1250	0,101250	3,916040	5,849886
3	0,789735	28,43045	4093,99	589534	3	15,1875	0,151875	5,874060	8,774829
4	1,052980	37,00726	5458,65	786045	4	20,2500	0,202500	7,832080	11,699772
5	1,316225	47,38408	6823,31	982557	5	25,3125	0,253125	9,790100	14,624715
6	1,579469	56,86090	8187,97	1179068	6	30,3750	0,303750	11,748120	17,549658
7	1,842714	66,33771	9552,63	1375579	7	35,4375	0,354375	13,706140	20,474601
8	2,105959	75,81453	10917,30	1572090	8	40,5000	0,405000	15,664160	23,399544
9	2,369204	85,29134	12281,96	1768602	9	45,5625	0,455625	17,622180	26,324487
10	2,632449	94,76816	13646,62	1965113	10	50,6250	0,506250	19,580200	29,249430

Table pour réduire un nombre quelconque de mesures cubiques anciennes en mesures nouvelles, et réciproquement.

NOMBRES.	TOISES CUBES en mètres cubes.	PIEDS CUBES en mètres cubes.	POUCES CUBES en mètres cubes.	LIGNES CUBES en mètres cubes.	NOMBRES.	CORDES DE BOIS, eaux et forêts, en stères.	SOLIVES (charpente) en stère, ou mètres cubes.
1	7,40389	0,0342773	0,000019836	0,00000001148	1	3,8391	0,10283
2	14,80778	0,0685545	0,000039673	0,00000002296	2	7,6781	0,20566
3	22,21167	0,1028318	0,000059509	0,00000003444	3	11,5172	0,30850
4	29,61556	0,1371090	0,000079346	0,00000004592	4	15,3562	0,41133
5	37,01945	0,1713863	0,000099182	0,00000005740	5	19,1953	0,51416
6	44,42334	0,2056636	0,000119018	0,00000006888	6	23,0343	0,61699
7	51,82723	0,2399408	0,000138855	0,00000008036	7	26,8734	0,71982
8	59,23112	0,2742181	0,000158691	0,00000009184	8	30,7124	0,82265
9	66,63501	0,3084953	0,000178528	0,00000010332	9	34,5515	0,92549
10	74,03890	0,3427726	0,000198364	0,00000011480	10	38,3905	1,02832

NOMBRES.	MÈTRES CUBES en toises cubes.	MÈTRES CUBES en pieds cubes.	MÈTRES CUBES en pouces cubes.	MÈTRES CUBES en lignes cubes.	NOMBRES.	STÈRES en cordes de bois, eaux et forêts.	MÈTRES CUBES en solives.
1	0,135064	29,1739	50412,42	87112655	1	0,26048	9,7246
2	0,270128	58,3477	100824,83	174225310	2	0,52096	19,4492
3	0,405192	87,5216	151237,25	261337965	3	0,78144	29,1739
4	0,542057	116,6954	201649,66	348450619	4	1,04193	38,8985
5	0,675321	145,8693	252062,08	435563274	5	1,30241	48,6231
6	0,810385	175,0431	302474,50	522675929	6	1,56289	58,3477
7	0,945449	204,2170	352886,91	609788584	7	1,82337	68,0923
8	1,080513	233,3908	403299,33	696901239	8	2,08385	77,7970
9	1,215577	262,5647	453711,74	784013894	9	2,34433	87,5216
10	1,350641	291,7385	504124,16	871126549	10	2,60481	97,2462

De l'extraction des racines carrées et cubiques ; définitions de quelques termes et exposé de quelques règles de géométrie pratique.

On appelle *carré* d'un nombre, le produit qui résulte de la multiplication de ce nombre par lui-même ; ainsi 25 est le carré de 5 , parce que 25 résulte de la multiplication de 5 par 5.

La racine *carrée* d'un nombre proposé, est le nombre qui , multiplié par lui-même, reproduirait ce même nombre proposé : ainsi 5 est la racine carrée de 25 ; 7 est la racine carrée de 49.

Un nombre que l'on *carre* est donc tout à la fois multiplicande et multiplicateur : il est donc deux fois facteur du produit, c'est pour cela qu'on appelle aussi ce produit ou carré la *seconde puissance* de ce nombre.

Il ne faut d'autre règle, pour carrer un nombre, que de le multiplier par lui-même selon les règles ordinaires de la mutiplication ; mais pour extraire la racine carrée d'un nombre, c'est-à-dire pour revenir du carré à la racine, il faut une méthode, du moins lorsque le nombre ou le carré proposé a plus de deux chiffres. Lorsque le nombre proposé n'a qu'un ou deux chiffres , sa racine, en nombre entier, est quelqu'un des nombres 1 , 2 , 3 , 4 , 5 , 6 , 7 , 8 , 9 dont les carrés sont 1 , 4 , 9 , 16 , 25 , 36 , 49 , 64 , 81.

Ainsi la racine carrée de 72, par exemple, est 8 en nombre entier parce que 72 étant entre 64 et 81 , sa racine est entre les deux racines de ceux ci , c'est-à-dire entre 8 et 9 , et elle est 8 et une fraction ; fraction qu'à la vérité on ne peut pas assigner exactement , mais dont on peut approcher continuellement, ainsi que nous le verrons bientôt.

La racine carrée d'un nombre qui n'est point un carré parfait , s'appelle un nombre *sourd* ou *irrationnel* ou *incommensurable.*

Venons aux nombres qui ont plus de deux chiffres.

C'est en observant ce qui se passe dans la formation du carré , que nous trouverons la méthode qu'on doit suivre pour revenir à la racine.

Pour carrer un nombre tel que 54, par exemple :

$$54$$
$$54$$
$$\overline{216}$$
$$270$$
$$\overline{2916}$$

Après avoir écrit le multiplicande et le multiplicateur, comme on le voit ci-dessus, nous multiplions, comme à l'ordinaire, le 4 supérieur par le 4 inférieur, ce qui fait évidemment le *carré des unités*.

Nous multiplions ensuite le **5** supérieur par le 4 inférieur, ce qui fait le *produit des dizaines par les unités*.

Nous passons après cela au second chiffre du multiplicateur, et nous multiplions le 4 supérieur par le 5 inférieur, ce qui fait le produit des unités par les dizaines, ou, ce qui est la même chose, le *produit des dizaines par les unités*. Enfin nous multiplions le 5 supérieur par le 5 inférieur, ce qui fait le carré des dizaines.

Nous ajoutons ces produits, et nous avons pour carré le nombre 2916, que nous voyons être composé du *carré des dizaines, plus deux fois le produit des dizaines par les unités, plus le carré des unités* du nombre 54.

Ce que nous venons d'observer étant une conséquence immédiate des règles de la multiplication, n'est pas particulier au nombre composé de dizaines et d'unités; en sorte qu'on peut dire généralement que le carré de tout nombre composé de dizaines et d'unités renfermera les trois parties que nous venons d'énoncer; savoir : le carré de dizaines de ce nombre, deux fois le produit des dizaines par les unités, et le carré des unités.

Cela posé, comme le carré des dizaines est des centaines, puisque 10 fois 10 font 100, il est visible que ce carré des dizaines ne peut pas faire partie des deux derniers chiffres du carré total.

Pareillement le produit du double des dizaines multipliées par les unités, étant nécessairement des dizaines, ne peut faire partie du dernier chiffre du carré total. Donc pour revenir du carré 2916 à sa racine, on peut raisonner ainsi.

1er. EXEMPLE :

$$2916 \mid 54 \text{ racine.}$$
$$416$$
$$104$$
$$\overline{000}$$

Commençons par trouver les dizaines de cette racine : or la formation du carré nous apprend qu'il y a dans 2916 le carré de ces dizaines, et que le carré ne peut faire partie de ses deux derniers chiffres ; il est donc dans 29; et comme la racine carrée de 29 ne peut être plus de 5, concluons-en que le nombre des dizaines de la racine est 5, et portons-le à côté de 2916 comme on le voit ci-dessus.

Je carre 5, et je retranche le produit 25 de 29 ; il reste 4, à côté duquel j'abaisse les deux autres chiffres 16 du nombre proposé 2916.

Pour trouver maintenant les unités de la racine, je fais attention à ce que renferme le reste 416 ; il ne contient plus que deux parties du carré, savoir : le double des dizaines de la racine, multipliées par les unités, et le carré des unités de cette même racine. De ces deux parties la première suffit pour nous faire trouver les unités que nous cherchons; car puisqu'elle est formée du double des dizaines multipliées par les unités, si on la divise par le double des dizaines que nous connaissons, elle doit donner pour quotient les unités : il ne s'agit donc plus que de savoir dans quelle partie de 416 est renfermé le double des dizaines multipliées par les unités; or, nous avons remarqué ci-dessus qu'il ne pouvait faire partie du dernier chiffre; il est donc dans 41 ; il faut donc diviser 41 par le double 10 des dizaines trouvées, et faisant la division, le quotient 4 que je trouve est le nombre des unités que je porte à la droite des 5 dizaines trouvées, en sorte que la racine cherchée est 54.

Mais il faut observer que quoique le quotient 4 que nous venons de trouver soit en effet celui qui convient, cependant il peut arriver quelquefois que le quotient trouvé de cette manière soit plus fort qu'il ne convient; parce que 41, c'est-à-dire la partie qui reste après la séparation du dernier chiffre, renferme non-seulement le double des dizaines multipliées par les unités, mais encore les dizaines pro-

I.　　　　　　　　　　　　　　　　　　　　52

venant du carré des unités; c'est pourquoi, pour n'avoir aucun doute sur le chiffre des unités, il faut employer la vérification suivante.

Après avoir trouvé le chiffre 4 des unités, et l'avoir écrit à la racine, je le porte à côté du double 10 des dizaines, ce qui fait 104, dont je multiplie successivement tous les chiffres par le même nombre 4, et je retranche les produits successifs des parties correspondantes de 416; comme il ne reste rien, j'en conclus, que la racine est en effet 54.

S'il restait quelque chose, la racine n'en serait pas moins la vraie racine en nombres entiers; à moins que ce reste ne fût plus grand que le double de la racine, augmenté de l'unité; mais c'est ce qu'on n'a point à craindre, quand on prend le quotient toujours au plus fort.

La vérification que nous venons d'enseigner est fondée sur la formation même du carré; car, quand on multiplie 104 par 4, il est évident qu'on forme le carré des unités, et le double des dizaines multipliées par les unités, c'est-à-dire, ce qui complète le carré parfait.

De ce que nous venons de dire, il faut conclure que pour extraire la racine carrée d'un nombre qui n'a pas plus de *quatre* chiffres, ni moins de *trois*, il faut, après en avoir séparé deux sur la droite, chercher la racine carrée de la tranche qui reste à gauche; cette racine sera le nombre des dizaines de la racine totale cherchée, et on l'écrira à côté du nombre proposé, en l'en séparant par un trait.

On soustraira de cette même tranche le carré de la racine qu'on vient de trouver; et après avoir écrit le reste au-dessous de cette tranche, on abaissera à côté de ce reste les deux chiffres qu'on avait séparés.

On séparera par un point le chiffre des unités de la tranche qu'on vient d'abaisser, et l'on divisera ce qui se trouve sur la gauche par le double des dizaines qu'on écrira au-dessous.

On écrira le quotient à côté du premier chiffre de la racine, et on le portera ensuite à côté du double des dizaines qui a servi de diviseur.

Enfin on multipliera par ce même quotient tous les chiffres qui se trouvent sur cette dernière ligne, et on retranchera leurs produits, à mesure qu'on les trouvera, des chiffres qui leur correspondent dans la ligne au-dessus.

Achevons d'éclaicir ceci par un exemple :

2e. EXEMPLE :

On demande la racine carrée de 7569.

$$75.69 \mid 87 \text{ racines.}$$
$$116.9$$
$$167$$
$$\overline{000}$$

Je sépare les deux chiffres 69, et j'y cherche la racine carrée de 75 ; elle est 8 ; j'écris 8 à côté ; je carre 8 et je retranche de 75 le carré 64, il me reste 11 que j'écris au-dessous de 75, et j'abaisse à côté de ce même 11, les chiffres 69 que j'avais séparés.

Je sépare dans 1169 le dernier chiffre 9, pour avoir dans 116 la partie que je dois diviser pour trouver les unités.

Je forme mon diviseur en doublant les 8 dizaines que j'ai trouvées, et j'écris ce diviseur au-dessous de 116, la division me donne pour quotient 7 que j'écris à la racine, à la droite de 8.

Je porte aussi ce quotient à côté du diviseur 16, je multiplie 167 qui forme la dernière ligne, par ce même quotient 7 et je retranche les produits à mesure que je les trouve, 1169 : il ne reste rien, ce qui prouve que 7569 est un carré parfait et le carré de 87.

Il faut bien remarquer qu'on ne doit diviser par le double des dizaines, que la seule partie qui reste à gauche, après qu'on a séparé le dernier chiffre ; en sorte que si elle ne contenait pas le double des dizaines, il ne faudrait pas pour cela employer le chiffre séparé ; on mettrait o à la racine. Si au contraire on trouvait que le double des dizaines y est plus de 9 fois, on ne mettrait cependant pas plus de 9 ; la raison en est la même que pour la division.

Après avoir bien compris ce que nous venons de dire sur la racine carrée des nombres qui n'ont pas plus de quatre chiffres, on saisira facilement ce qu'il convient de faire, lorsque le nombre des chiffres

est plus grand. De quelque nombre de chiffres que la racine doive
être composée, on peut toujours la concevoir composée de deux parties, dont l'une soit des dizaines et l'autre des unités ; par exemple :
874 peut être considéré comme représentant 87 dizaines et 4 unités.

Cela posé, quand on a trouvé les deux premiers chiffres de la racine, par la méthode qu'on vient d'exposer, on peut aussi trouver le
troisième par la même méthode, en considérant ces deux premiers
chiffres comme ne faisant qu'un seul nombre de dizaines, et leur
appliquant, pour trouver le troisième, tout ce qui a été dit du premier pour trouver le second.

Pareillement, quand on aura trouvé les trois premiers chiffres,
s'il doit y en avoir un quatrième, on considérera les trois premiers
comme ne faisant qu'un seul nombre de dizaines, auquel on appliquera, pour trouver le quatrième, le même raisonnement qu'on ap-
pliquait aux deux premiers pour trouver le troisième ; et ainsi de suite.

Mais pour procéder avec ordre, il faut commencer par partager
le nombre proposé en tranches, de deux chiffres chacune, en allant
de droite à gauche, la dernière pourra n'en contenir qu'un.

La raison de cette préparation est fondée sur ce que considérant
la racine comme composée de dizaines et d'unités, il faut, suivant ce
qui a été dit ci-dessus, commencer par séparer les deux derniers
chiffres sur la droite, pour avoir dans la partie qui reste à gauche,
le carré des dizaines ; mais comme cette partie est elle-même composée de plus de deux chiffres, un raisonnement semblable conduit à
en séparer encore deux sur la droite, et ainsi de suite.

Donnons un exemple de cette opération.

3e. EXEMPLE :

On demande la racine carrée de 76807696.

```
76.80.76.96 | 8764
128.0
 167
 ─────────
 1117.6
 1746
 ─────────
  7009.6
  17524
 ─────────
  00000
```

Après avoir partagé le nombre proposé en tranches de deux chiffres chacune, en allant de droite à gauche, je cherche quelle est la racine carrée de la tranche 76 qui est le plus à gauche, je trouve qu'elle est 8, et j'écris 8 à côté du nombre proposé ; je carre 8, et je retranche le carré 64 de 76 ; j'ai pour reste 12 que j'écris au-dessous de 76 ; à côté de ce reste j'abaisse la tranche 80 dont je sépare le dernier chiffre par un point ; et au-dessous de la partie 128, j'écris 16 double de la racine trouvée ; puis disant, en 128 combien de fois 16 ? Je trouve qu'il y est 7 fois ; j'écris 7 à la suite de la racine, et à côté du double 16 ; je multiplie 167 par ce même nombre 7, et je retranche de 1280 le produit de cette multiplication ; il me reste 111, à côté duquel j'abaisse la tranche 76, ce qui forme 11176 ; je sépare le dernier chiffre 6 de ce nombre, et sous la partie 1117 qui reste à gauche, j'écris 174 double de la racine 87 ; je divise 1117 par 174 ; et ayant trouvé 6 pour quotient, j'écris 6 à la racine et à côté du double 174 ; je multiplie 1746 par ce même nombre 6, et je retranche 10476 de 11176, il reste 700 ; à côté de ce reste j'abaisse 96 dont je sépare le dernier chiffre ; au-dessous de 7009 qui reste à gauche, j'écris 1752, je trouve pour quotient 4 que j'écris à la racine et à côté du double 1752. Je multiplie 17524 par ce même nombre 4, et je retranche de 70096, il ne reste rien ; ainsi la racine carrée de 76807696 est exactement 8762.

Lorsque le nombre proposé n'est point un carré parfait, il y a un reste à la fin de l'opération, et la racine carrée qu'on a trouvée est la racine du plus grand carré contenu dans le nombre proposé : alors il n'est pas possible d'extraire la racine carrée exactement; mais on peut en approcher si près qu'on le juge à propos, c'est-à-dire, de manière que l'erreur qui en résulterait dans le carré, soit au-dessous de telle quantité qu'on voudra.

Cette approximation se fait commodément par le moyen des décimales. Il faut concevoir à la suite du nombre proposé, deux fois autant de zéros qu'on voudra avoir de décimales à la racine, faire l'opération comme à l'ordinaire, et séparer ensuite par une virgule, sur la droite de la racine, moitié autant de décimales qu'on a mis de zéros à la suite du nombre proposé. En effet, le produit de la multiplication devant avoir autant de décimales qu'il y en a dans les deux facteurs ensemble, le carré (dont les deux facteurs sont égaux) doit donc en avoir le double de ce qu'a l'un des facteurs; c'est-à-dire le double de ce que doit avoir la racine.

4ᵉ. EXEMPLE :

On demande la racine carrée de 87567, à moins d'un millième près.

Pour faire des millièmes, il faut trois décimales, il faut donc mettre six zéros au carré 87567; ainsi il faut tirer la racine carrée de 87567000000.

$$
\begin{array}{r|l}
8.75.67.00.00.00 & 295917 \\
47.5 & \\
49 & \\
\hline
346.7 & \\
585 & \\
\hline
5420.0 & \\
5909 & \\
\hline
10190.0 & \\
59181 & \\
\hline
427190.0 & \\
591827 & \\
\hline
129111 & \\
\end{array}
$$

En faisant l'opération comme dans les exemples précédens, on trouve pour racine carrée, à moins d'une unité près, le nombre 295917 ; cette racine est celle de 87567000000 ; mais comme il s'agit de celle de 87567, ou de 87567,000000, je sépare moitié autant de décimales dans la racine, que j'ai mis de zéros au carré ; ce qui me donne 295,917 pour racine carrée de 87567, à moins d'un millième près.

Pareillement, si l'on demande la racine carrée de 2 à moins d'un dix-millième près, on tirera la racine carrée de 200000000 qu'on trouvera être 14142 ; séparant les quatre chiffres de la droite par une virgule, on aura 1,4142 pour la racine carrée de 2, approchée à moins d'un dix-millième près.

On sait que pour multiplier une fraction par une fraction, il faut multiplier numérateur par numérateur et dénominateur par dénominateur ; par conséquent pour carrer une fraction, il faut carrer le numérateur et le dénominateur ; ainsi le carré de $\frac{2}{3}$ est $\frac{4}{9}$ celui de $\frac{4}{5}$ est $\frac{16}{25}$.

Donc réciproquement pour tirer la racine carrée d'une fraction, il faut tirer la racine du numérateur et celle du dénominateur ; ainsi la racine carrée de $\frac{9}{16}$ est $\frac{3}{4}$, parce que celle de 9 est 3, et celle de 16 est 4.

Mais il peut arriver que le numérateur ou le dénominateur, ou tous les deux, ne soient point des carrés parfaits ; s'il n'y a que le numérateur qui ne soit point un carré, on en tirera la racine approchée par la méthode qu'on vient d'exposer, et ayant tiré la racine du dénominateur, on la donnera pour dénominateur à la racine du numérateur ; ainsi, si l'on demande la racine de $\frac{2}{9}$, on tirera la racine approchée du numérateur 2 qu'on trouvera 1,4, ou 1,41, ou 1,414, ou 1,4142, etc., selon qu'on voudra en approcher plus ou moins, et comme la racine carrée de 9 est 3, on aura pour racine approchée de $\frac{2}{9}$ la quantité $\frac{1,4}{3}$, ou $\frac{1,41}{3}$, ou $\frac{1,414}{3}$, ou $\frac{1,4142}{3}$, etc.

Mais si le dénominateur n'est pas un carré, on multipliera les deux termes de la fraction par ce même dénominateur, ce qui ne changera rien à la valeur de la fraction, et rendra ce dénominateur carré ; alors on opérera comme dans le cas précédent. Par exemple, si l'on demande la racine carrée de $\frac{1}{5}$, on changera cette fraction en $\frac{16}{25}$;

tirant la racine carrée de 15 jusqu'à 3 décimales, par exemple, on aura 3,872; et comme la racine carrée de 25 est 5, la racine carrée de $\frac{15}{25}$ sera $\frac{3,872}{5}$.

Pour ne pas avoir plusieurs sortes de fractions à la fois, on réduira le résultat $\frac{3,872}{5}$, uniquement en décimales, en divisant 3,872 par 5, ce qui donnera 0,774 pour la racine de $\frac{3}{5}$ exprimée purement en décimales.

Enfin si l'on avait des entiers joints à des fractions, on réduirait ces entiers en fractions, et on opérerait comme il vient d'être dit pour une fraction. Ainsi pour la racine carrée de $8\frac{2}{7}$, on changerait $8\frac{2}{7}$ en $\frac{58}{7}$, et celle-ci en $\frac{413}{49}$, dont on trouverait que la racine approchée est de $\frac{20,322}{7}$, ou 2,903.

On peut aussi réduire en décimales la fraction qui accompagne l'entier; mais il faut observer d'y employer un nombre de décimales pair et double de celui qu'on veut avoir à la racine; parce que le produit de la multiplication de deux nombres qui ont des décimales devant avoir autant de décimales qu'il y en a dans les deux facteurs, le carré d'un nombre qui a des décimales doit en avoir deux fois autant que ce nombre. En appliquant cette méthode à $8\frac{2}{7}$, on le transforme en 8,428571, dont la racine est 2,903, comme ci-dessus.

Si l'on avait à tirer la racine carrée d'une quantité décimale, il faudrait avoir soin de rendre le nombre des décimales pair, s'il ne l'est pas; ce qui se fera en mettant à la suite de ses décimales 1 ou 3 ou 5, etc., zéros : cela n'en change pas la valeur. Ainsi, pour tirer la racine carrée de 21,935 à moins d'un millième près, je tire la racine carrée de 21,935000 qui est 4,683; c'est aussi celle de 21,935. On trouvera de même que celle de 0,542 est à moins d'un millième près 0,736, et que celle de 0,0054 est à moins d'un millième près 0,073.

De la formation des nombres cubes et de l'extraction de leurs racines.

Pour former ce qu'on appelle le *cube* d'un nombre, il faut d'abord multiplier ce nombre par lui-même et multiplier ensuite par ce même nombre le produit résultant de cette première multiplication.

Ainsi le cube d'un nombre est à proprement parler, le produit du carré d'un nombre multiplié par ce même nombre : 27 est le cube de 3, parce qu'il résulte de la multiplication de 9, carré de 3, par le même nombre 3.

Le nombre que l'on cube est donc trois fois facteur dans le cube ; c'est pour cette raison que le cube est aussi nommé *troisième puissance*, ou *troisième degré* de ce nombre.

En général, on dit qu'un nombre est élevé à sa seconde, troisième, quatrième, cinquième, etc., puissance, quand on l'a multiplié par lui-même 1, 2, 3, 4, etc., fois consécutives, ou lorsqu'il est 2 fois, 3 fois, 4 fois, 5 fois, etc., facteur dans le produit.

La racine cubique d'un cube proposé est le nombre qui multiplié par son carré, produit ce cube : ainsi 3 est la racine cubique de 27.

On n'a donc pas besoin de règles pour former le cube d'un nombre ; mais pour revenir du cube à sa racine, il faut une méthode. Nous déduirons cette méthode de l'examen de ce qui se passe dans la formation du cube.

Observons cependant qu'on n'a besoin de méthode pour extraire la racine cubique en nombres entiers, que lorsque le nombre proposé a plus de trois chiffres ; car 1000 étant le cube de 10, tout nombre au-dessous de 1000 et par conséquent de moins de quatre chiffres, aura pour racine moins de 10, c'est-à-dire moins de deux chiffres.

Ainsi tout nombre qui tombera entre deux de ceux-ci :

1, 8, 27, 64, 125, 216, 343, 512, 729 aura sa racine cubique, en nombre entier, entre les deux nombres correspondans de cette suite :

1, 2, 3, 4, 5, 6, 7, 8, 9, dont la première contient les cubes.

Tout nombre n'a pas de racine cubique ; mais on peut approcher continuellement d'un nombre qui, étant cubé, approche aussi de plus en plus de reproduire ce premier nombre ; c'est ce que nous verrons après avoir appris à trouver la racine d'un cube parfait.

Voyons donc de quelles parties peut être composé le cube d'un nombre qui contiendrait des dizaines et des unités.

Puisque le cube résulte du carré d'un nombre multiplié par ce même nombre, il est essentiel de se rappeler ici que *le carré d'un nombre composé de dizaines et d'unités, renferme, 1°. le carré des dizaines ; 2°. deux fois le produit des dizaines par les unités ; 3°. le carré des unités.*

Pour former le cube, il faut donc multiplier ces trois parties par les dixaines et par les unités du même nombre.

Afin d'apercevoir plus distinctement les produits qui en résulteront, donnons à cette opération simulée la forme suivante :

Le carré des dizaines. Deux fois le produit des dizaines par les unités. Le carré des unités.	1°. Étant multiplié par des dizaines , donnera. . .	Le cube des dizaines. Deux fois le produit du carré des dizaines multiplié par les unités. Le produit des dizaines par le carré des unités.
Le carré des dizaines. Deux fois le produit des dizaines par les unités. Le carré des unités.	2°. Étant multiplié par les unités , donnera. . . .	Le produit du carré des dizaines multiplié par les unités. Deux fois le produit des dizaines par le carré des unités. Le cube des unités.

Donc en rassemblant ces six résultats , et réunissant ceux qui sont semblables , on voit que le cube d'un nombre composé de dizaines et d'unités contient quatre parties, savoir : *le cube des dizaines, trois fois le carré des dizaines multiplié par les unités , trois fois les dizaines multipliées par le carré des unités , et enfin le cube des unités.*

Formons d'après cela le cube d'un nombre composé de dixaines et d'unités , de 43 par exemple :

$$
\begin{array}{r}
64000 \\
14400 \\
1080 \\
27 \\
\hline
79507
\end{array}
$$

Nous prendrons donc le cube de 4 qui est 64 ; mais comme le 4 est des dizaines , son cube sera des mille , parce que le cube de 10 est 1000 ; ainsi le cube des quatre dizaines sera 64000.

3 fois 16, ou 3 fois le carré des quatre dizaines étant multiplié par les trois unités , donnera 144 centaines , parce que le carré de 10 est 100 ; ainsi ce produit sera 14400.

3 fois 4 ou 3 fois les dizaines, étant multipliées par le carré 9 des unités, donneront des dizaines, et ce produit sera 1080.

Enfin le cube des unités se terminera à la place des unités, et sera 27.

En réunissant ces quatre parties, on aura 79507 pour le cube de 43, cube qu'on aurait sans doute trouvé plus facilement en multipliant 43 par 43, et le produit 1849, encore par 43; mais il ne s'agit pas tant ici de trouver la valeur du cube, que de reconnaître, par l'examen des parties qui le composent, la manière de revenir à sa racine.

Cela posé, voici le procédé de l'extraction de la racine cubique.

1er. EXEMPLE :

Soit proposé d'extraire la racine cubique de 79507.

cube.   racine.
79.507 | 43
155.07
48

Pour avoir la partie de ce nombre qui renferme le cube des dizaines de la racine, j'en sépare les trois derniers chiffres, dans lesquels nous venons de voir que ce cube ne peut être compris, puisqu'il vaut des mille.

Je cherche la racine cubique de 79, elle est 4, que j'écris à côté.

Je cube 4, et j'ôte le produit 64 de 79; il me reste 15 que j'écris au-dessous de 79.

A côté de 15 j'abaisse 507, ce qui me donne 15507, dans lequel il doit y avoir trois fois le carré des quatre dizaines trouvées, multipliées par les unités que nous cherchons, plus trois fois les mêmes dizaines multipliées par le carré des unités, plus enfin le cube des unités.

Je sépare les deux derniers chiffres 07; la partie 155 qui reste à gauche, renferme trois fois le carré des dizaines multiplié par les unités; c'est pourquoi afin d'avoir les unités, je vais diviser cette partie 155, par le triple du carré des quatre dizaines, c'est-à-dire par 48.

Je trouve que 48 est trois fois dans 155; j'écris donc 3 à la racine.

Pour éprouver cette racine, et connaître le reste s'il y en a, nous pourrions composer les trois parties du cube qui doivent se trouver dans 15507, et voir si elles forment 15507, ou de combien elles en diffèrent; mais il est aussi commode de faire cette vérification en cubant tout de suite 43, c'est-à-dire en multipliant 43 par 43, ce qui produit 1849, et multipliant ce produit par 43, ce qui donne enfin 79507: Ainsi 43 est exactement la racine cubique.

Si le nombre proposé a plus de 6 chiffres, on raisonnera comme dans l'exemple ci-après.

2e. EXEMPLE :

Soit proposé d'extraire la racine cubique de 596947688.

$$596.947.688 \mid 842$$
$$849.47$$
$$192$$
$$592704$$
$$\overline{}$$
$$42436.88$$
$$21168$$
$$596947688$$
$$\overline{}$$
$$000000000$$

On considèrera sa racine comme composée de dizaines et d'unités, et par cette raison on commencera par séparer les trois derniers chiffres.

La partie 596947, qui renferme le cube des dizaines, ayant plus de trois chiffres, sa racine en aura plus d'un et par conséquent elle aura des dizaines et des unités. Il faut donc, pour trouver le cube de ces premières dizaines, séparer les trois chiffres 947.

Cela posé, je cherche la racine cubique de 596; elle est 8, j'écris ce 8 à côté.

Je cube 8, et je retranche le produit 512 de 596; il reste 84, que j'écris au-dessous de 596.

A côté de 84, j'abaisse 947, ce qui me donne 84947, dont je sépare les deux derniers chiffres.

Au-dessous de la partie 849, j'écris 192, qui est le triple carré de la racine 8, et je divise 849 par 192 ; je trouve pour quotient 4, que j'écris à la racine.

Pour vérifier cette racine et avoir en même temps le reste, je cube 84, et je retranche le produit 592704, du nombre 596947 ; j'ai pour reste 4243.

A côté de ce reste, j'abaissse la tranche 688, et considérant la racine 84 comme un seul nombre qui marque les dizaines de la racine cherchée, je sépare les deux derniers chiffres 88, de la tranche abaissée, et je divise la partie 42436 par le triple carré de 84, c'est-à-dire par 21168 ; je trouve pour quotient 2, que j'écris à la suite de 84.

Pour vérifier la racine 842, et avoir le reste, s'il y en a, je cube 842, et je retranche le produit 596947688 du nombre proposé 596947688 ; et comme il ne reste rien, j'en conclus que 842 est la racine exacte de 596947688.

Il faut encore observer, 1°. que dans le cours de ces opérations on ne doit jamais mettre plus de 9 à la racine.

2°. Si le chiffre qu'on porte à la racine était trop fort, on s'en apercevrait à ce que la soustraction ne pourrait se faire, et alors on diminuerait la racine successivement de 1, 2, 3, etc., unités, jusqu'à ce que la soustraction devînt possible.

Lorsque le nombre proposé n'est pas un cube parfait, la racine qu'on trouve n'est qu'une racine approchée, et il est rare qu'il soit suffisant de l'avoir en nombre entier. Les décimales sont encore d'un usage très-avantageux pour pousser cette approximation beaucoup plus loin, et aussi loin qu'on le désire, sans que cependant on puisse jamais atteindre à une racine exacte.

Pour approcher aussi près qu'on le voudra de la racine cubique d'un cube imparfait, il faut mettre à la suite de ce nombre trois fois autant de zéros qu'on veut avoir de décimales à la racine ; faire l'extraction comme dans les exemples précédens, et après l'opération faite, séparer par une virgule, sur la droite de la racine, autant de chiffres qu'on voulait avoir de décimales.

3e. EXEMPLE :

On demande d'approcher de la racine cubique de 8755 jusqu'à

moins d'un centième près. Pour avoir des centièmes à la racine, c'est-
à-dire deux décimales, il faut que le cube ou le nombre proposé en ait
six ; il faut donc mettre six zéros à la suite de 8755.

Ainsi la question se réduit à tirer la racine cubique de 8755000000.

$$8,755.000.000 \mid 2061$$

$$07.55$$
$$12$$
$$8000$$

$$755000$$
$$1200$$
$$8741816$$

$$131840.00$$
$$127308$$
$$8754552981$$

$$447019$$

Suivant ce qui a été dit ci-dessus, je partage ce nombre en tranches de trois chiffres chacune, en allant de droite à gauche.

Je tire la racine cubique de la dernière tranche 8, elle est 2, que
jécris à la racine. Je cube 2, et je retranche le produit de 8 ; j'ai pour
reste o, à côté duquel j'abaisse la tranche 755, dont je sépare les deux
derniers chiffres 55. Au-dessous de la partie restante 7, j'écris 12,
triple carré de la racine, et divisant 7 par 12, je trouve o pour quotient, que j'écris à la racine.

Je cube la racine 20, ce qui me donne 8000 que je retranche de
8755 ; j'ai pour reste 755, à côté duquel j'abaisse la tranche 000, dont
je sépare deux chiffres sur la droite ; au-dessous de la partie restante 7550, j'écris 1200, triple carré de la racine 20 ; et divisant 7550
par 1200, je trouve pour quotient 6, que j'écris à la racine.

Je cube la racine 206, et je retranche le produit de 8755000 ; j'ai
pour reste 13184, à côté duquel j'abaisse la dernière tranche 000,
dont je sépare les deux derniers chiffres. Au-dessous de la partie restante 131840, j'écris 127308, triple carré de la racine trouvée 206.
Je divise 131840 par 127308, je trouve pour quotient 1, que j'écris à

la suite de 206. Je cube 2061, et ayant retranché de 8755000000, le produit 8754552981, j'ai pour reste 447019.

La racine cubique approchée de 8755000000 est donc 2061 ; donc celle de 8755,000000 est 20,61, puisque le cube a trois fois autant de décimales que sa racine.

Si l'on voulait pousser l'approximation plus loin, on mettrait à la suite du reste trois zéros et on continuerait comme on a fait à chaque fois qu'on a descendu une tranche.

Puisque pour multiplier une fraction par une fraction, il faut multiplier numérateur par numérateur, et dénominateur par dénominateur, il faudra donc, pour cuber une fraction, cuber son numérateur et son dénominateur. Donc réciproquement pour extraire la racine cubique d'une fraction, il faudra extraire la racine cubique du numérateur et la racine cubique du dénominateur. Ainsi la racine cubique de $\frac{27}{64}$ est $\frac{3}{4}$, parce que la racine cubique de 27 est 3 et celle de 64 est 4.

Mais si le dénominateur seul est un cube, on tirera la racine approchée du numérateur, et on donnera à cette racine, pour dénominateur la racine cubique du dénominateur. Par exemple, si l'on demande la racine cubique de $\frac{143}{343}$, comme le numérateur n'est pas un cube, j'en tire la racine approchée, qui sera 5,22 à moins d'un centième près ; et tirant la racine de 343, qui est 7, j'ai $\frac{5,22}{7}$ pour la racine approchée de $\frac{143}{343}$, ou bien en réduisant en décimales, j'ai 0,74, pour cette racine approchée à moins d'un centième près.

Si le dénominateur n'est pas un cube, on multipliera les deux termes de la fraction par le carré de ce dénominateur, et alors le nouveau dénominateur étant un cube, on se conduira comme il vient d'être dit. Par exemple, si l'on demande la racine cubique de $\frac{3}{7}$, je multiplie le numérateur et le dénominateur par 49, carré du dénominateur 7 ; j'ai $\frac{147}{343}$ qui est de même valeur que $\frac{3}{7}$. La racine cubique de $\frac{147}{343}$ est $\frac{5,28}{7}$, ou en réduisant purement en décimales 0,75. La racine cubique de $\frac{3}{7}$ est donc 0,75 à moins d'un centième près.

S'il y avait des entiers joints aux fractions, on convertirait le tout en fraction, et la question serait réduite à tirer la racine cubique d'une fraction.

On pourrait aussi, soit qu'il y ait des entiers, soit qu'il n'y en ait point, réduire la fraction en décimales; mais il faut avoir soin de pousser cette réduction jusqu'à trois fois autant de décimales qu'on veut en avoir à la racine. Ainsi, si l'on demande la racine cubique de $7\frac{3}{11}$, approchée jusqu'à moins d'un millième, on changerait la fraction $\frac{3}{11}$ en $0,272727272$; en sorte que pour avoir la racine cubique de $7\frac{3}{11}$, on tirerait celle de $7,272727272$ qu'on trouvera être $1,937$.

Pour tirer la racine cubique d'un nombre qui aura des décimales, il faudra le préparer par un nombre suffisant de zéros mis à la suite, de manière que le nombre de ses décimales soit ou 3, ou 6, ou 9, etc. Alors on en tirera la racine comme s'il n'y avait point de virgule; et après l'opération faite, on séparera sur la droite de la racine, par une virgule, un nombre de chiffres qui soit le tiers du nombre des décimales de la quantité proposée; en sorte que si la racine n'avait pas suffisamment de chiffres pour que cette règle eût son exécution, on y suppléerait par des zéros placés sur la gauche de cette racine. Ainsi pour tirer la racine cubique de 6,54 à moins d'un millième près, je mettrai sept zéros, et je tirerai la racine cubique de 6540000000 qui sera 1870; j'en séparerai trois chiffres, puisqu'il y a 9 décimales au cube et j'aurai 1,870, ou simplement 1,87 pour la racine de 6,54. On trouvera de même que celle de 0,0006, approchée à moins d'un centième près, est 0,08. (Voyez le *Cours de mathématiques de Bezout.*)

Définitions et règles de géométrie pratique.

Une ligne est dite *perpendiculaire* sur une autre, toutes les fois qu'elle la rencontre de manière à former avec elle deux ouvertures adjacentes égales, qu'on nomme angles droits.

Dans les fig. 1 et 2, Pl. II, les lignes *ab* sont dites perpendiculaires sur les lignes *cd;* et réciproquement les lignes *cd* sont perpendiculaires sur *ab*.

Une ligne est dite *oblique* à une autre, lorsqu'elle la rencontre comme dans la fig. 3 de manière à faire avec elle deux ouvertures inégales : *ab* est une oblique à *cd*, et réciproquement.

Des lignes sont parallèles, lorsqu'étant situées sur un même plan, elles ne peuvent se rencontrer, à quelque distance qu'on les suppose prolongées. La fig. 4 offre l'exemple de trois lignes parallèles.

Un *angle*, fig. 5, est l'ouverture plus ou moins grande formée par deux lignes qui se rencontrent. Il peut être droit, aigu, ou obtus.

Droit, lorsque les deux lignes sont perpendiculaires l'une sur l'autre, comme dans les fig. 1 et 2.

Aigu, quand il est plus petit qu'un angle droit, comme dans la fig. 5, ou le plus petit des deux angles, fig. 3.

Obtus, quand il est plus grand qu'un angle droit.

On nomme *figure rectiligne* un espace quelconque, renfermé par des lignes droites.

Un triangle est un espace renfermé par trois lignes, voyez fig. 6.

Un triangle est *équilatéral, isocèle, scalène* ou *rectangle*.

Le triangle équilatéral, fig. 7, a ses trois côtés égaux; il est encore appelé *équiangle*, parce que l'égalité des côtés entraîne celle des angles.

Le triangle isocèle, fig. 8, n'a que deux côtés égaux.

Le triangle scalène, fig. 6, a ses trois côtés inégaux.

Le triangle rectangle, fig. 9, a toujours un angle droit; et le côté *ab*, opposé à l'angle droit *c*, s'appelle l'hypothénuse du triangle.

Un *quadrilatère*, fig. 10, est un espace renfermé par quatre lignes droites.

Lorsque deux des côtés sont parallèles, fig. 11, on le nomme *trapèze*.

Le *parallelogramme* ou *rhombe*, fig. 12, est un quadrilatère qui a ses côtés opposés parallèles. Dans ce cas les angles opposés sont égaux.

On nomme *lozange*, fig. 13, un parallélogramme dont les quatre côtés sont égaux.

Un *rectangle* est un parallélogramme qui a ses angles droits, fig. 14.

Lorsqu'un rectangle a ses quatre côtés égaux, fig. 15, on le nomme *carré*.

Un cercle, fig. 16, est une surface plane enfermée par une ligne courbe dont tous les points sont également éloignés d'un point intérieur *c*, que l'on appelle *centre* du cercle; la ligne courbe se nomme *circonférence*.

La ligne *ac* menée du centre d'un cercle à la circonférence, s'appelle le *rayon;* celle qui, comme *bd,* passe par le centre et se termine de part et d'autre à la circonférence, se nomme *diamètre.* Un diamètre vaut deux rayons.

On appelle *tangente* une ligne, *ef,* qui ne rencontre la circonférence qu'en un seul point.

On nomme en général *polygone,* fig. 17, une figure dont le contour est formé par la réunion de plusieurs lignes droites.

Une ligne, *ab,* tirée d'un angle à un autre dans un polygone, s'appelle *diagonale.*

On nomme régulier le polygone, fig. 18, dont tous les côtés sont égaux entre eux, ainsi que les angles.

Les polygones prennent les noms de triangle, pentagone, hexagone, eptagone, octogone, ennéagone, décagone, etc., suivant qu'ils sont composés de 3, 4, 5, 6, 7, 8, 9, 10, etc., côtés.

On peut toujours faire passer une circonférence de cercle par tous les sommets des angles d'un polygone régulier; le centre de ce cercle est en même temps celui du polygone, et la circonférence est dite, circonscrite au polygone.

Une perpendiculaire, *ac,* fig. 18, abaissée du centre *c* d'un polygone régulier sur un de ses côtés, se nomme *apothème* du polygone.

Si du centre *c* et d'un rayon égale à *ac,* on décrit une circonférence, tous les côtés du polygone seront des tangentes à cette circonférence, qui prendra le nom de circonférence *inscrite* dans le polygone.

Il est à remarquer que dans un hexagone régulier, fig., 18, le côté est toujours égal au rayon du cercle circonscrit, c'est-à-dire que $bc = bd$.

Mesure des surfaces (1).

La surface d'un rectangle s'obtient en multipliant sa base par sa hauteur. Par exemple, dans le rectangle fig. 14, si l'on suppose que

---

(1) Les mots *surface*, *aire*, *superficie*, ont la même signification.

la base *ab* ait 4 mètres et la hauteur *bc* 8 mètres ; la surface sera de $4 \times 8 = 52$ mètres carrés , c'est-à-dire que ce rectangle équivaut à 52 carrés chacun d'un mètre de côté.

On mesure l'aire ou la surface d'un parallélogramme, en multipliant également sa base par sa hauteur (la hauteur ici est la perpendiculaire menée entre 2 côtés parallèles). Dans le parallélogramme , fig. 12, si l'on suppose que la base *ab* soit de 12 mètres, et la hauteur perpendiculaire *cd* de 6 mètres, on aura pour la surface $12 \times 6 = 72$ mètres carrés.

Un triangle quelconque est toujours la moitié d'un parallélogramme de même base et de même hauteur que lui ; par conséquent sa surface est égale à sa base, multipliée par la moitié de sa hauteur, ou à sa hauteur multipliée par la moitié de sa base. La hauteur d'un triangle est toujours la perpendiculaire abaissée du sommet d'un des angles sur le côté qui lui est opposé et qui est la base. Exemple : que la base *bc* du triangle fig. 6, soit de 12 mètres et la hauteur de 4, sa surface sera 12×2, ou $4 \times 6 = 24$ mètres carrés.

L'aire d'un trapèze est égale à la hauteur multipliée par la moitié de la somme des bases ou côtés parallèles. La hauteur est la perpendiculaire menée entre les deux côtés parallèles ; ces deux côtés sont les bases du trapèze. Exemple : que dans le trapèze fig. 11, la hauteur *ab* soit de 4 mètres, la base inférieure *cd* de 6 mètres , et la base supérieure *ef* de 2 mètres ; la surface sera $4 \times \frac{6 + 2}{2} = 4 \times 4 = 16$ mètres carrés.

Remarquons en passant qu'une ligne *gh* menée à égale distance des deux bases du trapèze, est égale à la moitié de la somme de ces deux bases.

Pour trouver l'aire d'un polygone quelconque, prenez arbitrairement, fig. 19, un point *a* dans l'intérieur ; menez de ce point des lignes à chacun des angles du polygone, et abaissez une perpendiculaire sur chacun des côtés, vous aurez par-là un nombre de triangles égal à celui des côtés du polygone ; vous évaluerez séparément la surface de chacun de ces triangles, et la somme de ces surfaces partielles donnera celle du polygone entier.

Si le polygone est régulier, fig. 18, on multipliera la valeur d'un de ses côtés , par leur nombre , et le produit multiplié par la moitié de l'apothème donnera la surface de ce polygone. Exemple : si, fig. 18, on suppose qu'un des côtés, *bd*, ait 5 mètres, alors comme l'apothème $ac = 4^m,33$, la surface sera $\frac{5.6.4,33}{2} = 64,95$, ou près de 65 mètres carrés.

L'aire d'un cercle est égal à sa circonférence , développée en ligne droite, multipliée par la moitié de son rayon.

Soit proposé de mesurer la surface du cercle , fig. 16, en supposant :

1°. Que le rayon *ac* soit seul connu , et qu'il soit de 4 mètres ;

2°. Que l'on ne connaisse point la valeur du rayon ; mais que l'on sache que la circonférence est de 25 mètres $\frac{1}{7}$.

Premier cas. Le rayon étant de 4 mètres , si l'on connaissait la circonférence, on la multiplierait par 2 , moitié du rayon, et l'on aurait la surface du cercle ; il s'agit donc de déterminer la valeur de la circonférence.

Pour cela , comme il est reconnu que le rapport du diamètre d'un cercle à sa circonférence est celui de 7 à 22, à peu de chose près , on multipliera le diamètre 8 par 22 , et on divisera le produit 176 par 7 ; ce qui donnera $25\frac{1}{7}$ pour la circonférence. Ensuite multipliant $25\frac{1}{7}$ par 2 , moitié du rayon, on aura $50\frac{2}{7}$ mètres carrés pour la surface du cercle.

Deuxième cas. Supposons maintenant que la circonférence soit donnée, de $25\frac{1}{7}$ mètres ; on multipliera la circonférence donnée par 7 ; on divisera ensuite par 22 le produit 176, et on aura 8 pour le diamètre cherché. Calculant la surface , nous trouverons les mêmes résultats que ci-dessus.

L'on peut encore avoir la surface d'un cercle, sans chercher la circonférence , si on connaît le rayon ; voici la règle : multipliez le carré du rayon par $\frac{22}{7}$; ainsi, dans l'exemple cité, on aura, 1°. $4 \times 4 = 16$ pour le carré du rayon ; 2°. $16 \times \frac{22}{7} = \frac{352}{7} = 50\frac{2}{7}$ pour l'aire du cercle.

On peut avoir cette aire sans chercher le rayon , si on connaît la circonférence. Règle pour ce cas : multipliez le carré de cette circonférence par $\frac{7}{88}$. Exemple : soit la circonférence $= 25\frac{1}{7} = \frac{176}{7}$; son carré sera $\dfrac{176 \times 176}{49}$ et la surface $= \dfrac{176 \times 176}{7 \times 7} \times \dfrac{7}{88} = \dfrac{22 \times 8 \times 176 \times 7}{7 \times 7 \times 22 \times 4} = \dfrac{2 \times 176}{7} = \dfrac{352}{7} = 50\,\tfrac{2}{7}$.

Un *secteur*, fig. 20 , est une portion de cercle comprise entre un arc quelconque et les deux rayons menés aux deux extrémités de cet arc.

L'aire d'un secteur est égale à l'arc, *ab*, multiplié par la moitié du rayon, *bc*. Supposons, par exemple, ce rayon de dix mètres, et l'angle *acb* de 80 degrés (on est convenu de diviser la circonférence en 360 degrés).

On cherchera d'abord la circonférence, qui sera $\dfrac{20 \times 22}{7} = \dfrac{440}{7}$.

Pour avoir la longueur de l'arc, on multipliera la circonférence $\dfrac{440}{7}$ par 80, et on divisera ensuite par 360 ; ce qui donnera $\dfrac{440 \times 80}{7 \times 360} = \dfrac{35200}{2520}$; multipliant cette quantité par 5, moitié du rayon, on aura, pour la surface du secteur $\dfrac{35200 \times 5}{2520} = \dfrac{176000}{2520} = 69\,\tfrac{53}{63}$ mètres carrés.

Un *segment* de cercle est la surface comprise entre une corde et un arc de cercle. *abd*, fig. 20 , est un segment. Pour en mesurer la surface, le triangle formé par la corde et les deux rayons se retranche du secteur ; le reste est la surface du segment.

L'aire d'une ellipse, fig. 21 , est égale au produit de la moitié de son grand axe *ab*, par le demi petit axe *cd* et par la fraction $\tfrac{22}{7}$. Ainsi si le grand axe est supposé de 20 mètres, le petit de 12, on aura pour la surface $6 \times 10 \times \dfrac{22}{7} = \dfrac{1320}{7} = 188\,\tfrac{4}{7}$ mètres carrés.

De la solidité des corps et de leur mesure.

Un *prisme*, fig. 22 , est un solide terminé par deux polygones quelconques, égaux et parallèles, qu'on nomme bases , et par un nombre de parallélogrammes égal à celui des côtés des polygones.

Lorsqu'une des arêtes *ab* d'un prisme est égale à la hauteur, ou en d'autres termes, à la perpendiculaire abaissée d'une base sur l'autre, le prisme est appelé *droit* ; et lorsque cette perpendiculaire est plus courte qu'une des arêtes, ce prisme est *oblique*.

Lorsque toutes les faces d'un prisme sont des rectangles, on le nomme *parallélipipède* rectangle , et quand elles sont des carrés , on l'appelle *cube*.

Ce dernier corps sert à mesurer les autres ; son volume ou sa solidité, comme on le dit ordinairement, se trouve en élevant à la troisième puissance, ou cube, le nombre d'unités linéaires de son côté. C'est de là qu'est venu le nom de cube donné en arithmétique à la troisième puissance d'un nombre.

La solidité d'un prisme quelconque est égale à la surface de l'une de ses bases, multipliée par la hauteur.

Exemple : si les bases d'un prisme étaient des rectangles de 4 mètres de longueur sur 3 de largeur et dont la hauteur fût de 6 mètres, la solidité serait : 4×3, surface de la base, multiplié par 6, hauteur, ou bien $4 \times 3 \times 6 = 72$ mètres cubes.

Une *pyramide*, fig. 23, étant toujours le *tiers* d'un prisme de même base et de même hauteur qu'elle, sa solidité est égale à l'aire de sa base multipliée par le tiers de sa hauteur, qui est la perpendiculaire abaissée de son sommet a, sur le plan de la base.

La solidité d'un *tronc* de pyramide, fig. 24, s'obtient en calculant la solidité de la pyramide entière, comme si elle existait, ensuite celle de la petite pyramide supprimée, et en retranchant cette dernière de la première.

On voit que pour parvenir à la solution de ce problème, il faut déterminer la hauteur de la grande pyramide et celle de la petite, puisque le tronc donne leurs bases.

Exemple : soit la pyramide entière fig. 24, be sa hauteur, menons les parallèles bc et ad, nous aurons ainsi un triangle bce qui nous donne $\frac{be}{ae} = \frac{bc}{ad}$, d'où $\frac{be - ae}{ae} = \frac{bc - ad}{ad}$; mais $be - ae$ étant égal à ab, on a $\frac{ab}{ae} = \frac{bc - ad}{ad}$, équation dans laquelle le seul terme ae est inconnu, puisqu'on peut mesurer ab, bc et ad, et d'où l'on tire $ae = \frac{ab \times ad}{bc - ad}$, si l'on ajoute ab, hauteur du tronc, avec ae, hauteur de la petite pyramide, on aura bc, hauteur de la grande.

Supposons maintenant que la base de la grande pyramide soit un rectangle dans lequel $cf = 6$ mètres, et la hauteur $fg = 4$ mètres ; que la ligne $dh = 3$ mètres et $hi = 2$ mètres ; que $ab = 9$ mètres, $bc = 6$ mètres, et enfin $ad = 3$ mètres : en remplaçant dans la dernière équation ci-dessus, chaque ligne par sa valeur numérique, nous aurons $ae = \frac{9 \times 3}{6-3} = \frac{27}{3} = 9$, qui est la hauteur de la petite pyramide; si à cette quantité nous ajoutons 9 mètres, valeur de ab, nous aurons 18 pour la hauteur de la pyramide entière. Multipliant le tiers de cette quantité par 6×4 ou 24, surface de la base, ou bien multipliant 18 par 8, tiers de 24, nous aurons 144 mètres cubes, pour la solidité de la grande pyramide.

La hauteur de la petite pyramide étant de 9, la surface de sa base donne 3×2 ou 6, on aura pour la solidité $2 \times 9 = 18$ mètres cubes : retranchant cette quantité de 144, il reste 126 mètres cubes pour la solidité du tronc de pyramide.

Voici une règle plus commode dans la pratique : le volume d'un tronc de pyramide s'obtient en multipliant la hauteur de ce tronc par le tiers de la somme de trois quantités, qui sont : la base inférieure du tronc, la base supérieure du même, et une moyenne proportionnelle entre ces mêmes bases.

Supposons maintenant, comme dans l'exemple précédent, que la base inférieure est un rectangle dont les côtés contigus sont 6^m et 4^m; que la base supérieure qui est aussi un rectangle, a pour côtés contigus 3^m et 2^m; enfin que la hauteur du tronc $= 9^m$; c'est tout ce qu'il faut. On aura, 1°. $6 \times 4 = 24$ pour la base inférieure; 2°. $3 \times 2 = 6$ pour la base supérieure; 3°. racine carrée de $24 \times 6 =$ racine carrée de $144 = 12$ pour la moyenne proportionnelle; 4°. $24 + 6 + 12 = 42$ pour la somme des trois quantités; 5°. $\frac{42}{3} = 14$ pour le tiers de cette somme; 6° enfin $9 \times 14 = 126$ mètres cubes pour le volume ou la solidité du tronc de pyramide.

Un *cône* pouvant être considéré comme une pyramide dont la base est un polygone d'une infinité de côtés infiniment petits, on en aura le volume en prenant le tiers du produit de sa base par sa hauteur. Exemple : supposons le rayon de la base égal à 7 mètres et la hauteur égale à 6 mètres; on aura le carré de 7 ou 49 multiplié par $\frac{22}{7} =$ 154 mètres carrés pour la base, et le tiers de 154 multiplié par 6, ou le tiers de 924, c'est-à-dire 308 mètres cubes pour le volume demandé.

Le volume du cône tronqué, terminé, par deux bases parallèles, s'évalue comme celui de la pyramide tronquée; ainsi on prendra le

tiers du produit de la hauteur du cône tronqué, par la somme de trois
quantités, qui sont : sa base inférieure, sa base supérieure et une
moyenne proportionnelle entre ces deux bases. Exemple : le rayon de
la base inférieure $= 21$ centimètres ; celui de la base supérieure
$= 7$ centimètres, et la hauteur 12 centimètres. Base inférieure $= 21$
$\times 21 \times \frac{22}{7}$; base supérieure $= 7 \times 7 \times \frac{22}{7}$; moyenne proportionnelle
$=$ racine carrée de $21 \times 21 \times \frac{22}{7} \times 7 \times 7 \times \frac{22}{7} = 21 \times 7 \times \frac{22}{7}$; somme
des trois quantités $= (21 \times 21 + 7 \times 7 + 21 \times 7) \times \frac{22}{7} = (441 +$
$49 + 147) \frac{22}{7} = 637 \times \frac{22}{7} = 1992$. Le tiers du produit de la hauteur
par la somme des trois quantités $= \frac{6 \times 1992}{3} = 3984$ centimètres cubes ;
c'est le volume demandé.

On a souvent besoin d'évaluer la surface convexe ou latérale d'un
cône droit. Voici la règle à suivre en ce cas : prenez la moitié du
produit de l'apothème du cône par la circonférence de sa base , l'apothème est la droite menée du sommet du cône à un point quelconque
de la circonférence de sa base. Exemple : le rayon de la base $=$
14 centimètres, et l'apothème 50 centimètres. Circonférence 2×14
$\times \frac{22}{7} = 88$; produit de la circonférence par l'apothème $= 88 \times 50$;
moitié de ce produit $= \frac{88 \times 50}{2} = \frac{4400}{2} = 2200$ centimètres carrés.

N. B. Dans le cône droit , le rayon de la base , la hauteur et l'a-
pothème forment un triangle rectangle. Ainsi connaissant le rayon et
l'apothème , on aura la hauteur en extrayant la racine carrée de la
différence des carrés de ces deux quantités. Dans l'exemple précédent,
le carré de 50 $= 2500$; celui de 14 $= 196$. La différence de ces deux
carrés $= 2500 — 196 = 2304$; la racine carrée de $2304 = 48$, c'est
la hauteur. On aurait l'apothème , en prenant la racine carrée de la
somme du carré du rayon et du carré de la hauteur. On aurait le
rayon , par la racine carrée de la différence entre le carré de l'apothème et celui de la hauteur.

La surface d'un cône tronqué à base parallèle est égale à la moitié
du produit de l'apothème de ce cône tronqué , multiplié par la somme
des circonférences de ces deux bases. Exemple : rayon de la base inférieure $= 14$ centimètres ; rayon de la base supérieure $= 7$ centimètres ; apothème $= 25$; circonférence inférieure $= 2 \times 14 \times \frac{22}{7} =$
88 ; circonférence supérieure $= 2 \times 7 \times \frac{22}{7} = 44$; somme des deux

circonférences $= 88 + 44 = 132$. Moitié du produit de cette somme par l'apothême $= \frac{25 \times 132}{2} = \frac{3300}{2} = 1650$ centimètres carrés, surface convexe du cône tronqué, sans y comprendre les bases.

Si le cône était oblique, la surface ne pourrait se calculer par des procédés élémentaires.

La solidité d'une *sphère*, fig. 26, est égale à sa surface multipliée par le tiers de son rayon ; et la surface s'obtient en multipliant la circonférence d'un des grands cercles par le diamètre.

Ainsi, en supposant le diamètre *ab* de 4 mètres, la circonférence d'un des grands cercles sera $\frac{88}{7}$ qui, multiplié par 4, donnera $\frac{88 \times 4}{7}$ pour la surface de la sphère ; multipliant ensuite cette dernière quantité par $\frac{2}{3}$, qui est le tiers du rayon, on a $\frac{88 \times 4 \times 2}{7 \times 3} = \frac{704}{21} = 33\frac{11}{21}$ mètres cubes pour la solidité de la sphère.

La surface d'une sphère se trouve aussi en multipliant le carré de son diamètre par $\frac{22}{7}$; ainsi le diamètre étant égal à 4 mètres, la surface de la sphère $= 16 \times \frac{22}{7} = \frac{352}{7} = 50\frac{2}{7}$ mètres carrés. Cette surface est aussi égale au carré de la circonférence multiplié par $\frac{7}{22}$. Ainsi la circonférence étant $\frac{88}{7}$, la surface de la sphère $= \frac{88 \times 88}{7 \times 7} \times \frac{7}{22} = \frac{88 \times 4}{7} = \frac{352}{7} = 50\frac{2}{7}$. Le diamètre d'une sphère est égal à la racine carrée de sa surface multipliée par $\frac{7}{22}$; ainsi cette surface étant de $50\frac{2}{7}$, le diamètre $= \sqrt{50\frac{2}{7} \times \frac{7}{22}} = \sqrt{\frac{352}{7} \times \frac{7}{22}} = \sqrt{\frac{352}{22}} = \sqrt{16} = 4$. Ce qui peut être utile dans certains cas.

Le volume d'une sphère est égal au cube du diamètre multiplié par $\frac{11}{21}$. Exemple : soit le diamètre égal à 4 ; on aura le volume $= (4)^3 \times \frac{11}{21} = \frac{64 \times 11}{21} = \frac{704}{21} = 33\frac{11}{21}$. Ce même volume est égal au cube de la circonférence multiplié par $\frac{49}{484 \times 6}$. Exemple : circonférence $\frac{88}{7} = \frac{22 \times 4}{7}$. Volume $\frac{22^3 \times 4^3}{7^3} \times \frac{49}{484 \times 6} = \frac{22^3 \times 4^3 \times 7^2}{22^2 \times 6 \times 7^3} = \frac{22 \times 4^3}{6 \times 7} = \frac{11 \times 64}{3 \times 7} = 33\frac{11}{21}$.

Le diamètre d'une sphère est égal à la racine cubique du volume de cette sphère, multiplié par $\frac{21}{11}$. Exemple : volume $= 33\frac{11}{21} = \frac{704}{21}$; cube du diamètre $\frac{704}{21} \times \frac{21}{11} = \frac{704}{11} = 64$; diamètre $\sqrt[3]{64} = 4$.

La surface d'une calotte sphérique se trouve en multipliant la cir-

circonférence d'un grand cercle de la sphère par la hauteur de la calotte sphérique. La surface d'une zone sphérique, comprise entre deux plans parallèles, est égale au produit de la circonférence d'un grand cercle de la sphère par la distance des deux plans parallèles.

Le volume d'un secteur sphérique est égal au tiers du produit du rayon de la sphère par la surface de la calotte sphérique qui termine le secteur.

Le volume d'un segment sphérique est équivalent aux $\frac{22}{7}$ du produit du carré de la hauteur du segment par l'excès du rayon sur le tiers de cette même hauteur.

Premier exemple. Rayon de la sphère $= 7$ centimètres ; hauteur de la flèche de la calotte $= 3$ centimètres ; surface de la calotte sphérique $= \frac{14 \times 22}{7} \times 3 = 132$ centimètres carrés.

Deuxième exemple. Rayon $= 7$ centimètres ; hauteur d'une zone sphérique $= 2$ centimètres ; surface de la zone $= \frac{14 \times 22}{7} \times 2 = 88$ centimètres carrés.

Troisième exemple. Rayon $= 7$ centimètres ; flèche ou hauteur de la calotte sphérique $= 5$ centimètres ; donc volume du secteur sphérique $= \frac{14 \times 22}{7} \times 3 \times \frac{7}{3} = 308$ centimètres cubes.

Quatrième exemple. Rayon $= 7$; hauteur de la calotte $= 5$; donc volume du segment sphérique $= \frac{22}{7} \times 3^2 \times (7 - \frac{3}{3}) = \frac{22}{7} \times 9 \times 6 = 6 \frac{1188}{7} = 169 \frac{5}{7}$ centimètres cubes.

La solidité d'un cylindre droit, fig. 27, est égale au produit d'un des cercles qui lui servent de bases, par son axe *ab*. Exemple : rayon *bc* de la base $= 6$ mètres ; l'axe *ab* $= 12$ mètres ; la circonférence de la base est $\frac{12 \times 22}{7}$; la surface de la base $= \frac{12 \times 22 \times 3}{7}$ et la solidité du cylindre $= \frac{12 \times 22 \times 3 \times 12}{7} = \frac{9504}{7} = 1557 \frac{5}{7}$ mètres cubes.

Un tuyau, fig. 28, n'étant autre chose qu'un cylindre, son volume entier s'obtient en multipliant l'aire qui lui sert de base par sa longueur.

Si l'on veut avoir séparément le volume de l'épaisseur et celui du vide, on évaluera la solidité du tuyau comme s'il était plein, ensuite le volume du vide ; on retranchera ce dernier résultat du premier, le reste sera le volume de l'épaisseur du tuyau.

Exemple : fig. 28, épaisseur $= 2$ *pouces*; diamètre extérieur $= 10$ *pouces*; diamètre du vide ou calibre $= 6$ *pouces*; longueur 30 *pouces*.

On aura pour le plus grand cercle dont le diamètre est 10 *pouces* $\frac{10 \times 22}{7} \times 2\frac{1}{2}$, et pour le volume entier du tuyau $\frac{10 \times 22}{7} \times 2\frac{1}{2} \times 30 = \frac{16500}{7} = 2357\frac{1}{7}$ *pouce : cubes* $= 1$ *pied cube*, $629\frac{1}{7}$ *pouces cubes*.

Le diamètre du vide étant 6 *pouces*; l'aire $= \frac{6 \times 22}{7} \times 1\frac{1}{2}$; et le volume $= \frac{6 \times 22}{7} \times \frac{3}{2} \times 30 = \frac{5940}{7} = 848\frac{4}{7}$. Retranchant ce nombre du premier, c'est-à-dire $\frac{5940}{7}$ de $\frac{16500}{7}$, on a $\frac{10560}{7}$, ou $1508\frac{4}{7}$ *pouces cubes*, pour le volume de l'épaisseur.

On peut avoir besoin de connaître la surface convexe d'un cylindre droit : par exemple, combien il faut de tôle pour faire un tuyau tel qu'on vient de le désigner plus haut. Règle : multipliez la hauteur du cylindre droit ou sa longueur, par la circonférence extérieure de sa base ; ainsi longueur $= 12$; diamètre $= 10$; donc surface convexe $= \frac{10 \times 22}{7} \times 12 = \frac{2640}{7} = 37\frac{5}{7}$ *pouces carrés*.

ARTICLE II.

Quantité de mouvement : masse ; vitesse ; temps ; espace.

On appelle ordinairement le produit de la masse par la vitesse, *quantité de mouvement*.

La quantité de mouvement d'un corps est d'autant plus grande, qu'avec une vitesse donnée, il contient plus de molécules, ou qu'il a plus de masse.

Plus un corps aura de vitesse, avec une masse donnée, ou, ce qui est la même chose, plus son mouvement sera vif et prompt, plus l'impulsion qu'il aura lui-même reçue aura été forte, plus aussi recélera-t-il de quantité de mouvement.

Il est donc évident que la force ou la quantité de mouvement d'un corps, dépend non-seulement de sa masse, mais encore de la vitesse avec laquelle il se meut.

Mais chacune des molécules d'un corps mû jouit de la même vitesse que le corps entier; il suit dès lors que, pour connaître la quantité de mouvement, il faut ajouter le nombre, qui exprime la vitesse, autant de fois qu'il y a de molécules dans le corps, ou, ce qui revient au même, *multiplier la masse par la vitesse*.

Si donc un corps a 4 *degrés* de vitesse et 6 *degrés* de masse, sa quantité de mouvement sera égale au produit du nombre des degrés de vitesse par le nombre des degrés de masse, ou à 24.

On estime en réalité la masse en kilogrammes, ou en unités de poids quelconque; on dit, par exemple, qu'un corps du poids de 100 kilogrammes a 100 degrés de masse.

On estime la vitesse en comparant l'*espace parcouru* uniformément par le corps en mouvement, au *temps* qu'il aura employé à le parcourir. On dira qu'un corps, qui aura parcouru un espace, par exemple, de 100 mètres, de 100 toises, de 100 pieds, etc., en une minute, en une seconde, etc., a 100 degrés de vitesse. Celui qui emploirait *deux minutes*, *deux secondes*, etc., en un mot, le double de temps à parcourir le même espace, aurait évidemment la *moitié* moins de vitesse; il n'en aurait que le *quart,* s'il employait quatre minutes, quatres secondes, ou quatre fois plus de temps : donc on trouve la vitesse d'un corps en divisant l'espace parcouru par le temps employé à le parcourir uniformément.

Il faut remarquer ici que les unités de poids de la masse et les unités d'espace et de temps pour la détermination des vitesses, sont arbitraires; on est le maître de leur donner telle valeur que l'on veut; il s'agit seulement, dès qu'on est convenu, dans un calcul, d'exprimer, par exemple, un degré de masse pour un poids d'un kilogramme, et un degré de vitesse, par un mètre parcouru en une seconde, il s'agit, disons-nous, de conserver les mêmes expressions dans toute la suite du calcul.

Puisque la force, ou la quantité de mouvement, est le produit de la masse par la vitesse, il est évident qu'elle augmente avec la vitesse, la masse restant la même, ou avec la masse, la vitesse restant la même; et cela, par la même raison qu'un produit quelconque augmente par l'un ou l'autre de ses facteurs. Ainsi 4 degrés de vitesse et 6 de masse donnent 24 de quantité de mouvement, comme 6 de vitesse et 4 de masse.

C'est pourquoi une masse énorme avec peu de vitesse peut ne pas produire plus d'effet qu'une petite masse avec une vitesse convenable.

L'on donne beaucoup de masse au mouton pour enfoncer les pilotis, si l'on ne peut le faire tomber d'assez haut pour lui donner beaucoup de vitesse. Une balle, un boulet de canon, de peu de masse, produisent un effet considérable, parce que l'explosion de la poudre leur donne beaucoup de vitesse.

On peut déduire de ce qui précède les conséquences suivantes.

Connaissant deux des trois valeurs, *quantité de mouvement, masse et vitesse*, on peut trouver la troisième.

En effet, si l'on connaît la quantité de mouvement et la masse, on trouvera d'abord la vitesse, en divisant la quantité de mouvement par la masse : car, par cette division, on soustrait la masse de la quantité de mouvement autant de fois qu'on avait ajouté la valeur de la vitesse au nombre de dégrés de masse ; or, ce nombre de fois doit évidemment représenter la vitesse. Exemple : soit la quantité de mouvement $= 100$; la masse 20 ; la vitesse sera $\frac{100}{20} = 5$.

On trouverait de même la masse, en divisant la quantité de mouvement par la vitesse.

Il suit encore, 1°. que deux corps qui ont la même quantité de mouvement et les mêmes masses, ont les mêmes vitesses, et réciproquement.

2°. Que si leurs masses sont égales et leurs vitesse inégales, leurs quantités de mouvement sont proportionnelles à leurs vitesses respectives ; comme à leurs masses respectives, si les vitesses sont égales et les masses inégales.

3°. Que si les masses et les vitesses sont inégales, leurs quantités de mouvement sont entre elles comme les produits des masses par les vitesses respectives.

4°. Que si les masses et les vitesses sont inégales, mais de telle manière que ce que l'un gagne en masse, l'autre le gagne en vitesse, les quantités de mouvement sont égales.

5°. Enfin si deux corps ont les mêmes quantités de mouvement,

mais des masses et des vitesses inégales, leurs masses sont en raison
inverse de leurs vitesses ; c'est-à-dire que l'un a d'autant plus de
masse qu'il a moins de vitesse, et réciproquement.

Quant aux vitesses, on trouve :

1°. Qu'on connaît l'espace parcouru en multipliant la vitesse par
le temps.

2°. Qu'en comparant les vitesses de deux corps, si les espaces parcourus et les temps employés sont égaux, les vitesses sont égales.

3°. Que les temps étant égaux et les espaces inégaux, les vitesses
sont entre elles comme les espaces.

4°. que les espaces étant égaux et les temps inégaux, les vitesses
sont en raison inverse des temps ; puisque moins il y aura de temps
employé, plus il y aura de vitesse.

5°. Qu'enfin si les espaces et les temps sont inégaux, les vitesses
sont comme les quotiens des espaces divisés par les temps respectifs.

ARTICLE III.

De la pesanteur.

On a donné le nom de *pesanteur* ou de *gravité* à la force en vertu
de laquelle un corps abandonné à lui-même se précipite vers la terre.

Les anciens philosophes ont imaginé divers systèmes pour remonter
jusqu'à la cause de ce phénomène, si simple aux yeux du vulgaire, qui
trouve tout naturel qu'un corps tombe dès qu'il n'est plus soutenu.
De tous les systèmes, le plus ingénieux et le plus séduisant a été celui
de Descartes, qui faisait dépendre la chute du corps, du mouvement
de la matière subtile dont le tourbillon circulait autour de la terre.
Toutes les parties de ce tourbillon, ayant une force centrifuge qui les
sollicitait à s'éloigner de la terre, déterminaient les corps à se mouvoir de haut en bas, dans une direction contraire à celle de cette
force. Mais en supposant même l'existence des tourbillons, que personne n'admet plus aujourdhui, l'explication de Descartes avait contre
elle plusieurs difficultés insolubles, dont l'une consistait en ce qu'un
corps placé dans le plan d'un parallèle à l'équateur, devrait descendre obliquement à la surface de la terre vers le point de l'axe

auquel répondrait le centre du parallèle dont il s'agit, au lieu que la direction de la pesanteur est partout perpendiculaire à la même surface. Ce système de Descartes a disparu devant la théorie de la gravitation universelle dont le nom seul exprime l'effort sublime à l'aide duquel le génie de Newton a fait rentrer les mouvemens célestes et les plus grands phénomènes de la nature dans le domaine de la pesanteur.

La pesanteur doit être envisagée comme agissant également à chaque instant sur chacune des molécules d'un corps. Il résulte d'abord de ce principe, que la vitesse qu'elle imprime à un corps qui tombe ne dépend pas de la masse de ce corps ; elle est, par rapport à l'ensemble de toutes les molécules du corps, la même qu'elle serait pour chaque molécule détachée de la masse. Que cette masse soit plus grande ou plus petite, il s'ensuivra seulement qu'il y a plus ou moins de molécules animées de la même vitesse ; mais la vitesse commune ne sera ni augmentée, ni diminuée.

Cependant nous ne voyons pas tous les corps tomber avec la même vitesse, et arriver dans des temps égaux à la surface de la terre, en les supposant partis de la même hauteur. Nous allons donner la raison de cette différence, après que nous aurons établi la distinction qui existe entre la pesanteur d'un corps, et ce qu'on appelle proprement le *poids* de ce corps.

La pesanteur se mesure, ainsi que nous venons de le dire, par la vitesse qu'elle imprime à chaque molécule d'un corps, et cette vitesse est indépendante du nombre des molécules ; mais le poids d'un corps se mesure par l'effort qu'il faut faire pour soutenir ce corps et l'empêcher de tomber. Or, cet effort est d'autant plus considérable, qu'il y a dans ce corps plus de molécules animées de la même vitesse ; et ainsi le poids a proprement pour expression le produit de la masse par la vitesse ; d'où il suit qu'il varie dans le même rapport que la masse, relativement au corps que nous pesons, parce que ces corps sont censés être sollicités par des vitesses égales.

Il est facile maintenant de concevoir pourquoi, parmi les corps abandonnés à eux-mêmes, ceux qui ont plus de masse tombent plus vite de la même hauteur, que ceux dont la masse est moins considérable. Cette différence provient de la résistance de l'air, qui est plus grande à l'égard des corps qui ont moins de masse ; car si nous supposons, par exemple, deux balles de même diamètre, l'une de plomb, l'autre de liége, qui commencent à tomber en même temps, ces deux balles présentant des surfaces égales à la résistance de l'air, on aura ainsi deux résistances égales, appliquées à deux corps animés de la même vitesse initiale ; d'où il suit que la résistance de l'air enlèvera à la balle de liége, qui a la plus petite quantité de mouvement, une portion plus grande de vitesse que celle qui sera perdue dans le même temps par la balle de plomb ; et la première, continuant de perdre à chaque instant plus que la seconde, se trouvera plus en retard.

Galilée, à qui était réservée la gloire de préparer de loin la théorie de Newton, par la découverte de la loi à laquelle est soumise l'accélération des graves ; Galilée, disons-nous, ayant fait tomber d'une grande hauteur différentes boules d'*or*, de *plomb*, de *cuivre*, de *porphyre*, avec une boule de *cire*, observa que tous ces corps employaient presque le même temps pour arriver à terre. La boule de *cire*, la seule qui fût sensiblement en retard, n'était plus qu'à quatre pouces de terre à la fin de la chute des autres corps.

Galilée, considérant que cette différence était bien éloignée d'être proportionnelle à celle du poids, en conclut qu'elle dépendait uniquement de la résistance de l'air. Cette conjecture a été vérifiée depuis par des expériences directes, qui consistent à faire tomber du haut d'un tube, sous lequel on a fait le vide le plus parfait possible, des corps de différentes masses, tels que du plomb, du fer, du bois, du liége, de la plume, de la laine, etc., et l'on a observé que tous ces corps ne laissaient apercevoir aucune différence sensible dans la durée de leur chute.

Quant aux corps qui s'élèvent en l'air, tels que la fumée, on sait que leur ascension est due à ce qu'ils se trouvent spécifiquement plus légers que l'air : ils sont à l'égard de ce fluide ce qu'est à l'égard de l'eau, un morceau de liége, qui, plongé dans cette eau à une certaine profondeur, et abandonné ensuite à lui-même, remonte à la surface.

Le vulgaire regarde comme étant sans pesanteur tout ce qui s'élève, au lieu de tomber, ce qui a fait dire à Newton, que les poids du vulgaire étaient les excès des poids absolus du corps sur le poids de l'air. L'ascension des ballons aérostatiques au milieu de l'air est bien faite pour désabuser les partisans de cette théorie des corps sans pesanteur.

Voyons maintenant comment le mouvement s'accélère par l'action de la pesanteur.

Un corps une fois mis en mouvement, tend de lui-même à y persévérer avec la même vitesse et suivant la même direction qu'il avait au premier instant. Mais si ce corps est mû par une force qui agisse sur lui sans interruption, et dont les actions soient égales, pendant des temps égaux, sa vitesse croîtra continuellement et d'une manière uniforme.

De ce genre est le mouvement que produit la pesanteur dans les corps qu'elle sollicite. Pour bien concevoir la loi de l'accélération qui en résulte, supposons qu'un corps emploie un temps fini, tel que trois ou quatre secondes, à tomber d'une certaine hauteur ; nous pourrons considérer ce temps comme composé d'une infinité d'instans infiniment petits, et il faudra concevoir que dans le premier instant le mobile reçoit de la pesanteur un degré de vitesse infiniment petit ; et que dans chacun des instans suivans un égal degré de vitesse s'ajoute à la vitesse précédente ; en sorte que les vitesses du mobile, pendant les divers instans consécutifs de sa chute, croîtront comme les nombres naturels, 1, 2, 3, 4, 5, etc. ; il suit delà que le nombre de degrés de vitesse acquis successivement par le mobile, est toujours égal au nombre d'instans pendant lesquels a duré le mouvement, c'est-à-dire que la vitesse croît comme le temps. (Voyez *la Physique de Haüy.*)

Ainsi, lorsqu'un corps quelconque est élevé au-dessus de la surface de la terre, il tombe, s'il n'est soutenu, et la vitesse qu'il a acquise à la fin de sa chute est d'autant plus grande qu'il est tombé de plus haut. Il en serait de même, si, placé sur un point élevé, il perdait tout à coup son soutien : telle est l'eau qui tombe de dessus une vanne ou d'un canal quelconque.

Or, comme la pesanteur agit sans cesse sur le corps ; qu'à chaque

instant elle ajoute une sorte d'impulsion nouvelle à celle qui a pré-
cédé, il suit évidemment, et que le corps se meut d'un mouvement
uniformément accéléré et que plus il tombe de haut, plus le nombre
d'impulsions qu'il reçoit de la pesanteur est considérable.

L'expérience a appris, 1°. qu'un corps qui tombe, parcourt un espace de $15\frac{1}{10}$ de *pieds*, ou environ 4^m904, dans la première seconde.
45 *pieds*, en négligeant la fraction, dans la deuxième seconde ;
75 *pieds* dans la troisième, et ainsi de suite en suivant la progression
arithmétique des nombres impairs, 1, 3, 5, 7, etc.

2°. Qu'un corps dont la chute a duré une seconde, a la puissance
de parcourir $30\frac{2}{10}$ *pieds*, c'est-à-dire qu'il a acquis une vitesse uniforme de $30\frac{2}{10}$ *pieds* par seconde, lorsque la pesanteur cesse d'agir sur
lui après la première seconde : telle serait, par exemple, une masse
d'eau qui tomberait d'une hauteur verticale de $15\frac{1}{10}$ *pieds*, elle aurait
acquis au bas de la chute, la puissance de parcourir $30\frac{2}{10}$ *pieds* par
seconde. Que si la chute a duré 2 secondes, le corps jouit d'une vitesse uniforme de $60\frac{4}{10}$ *pieds* par seconde, etc.

D'où l'on peut conclure, 1°. que l'action de la pesanteur, à chaque
seconde, est équivalente à une force capable de donner une vitesse
de $30\frac{2}{10}$ *pieds* par seconde ; que dès lors, par chaque seconde de plus
que dure la chute, il faut ajouter $30\frac{2}{10}$ *pieds* à l'espace qu'avait parcouru le corps pendant la seconde précédente ; qu'ainsi aux $15\frac{1}{10}$ *pieds*
de la première seconde, on ajoute $30\frac{2}{10}$ *pieds*, et l'on a $45\frac{3}{10}$ *pieds* que
l'expérience donne pour la deuxième seconde, comme on a $75\frac{5}{10}$ *pieds*
pour la troisième seconde, etc.

2°. Que comme, à la fin de la première seconde, il y a *un espace
parcouru* ($15\frac{1}{10}$ *pieds*) ; à la fin de la seconde, *quatre espaces parcourus*, savoir : un dans le premier temps et trois dans le second ; à
la fin de la troisième seconde, *neuf espaces parcourus*, savoir : un dans
le premier temps, trois dans le second, et cinq dans le troisième, etc.,
il est évident que *la somme des espaces parcourus , à la fin de chaque
temps ou de chaque seconde, est comme le carré des temps ou du nombre
des secondes écoulées* ; car au bout de la deuxième seconde, il y a
quatre espaces parcourus ; neuf au bout de la troisième et l'on sait
que 4 est le carré de 2 et 9 celui de 3.

3°. Que pour trouver la vitesse *uniforme* acquise par un corps, à la fin de chaque seconde, dans le cas où la pesanteur cesserait d'agir sur lui, *il faut multiplier par le temps* ou en d'autres termes, *par le nombre de secondes qu'a duré la chute, la valeur de l'action de la pesanteur que nous avons vu être de* $30\frac{2}{10}$ *pieds par chaque seconde.* Si donc la chute a duré 2 secondes, on aura $2 \times 30\frac{2}{10} = 60\frac{4}{10}$ *pieds* de vitesse que l'expérience donne.

4°. Enfin, que si l'on connaît la hauteur dont un corps tombe, ou si l'on veut, la grandeur de sa chute, on trouvera la vitesse qu'il doit avoir au bas, lorsque la pesanteur n'agira plus, et s'il est libre de se mouvoir, *en multipliant la racine carrée de la hauteur ou de la chute qu'on a mesurée par la racine carrée du double de l'action de la pesanteur, à chaque seconde, c'est-à-dire, par la racine carrée de* $60\frac{4}{10}$ *pieds, ou de* $19^{m},618$, *dont la racine est* $4^{m},429$. Ou bien, si l'on connaît cette vitesse et qu'on veuille déterminer la hauteur de la chute qu'on n'aurait pu mesurer, par supposition, *il faut diviser le carré de la vitesse par* $60\frac{4}{10}$ *pieds, ou* $19^{m},618$, *double de l'action de la pesanteur à chaque seconde, et l'on aura la hauteur qui a produit cette vitesse.*

Ainsi, pour le premier cas, si la hauteur de la chute est de 4 mètres et qu'on veuille connaître la vitesse qu'elle produira, on aura $2 \times 4^{m},429 = 8^{m},858$ de vitesse par seconde; et pour le second cas, si la vitesse est de $8^{m}858$ et qu'on veuille connaître la hauteur à laquelle elle est *due*, on divisera $78^{m},464$, carré de cette vitesse, par $19^{m},618$, et l'on retrouvera les 4 mètres ci-dessus, pour la hauteur cherchée, à quelque chose près néanmoins, à raison des fractions négligées.

ARTICLE IV.

De l'inertie.

Tous les corps persévèrent d'eux-mêmes dans leur état de repos ou de mouvement uniforme en ligne droite; en sorte qu'un corps en repos ne peut se mouvoir sans y être sollicité par quelque force; et que de même le mouvement rectiligne uniforme d'un corps ne peut être détruit ou changé sans l'action d'une cause étrangère.

Il suit de là que quand un corps se meut d'un mouvement accéléré ou retardé, on doit supposer l'action d'une force qui intervient
à chaque instant pour occasioner une variation dans la vitesse qui
sans cela serait uniforme.

Ce que nous venons de dire, n'est qu'une manière différente d'énoncer qu'un corps ne peut se donner de mouvement à lui-même, ni rien
s'ôter de ce qu'il avait déjà. On a appelé *inertie* ce défaut d'aptitude
qu'ont les corps pour apporter d'eux-mêmes un changement dans leur
état actuel. Or, on sait qu'un corps, dont l'état vient à changer par
l'action d'une force étrangère, ne se prête à cet effet qu'en altérant
lui-même l'état de cette force, c'est-à-dire en lui enlevant une partie
de son mouvement. On en a conclu que la persévérance d'un corps,
dans son état de repos ou de mouvement uniforme, était elle-même
l'effet d'une force réelle qui résidait dans ce corps ; et l'on a envisagé
cette force, tantôt comme une résistance, en ce qu'elle s'oppo ait à
l'action de l'autre force pour changer l'état de ce corps ; tantôt comme
un effort, en ce qu'elle tendait à apporter du changement dans l'état
de l'autre force.

Le célèbre Laplace a proposé une manière plus nette et plus naturelle d'envisager l'inertie. Pour concevoir en quoi elle consiste,
supposons un corps en mouvement qui rencontre un corps en repos :
il lui communiquera une partie de son mouvement ; en sorte que si
le premier a, par exemple, une masse double de celle du second, auquel cas sa masse sera les deux tiers de la somme des masses, la vitesse qu'il conservera sera aussi les deux tiers de celle qu'il avait
d'abord ; et comme l'autre tiers qu'il a cédé au second corps se trouve
répandu sur une masse une fois plus petite, les deux corps auront
après le choc la même vitesse. L'effet de l'inertie se réduit donc à la
communication que l'un des deux corps fait à l'autre d'une partie de
son mouvement ; et parce que ce dernier ne peut recevoir, sans que
le premier ne perde, on a attribué cette perte à une résistance exercée par le corps qui reçoit. Mais il en est ici à peu près du mouvement comme d'un fluide élastique contenu dans un vase, avec lequel
on mettrait en communication un autre vase qui serait vide ; ce fluide
s'introduirait par sa force expansive dans le second vase, jusqu'à ce

qu'il se trouvât distribué uniformément dans les capacités des deux
vases : de même un corps qui en choque un autre, ne fait pour ainsi
dire, autre chose que verser dans celui-ci une partie de son mouvement; et il n'y a pas plus de raison pour supposer ici une résistance,
que dans l'exemple que nous venons de citer.

Il est vrai que quand on frappe avec la main, un corps en repos,
ou dont le mouvement est moins rapide que celui de cette main, on
croit éprouver une résistance; mais cette illusion provient de ce que
l'effet est le même à l'égard de la main, que si elle était en repos, et
que ce fût le corps qui vînt la frapper avec un mouvement en sens
contraire. (*Physique de Haüy.*)

ARTICLE V.

Porosité; densité; pesanteur spécifique.

Porosité. Les molécules du corps, ayant diverses formes et des petites faces en différens sens, doivent, en se réunissant, laisser entre
elles des petits interstices, des petits creux; c'est en effet ce que présente tout corps matériel, et c'est ce que l'on nomme *pores.* Les corps
qui semblent jouir le moins de cette propriété sont les métaux : on se
convaincra cependant qu'ils sont poreux, si l'on regarde à la lumière
une feuille très-mince de métal, une feuille d'or par exemple, qui
avec le platine, est le plus dense de tous les métaux.

Densité. On dit qu'un corps est *dense,* lorsqu'il contient beaucoup de particules matérielles, sous un petit volume : le plomb, par
exemple, est très-dense relativement au bois de liége, etc., la densité est donc *le rapport qu'il y a entre le nombre des particules matérielles et le volume qui les comprend.* Tous les corps étant poreux ne
contiennent point sous un volume donné, le nombre de particules
matérielles que l'espace qu'ils embrassent pourrait comporter. Nous
ne pouvons juger de la densité d'un corps que par rapport à un autre
qui l'est moins; puisqu'il n'existe point de terme de comparaison pour
nous faire estimer la densité absolue.

Pesanteur spécifique. S'il existait dans la nature un corps sans
pores, jouissant par conséquent d'une densité absolue, il pourrait

servir de terme de comparaison pour déterminer la densité relative
de tous les autres corps; mais comme il n'en existe point, il faut
d'autres moyens pour évaluer la densité relative, ou la *pesanteur
spécifique*. Il nous faut pourtant un corps auquel on puisse comparer
tous les autres, sous ce rapport.

Supposons, pour un instant, qu'on prît pour terme de comparaison, un corps solide, tel que l'*or;* on serait obligé de donner à ce
corps des *dimensions convenues*, par exemple, d'un centimètre cube,
et ensuite d'en déterminer le poids. Lorsqu'on voudrait connaître la
densité du *fer*, on prendrait aussi un centimètre cube de ce métal,
et la différence de poids qui existera entre le centimètre cube d'or et
celui de fer, sera précisément égal à la différence des densités de ces
deux métaux.

On procéderait de la même manière pour les autres corps solides.

Ainsi, en supposant qu'un centimètre cube d'or contienne cent
particules matérielles, un corps qui aura la moitié de sa densité
pourra être considéré comme n'en contenant que 50; celui qui aurait
le quart de sa densité, n'en contiendrait que 25, etc.

Plusieurs raisons ont fait rejeter ce mode de reconnaître les densités relatives, ou les pesanteurs spécifiques, 1°. l'obligation embar-
rassante et quelquefois difficile à remplir, de réduire un corps à une
forme régulière, de dimensions connues avec exactitude; 2°. l'avantage
qu'il y a de prendre pour terme de comparaison un corps d'une densité peu considérable, pour éviter les rapports fractionnaires, dans
l'expression des pesanteurs spécifiques; 3°. enfin la nécessité de se
servir d'un corps facile à obtenir partout à l'état de pureté et dont les
variations de densité soient facilement appréciables.

L'eau a été choisie et convient parfaitement pour cet objet; elle
convient d'autant mieux que, sans s'embarrasser de la forme régulière ou irrégulière du corps dont on veut connaître la pesanteur
spécifique, on peut aisément la déterminer.

Une simple réflexion nous convaincra, en effet, qu'un corps solide
plongé dans un fluide, en déplace un volume égal au sien : que par
exemple, un corps d'un décimètre cube de volume, plongé dans l'eau,
déplace un volume d'eau égal à un décimètre cube.

Dès lors, on est nécessairement conduit aux conséquences suivantes :

Un corps solide ayant *même* densité que l'eau, sera en équilibre dans le liquide, quel que soit le point où il sera placé ; c'est ici en effet, un volume d'eau, ayant même densité, qui soutient un volume de solide égal et du même poids.

Si le corps solide a *plus* de densité que l'eau, il tombera au fond du vase, non avec toute la force de son poids réel, mais avec une force égale à l'excès de sa densité sur celle de l'eau ; c'est-à-dire qu'il ne *pèsera* dans le liquide qu'une quantité égale à son poids, dont on aura défalqué le poids du volume d'eau qu'il déplace et par lequel il est soutenu.

Que si le solide a *moins* de densité que l'eau, il faudra un volume d'eau moindre que le sien, pour le soutenir. Dès lors une portion du solide sortira de l'eau et le poids du liquide déplacé représentera exactement le poids réel du corps ; ou bien si on l'a plongé par force dans l'eau, il s'élèvera à la surface de celle-ci, lorsqu'on l'aura abandonné à lui-même, avec une force égale à l'excès de densité de l'eau sur celle du solide.

Une expérience fort simple prouverait ce que nous venons de dire sur la valeur de la perte de poids qu'éprouve un corps plongé dans l'eau, eu égard à la densité de ce corps.

Prenez un cylindre de métal, suspendez-le à l'un des bras d'une balance et mettez-le en équilibre avec un poids placé dans le bassin de l'autre bras de cette balance ; supposons que ce poids soit de 200 grammes. Aussitôt qu'on plongera le cylindre ainsi suspendu en équilibre, dans un verre d'eau, l'équilibre est rompu et la balance trébuche du côté du poids de 200 grammes.

Supposons maintenant que pour rétablir l'équilibre, il faille ajouter du côté du cylindre de métal plongé un poids de 20 grammes ; la perte de poids que le corps a éprouvée par son immersion est donc de 20 grammes. Mais ces 20 grammes sont précisément le poids du volume d'eau déplacé, et l'expérience le prouvera encore : ayez un cylindre creux qui contienne exactement le cylindre solide ; ce creux représentera le volume du solide. Qu'on attache donc le cylindre solide sous le cylindre creux, et qu'on mette le tout en équilibre dans l'air ; qu'ensuite on fasse plonger, comme précédemment, le cylindre solide dans l'eau ; s'il est vrai que les 20 grammes ci-dessus représentent exactement le poids du volume déplacé, il est évident qu'on doit de même rétablir l'équilibre en remplissant d'eau le cylindre creux, au lieu d'employer ce poids de 20 grammes ; c'est ce qui arrive en effet invariablement.

Ainsi dans notre exemple, la densité de l'eau est à celle du solide, ou cylindre métallique ci-dessus, comme 20 est à 200, ou comme 1 est à 10. Donc pour trouver la pesanteur spécifique d'un corps ou sa densité comparée à celle de l'eau, *suivant ce dont on est généralement convenu*, on divise le poids du corps pesé dans l'air par celui qu'il faut ajouter, pour remettre la balance en équilibre, lorsqu'il est plongé dans l'eau ; c'est-à-dire en divisant, selon notre exemple, 200 par 20.

On est convenu que la densité de l'eau serait exprimée par l'unité, suivie d'autant de zéros qu'on voudra ; c'est d'après cette base conventionnelle qu'on a dressé des tables de pesanteurs spécifiques. Quand on dit que la pesanteur spécifique du mercure est de $13\frac{1}{2}$, on entend qu'elle est à celle de l'eau comme $13\frac{1}{2}$ est à 1, ou comme 135 est à 10, ou comme 1350 est à 100.

Voici une table des pesanteurs spécifiques et des poids absolus des corps qui peuvent être employés dans les arts et principalement dans les arts mécaniques.

NOMS DES CORPS.	PESANTEUR spécifique.	POIDS du *pouce cube*, exprimé en *grains*.	NOMS DES CORPS.	PESANTEUR spécifique.	POIDS du *pouce cube*, exprimé en *grains*.
Corps liquides.			Charbon-de-terre compacte.	13292	496
Eau distillée.	10000	$373\frac{1}{3}$	*Bois.*		
— de pluie.	10000	$373\frac{1}{3}$	Chêne de 60 ans, tronc.	11700	437
— de mer.	10263	383	Liége.	2400	90
Alcohol du commerce.	8371	313	Orme, le tronc.	6710	251
— très-rectifié.	8293	310	Frêne, le tronc.	8450	325
Alcohol mêlé d'eau.			Hêtre.	8420	318
Alcohol.　Eau.			Aulne.	8000	299
15 parties. 1 part.	8527	318	Érable.	7750	282
14 .... 2	8674	324	Noyer de France.	6710	251
13 .... 3	8815	329	Saule.	5850	218
12 .... 4	8947	334	Tilleul.	6040	225
11 .... 5	9075	339	Sapin mâle.	5500	205
10 .... 6	9199	343	— femelle.	4980	186
9 .... 7	9317	348	Peuplier.	3830	143
8 .... 8	9427	352	— blanc d'Espagne.	5294	198
7 .... 9	9519	355	Pommier.	7930	296
6 .... 10	9598	358	Poirier.	6610	247
5 .... 11	9674	361	Cognassier.	7050	263
4 .... 12	9733	368	Néflier.	9440	352
3 .... 13	9791	366	Prunier.	7850	293
2 .... 14	9852	368	Jasmin d'Espagne.	7700	280
1 .... 15	9919	370	Ébénier.	13310	498
Huile essentielle de térébenthine.	8697	325	Cédre.	5960	222
— d'olives.	9153	342	Olivier.	9270	346
— de noix.	9227	345	Cérisier.	7150	267
— d'amandes douces.	9170	342	Coudrier ou noisetier.	6000	224
— de lin.	9403	351	Buis de France.	9120	350
— de pavots.	9288	346	— de Hollande.	13280	496
— de baleine.	9233	345	Cyprès d'Espagne.	6440	240
— de navette.	9193	344	Grenadier.	13540	505
Substances combustibles solides.			Mûrier d'Espagne.	8970	335
			Gaïac.	13330	498
Résine du pin.	10727	400	Oranger.	7050	263
Cire jaune.	9648	360	Vigne.	13270	496
— blanche.	9686	362	Sureau.	6950	260
Blanc de baleine.	9433	352	Citronnier.	7263	272
Graisse de bœuf.	9232	345	Bois rouge du Brésil.	10310	386
— de veau.	9341	349	Bois de Campêche.	9130	350
— de mouton.	9235	345	*Pierres.*		
— de cochon.	9368	350	Quartz cristallisé.	26546	991
Suif.	9419	352	— en masse.	26471	988
Beurre.	9423	352	Grès des paveurs.	24158	902
Soufre natif.	20332	759	*Idem* pénétré d'eau.	24519	915
— fondu.	19907	743	Grès des rémouleurs.	21429	800
			Idem pénétré d'eau.	22560	842

NOMS DES CORPS.	PESANTEUR spécifique.	POIDS du *pouce cube*, exprimé en *grains*.	NOMS DES CORPS.	PESANTEUR spécifique.	POIDS du *pouce cube*, exprimé en *grains*.
Grès des couteliers. . .	21113	788	Argent : à 12 deniers, non forgé.	104743	3910
Idem pénétré d'eau. .	21920	816	— *Idem* forgé.	105107	3926
Grès des tailleurs de pierres.	20855	779	— à 11 deniers, 10 grains titre de Paris, non forgé.	101752	3799
Idem pénétré d'eau. . .	22246	831	— *Idem* forgé. . . .	103765	3874
Grès des taillandiers. .	21476	802	— de la monnaie de France , non forgé.	100476	3751
Idem pénétré d'eau. . .	22767	850	— *Idem* monnayé. . .	104077	3886
Grès à filtres.	19326	722	Platine : brut en gre- nailles.	156017	5825
Idem pénétré d'eau. .	21244	793	— *Idem* décapé.. . . .	167521	6254
Grès à bâtir.	19332	722	— purifié et fondu. . .	195000	7280
Idem pénétré d'eau. .	21306	795	— *Id.* forgé.	203366	7592
Grès dur, ou grisard. .	24928	931	— *Id.* passé à la filière.	210417	7856
Idem pénétré d'eau. .	25160	939	— *Id.* passé au laminoir.	220690	8239
Pierre à fusil, blonde. .	25941	968	Cuivre : rouge, non forgé.	77880	2908
Idem , noirâtre. . . .	25817	964	— *Id.* passé à la filière.	88785	3315
Pierre meulière.	24835	927	— *Id.* jaune non forgé.	83958	3136
Craie de Briançon. . .	27274	1018	— *Id.* passé à la filière.	85441	3190
Idem pénétrée d'eau. .	27387	1022	Fer : fondu.	72070	2691
Craie d'Espagne. . . .	27902	1044	— forgé en barres. . .	77880	2908
Idem pénétrée d'eau. .	27943	1043	Acier : ni trempé , ni écroui.	78331	2924
Plombagine , ou crayon noir d'Angleterre. .	20891	780	— Écroué , non trempé	78404	2927
Idem pénétrée d'eau. .	21506	803	— *Idem* et trempé. . .	78180	2919
Plombagine d'Allemag.	22456	838	— trempé , non écroui.	78163	2918
Idem pénétrée d'eau. .	22761	850	Étain : de Cornouailles, non écroui. . . .	72914	2722
Schiste commun. . . .	26718	997	— *Idem* écroui. . . .	72994	2725
Idem pénétré d'eau. .	26905	1004	— de Malac, non écroui.	72963	2724
Ardoise neuve.	28535	1055	— *Idem* écroui. . . .	73065	2728
Idem pénétrée d'eau. .	28592	1067	Plomb fondu.	113523	4238
Marbre campan vert. .	27417	1014	Zinc fondu.	71908	2685
— blanc de Carrare. . .	27168	1014	Antimoine fondu. . . .	67021	2502
— *Idem* de Paros. . . .	28376	1059	Bismuth fondu.	98227	3667
Pierre à bâtir.	26777	1000	Mercure.	135681	5065
Granite de pierre-scise	26317	982			
Granite rouge.	27609	1031	*Substances diverses.*		
Pierre ponce.	9145	341	Ivoire.	18466	689
Métaux.			Verre de bouteilles. . .	27325	1020
Or , à 24 carats, fondu non forgé	192581	7190	— des vitres.	26423	986
— *Idem* fondu et forgé.	193617	7228	— blanc.	28922	1080
— à 22 carats non forgé.	174863	6528	Cristal de Saint-Gobin.	24882	929
— *Idem* forgé.	175894	6567	Flintglass.	33293	1243
— au titre de la monnaie de France, non forgé	174022	6497	Porcelaine de Sèvres. .	21456	801
— *Idem* monnayé. . .	176474	6588	— de Chine.	23847	890
— des bijoux à 20 ca- rats , non forgé. . .	157090	5865	— de Saxe.	24932	951
— *Idem* forgé.	157746	5889			

ARTICLE VI.

Centre de gravité.

La pesanteur de chacune des particules d'un corps solide peut être considérée comme une force qui agit sur lui, dans une direction verticale. Si l'on essaie de placer un corps sur une pointe, on conçoit qu'il doit présenter un point qui, étant soutenu, mettra le corps entier en équilibre. Cette conclusion est toujours exacte, en quelle direction que le corps soit placé sur la pointe qui le supporte.

En faisant cette expérience dans trois directions perpendiculaires les unes aux autres, on déterminera le point unique qui, soutenu, tiendra tout le corps en équilibre; ce point s'appelle *le centre de gravité* ou *le centre de la pesanteur du corps*.

Lorsque le centre de gravité est soutenu, l'appui supporte tout le poids d'un corps en repos, comme si toute la pesanteur était réunie dans ce seul point.

Il ne faut pas confondre le centre de gravité avec le centre de figure. Ils coïncident seulement dans les corps de densité uniforme; mais pour les corps de densité inégale, le centre de gravité est toujours plus rapproché de la partie qui est plus dense; même le centre de gravité n'est pas toujours dans l'intérieur du corps. Par exemple, pour les anneaux et pour beaucoup d'autres corps, il est placé au dehors.

Le centre de gravité peut être soutenu de deux manières : en dessus, si le corps est suspendu; en dessous, s'il est posé sur un appui. Lorsqu'un corps est suspendu à un fil, le centre de gravité est toujours dans la direction prolongée du fil. De cette manière, on peut trouver le centre de gravité d'un corps plus promptement que par la méthode exposée plus haut, en attachant un fil à deux endroits d'un corps, et en suspendant celui-ci successivement dans les deux directions correspondantes.

Lorsqu'un corps est posé, la stabilité en est d'autant moins assurée, que la surface soutenue est plus petite, et que le centre de gravité se rapproche moins du milieu de cette surface.

Quand la forme d'un corps est variable, comme il arrive dans les corps des hommes et des animaux, le point où se trouve le centre de gravité est variable aussi. Lorsqu'un homme se tient debout, et que ses mains tombent également des deux côtés, son centre de gravité se trouve dans le bas-ventre, à peu près entre les deux hanches. On peut juger par ce qui précède, que c'est la situation la plus assurée du corps ; et on peut expliquer ainsi les mouvemens presque involontaires qu'on fait pour éviter la chute. (Voyez la traduction de la *Physique de Fischer*, avec des notes de M. Biot.)

ARTICLE VII.

Frottemens.

On a fait beaucoup d'expériences pour parvenir à évaluer avec exactitude la résistance des frottemens ; mais on n'a pu trouver que des valeurs approximatives. C'est à Coulomb que nous devons les plus belles expériences sur ce sujet (Voyez X*e*. volume des *Mémoires de l'Académie des Sciences, Institut*).

Voici les principaux résultats des expériences de ce savant physicien.

1°. Le frottement des bois, glissant à sec sur les bois, oppose, après un temps suffisant de repos, une résistance proportionnelle aux pressions ; cette résistance augmente sensiblement dans les premiers instans de repos ; mais, après quelques minutes, elle parvient ordinairement à son *maximum* ou à sa limite.

2°. Lorsque les bois glissent à sec sur les bois, avec une vitesse quelconque, le frottement est encore proportionnel aux pressions ; mais son intensité est beaucoup moindre que celle que l'on éprouve en détachant les surfaces après quelques minutes de repos : l'on trouve, par exemple, que la force nécessaire pour détacher et faire glisser deux surfaces de chêne, après quelques minutes de repos, est à celle nécessaire pour varier le frottement, lorsque les surfaces ont déjà un degré de vitesse quelconque, à peu près comme 9 est à 2.

3°. Le frottement des métaux, glissant sur les métaux sans enduit, est également proportionnel aux pressions ; mais son intensité est la même, soit qu'on veuille détacher les surfaces, après un temps quelconque de repos, soit qu'on veuille entretenir une vitesse uniforme quelconque.

4°. Les surfaces hétérogènes, telle que les bois et les métaux, glissant l'un sur l'autre, sans enduit, donnent pour leur frottement des résultats très-différens de ceux qui précèdent; car l'intensité de leur frottement, relativement au temps de repos, croît lentement et ne parvient à sa limite qu'après quatre à cinq jours et quelquefois davantage; au lieu que dans les métaux, elle y parvient dans un instant; et dans les bois, dans quelques minutes. Cet accroissement est même si lent que la résistance du frottement, dans les vitesses insensibles, est presque la même que celle que l'on surmonte en détachant les surfaces après trois ou quatre secondes de repos.

Ce n'est pas encore tout : dans les bois glissant sur les métaux, la vitesse n'influe que très-peu sur les frottemens; mais ici le frottement croît très-sensiblement, à mesure que l'on augmente les vitesses; en sorte que le frottement croît à peu près suivant une progression arithmétique, lorsque les vitesses croissent suivant une progression géométrique.

On remarque donc que le frottement du bois augmente par la durée de l'application des surfaces frottantes et en repos les unes sur les autres : on conçoit en effet que, dans ce cas, les aspérités s'engagent plus profondément dans les petites cavités, à raison du poids même du corps qui agit à chaque instant et tout le temps qu'ils restent en repos les uns sur les autres. Le contact devient plus immédiat et l'adhérence plus puissante. C'est par les mêmes raisons que le frottement augmente par la pression, et l'on en évalue communément la résistance à environ $\frac{1}{3}$ de la charge ou de la puissance qui presse les surfaces frottantes l'une contre l'autre. Si donc l'on veut faire glisser à sec une pièce de bois de 90 kilogrammes sur une surface, supposons horizontale et unie, la résistance sera d'environ 30 à 36 kilogrammes.

Mais cette résistance n'est pas d'abord aussi grande; il faut que l'application des surfaces en repos ait duré quelques minutes, pour que le frottement soit aussi fort qu'il puisse l'être. C'est au moment que le mouvement commence, ou qu'on détache le corps que l'effet doit être le plus considérable; aussi, d'après la remarque de Coulomb, cet effort primitif est à celui qu'on doit déployer pour maintenir le mouvement qu'il a déjà, à peu près comme 9 est à 2.

Il n'en est pas ainsi des métaux glissant sur des métaux de même nature; le frottement paraît être le même dans tous les instans.

La résistance des frottemens d'un métal sur un métal d'une nature différente, ou sur du bois, enfin sur un corps hétérogène, est moins grande que lorsque le même corps frotte sur le même corps, comme, par exemple, fer sur fer, cuivre sur cuivre, chêne sur chêne, etc., aussi a-t-on l'attention dans la pratique, de varier autant qu'on le peut la nature des pièces qui doivent frotter les unes sur les autres. Les cavités et les aspérités des corps hétérogènes ont moins de rapport entre elles; leurs formes sont différentes; leurs dispositions ont moins de correspondance que sur des surfaces homogènes, et elles ne peuvent par conséquent s'engager, ni avec autant de facilité, ni si entièrement.

Le mouvement rapide des corps frottans augmente la résistance des frottemens, même lorsque ce sont des corps hétérogènes. Aussi remarque-t-on que les roues qui tournent avec vitesse usent bien plus tôt les coussinets que les roues qui tournent lentement; que les cylindres *de devant* des machines à filer le coton entament plus tôt les supports que ceux *de derrière* qui tournent moins vite, etc.

Les huiles, les graisses, et autres substances analogues que l'on met entre les surfaces frottantes, diminuent la résistance des frottemens, parce qu'elles remplissent les cavités qu'offrent ces surfaces et en détruisent en partie l'adhérence par leur interposition.

Les huiles mucilagineuses conviennent beaucoup moins que les autres, à raison du mucilage visqueux qui charge les surfaces et augmente la résistance.

J'ai vu employer avec succès sur le bois un mélange de graisse et de plombagine.

Nous terminerons cet article par quelques remarques de M. de Prony (*Architecture hydraulique* tome Ier. page 430) au sujet du frottement.

Le frottement, qui comme on le voit, nuit en bien des occasions à l'effet des machines, est dans une infinité de circonstances d'une grande utilité ; par exemple, les différentes parties d'une machine, ou d'une charpente, assemblée avec des clous, des chevilles ou des boulons taraudés, se désuniraient bientôt sans le frottement considérable du fer enfoncé dans le bois à coups de marteau ou de masse, et des écrous contre les vis. Le simple enroulement d'une corde ou d'un câble autour d'un cylindre immobile, produit un frottement capable de résister à un effort qui exigerait, pour être contre-balancé, les efforts réunis de plusieurs hommes ou de plusieurs chevaux. On en voit des exemples dans la manœuvre des bateaux employés à différens usages, lors de la construction des ponts sur les grandes rivières. On se sert du même procédé pour rendre moins rapide la descente d'un gros bloc de pierre le long d'une rampe, ou plan incliné quelconque. Les constructions, tant dans l'eau que sur terre, offrent mille autres exemples de l'utilité et de l'usage du frottement, les arts mécaniques n'en présentent pas moins ; et ces exemples se retraceront en foule dans la mémoire de tous ceux qui ont les plus légères notions de la construction et des arts.

ARTICLE VIII.

Du choc ou de la collision du corps.

Smeaton lut en 1782, à la société royale de Londres un excellent mémoire sur le choc ou la collision des corps ; il est le seul, à notre connaissance, qui ait bien traité ce sujet, et qui ait fait des expériences propres à l'éclaircir.

Nous allons extraire de ce mémoire toutes les remarques utiles à la pratique.

« Je me propose de faire voir que la théorie du choc des corps dépend des mêmes principes que la théorie graduée du mouvement qui commence à partir de l'état de repos, ou, ce qui revient au même, que le mouvement ou la somme de mouvemens produits ont le même rapport avec la puissance mécanique nécessaire pour les produire, soit que les mobiles partent de l'état de repos, acquièrent une vitesse déterminée par un mouvement uniformément accéléré, ou que le mouvement soit communiqué instantanément au mobile par le choc d'un autre corps.

» J'ai voulu revenir sur cet objet pour faire reconnaître les erreurs capitales que plusieurs savans ont commises dans l'adoption d'un faux principe qu'ils ont regardé comme une vérité incontestable.

» Je n'entreprendrai point d'indiquer les cas particuliers où ces erreurs ont été commises, parce que cela me mènerait trop loin ; je me contenterai d'observer que les lois de la collision, qui ont été l'objet des recherches des mathématiciens, s'exercent sur trois espèces de corps ; savoir, sur les corps parfaitement élastiques, sur les corps non élastiques et parfaitement mous, et enfin sur les corps non élastiques et parfaitement durs. Pour éviter la prolixité je considérerai, dans l'examen de chacune de ces lois, le seul cas de deux corps de même figure et de même masse qui se choquent l'un l'autre.

» On convient généralement que les corps doués d'une élasticité parfaite ne perdent aucune partie de leur mouvement dans leur choc, et que dans tous les cas, ce qui est perdu par l'un est acquis par l'autre ; d'où il suit que si un corps élastique en mouvement en frappe un autre en repos, le premier s'arrêtera après le choc à la place du second, tandis que celui-ci se mettra en mouvement avec la vitesse de celui-là.

» De même, si *un corps non élastique et mou* en frappe un autre de même nature en repos, ni l'un ni l'autre ne s'arrêtera après le choc ; mais tous les deux marcheront ensemble avec une vitesse égale qui est précisément *la moitié* de celle dont le corps choquant était animé à l'instant du choc. Cette proposition est généralement admise comme vraie ; toutes les expériences faites sur ce sujet, l'ont pleinement confirmée.

» Il n'en est pas de même de la troisième espèce de corps, de ceux dits *non élastiques et parfaitement durs ;* les lois du mouvement qui leur sont relatives ont été admises par les uns et rejetées par les autres : ceux-ci alléguaient qu'il n'existe dans la nature aucun corps de ce genre que l'on puisse soumettre à l'expérience ; tandis que ceux-là qui ont donné la théorie des corps non élastiques et durs (s'il s'en trouve) s'accordent à dire que quand un corps de ce genre en frappe un autre en repos, ni l'un ni l'autre ne s'arrête, mais que tous deux se meuvent après leur rencontre, avec une vitesse commune, qui est précisément la moitié de celle du corps choquant avant le choc ; en un mot, ils posent comme règle générale applicable à tous les corps non élastiques, mous ou durs, que leur vitesse est la même après le choc, et précisément la moitié de celle dont le corps choquant était animé.

» On adopte donc ici un principe qui n'est réellement ni confirmé par l'expérience, ni déduit d'aucune raison plausible que je connaisse ; savoir : que la vitesse, après le choc de deux corps non *élastiques et durs*, doit être la même que celle de deux corps *non élastiques et mous*. La question consiste à savoir si cette proposition est vraie ou non.

» On peut demander ici quels inconvéniens peuvent résulter pour les praticiens, des erreurs commises par les philosophes, lorsque les raisonnemens de ceux-ci portent sur des corps imaginaires, puisque de tels corps ne peuvent servir d'objet aux travaux des premiers ? On répond à cela, que l'erreur de ceux qui supposent l'existence des mêmes lois du mouvement dans le choc des deux espèces de corps peut être partagée par les praticiens dans leurs raisonnemens, et les conséquences qu'ils en tirent sur les corps mous non élastiques parmi lesquels il faut ranger l'eau qui joue un si grand rôle dans leurs opérations journalières.

» On peut demander encore pourquoi n'ayant pas de corps, ni parfaitement élastiques, ni parfaitement mous sans élasticité, nous aurions des corps non élastiques et parfaitement durs ? pourquoi les effets de l'expérience ne sont pas tels qu'ils devraient résulter de la supposition d'une manière d'être en même temps *imparfaitement élastiques et imparfaitement durs*. Mais ici nous devons observer que cette hypothèse paraît impliquer contradiction.

» Nous avons des corps qui approchent tellement d'être parfaitement élastiques, qu'ils peuvent servir très-bien à déduire et à confirmer les lois du choc ; ce que l'on peut obtenir également des corps non élastiques et mous. Quant aux corps d'une nature mixte, qui forment le plus grand nombre, en tant qu'ils sont dénués d'élasticité, ils sont *mous*, et comme tels ils se brisent, cèdent ou reçoivent une impression par l'effet du choc ; en tant qu'ils ne sont point parfaitement

mous, ils sont *élastiques*, et suivent, dans le choc, une loi mixte relative à chacune de ces propriétés. Mais les corps imparfaitement élastiques et imparfaitement durs sont compris réellement dans la même
série que les premiers corps mixtes ; car, en tant qu'ils sont imparfaitement durs, ils sont *mous*, et comme tels ils se brisent, cèdent ou
reçoivent une impression lors du choc ; et en tant que leur élasticité
est imparfaite, ils sont non *élastiques*, c'est-à-dire qu'ils sont imparfaitement *mous et élastiques ;* et en effet, je n'ai jamais rencontré de
corps auxquels cette définition ne convînt.

» Il semble donc que les corps, considérés sous le rapport de leur
dureté spécifique, diffèrent entre eux selon qu'ils ont un plus grand
degré de ténacité ou de cohésion ; c'est-à-dire, selon qu'ils sont éloignés d'être imparfaitement mous, et que les ressorts élastiques, qui
les composent, conservent plus ou moins de rigidité, lors de leur
extension. De là, nous pouvons conclure que la même puissance mécanique nécessaire pour changer *légèrement* la figure de ces corps,
que l'on appelle vulgairement *corps durs*, changerait, à un haut degré, la figure de ceux qui, par leur peu de ténacité et de cohésion,
rentrent dans la classe des corps mous. Nous pouvons ranger dans la
première classe la fonte de fer la plus dure, et dans la seconde, l'argile humectée.

» Lorsque les philosophes étaient divisés entre eux sur l'*ancienne*
et la *nouvelle* opinion, ainsi qu'ils les désignaient, sur la puissance
des corps en mouvement, eu égard à leurs vitesses respectives, ceux
qui tenaient pour l'ancienne, admettant que la puissance des corps
en mouvement était simplement proportionnelle à leur vitesse, demandaient à ceux qui soutenaient la nouvelle, comment, d'après leurs
principes, ils expliqueraient les conséquences déduites de la doctrine
des corps non élastiques et parfaitement durs ; ceux-ci répliquaient
qu'on ne trouve point de corps semblables dans la nature, qu'ainsi
ils ne s'en embarrassaient pas. Les partisans de la nouvelle opinion
demandaient à leur tour aux partisans de l'ancienne, comment ils
expliqueraient le cas des corps non élastiques et mous, où suivant eux,
la totalité du mouvement perdu par le corps choquant était conservée
dans les deux corps après le choc (tous les deux se mouvant ensemble

avec une vitesse commune égale à la moité de la vitesse du corps
choquant). Pour répondre à cette objection, les partisans de l'ancienne opinion essayèrent sérieusement de prouver que les corps
pouvaient changer de figure, sans que, par l'effet du choc, aucun des
deux corps éprouvât quelque perte de mouvement.

» Ces réponses ne m'ont paru satisfaisantes ni les unes, ni les autres;
en effet, il semble qu'on ne peut répondre à une objection tirée d'une
idée abstraite, en lui opposant l'impossibilité de trouver une matière
propre à faire une expérience.

» D'un autre côté, si la figure d'un corps pouvait être changée,
sans qu'il fût nécessaire, pour opérer ce changement, d'employer
l'action d'une puissance quelconque, il s'ensuivrait en vertu de la
même loi, que l'on pourrait faire travailler un marteau de forge sur
une masse de fer doux, sans employer d'autre force que celle indispensable pour vaincre le frottement, la résistance et la force d'i-
nertie de toutes les parties de la machine mise en mouvement; car
aucun mouvement progressif n'étant imprimé par le marteau à la
masse de fer, puisqu'elle est supportée par l'enclume, il n'y aurait
de ce côté aucune perte de force; et si le marteau n'en perd lui-
même aucune en changeant la figure de la masse de fer, changement qui est le seul effet produit, alors toute la puissance doit de-
meurer dans le marteau, et il rejaillirait vers le point d'où il serait
tombé précisément de la même manière que s'il était tombé sur un
corps parfaitement élastique, sur lequel l'effet du choc serait réellement tel qu'on le suppose ici, la puissance nécessaire pour faire agir
le marteau serait donc la même, soit qu'il tombât sur un corps
élastique, soit qu'il tombât sur un corps non élastique; conclusion
tellement contraire à l'expérience et aux notions les plus simples,
qu'il me suffit de l'exposer pour la faire rejeter, au simple aperçu,
par les philosophes et par les artistes ordinaires.

» Les résultats du choc des corps parfaitement durs, dépourvus
d'élasticité, ne peuvent être les mêmes que ceux du choc des corps
parfaitement élastiques. Ainsi un corps non élastique, supposé en
repos, ne peut être mis en mouvement avec la vitesse même du corps
dont il reçoit le choc; car cet effet résulte de l'action réciproque des

ressorts les uns sur les autres. Le corps choquant, supposé d'une densité parfaite, ne s'arrêtera donc pas ; et puisque le mouvement qu'il perd doit être communiqué au corps choqué, en vertu de l'égalité entre l'action et la réaction, ils se mouvront ensemble avec une vitesse égale, comme cela arrive dans le cas des corps non élastiques et mous. La question qui reste à résoudre consiste donc à savoir quelle doit être cette vitesse ; elle doit être plus grande que celle des corps non élastiques et mous, parce qu'il n'y a aucune puissance perdue dans le choc ; elle doit être moindre que celle du corps choquant, parce que si elle était égale, au lieu d'une perte de mouvement par le choc, la quantité de mouvement serait doublée : si donc des corps non élastiques et mous perdent la moitié de leur mouvement ou de leur puissance mécanique en changeant de figure par le choc, et cependant marchant ensemble avec une vitesse commune, égale à la moitié de la vitesse des corps choquans, et si les corps durs non élastiques n'éprouvent aucune perte de mouvement quelconque, alors, comme ils se meuvent ensemble, leur vitesse doit être telle qu'ils conservent sans altération, après le choc, la puissance mécanique telle qu'elle était avant le choc.

» Que par exemple, la vitesse du corps choquant avant le choc, soit représentée par 20 et sa masse par 8 ; comme la puissance mécanique employée à produire le mouvement d'un corps est comme le carré de la vitesse de ce corps, la puissance mécanique du corps choquant sera exprimée par $20 \times 20 = 400$, nombre qui, multiplié par la masse $8 = 3200$. Si maintenant la moitié de cette puissance mécanique est perdue dans le choc des corps mous non élastiques, elle sera réduite à 1600. Or, 16 représentant la masse des deux corps, on aura 100 pour le carré de leur vitesse après le choc ; par conséquent leur vitesse commune sera représentée par 10, précisément égale à la moitié de la vitesse primitive, ce que l'expérience confirme constamment. Mais aucune puissance n'étant perdue dans le choc des corps durs non élastiques, la puissance mécanique restera après le choc, la même qu'elle était auparavant, c'est-à-dire qu'elle sera toujours représentée par 3200. Divisant ce produit par 16 ou par la masse des deux corps, le quotient 200 représentera le carré de la vitesse communc : cette vitesse , après le choc , sera donc exprimée par 14 , 14 , nombre qui est à la vitesse des corps mous non élastiques , après le choc , comme la racine carrée de 2 est à 1 ; ou comme la diagonale est au côté du carré.

» Il reste maintenant à prouver que précisément la moitié de la puissance mécanique est perdue dans le choc des corps non élastiques ; et en considérant cet objet, les réflexions suivantes m'ont été suggérées. Quoique dans le choc des corps élastiques l'effet soit en apparence instantané , il est cependant produit successivement : les ressorts naturels qui résident dans le corps choquant, et qui le constituent corps élastique , sont pliés pendant la durée de l'action , jusqu'à ce que le mouvement soit divisé entre lui et le corps en repos, et dans ces deux cas les deux corps se meuvent ensemble , comme s'ils étaient non élastiques et mous; mais comme tous les ressorts se restituent de suite dans un temps égal , avec le même degré de force impulsive qui les avait pliés, le mouvement qui restait au corps choquant sera totalement détruit dans cette réaction , et l'action totale de deux ressorts , communiquée au corps qui était primitivement en repos, l'obligera de se mouvoir avec la même vitesse que celle du mobile par lequel il avait été frappé.

» Si , d'après cette idée, nous composons deux corps de telle manière qu'ils puissent agir l'un sur l'autre , ou comme parfaitement élastiques, ou comme formés de ressorts dont l'action puisse être suspendue à volonté, lorsqu'ils ont acquis la plus grande tension ; et si dans cette dernière hypothèse il arrive que les corps dont il s'agit suivent les lois du choc des corps mous non élastiques ; alors il sera prouvé pour ceux-ci, qu'une moitié de la puissance mécanique qui réside dans le corps choquant, est perdue dans l'acte même de la collision. En effet, la force impulsive qui provient de la restitution des ressorts, est précisément égale à celle qui en a occasioné la tension ; et comme cette force de restitution n'a pas lieu dans le corps composé, et reste en quelque sorte renfermée dans le ressort comprimé, il s'ensuit qu'une moitié de la force impulsive est perdue dans le choc des corps naturels non élastiques et mous.

» D'un autre côté, quelle que soit la puissance impulsive des ressorts, depuis le premier jusqu'au dernier, comme la durée de la réaction se trouve réduite à moitié, il s'ensuit aussi qu'une moitié de la puissance mécanique est détruite, ou plutôt enfermée en quelque sorte dans les ressorts où elle demeure capable de s'exercer aussitôt que ces ressorts seront mis de nouveau en liberté pour produire un effet équivalent à la puissance mécanique des deux corps non élastiques et mous, après le choc.

» De là nous devons inférer que la quantité de puissance mécanique dépensée pour déplacer les parties intégrantes des corps mous dans le choc, est exactement la même que celle qui est dépensée pour tendre les ressorts d'un corps parfaitement élastique. Mais le résultat des phénomènes présente cette différence que, dans les corps non élastiques, la puissance employée à déplacer les parties est totalement perdue et détruite, et qu'il faudrait faire agir une puissance mécanique égale dans une direction contraire, pour les remettre en place: tandis que le cas des corps élastiques, une moitié de la puissance mécanique est, comme on l'a déjà observé, seulement suspendue et capable d'être exercée de nouveau, sans le secours ultérieur d'aucune autre force.

» Quant aux corps *non élastiques et parfaitement durs*, nous devons inférer, que l'on adopte quelque hypothèse qui implique contradictions, puisque la conclusion à laquelle on est inévitablement conduit, contredit une vérité généralement admise comme susceptible de la démonstration la plus rigoureuse; savoir, que la vitesse du centre de gravité d'un système quelconque de corps ne peut être changée par leurs chocs réciproques. Toutes les règles établies, soit pour les corps parfaitement élastiques, soit pour les corps non élastiques et mous, s'accordent avec ce principe; mais elles s'en écartent pour les corps *non élastiques et durs*, si leur vitesse, après le choc est à la vitesse du corps choquant comme 1 est à $\sqrt{2}$; car alors le centre de gravité des deux corps acquiert par le choc une vitesse plus grande dans cette proportion, que celle dont le centre de gravité des deux corps était animé, avant le choc, ce qui peut se prouver ainsi : à l'instant où le corps choquant commence à se mouvoir, le centre de gravité des deux corps se trouve exactement placé au milieu de la distance qui les sépare l'un de l'autre, et, au moment où ils se rencontrent, ce centre aura parcouru cet intervalle, de sorte que la vitesse du centre de gravité du système avant le contact, sera précisément sous-double de la vitesse du corps choquant.

» Si donc cette vitesse est 2, celle du centre de gravité des deux corps sera 1 après le choc : comme les deux corps sont supposés se mouvoir ensemble, la vitesse de leur centre de gravité sera la même que celle des deux corps; et comme on prouve que leur vitesse est égale à la racine carrée de 2, la vitesse de leur centre de gravité croîtra dans le rapport de 1 à $\sqrt{2}$, c'est-à-dire de 1 à 1, 414, etc.

» La conséquence naturelle que l'on tire de ces propositions, est que l'idée d'un corps non élastique et parfaitement dur implique contradiction. En effet, pour que cette idée s'accorde avec les conclusions qui dérivent de chacune de ces deux propositions, nous serons obligés de supposer, d'une part, que les corps durs non élastiques peuvent dans leur choc, ne perdre aucune partie de leur puissance mécanique, parce qu'il n'existe d'autre impression que la communication du mouvement, et d'autre part, qu'il doit se perdre une certaine quantité de mouvement dans le choc, parce que si cette perte n'avait pas lieu, le centre commun de gravité du système acquerrait, ainsi qu'on l'a montré ci-dessus, une augmentation de vitesse par l'effet du choc des deux corps l'un sur l'autre.

» C'est ainsi que l'idée d'un mouvement perpétuel peut, à la première vue, ne pas sembler impliquer de contradiction : cependant, quand on recherche les conditions nécessaires pour mettre ce mouvement à exécution, on est contraint d'avouer que l'idée de ce mouvement comporte celle de corps tellement constitués, que leur poids absolu soit moindre lorsqu'ils montent dans une direction contraire à celle de la pesanteur, et plus grand quand ils descendent de la même hauteur dans le sens même de la gravité; ce qui répugne à toutes les notions que nous avons sur les corps naturels. »

ARTICLE IX.

Idée de la décomposition du mouvement.

Un corps peut n'être pas toujours mis en mouvement par l'action d'une seule force. S'il y en a plusieurs qui concourent à produire l'effet, et qu'elles agissent toutes dans la même direction, il est clair que le mouvement résultant sera en raison du nombre et de la quantité de mouvement des forces concurrentes ; et si les forces étaient disposées pour agir en sens contraire, que de deux côtés du mobile il y eût égalité d'effort, le mouvement serait anéanti, et le mobile en équilibre dans le conflit de forces égales et opposées. On aperçoit, sans difficulté, ce qui arriverait, une partie de ces forces l'emportant sur les autres.

Mais si plusieurs forces exercent leur action sur un mobile, dans des directions différentes, sans être opposées ; par exemple, si deux personnes se mettent chacune à un coin d'un billard et du même côté ; qu'elles touchent une seule bille en même temps, la première cherchant à diriger la bille dans la *blouse* opposée à son coin, au bout du billard ; et la seconde, dans celle qui lui est également opposée ; la bille n'ira ni dans l'une ni dans l'autre blouse ; elle se dirigera sur le milieu du billard, si l'impulsion a été égale de part et d'autre.

Cette bille, en effet, éprouvant deux chocs égaux et instantanés, ne peut suivre plutôt l'impulsion de l'une que de l'autre, et elle prendra nécessairement une direction moyenne entre les directions de ces deux forces. Si les chocs étaient, l'un plus faible et l'autre plus fort, on conçoit aisément que la bille s'écarterait d'autant plus de la direction moyenne, que la différence des deux forces d'impulsion serait grande.

Mais la quantité de mouvement imprimée par l'action de ces deux forces ainsi dirigées est-elle égale à la somme des quantités de mouvement de ces forces, c'est-à-dire à celle qui résulterait de leurs concours dans la même direction ? Non, sans doute ; car ces forces agissant en différens sens, une partie de leurs quantités de mouvement doit s'anéantir.

Ainsi, en continuant la supposition ci-dessus, si ces deux personnes se mettent l'une vis-à-vis de l'autre, et que, dans cette position, elles touchent, au même instant, la bille sur deux points diamétralement opposés, et avec un effort égal, le mouvement total sera anéanti, et la bille restera en repos.

Mais que ces deux personnes, se rapprochant insensiblement, touchent la bille sous divers angles, la portion de mouvement anéantie sera d'autant moindre, ou la quantité de mouvement communiqué à la bille sera d'autant plus grande, que ces deux personnes se rapprocheront davantage; jusqu'à ce qu'enfin elles choquent toutes deux suivant la même direction, et que le mouvement communiqué à la bille soit égal à la valeur des deux forces réunies.

Les mathématiciens représentent et expriment la valeur et la direction de ces deux forces, par les côtés contigus d'un parallélogramme; ils démontrent que le mobile, par l'impulsion de ces deux forces, décrit la diagonale de ce parallélogramme, laquelle représente la quantité de mouvement communiqué au mobile; ainsi, 1°. cette diagonale est la *résultante* de ces deux forces; 2°. une force égale à la valeur conventionnelle de cette ligne diagonale produirait seule autant d'effet que les deux forces ci-dessus, agissant dans les directions et avec les forces exprimées par les deux côtés; 3°. enfin l'on peut substituer une force à deux autres, ou deux forces à une seule et produire le même effet. Cette théorie au surplus appartient plus à la mécanique rationnelle, qu'à la mécanique industrielle.

ARTICLE X.

Calcul de Coulomb, pour le maximum *d'effet, dans les charges à dos d'hommes.*

Nous pouvons supposer sans grande erreur, dans une question du genre qui nous occupe, que les quantités d'action perdues sont proportionnelles aux charges; et pour lors, si nous nommons P une charge quelconque, nous aurons la quantité d'action que cette charge fait perdre, en faisant 68 : 96 : : P : la quantité d'action perdue, qui

I.   59

est par conséquent égale à $\frac{96}{68} P = 1,41\ P$, ou 1,41 kilomètres multiplié par P.

Ainsi, comme la quantité d'action que l'homme fournit en montant librement un escalier est de 205 kilogrammes élevés à un kilomètre, nous aurons pour la quantité d'action journalière qu'il peut fournir, sous la charge P, la formule $205 - 1,41P$. Ici 205 représente 205 kilogrammes élevés à un kilomètre, et 1,41 représente un kilomètre 41 centièmes, hauteur où est élevé le poids P.

Si h est supposé la hauteur à laquelle l'homme chargé d'un poids P, peut s'élever par son travail journalier, Ph sera l'effet utile du travail, et $(70+P)h$ sera la quantité totale d'action fournie par l'homme, dont la pesanteur absolue est de 70 kilogrammes, qu'il élève en même temps que le poids P. Ainsi nous avons l'égalité

$$(70 + P)h = 205 - 1,41P.$$

D'où résulte pour l'effet utile,

$$Ph = \frac{(205 - 1,41\,P)}{70 + P}\,P$$

faisant $205 = a$; $1,41 = b$; $70 = Q$, nous aurons

$$Ph = \frac{(a - bP)}{Q + P}\,P$$

quantité dans laquelle, pour avoir le *maximum* de Ph, il faut faire varier P, et ensuite égaler à zéro la différentielle de la quantité qui represente Ph; il en résultera pour la valeur de P,

$$P = Q\left(\left(1 + \frac{a}{bQ}\right)^{\frac{1}{2}} - 1.\right)$$

En substituant les valeurs numériques de a, b, Q, nous trouverons $P = 0,754 \times Q = 53$ kilogrammes.

Si dans la formule, $Ph = \frac{(205 - 1,41P)\,P}{70 + P}$, qui représente l'action utile, je substitue à la place de P, 53 kilogrammes, j'aurai $Ph = 56$ kilogrammes élevés à 1 kilomètre.

Pour vérifier si la supposition que nous avons faite de la diminution de la quantité d'action proportionnelle aux charges, peut donner des erreurs sensibles dans la pratique, il faut voir si la quantité

d'action que l'homme peut fournir dans une journée déterminée ,
d'après la formule (205 — 1,41 P) donnera au point où elle devient o
(parce que l'homme est chargé du plus grand poids qu'il puisse por-
ter), une quantité approchée de celle fournie par l'expérience , faisant donc 205 — 1,41 $P =$ o , nous aurons $P = $ 145 kilogrammes ,
poids effectivement le plus grand qu'un homme d'une force moyenne
puisse porter à une très-petite distance.

ARTICLE XI.

*Calculs de Coulomb relatifs aux charges portées sur un chemin
horizontal.*

Supposons que les pertes d'action sont proportionnelles aux charges : en nommant P la charge , et x la quantité d'action que fait
perdre cette charge , nous aurons 1500 : x : : 58 : P , d'où

$$x = \frac{1500 P}{58} = 25,86 P.$$

Ainsi la quantité d'action journalière que peut fournir un homme
sous la charge P , est égale à la quantité d'action qu'il peut fournir
sans charge , diminuée de la quantité d'action perdue en raison de la
charge P ; ce qui donne , pour la quantité d'action journalière ,
3500 — 25,86 P , dans laquelle 3500 représente des kilogrammes
multipliés par un kilomètre , et 25,86 représente des kilomètres.

Si nous cherchons d'après cette formule quel est le plus grand
poids qu'un homme puisse porter , ou ce qui revient au même, celui
sous lequel il cesse d'agir , il faudra faire la quantité d'action 3500 —
25,86 $P =$ o ; ce qui donne $P = $ 135,4 kilogrammes quantité qui est
effectivement à peu près celle qu'un homme d'une force moyenne
peut porter pendant très-peu de temps. Cette quantité qui donne la
limite de l'action de l'homme dans ce genre de travail , et qui nous a
été fournie par la supposition de la quantité d'action perdue proportionnelle à la charge , est une preuve certaine que cette supposition
n'a pas pu nous faire commettre des erreurs considérables.

Il faut à présent déterminer quelle est la charge sous laquelle l'homme qui transporte des fardeaux peut fournir un *maximum* d'effet utile.

Supposons que sous la charge P, l'homme dans son travail journalier, parcourt l'espace l, sa quantité d'action journalière, en faisant $Q = 70$ kilogrammes, qui est le poids de son corps, sera $(P + Q) l$; quantité qui doit être égale à $(3500 - 25,86P)$ qui représente la même quantité d'action, lorsque l'homme est chargé du poids P; ainsi l'on a

$$(P + Q) l = (3500 - 25,86P)$$

d'où l'on tire,

$$Pl = \frac{(3500 - 25,86P) P}{P + Q}.$$

Cette quantité Pl, représente la charge multipliée par l'espace qu'elle a parcouru, et par conséquent l'effet utile du travail. C'est cette quantité qu'il faut différencier en faisant P variable, et la différentielle égale à o, pour avoir le plus grand effet utile.

Si je suppose $3500 = a$, $25,86 = b$, il résultera de la différentielle de cette quantité égalée à o, la même formule que nous avons déjà trouvée; $P = Q\left(\left(1 + \frac{a}{bQ}\right)^{\frac{1}{2}} - 1\right)$; dans laquelle égalité, si nous substituons les nombres, nous aurons,

$$P = 0,72 \times Q = 50,4 \text{ kilogrammes.}$$

Dans le genre de travail que nous soumettons ici au calcul, il y a un cas particulier qui a presque toujours lieu dans les transports qui se font dans les villes; c'est celui où les hommes portant des charges, soit à dos, soit sur des brancards, reviennent à vide chaque voyage pour chercher une nouvelle charge. Il est nécessaire de déterminer dans ce genre de travail quelle est la charge sous laquelle un homme peut fournir le plus grand effet utile.

Si $l = 50$ kilomètres, longueur du chemin qu'un homme peut parcourir dans un jour, lorsqu'il n'est chargé d'aucun fardeau; en supposant toujours $Q = 70$ kilogrammes, poids de son corps, Ql sera la quantité d'action qu'il peut fournir dans la journée, lorsqu'il ne porte aucun poids; mais s'il ne parcourt sans charge que l'espace x, plus petit que l, Qx sera seulement une portion de son travail journalier. Si l'on divise cette portion de travail par Ql, qui est le travail qu'il peut fournir dans la journée, $\frac{Qx}{Ql}$ ou $\left(\frac{x}{l}\right)$ sera la portion d'un travail journalier sans charge, dont l'unité est la totalité, car x devenant l, $\frac{x}{l}$ sera égal à l'unité.

Mais comme ici l'homme parcourt le même chemin x chargé et non chargé, et que lorsque l'homme est chargé du poids P, nous avons trouvé la quantité d'action qu'il peut fournir dans son travail journalier, égale à $3500 - 25,86\,P$, puisque la portion de l'action sur cette charge P est représentée par $(P+Q)\,x$, le rapport de cette quantité avec la quantité d'action journalière représentera la portion du travail journalier qu'il aura fournie sous cette charge. Ainsi, nous aurons, pour cette portion de travail, $\frac{(P+a)\,x}{3500 - 25,86\,P}$; et comme la somme du travail de l'homme chargé, et du travail du même homme marchant librement, doit égaler le travail de la journée, nous aurons

$$\frac{x}{l} + \frac{(P+Q)\,x}{3500 - 25,86\,P} = 1.$$

Mais comme $Ql = 3500$, qui est la quantité qui résulte du poids de l'homme, Q multiplié par le chemin l qu'il peut parcourir dans un jour, lorsqu'il n'est chargé d'aucun fardeau, faisons $h = 25,86$ kilomètres ; l'équation qui précéde deviendra $Px = \frac{P\,(Ql^2 - hlP\,)}{2Ql + P\,(l-h)}$ ou Px exprime la portion d'action qui est égale à l'effet utile que l'homme peut fournir dans une journée de travail.

Il faut différencier la valeur de Px en faisant P variable, et supposer la différentielle égale à 0.

Pour simplifier, je fais $a = Ql^2$, $b = hl$, $c = 2Ql$, $f = l - h$; ainsi $Px = \frac{aP - bP^2}{c + fP}$. En différenciant le second membre, et en faisant la différentielle égale à 0, nous aurons $ca - 2bcP - bfP^2 = 0$; d'où résulte $P = \frac{c}{f}\left(1 + \frac{fa}{bc}\right)^{\frac{1}{2}} - 1\big)$ en remettant les chiffres à la place des lettres, nous aurons

$$f = l - h = 24,14$$
$$a = Ql^2 = 70.50^2 = 175000$$
$$b = hl = 25,86.50$$
$$c = 2Ql = 2.70.50 = 7000.$$

Ces valeurs substituées, nous tirerons $P = 61, 25$ kilogrammes.

Ce fardeau est à très-peu près celui que portent des hommes d'une force moyenne, lorsqu'ils sont obligés de faire dans une journée plusieurs voyages à de grandes distances; ainsi il ne doit pas rester de doute sur l'exactitude des élémens dont ce résultat est déduit.

Si nous voulons avoir, d'après la valeur de $P = 61,25$ kilogrammes, la quantité d'action utile que les hommes fournissent dans ce genre de travail, il faut substituer $61,25$ à la place de P dans la formule $\frac{aP - bP^2}{c + fP}$, qui représente Px, et nous trouverons d'après cette substitution, $Px = 692,4$ kilogrammes transportés à un kilomètre; qui représente la plus grande quantité d'action utile ou d'effet qu'un homme peut fournir dans sa journée.

En substituant dans la formule, à la place de P, 58 kilogrammes, poids dont nous avons d'abord supposé l'homme chargé, nous trouverions pour la quantité d'action utile, $Px = 691$ kilogrammes transportés à un kilomètre.

Si nous supposions P égal à 65 kilogrammes nous trouverions $Px = 690$ kilogrammes transportés à un kilomètre; ainsi l'on voit qu'une augmentation ou une diminution de charge de 4 à 5 kilogrammes ne produit que des différences insensibles dans le *maximum* d'effet utile.

ARTICLE XII.

Calcul de Dan. Bernouilli pour la force des hommes.

Pour obtenir le plus grand effet de la force des hommes, il faut déterminer combien de vitesse doit être attribuée à leur action. L'expérience prouve que plus l'homme opère avec vitesse, moins l'effet dont il est capable est grand; et comme l'effet doit s'estimer non-seulement d'après l'effort, mais encore d'après la vitesse avec laquelle il a à s'exercer, il peut arriver que, bien que l'effort diminue à mesure que la vitesse augmente, il peut arriver, dit-il, qu'il en résulte un effet plus grand; il s'agit donc de déterminer dans quel cas.

Considérons, en premier lieu, l'effort que peut déployer l'homme en repos; il ne faut pas le prendre trop grand, mais tel que l'homme puisse le supporter quelque temps sans trop de fatigue; supposons qu'il soit exprimé par M, et que l'homme est en état de tenir ce poids suspendu. Ce poids si nous consultons l'expérience, peut être de 70 *livres* environ, ou égal au poids d'un pied cube d'eau.

Considérons, en second lieu, quelle est la plus grande vitesse avec laquelle l'homme peut ou courir, ou faire agir ses membres, sans trop de fatigue ; avec cette vitesse l'homme ne sera capable d'aucun effort, parce que son propre mouvement absorberait tous les efforts dont il peut être capable. Soit cette vitesse $= \sqrt{c}$ ou *due* à la hauteur c comme cette vitesse portée au plus haut degré peut être censée de 6 *pieds* par seconde, la hauteur *due* à cette vitesse sera de $\frac{576}{1000}$ ou 0,576 de pied.

Puisque l'homme, à l'état de repos, peut exercer un effort $= M$, et qu'il n'est capable d'aucun effort, lorsqu'il se meut avec la vitesse $= \sqrt{c}$, il faut voir l'effort qu'il peut faire avec une vitesse quelconque, plus petite que $\sqrt{c}$. Soit $\sqrt{v}$ cette plus petite vitesse et Q l'effort qu'il peut exercer avec cette vitesse ; il est évident que Q doit être une fonction de v, telle qu'en faisant $v = o$, Q devienne $= M$, et qu'en faisant $v = c$, on ait $Q = o$. On peut satisfaire à ces conditions d'une infinité de manière, et supposer $Q = M\left(1 - \frac{v^n}{c^n}\right)^m$.

Il semble qu'on serait d'accord avec l'expérience, en faisant $n = \frac{1}{2}$ et $m = 2$ et on aurait

$$Q = M\left(1 - \frac{\sqrt{v}}{\sqrt{c}}\right)^2$$

L'exactitude de cette formule peut être rendue sensible, par la considération de l'action de l'eau. Car si l'eau choque directement un plan $= ff$ avec une vitesse $\sqrt{c}$, elle exerce une force ffc ; mais si le plan avance avec la vitesse $= \sqrt{c}$ comme le courant, ce plan ne recevra aucune action du fluide ; s'il se meut avec une vitesse moindre $\sqrt{u}$, il sera choqué avec une force $= ff$ $(\sqrt{c} - \sqrt{u})^2$; ffc répond à notre M ; d'où il suit que si $ff = \frac{M}{c}$, Q ou la force qui répond à $\sqrt{u}$ devient $= M\left(1 - \frac{\sqrt{u}}{\sqrt{c}}\right)^2$.

Pour faire servir tout ce qui précède à déterminer l'action la plus avantageuse pour l'homme, supposons qu'il doit élever un poids P donné, au moyen d'un treuil ; car il est permis de ramener à ce cas toutes les machines disposées comme on voudra. Soit donc le demi-diamètre du cylindre $= a$, la longueur de la manivelle $= r$; que l'homme agisse avec une vitesse $= \sqrt{u}$; la vitesse avec laquelle le poids est élevé, sera $= \frac{a}{r} \sqrt{u}$; et la force de l'homme qui agit avec cette vitesse est $= M \left(1 - \frac{\sqrt{u}}{\sqrt{c}} \right)^2$: le moment de cette force est $Mr \left(1 - \frac{\sqrt{u}}{\sqrt{c}} \right)^2$. Il doit être égal au moment du poids opposé P, lequel $= Pa$; en sorte que nous avons cette équation :

$$Pa = Mr \left(1 - \frac{\sqrt{u}}{\sqrt{c}} \right)^2,$$

équation qui détermine l'état de la machine.

De l'équation trouvée, nous tirons $\frac{a}{r} = \frac{M}{P} \left(1 - \frac{\sqrt{u}}{\sqrt{c}} \right)^2$. Donc la vitesse avec laquelle le poids est élevé effectivement, sera

$$\frac{M}{P} \left(1 - \frac{\sqrt{u}}{\sqrt{c}} \right) \sqrt{u}.$$

Il est évident que cette vitesse dépend surtout de la vitesse $\sqrt{u}$; car soit qu'on la suppose $V = o$, ou $v = c$, le poids ne s'élève nullement. Il est donc nécessaire de donner une certaine valeur pour $\sqrt{u}$, pour que le poids monte avec le plus de célérité, et c'est ce degré de vitesse qui fait que l'homme, en opérant, est censé produire le plus grand effet.

Supposons dès lors $\sqrt{u} = z$ et $\sqrt{c} = c$, en sorte qu'on doive rendre *maximum* $z \left(1 - \frac{z}{c} \right)^2$; la différentielle de cette quantité, étant égalée à zéro, donne $dz \left(1 - \frac{z}{c} \right)^2 - \frac{2z\,dz}{c} \left(1 - \frac{z}{c} \right) = o$. D'où l'on tire $z = \frac{1}{3} e$, et par conséquent $\sqrt{u} = \frac{1}{3} \sqrt{c}$. Ainsi la vitesse de l'homme, correspondante au plus grand effet, est précisément le tiers de la plus grande vitesse dont l'homme est capable.

Comme on l'a estimée de 6 *pieds* par seconde, la vitesse la plus avantageuse que l'homme puisse prendre, sera de 2 *pieds* par seconde; d'où il résulte que si l'homme va plus vite ou plus lentement, il produira un plus petit effet.

Puisqu'on a $\sqrt{u} = \frac{1}{3} \sqrt{c}$, on aura $u = \frac{1}{9} c$; donc la hauteur *due* à la vitesse correspondante au *maximum* d'effet, sera $= \frac{64}{1000}$ *de pieds*;

l'effort qu'exercera l'homme agissant avec cette vitesse sera $\frac{4}{9}$ M. Si on estime M de P *livres*, celle-ci sera $= 33\frac{1}{3}$ *livres*, ou égale au poids des $\frac{4}{9}$ du *pied cube* d'eau ; cette évaluation doit s'appliquer à tous les cas de l'emploi de l'homme comme moteur. Ainsi toutes les machines, de quelque genre qu'elles soient, doivent être établies de manière que la vitesse de l'homme soit de 2 *pieds* par seconde, ou que la hauteur *due* à cette vitesse soit de $\frac{8}{125}$ *de pied*.

ARTICLE XIII.

Manivelle dynamométrique de M. Regnier.

Cette manivelle est destinée à estimer l'effort que l'homme fait en tournant une machine ; il a suffi, pour lui donner cette propriété, de faire, du bras de la manivelle, un ressort auquel la poignée est attachée ; en poussant sur cette poignée le ressort cède plus ou moins et suit les divisions d'un arc de cercle qui indiquent le degré d'effort qu'on a exercé sur le ressort. Il est bien entendu qu'en construisant l'instrument, on a déterminé, par expérience, les poids qui correspondent à chaque division de l'arc de cercle.

ARTICLE XIV.

Compteur.

Les compteurs sont ordinairement composés d'un certain nombre de roues engrenant les unes avec les autres, de telle manière que l'aiguille qui *compte* fasse un très-petit nombre de révolutions pendant que la machine à laquelle le compteur est attaché, en fait un grand nombre ; le nombre des révolutions est ainsi plus facile à évaluer, et le compteur peut même être tellement composé, qu'on n'ait besoin de relever les révolutions qu'à la fin d'un ou de deux jours. On concevra mieux la théorie des compteurs lorsque nous aurons parlé des engrenages.

1.   6o

ARTICLE XV.

Vide.

Tout ce qui est creux, à la surface de la terre, dans l'atmosphère, est plein d'air; on dit qu'on a fait le vide, lorsque, par un moyen quelconque, on a chassé l'air du vase dans lequel il est, sans y laisser pénétrer un autre corps.

ARTICLE XVI.

Sur l'établissement des conduites qui doivent alimenter les fontaines d'une ville. (Voyez *Hydrodyn. de Bossut.*)

Lorsqu'il s'agit d'amener les eaux d'un point A à un autre B, la première chose qu'on doit faire est de constater la possibilité du projet, ou de reconnaître si, et de combien le point A est plus élevé que le point B. Il faut donc commencer par niveler exactement le terrain : plus le point de départ sera haut, par rapport à celui d'arrivée, plus l'eau aura de vitesse pour couler. Mais comme il est à propos de placer le château d'eau d'une ville dans l'endroit le plus élevé, afin que les eaux puissent être envoyées à tous les quartiers, il pourra se faire que la pente depuis la source jusqu'au château d'eau soit peu considérable; quelquefois même on sera obligé d'abaisser le château d'eau. Nous dirons dans un moment la pente qui est nécessaire pour l'écoulement suffisant des eaux.

Une autre recherche qui doit encore précéder l'exécution du projet c'est la mesure de la quantité d'eau que la source peut fournir. Or, on déterminera cette quantité en rassemblant les eaux de la source dans un réservoir et en mesurant le nombre de *pintes* qui sortiront en une minute, par des ouvertures percées dans des planches que l'on aura adaptées aux parois de ce réservoir.

On a observé qu'un tuyau de conduite de 6 *pouces* de diamètre, mène facilement 20 *pouces* d'eau sur une pente de 5 *pouces* pour 100 *toises*, la distance de la source à la ville étant de 2 à 3000 toises. Il passerait une quantité d'eau beaucoup plus grande, si l'espace à parcourir était moins long, et si les nœuds qui assemblent les parties de la conduite n'y formaient pas quelquefois des rétrécissemens qui gênent le mouvement du fluide.

De là les praticiens ont tiré cette règle : le carré du diamètre de la conduite, mesuré en *pouces*, doit être double du nombre de *pouces* d'eau que la conduite doit mener sur une pente de 3 *pouces* pour 100 toises.

Il convient de distribuer le plus uniformément qu'il est possible la pente entière, depuis la source jusqu'à la ville. Lorsque dans cet intervalle il se trouve des parties rectilignes d'une certaine longueur, alors au lieu d'y employer des tuyaux, on y emploie souvent des aquéducs ou canaux ouverts : si on voulait continuer ces aquéducs dans les endroits où il y a des vallées à franchir, il faudrait les soutenir par des arcades comme faisaient les Romains, et comme il en existe parmi nous plusieurs exemples ; mais alors les frais de construction sont très-considérables. On préfère donc ordinairement en ce cas, l'usage des tuyaux, en observant que la hauteur du point de départ de l'eau dans le tuyau, au-dessus du point d'arrivée, soit assez grande pour donner à l'eau l'impulsion dont elle a besoin pour parcourir le tuyau malgré ses sinuosités.

L'eau qui coule dans un aquéduc ne demande pas une si grande pente que celle qui coule dans un tuyau. L'aquéduc d'Arcueil a 3 *pouces* de pente pour 100 *toises ;* il en est à peu près de même du canal de l'étang de Trappes, et quand on y lâche les eaux, elles parcourent 4000 *toises* en quatre heures. L'aquéduc de Roquencourt n'a guère que 2 *pouces* de pente pour 100 *toises* : à mesure que le volume des eaux est plus considérable, l'aquéduc a besoin d'une moindre pente. Par exemple, la pente moyenne de la rivière de Seine n'est que de 12 *pouces* pour 1000 *toises.*

Il faut éviter, autant qu'il est possible dans le cours d'une conduite, les pentes et les contre-pentes : souvent il vaut mieux contourner une montagne en suivant une pente douce et un chemin plus long, que d'aller directement au but par des hautes-pentes et contre-pentes.

On sait la nécessité de placer des ventouses ou des évents aux som-

mets des pentes et des contre-pentes d'un tuyau de conduite. Ajoutons
que l'air enfermé dans un endroit est sujet aux variations du chaud
et du froid : il s'enfle par le chaud et se condense par le froid ; dans
le premier cas, il ferme plus le passage à l'eau que dans le second ;
aussi voit-on des tuyaux de conduite qui par cette cause, donnent
moins d'eau par les temps chauds que par les temps froids.

Lorsqu'un aquéduc a une longueur considérable, on doit avoir
soin d'y établir, de distance en distance, des réservoirs, espèce de
cuves rondes ou carrées dans lesquelles l'eau vient déposer les vases
et autres ordures, pour reprendre ensuite un nouveau cours. Les
conduites en tuyaux ont encore plus besoin de ces cuves de décharge,
non-seulement pour la dépuration des eaux, mais encore pour prévenir un inconvénient considérable dont nous parlerons bientôt.

Si vous voulez donc qu'une conduite en tuyaux, d'ailleurs bien
combinée dans tous les points, remplisse l'objet que vous attendez,
placez-y des *regards*, de 5o *toises* en 5o *toises* environ.

Un regard est un petit bâtiment carré ou rond dans lequel il y a
une cuve de plomb, ou faite en ciment et en caillou, qui reçoit
l'eau par le bout du tuyau de chasse, saillant d'une certaine quantité
au-dessus de son fond, et qui le transmet à un ou plusieurs tuyaux
de fuite, saillans aussi au-dessus du fond ; ce qui donne moyen à l'eau
de s'épurer. Au même fond est adapté un tuyau de *décharge*, garni
d'un robinet qu'on ouvre de temps en temps, soit pour mettre la
conduite en décharge, soit pour que les vases et autres ordures amas-
sées au fond de la cuve aient la liberté de s'échapper.

Les regards se mettent quelquefois dans les fonds ou vallées, aux
endroits où la conduite est le moins enterrée, et en ce cas, leur décharge trouve aisément à s'écouler, sans qu'on soit obligé de faire des
fuites. Mais dans les conduites qui ont plusieurs pentes et contre-
pentes, les regards se placent ordinairement aux parties les plus élevées. Alors on pratique une décharge au lieu le plus bas de la plongée.
En ouvrant cette décharge et celle du regard précédent, on met la
conduite à sec, et on a ainsi la facilité de faire à l'aise les réparations dont elle peut avoir besoin. Il n'est pas nécessaire d'ajouter que
quand la cuve d'un regard est placée dans un fond, elle doit être fer-

mée par en haut, pour que l'eau chassée par la pente puisse monter le long de la contre-pente.

Lorsque les regards sont placés aux sommets des contre-pentes, ils servent d'évents ; mais comme ils sont toujours en petit nombre, on ne doit pas manquer de mettre des ventouses à de moindres intervalles.

Outre ces utilités des regards, ils en ont encore une très-importante : ils servent à reconnaître et à détruire les amas de brins d'herbes, de racines et de terres qui s'accumulent et s'étendent par masse dans une conduite, et que l'on appelle vulgairement des *queues de renard.* Rien n'est plus nuisible au mouvement de l'eau ; souvent les queues de renard finissent par fermer entièrement le passage à l'eau, ou du moins ne laissent presque couler que goutte à goutte.

Un peu de vigilance suffirait ordinairement pour arrêter dans son origine le mal dont nous parlons. Lorsque vous vous apercevrez que les eaux gonflent dans une cuve, et que leur mouvement éprouve de la gêne dans le tuyau de fuite, attachez un petit bâton à une longue et forte ficelle ; garnissez l'extrémité antérieure du bâton d'un petit grappin en fer ; en lâchant la ficelle, le grappin arrivera à la cuve inférieure ; alors mettez une seconde ficelle au grappin, et faites-le promener alternativement en sens contraire dans l'intervalle des deux cuves : par-là vous emporterez l'obstruction, ou du moins vous reconnaîtrez l'endroit où elle se trouve, et alors vous ouvrirez la conduite en cet endroit, pour arracher le noyau de la future queue de renard.

Mais lorsque le mal a fait des progrès, il faut avoir une centaine de bâtons de bois de brins de chêne, ou d'un autre bois ferme et pliant ; ces bâtons s'assembleront bout à bout par emboîtemens successifs ; on leur donnera la même longueur, qui sera par exemple, de 3 *pieds*, afin de former une espèce de chaîne de longueur connue. Vous les pousserez l'un après l'autre dans la conduite, et vous aurez soin de garnir la tête du premier d'une grosseur en forme d'olive ou de sphère : quand vous sentirez de la résistance et que vous ne pourrez la surmonter, vous serez sûr qu'il existe une queue de renard dont vous connaîtrez la position par la longueur de la chaîne de bâ-

tons employés ; vous ouvrirez la conduite en cet endroit , et vous dé-
truirez la queue de renard.

Il y a encore une petite observation à faire sur ce sujet ; les graines
qui s'élèvent dans l'air , et qui entrent dans les regards, s'ils ne sont
pas bien clos , peuvent germer et occasioner des chevelures ; c'est
pourquoi il ne faut ouvrir les regards que dans l'hiver et avec précaution.

De tous les tuyaux qu'on peut employer pour faire une conduite ,
ceux de plomb sont les meilleurs , sans contredit, parce que leur
flexibilité permet d'adoucir, autant qu'il est possible , les coudes de
la conduite. Pour faire de bons tuyaux de plomb , il faut trois quarts
de plomb d'Angleterre et un quart de celui d'Allemagne. Autrefois
on faisait ces tuyaux avec du plomb *laminé*, c'est-à-dire avec des
tables de plomb , d'une épaisseur uniforme, arrondies et soudées
en longueur ; mais on a reconnu que ces tables sont sujettes à des
soufflures , et depuis plusieurs années on a abandonné l'usage de faire
ainsi les tuyaux. Aujourd'hui on les jette en moule par reprises de
2 *pieds* et demi. Les petits tuyaux peuvent avoir 18 *pieds* de longueur;
mais dès qu'ils ont environ 3 *pouces* de diamètre , on ne les fait que
de 10 à 12 *pieds* de longueur , afin de pouvoir les employer plus
aisément. Ils sont sujets à crever par les reprises où il se trouve de la
chiasse et du gravier. On les éprouve ainsi : on bouche l'une de leurs
extrémités avec un tampon de bois garni de linge ; puis les ayant
remplis d'eau , on chasse dedans à coups de maillet une verge de fer
garnie de rondelles de cuir d'un diamètre convenable. Les efforts du
maillet font bientôt connaître les endroits faibles qu'on raccommode
avec de la soudure. La bonne soudure pour le plomb doit être composée ordinairement d'un tiers d'étain fin d'Angleterre , et de deux
tiers de plomb ; et celle dont on se sert pour le cuivre est de moitié
l'un , moitié l'autre ; le tout bien écumé.

Dans l'intérieur des villes , où il passe beaucoup de voitures , l'u-
sage est de faire les tuyaux en plomb. Par exemple à Paris, la plupart
des tuyaux sont en plomb, et enterrés d'environ 3 *pieds ;* je dis la *plupart*, car il y a aussi quelques tuyaux en fer ; mais ces derniers tuyaux
ont une épaisseur considérable et sont enterrés tout au moins de

4 pieds, afin de pouvoir résister aux secouses occasionées par le mouvement des voitures. On sent que des tuyaux de grès ne résisteraient pas à ces secousses.

Comme une conduite entière en plomb, lorsqu'il faut amener les eaux d'un peu loin, coûterait un prix exorbitant, on emploie pour l'ordinaire dans la campagne des tuyaux de bois, de fer ou de grès. Seulement on arrondit et adoucit les coudes de la conduite, lorsqu'elle en a, avec des tuyaux de plomb qui se raccordent de part et d'autre avec les autres.

Les tuyaux de bois se font avec des troncs d'arbre de chêne, d'orme ou d'aulne, les plus longs et les plus gros qu'on peut trouver. On perce les troncs dans le sens de leur longueur avec des tarières. Il faut laisser à l'enveloppe un pouce au moins d'épaisseur, sans compter ni l'écorce, ni l'aubier. On les emboîte ensemble, en affilant le bout de l'un et agrandissant le diamètre de l'autre; et on les enduit en cet endroit de mastic pour empêcher l'eau de filtrer et de se perdre.

Les tuyaux de fer sont composés de parties ou de tuyaux qui ont environ 3 *pieds* de longueur; ils s'assemblent les uns avec les autres, au moyen de brides qui doivent permettre aux bouts de se joindre bien exactement. Pour cela, les brides d'un tuyau à l'autre sont distantes d'environ 2 *lignes;* on remplit ce vide avec des mastics à froid, et avec des rondelles de cuir ; ensuite on unit fortement les brides par le moyen de vis et d'écrous composés de bon fer, qui serrent les rondelles et appliquent les bords d'un tuyau contre ceux de l'autre. Mais comme tous les métaux se dilatent par le chaud et se condensent par le froid, les tuyaux de fer, sujets à cette alternative, mais dépourvus de flexibilité, se brisent souvent aux endroits des brides et des coudes.

Les tuyaux de grès sont d'un usage plus commode et moins dispendieux. Mais, avant que de les employer, il faut les examiner soigneusement, et regarder s'ils sont bien soudés en dedans et par dehors aux reprises qui sont vers le milieu; s'il n'y a point de bouillons ou de soufflures; s'ils sont de bon grès, grisâtre, ni rouge ni mal cuit; s'il n'y a point de fentes occasionées par de petits cailloux qui se trouvent dans la pâte avant la cuisson; et, pour dernier examen, on aura soin de les sonner l'un après l'autre, car il peut se faire que de lé-

gères cassures échappent aux yeux les plus clairvoyans. Leurs vis doivent avoir trois *pouces* au moins d'emboîtement. On les assemble avec
de la filasse et du mastic.

Après avoir réglé la pente et les sinuosités de la conduite, et après
avoir fait choix des tuyaux qu'on veut employer, on travaille à la
construction du fossé qui doit recevoir la conduite. Ce fossé doit avoir
au moins 5 *pieds* de largeur au fond, pour que les ouvriers puissent
travailler et être servis commodément. La largeur de la tranchée doit
être proportionnée à sa profondeur ; et il faut y ménager un talus
convenable à la nature du terrain. Il y a des terres qu'on peut couper à plomb sur 9 à 10 *pieds* de profondeur ; telles sont les terres argileuses. Toutes les autres, sans en excepter le tuf mêlé de glaise, ont
absolument besoin d'être étrésillonnées si l'on veut prévenir les écroulemens occasionés par les pluies, écroulemens qui tuent les travailleurs, comblent la tranchée et retardent l'ouvrage.

Lorsque la profondeur des fouilles, dans les terres aisées à ouvrir,
passe 18 à 20 *pieds*, et qu'une seule banquette ne suffit pas pour jeter
la terre de la main à la main, l'on perce de 40 en 40 pas des puits
bien étrésillonnés ; et l'on fait une galerie qui communique d'un
puits à l'autre, et que l'on ne manque pas de bien étrésillonner aussi.
Elle aura 7 *pieds* de haut et 6 de large, afin qu'étant voûtée et revêtue
de maçonnerie, elle soit réduite à 6 *pieds* de hauteur et à 3 ou 4 *pieds*
de largeur. Cette galerie, dont on aura évacué les terres par le moyen
des puits que l'on comble après que la maçonnerie est faite, servira
non-seulement à la construction de la conduite, mais encore à sa réparation.

Il arrive quelquefois que la conduite est obligée de traverser une
montagne. Alors on trace sur le terrain, en ligne droite s'il est possible, le chemin qu'elle doit tenir ; et de 100 en 100 *toises*, on fait des
puits qui servent à tirer les terres et à donner de l'air aux travailleurs.
Il y a des terres où l'on ne peut guère fouiller plus de 20 ou 30 *toises*
en avant et en galerie, sans être obligé de se procurer de l'air par les
puits, autrement les lumières s'éteignent et les travailleurs se trouvent mal, surtout dans les grandes chaleurs. Les grands puits, qui
serviront aux alignemens, auront 14 *pieds* en carré ; et les petits, qui

serviront à donner de l'air et à tirer les terres n'en auront que 7. On fait ces puits carrés pour pouvoir les étrésilloner. Dans la marne on peut pousser la galerie jusqu'à plus de 100 *toises*, sans inconvénient et sans étrésillons, si la marne est bien franche.

Les grands puits doivent être placés aux coudes de la conduite, s'il y en a ; et on parviendra ainsi à suivre sous terre le tracé qu'on a fait sur le terrain. A l'ouverture supérieure du puits, on posera horizontalement une grande règle droite et bien alignée sur le tracé de la campagne. On la fixera solidement, et on laissera descendre le long du bord de cette règle deux ficelles déliées, chargées seulement d'un plomb, et distantes l'une de l'autre, au moins de 12 *pieds;* et lorsque les plombs seront en repos, on placera sur l'alignement des deux cordeaux, deux lumières dont on suivra la direction en prolongeant la galerie, qui sera par ce moyendans la section verticale du tracé de la campagne. Si les travailleurs qui viennent à sa rencontre s'y prennent de la même manière, il est indubitable que les deux ateliers se rencontreront, pourvu qu'ils observent bien leurs pentes qui doivent avoir été déterminées par un profil exact de la montagne, et dont on doit avoir des points au moyen des puits. Il ne faut pas mesurer la profondeur de ces puits avec une ficelle ; mais à mesure qu'on les approfondira, on aura soin de marquer sur l'une de leurs faces les *toises*, *pieds* et *pouces* mesurés exactement avec une règle de bois.

Celui qui sera chargé de faire aplanir le fond de la tranchée n'atteindra pas la profondeur déterminée dans les profils, mais il en restera à un *pied* environ ; après quoi il fera faire de 50 en 50 *toises*, et suivant la pente donnée, des trous au fond desquels il placera une brique ou un caillou qui servira de repaire. Alors avec trois jalons égaux, à l'imitation des paveurs, il bornera entre deux repaires d'autres points de 12 en 12 *pieds* ou plus proche, s'il veut, dans lesquels il placera aussi une brique et un caillou, afin que les travailleurs suivent ces marques et ne fassent du fond de la tranchée qu'un seul et même plan. Ce fonds doit avoir une certaine consistance pour ne pas s'affaisser sous le poids de la conduite et ne la pas exposer à se rompre, surtout lorsqu'elle est en grès.

On sait que la pluie et les neiges sont les seules causes des sources.

On a l'expérience journalière que dans les années sèches, les sources diminuent sensiblement et tarissent quelquefois. Les plus durables sont celles qui, sortant du pied d'une montagne, semblent venir de haut. Comme les dépenses pour la conduite des eaux sont considérables, on doit ménager les sources avec soin, et en ramasser le plus qu'il est possible. Pour cela, on creuse dans le terrain, où l'on en soupçonne, des puits éloignés les uns des autres de vingt ou trente pas ; on les joint par des tranchées souterraines qui reçoivent les transpirations et les conduisent dans un seul et même endroit où l'on veut établir le premier regard. Mais il faut bien prendre garde de ne pas percer un lit de terre glaise, de crainte de perdre l'eau. Après avoir réglé les pentes des tranchées, on met au fond un lit de glaise battue, et l'on fait un petit canal en pierres sèches, de 7 à 8 *pouces* de largeur sur 8 à 9 de hauteur, recouvert de pierres plates et de gazons renversés par-dessus. On garnira aussi de terre glaise le pied droit extérieur de la digue pratiquée au pied de la montagne. Les eaux qui filtrent au travers des pierres sèches se rassemblent dans le canal et vont se rendre au regard.

Lorsqu'une source ne monte pas assez haut pour pouvoir couler dans la conduite, il faut percer la montagne et aller au-devant pour la rencontrer, si l'on peut, afin de la ramener naturellement sur un lit de glaise bien corroyée, ou dans une conduite de grès, si elle est unique ; quelquefois on peut la faire gonfler, en lui opposant une digue qui doit être faite avec de la bonne glaise, bien corroyée et damée à la demoiselle tout autour avec de bons et gros cailloux, pour rendre la glaise plus compacte. Il faut surtout que ce corroi soit assis sur le tuf glaiseux, et non sur la terre franche, autrement l'eau passerait encore par-dessus le corroi. La digue peut être aussi un mur fait avec du caillou et du ciment.

Il y aurait encore plusieurs choses à dire sur toute cette matière ; mais on les apprendra facilement avec un peu de réflexion et d'expérience.

LÉGENDES.

PLANCHE Ire. DE L'ATLAS.

Fig. 1. Homme appliqué à une manivelle, et déployant un mouvement de rotation continu.

Fig. 2. Homme appliqué à une pédale et produisant le mouvement de rotation continu, en donnant à son pied celui de va-et-vient.

Fig. 3. Homme appliqué à une double bielle, par l'intermédiaire d'un double levier vertical, et produisant le mouvement de rotation horizontale continu, par celui de va-et-vient horizontal.

Fig. 4. Homme appliqué à une bielle simple et produisant le mouvement de rotation continu dans le plan vertical, par un mouvement de va-et-vient horizontal.

Fig. 5. Homme faisant tourner une meule avec un bâton.

Fig. 6. Hommes appliqués à une brimbale et produisant le mouvement alternatif vertical.

Fig. 7. Homme appliqué à une roue à chevilles, qu'il fait mouvoir avec ses pieds et ses mains.

Fig. 8. Homme dans la position d'un rameur, appliquant un levier contre les dents d'une roue qu'il fait mouvoir par reprises.

Fig. 9. Homme appliqué à une bielle à laquelle il communique un mouvement alternatif au moyen d'un levier horizontal.

PLANCHE II.

Fig. 1. Manége simple, à corde.

A, grande poulie à gorge angulaire, ajustée bien horizontalement sur l'embase *e*, que porte l'arbre vertical *B*.

C, corde qui embrasse la poulie *A*, et va passer; 1°. sur la poulie de renvoi *D*; 2°. sur la poulie de tension *E*; et 3°. sur une poulie qui doit se trouver placée derrière la poulie *D*, sur la même ligne horizontale et dans le même plan; cette poulie communique le mouvement où l'on veut le porter.

La poulie *E*, qu'on peut reculer ou avancer, sert à maintenir la corde suffisamment tendue.

Fig. 2. Manége ordinaire.

A, arbre vertical.

b,b, crapaudine et coussinet pour maintenir l'arbre dans la verticale.

B, grande roue dentée, couronne ou rouet, engrenant avec la lanterne *C*.

D, support ou chaise, pour porter l'un des tourillons de l'arbre de couche *E*, qui communique le mouvement au travail.

FF, flèche ou volée, à l'extrémité de laquelle on voit comment les chevaux sont attelés.

Fig. 3. Manége à couronne renversée.

Ce manége est employé, lorsque l'arbre de couche, dans la position où il est fig. 2, gênerait à raison des localités, ou lorsqu'on a le mouvement à communiquer à une petite distance du sol.

A, arbre vertical; *b b*, crapaudine et coussinet.

B, couronne ou roue dentée, engrenant avec la lanterne *C*.

D, palier d'un des tourillons de l'arbre de couche *E*.

FF, flèche. On voit à l'extrémité une autre manière d'atteler les chevaux que dans la figure 2.

G, excavation dans le sol pour recevoir la couronne et la lanterne.

H, tranchée recouverte, pour y loger l'arbre de couche.

Fig. 4. Manége portatif en fonte, dit manége suédois.

A, corps du manége formé, 1°. de trois arcs-boutans *a*, *a*, *a*, fondus avec la plaque d'assise en fonte *C*, et boulonnés sur une croix de saint André en bois *D*, engagée dans le sol ; 2°. d'une fusée conique *E*, autour de laquelle tourne la couronne *F*, et dont le sommet porte le tourillon de l'arbre de couche *G*.

H, pignon engrenant avec la roue d'angle *F*.

I, support de l'arbre de couche.

K, roue dentée destinée à donner le mouvement au travail.

L, flèche inclinée à l'extrémité de laquelle le cheval est attaché.

PLANCHE III.

Machine à colonne d'eau, à simple effet.

A, tuyau de fonte par lequel la colonne d'eau motrice agit.

B, tuyau latéral de communication.

b, boîte à étoupes, pour laisser passer la tige *c*, sans laisser d'issue à l'eau.

d, petit piston qui, lorsqu'il ferme la communication de la colonne motrice avec le corps de pompe, permet à l'eau dont le corps de pompe est rempli après l'action, de s'évacuer par l'ouverture *e*.

C, corps de pompe alaisé.

D, piston-moteur.

E, tige et contre-poids du piston.

F, double chaîne attachée à l'arc du balancier *G* et à la tige du piston-moteur.

H, tige en mouvement de va-et-vient rectiligne dans une pompe d'épuisement, comme résultat de l'action primitive de l'eau comme moteur.

Cette machine est représentée dans le moment où la colonne motrice a élevé le piston jusqu'au haut de sa course ; on voit que le balancier, par la position qu'il a prise, a soulevé la tige *c* et amené le petit piston *d* au point de fermer la communication entre la colonne motrice et le corps de pompe *G*, et de laisser ouverte l'issue *e* par laquelle on voit l'eau s'échapper.

Le piston *D* n'étant plus soutenu, le contre-poids *E* le fait descendre, en entraînant le balancier avec lui ; ce qui reporte le petit piston *d* au point *e* ; alors la communication entre la colonne motrice et le corps de pompe est rouverte et l'ouverture *e* fermée.

Un robinet *I* suspend tout-à-fait, quand on le veut, l'action de la machine.

Machine à colonne d'eau, dite à double effet.

A, tuyau en fonte conduisant la colonne motrice.

B , *B'* , tuyaux latéraux par lesquels la colonne motrice agit, tantôt *sous* le piston , tantôt *dessus.*

C , corps de pompe.

D , piston-moteur.

E , boîte à étoupes , pour empêcher la sortie de l'eau.

e , tuyau de décharge de l'eau , après l'action , soit qu'elle ait opéré *au-dessus* , soit qu'elle ait opéré *au-dessous* du piston.

H , tige en mouvement de va-et-vient rectiligne , dans un corps de pompe comme résultat utile de la machine.

Le régulateur qui a pour objet de diriger l'action de la colonne motrice , alternativement *dessus* et *dessous* le piston , et d'ouvrir ou de fermer la communication entre le tuyau de décharge *e* et le *dessus* ou le *dessous* du piston ; ce régulateur, disons-nous , est composé des pièces suivantes :

1°. D'une tige *h* , portant trois petits pistons *a* , *b* , *c* , dont les deux premiers jouent dans un tuyau *I* , parallèle au corps de pompe *C* , et le troisième dans un petit corps de pompe *K* , appliqué sur le tuyau *I;*

2°. D'un robinet *l* , mettant, suivant sa position , le *dessus* ou le *dessous* du petit piston *c* , dans le corps de pompe *K* , en communication avec la colonne motrice , par le petit tuyau d'embranchement *d,* en même temps qu'il donne une ouverture de décharge , par le tuyau *f,* pour l'eau qui se trouve *au-dessus* ou *au-dessous* du petit piston *c;*

3°. Enfin d'une petite tringle de fer *i* , articulée au sommet de la tige du piston , qui fait mouvoir le robinet.

Le moment dans lequel la machine est représentée est celui , où le piston-moteur s'élève , la colonne motrice agissant *par-dessous* ce piston.

On voit donc , 1°. le petit piston *a* livrer passage à l'eau par le tuyau latéral inférieur *B;*

2°. Le petit piston *b* fermer la communication du tuyau supérieur latéral *B',* et permettre en même temps à l'eau qui est *au-dessus* du piston-moteur de s'évacuer par le tuyau de décharge *e ;*

3°. On voit le piston *c* rester en position , parce que le *dessous* de ce petit piston est en communication , par la position du robinet , avec la colonne motrice ; tandis que l'eau, qui est *au-dessus*, s'échappe par le tuyau *f*.

Supposons maintenant que le piston-moteur *D* arrive au haut de sa course ; le sommet de sa tige est porté au point *o* , et le robinet tourne et prend la position représentée par *x* à côté de la figure. Qu'arrive-il alors ? On voit par les traces que laisse voir le corps du robinet *x* , que la colonne motrice est en communication , par le tuyau d'embranchement *d* , avec le *dessus* du petit piston *c ;* ce piston descend par l'action de l'eau et porte le petit piston *b* en *m* , et le petit piston *a* en *n ;* la communication est donc rétablie entre la colonne motrice et le *dessus* du piston-moteur *D* , par le tuyau latéral *B'*, tandis que l'eau qui est *sous* le piston peut s'échapper par le tuyau de décharge *e* , et que la communication avec le tuyau latéral inférieur *B* est fermée par le petit piston *a*.

Cette manœuvre du régulateur se répète tantôt dans un sens , tantôt dans l'autre , lorsque la tige du piston-moteur a tourné le robinet à droite ou à gauche, et qu'il est en haut ou en bas de sa course. C'est ainsi que le mouvement primitif de va-et-vient rectiligne est produit.

PLANCHE IV.

Balance hydraulique.

AA', réservoir d'eau affluente et à hauteur constante.

a, *a'*, vannes avec leurs tiges et leurs leviers *b*, *b'*.

BB', cuves avec soupapes à tiges *ee'*; ces cuves sont attachées, comme les bassins d'une balance, au fléau ou balancier *C*.

D, chassis sur lequel le balancier oscille.

E, *E'*, tige en mouvement alternatif, représentant l'effet immédiat de ce mode d'appliquer la force de l'eau.

La machine est représentée au moment où la cuve *B* remplie est arrivée au bas de sa course, tandis que la cuve *B'* a été portée par ce mouvement au réservoir *A'*; on voit le toquet *v'* accrocher le levier de la vanne et l'ouvrir. L'eau remplit cette cuve *B'*, pendant que celle qui est contenue dans l'autre cuve *B* s'évacue par la soupape *e* qu'on voit soulevée, qui vient buter contre le sol.

Aussitôt que la cuve *B'* sera pleine et la cuve *B* vide, la première descendra, en abandonnant le levier de la vanne qui se fermera, et la cuve *B* remontera et soulèvera la vanne avec son toquet *v*.

Levier hydraulique d'Aldini.

A, réservoir d'eau affluente.

a, soupape qui ouvre ou ferme le passage à l'eau du réservoir.

B, *B'*, leviers se mouvant sur les points d'appui *b*, *b'*; ils sont unis par la tringle *c* articulée en *e* et *e'*.

Ces leviers sont terminés, d'un côté, par des espèces d'auges *CC'* en forme de van; de l'autre, par des contre-poids *DD'*.

L'auge *C* du levier *B* porte perpendiculairement une cheville *o*, destinée à ouvrir la soupape, dans la position où la figure la représente.

Lorsque cette auge est pleine, elle descend, la soupape se referme; l'auge *C'* se rapproche, par l'effet de la tringle *c*, de l'auge *C*, comme

I.   62

les lignes ponctuées l'indiquent ; elle verse l'eau qu'elle contient dans celle-ci qui redescend en faisant remonter l'autre dans la position où elle est représentée.

Dans ce mouvement alternatif des auges, le coude m imprime un mouvement de *va-et-vient* à la pièce N, mouvement dont on peut tirer parti, comme on le juge à propos.

Balancier hydraulique de M. d'Artigue.

A, réservoir d'eau, ou rivière.

a, a', vanne s'ouvrant et se fermant alternativement, par le mouvement du balancier B.

C, C', cuves rectangulaires, montant et descendant chacune dans un puits de même forme D, D'.

On voit qu'un des côtés de ces cuves est toujours ouvert, et que dans leur course, le mur, contre lequel elles glissent, maintient l'eau, qui ne peut s'échapper que lorsque chaque cuve est arrivée en E ou en E'.

La figure représente la cuve C se remplissant, et sa vanne soulevée, tandis que la cuve C' se décharge en E', sa vanne étant fermée par la position du balancier.

On conçoit que pour tirer parti de ce mode d'application, on prend le mouvement alternatif par arcs de cercle sur le balancier.

Bascule hydraulique.

A, réservoir.

B, seau à soupape.

b, corde disposée de manière à soulever la soupape et à faire échapper l'eau, lorsque le seau est descendu.

C, levier ou bascule, auquel est attachée la tige du piston de la pompe D.

E, contre-poids.

Le jeu de cette bascule est facile à comprendre : lorsque le seau est rempli, il descend ; la corde b, à raison de sa longueur, n'ouvre la soupape que lorsque le seau est au bas de sa course, et le mouvement alternatif est produit dans le corps de pompe D ; puisque le seau étant vide, le contre-poids E redescend et fait remonter le seau.

PLANCHE V.

A, roue à aubes.
aa', hauteur de la charge.
B, ouverture de la vanne.
b, tige de la vanne.

Fig. 1. Autre roue à aubes.

Le coursier *C* est un segment de cercle qui embrasse les aubes en prise.

La vanne *D* est inclinée ; on la manœuvre par l'engrenage *d*.

Fig. 2. La même vue de face.

CC, roue d'engrenage pour donner le mouvement.

Chaîne sans fin, à aubes.

A, bateau portant les poulies ou tambours *b, b*.

B, chaîne sans fin, s'enroulant sur les poulies *b b*, et portant des aubes *c, c, c*, se présentant perpendiculairement à l'action du courant, lorsqu'elles y sont entièrement plongées.

Deux roues à aubes sur un bateau, au milieu d'une rivière.

A A, roues à aubes.
a a, aubes.
B, coupe du bateau.
C, poulie de mouvement.

PLANCHE VI.

Double roue exentrique à aubes.

Fig. 1 et 2. *A*, *A'*, roue dont le centre de l'une est au-dessus du centre de l'autre.

B, *B*, *B*, aubes enfilées chacune sur deux boulons *i i*. Ces boulons sont fixés perpendiculairement sur chaque roue. Le boulon de l'une des roues tient l'aube par en haut et celui de l'autre tient l'aube par en bas, comme on le voit dans les deux figures. De cette manière chaque aube joue sur ces deux boulons et se présente toujours perpendiculairement à l'action du courant.

L'écartement des boulons *i i* est égal à celui des deux centres des roues.

Roue à aubes pouvant s'élever et s'abaisser à volonté.

Fig. 1 et 2. *A*, roue à aubes.

b b b b, roue d'engrenage ajustée sur le flanc de la roue et engrenant avec la roue dentée *B* qui donne le mouvement au travail.

CC, pièce de bois portant la roue à aubes et se mouvant sur le point fixe *o*.

D, treuil sur lequel deux chaînes *i i* s'enroulent. (Voyez fig. 2.) elles sont attachées aux extrémités des deux arcs de cercle *d d*. Ce treuil porte une roue à rochet qui le maintient au point où on l'a placé.

On conçoit qu'avec ce treuil et cette disposition on fait plonger la roue dans l'eau autant qu'on le juge convenable, sans que l'engrenage avec la roue de mouvement *B* cesse d'avoir lieu.

Danaïde.

Fig. 1 et 2. *A*, tuyau recourbé conduisant l'eau motrice dans le tambour mobile *B* en frappant d'abord contre les parois de ce tambour en *b*.

o o, diaphragmes contre lesquels l'eau agit.

i i, ouverture au centre du tambour, par laquelle l'eau sort après avoir exercé son impulsion contre les diaphragmes.

D, arbre vertical tournant avec le tambour et imprimant le mouvement de rotation horizontale à la roue dentée *E*, qui le communique à son tour au travail à faire.

PLANCHE VII.

Roue à aubes par pression.

Fig. 1. *A*, déversoir.

B, vanne s'abaissant pour laisser couler l'eau en nappe, à sa surface.

C, coursier en arc de cercle embrassant avec le moins de jeu possible la portion de la roue qui porte les aubes en prise.

D (fig. 2.), roue qui transmet la puissance de l'eau.

Roue à deux rangs d'augets, pouvant tourner tantôt à droite, tantôt à gauche.

Fig. 1 et 2. *A*, réservoir.

a, *a′*, deux vannes opposées, l'une faisant tourner la roue dans un sens, et l'autre dans le sens contraire.

b b, augets. On voit en *n* leurs dispositions, ainsi que sur la roue vue de face. (fig. 2.)

m, *m*, manivelles pour transmettre le mouvement.

Roue à augets de Perkins, avec son système de décharge.

A, déversoir.

B, vanne.

b b b b, augets.

C, ouverture et conduite de décharge, lorsqu'on a trop d'eau.

D, vanne pour régler la décharge.

PLANCHE VIII.

Roue à augets.

Fig. 1. Roue à augets ordinaires, recevant l'eau par un canal incliné.

Fig. 2. Roue dont les augets sont formés de feuilles de cuivre mince, recevant l'eau par un déversoir. Cette forme d'augets paraît être, d'après l'expérience, la plus avantageuse.

Fig. 3. La même vue de face.

Fig. 4. Roue à augets recevant l'eau en dessus par un déversoir.

Fig. 5. Roue à augets recevant l'eau en dessus, mais par une vanne horizontale v.

l, levier pour manœuvrer la vanne.

On voit les eaux surabondantes s'échapper par le canal au-dessous duquel la roue est placée.

Fig. 6. La même vue de face.

PLANCHE IX.

Chaîne à godets.

A, reservoir.

BB, chaîne portant des godets *o*, *o*, et s'enroulant sur les deux tambours *b*, *b*.

Les godets, en s'emplissant, déterminent le mouvement de rotation des deux tambours ; et c'est sur le tambour supérieur qu'on prend le mouvement dont on a besoin.

Cette machine est sujette à de fréquentes réparations, et ne peut être employée utilement que lorsqu'on manque de place pour l'établissement d'une roue.

Roue à réaction.

Fig. 1 et 2. *A*, tambour en métal pouvant tourner sur lui-même et imprimer le mouvement de rotation à l'arbre vertical *B*.

Le courant entre par une large ouverture *C* dans le tambour et sort par les ouvertures latérales inclinées *o*, *o*, *o*, *o*, en réagissant contre les espèces de diaphragmes qui forment les ouvertures.

Volant hydraulique.

Fig. 1 et 2. *AA*, large tuyau formant le corps du volant et tournant sur plusieurs anneaux concentriques *oo*, avec l'arbre vertical *B*.

D, entrée de l'eau dans le volant

I, orifice de sortie. Le même orifice est pratiqué de l'autre côté, sur l'autre branche du volant.

L'eau, en sortant avec la vitesse *due* à sa hauteur, réagit sur la paroi opposée à chacun de ces orifices et détermine la rotation du volant.

E, roue dentée pour donner le mouvement au travail.

FIN DU PREMIER VOLUME.

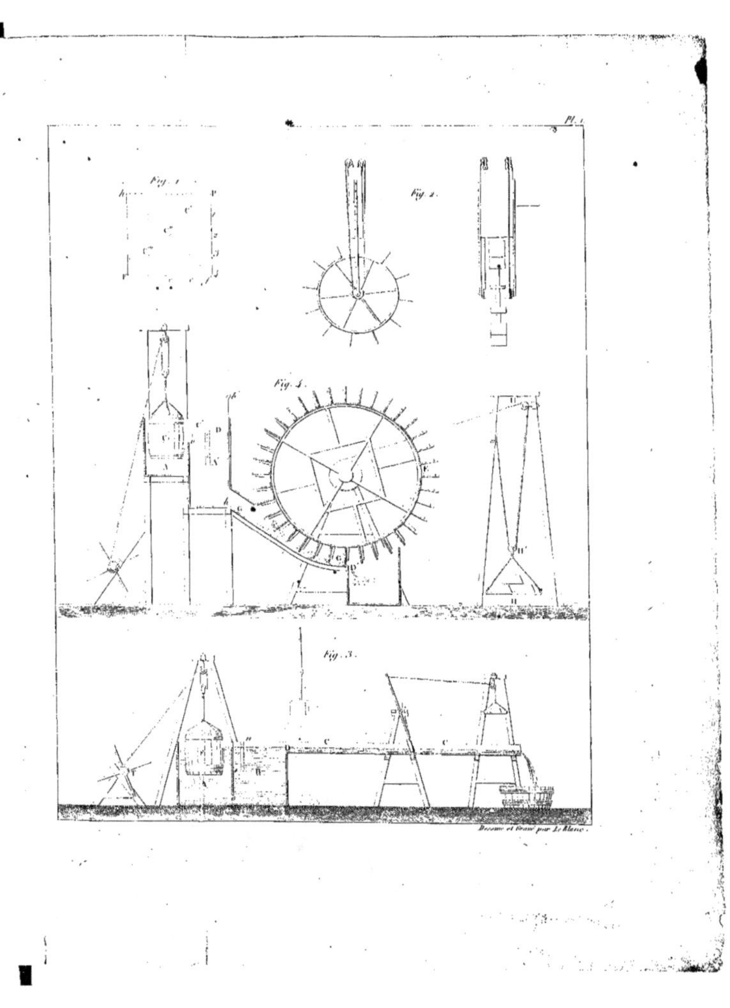

Pl. 1.
Fig. 1.
Fig. 2.
Fig. 4.
Fig. 3.
Dessiné et gravé par Leblanc.